四川省"十四五"职业教育省级规划立项建设教材
高等职业教育"双高计划"畜牧兽医高水平专业群建设新形态教材

畜禽繁殖与改良技术

第 3 版

主　编　王怀禹　叶徐飞
副主编　吕远蓉　母治平　孙　莉

教学课件　　课程宣传片

西南交通大学出版社
·成都·

图书在版编目（CIP）数据

畜禽繁殖与改良技术 / 王怀禹，叶徐飞主编.
3 版. -- 成都：西南交通大学出版社，2025.1
（高等职业教育"双高计划"畜牧兽医高水平专业群建设
新形态教材）. -- ISBN 978-7-5774-0195-9

Ⅰ. S814

中国国家版本馆 CIP 数据核字第 2024EZ6731 号

四川省"十四五"职业教育省级规划立项建设教材
高等职业教育"双高计划"畜牧兽医高水平专业群建设新形态教材

Chuqin Fanzhi yu Gailiang Jishu (Di 3 Ban)
畜禽繁殖与改良技术（第 3 版）

主　编 / 王怀禹　叶徐飞	策划编辑 / 罗在伟
	责任编辑 / 罗在伟
	责任校对 / 左凌涛
	封面设计 / 何东琳设计工作室

西南交通大学出版社出版发行
（四川省成都市金牛区二环路北一段 111 号西南交通大学创新大厦 21 楼　610031）
营销部电话：028-87600564　028-87600533
网址　https://www.xnjdcbs.com
印刷　四川煤田地质制图印务有限责任公司

成品尺寸　185 mm×260 mm
印张　19　字数　475 千
版次　2015 年 10 月第 1 版　2022 年 1 月第 2 版　2025 年 1 月第 3 版
印次　2025 年 1 月第 10 次

书号　ISBN 978-7-5774-0195-9
定价　49.00 元

课件咨询电话：028-81435775
图书如有印装质量问题　本社负责退换
版权所有　盗版必究　举报电话：028-87600562

第 3 版 前 言

党的二十大报告指出："全面建设社会主义现代化国家，最艰巨最繁重的任务仍然在农村。坚持农业农村优先发展，坚持城乡融合发展，畅通城乡要素流动。加快建设农业强国，扎实推动乡村产业、人才、文化、生态、组织振兴。""树立大食物观，发展设施农业，构建多元化食物供给体系。发展乡村特色产业，拓宽农民增收致富渠道。"

"畜禽繁殖与改良技术"是畜牧兽医类专业的主干课程之一，是对应畜禽繁殖与改良工作岗位的行动导向课程。本教材是根据教育部《关于加强高职高专教育教材建设的若干意见》（教高司〔2000〕19号）、《职业院校教材管理办法》（教材〔2019〕3号）的有关精神，按照国家、省级"双高计划"畜牧兽医高水平专业群建设改革的需要，依据国家高职高专畜牧兽医专业教学标准、实训条件建设标准及畜禽繁殖与改良课程标准而编写的，为培养适应现代畜牧业畜禽繁殖与改良工作岗位需要的高素质技术技能人才而服务。

为了适应畜牧兽医类专业课程教学改革的需要，本教材按照课程"理实一体化"的设计和改革思路，突出德技并修的编写理念，建立基于工作过程、项目导向、任务驱动的教学改革模式，对课程结构和内容安排进行全面整合、重构及序化，强化学生对问题综合解决能力和职业能力的全面提升。教材在内容的编排上，根据岗位能力培养需要，按照工作过程系统化的思维，基于"岗课赛证"融通重构教学内容，建立"选种—选配—扩繁"的设计思路，并以此思路设计了7个学习项目、21个学习任务。其中，绪论、项目二、项目三、项目四、项目六由王怀禹编写，项目一、项目七的任务内容由母治平编写，项目五由吕远蓉编写，项目七的实训内容由叶徐飞编写，全书各项目的学习目标由孙莉负责设计，王怀禹负责统稿。

本教材再版时突出校企双元共建理念，根据养殖业数智化转型升级需要，引入了畜禽繁育新工艺、新技术、新标准，结构新颖，内容精练，图文并茂，文字通俗易懂，注重实际操作，将畜禽繁殖与改良的相关知识与技能融为一体，突出理论知识的应用和实践能力的培养。每个任务都配套有微课教学资源，学生扫码即可学习，充分体现了高等职业技术教育新形态教材的应用性、实用性和先进性原则。通过学习，学生可具备畜禽繁殖与改良技术的知识和能力。本教材可作为高职高专院校畜牧兽医专业大中专学生教材，还可作为基层畜牧兽医人员、专业化畜禽育种场与生产场技术人员的参考书。

本教材在体系的编排上是一次改革尝试，加之畜禽繁殖与改良技术是一门整合课程，涉及的内容很广，限于编者的能力和水平，书中难免会有疏漏和不妥之处，恳请广大读者批评指正。

编 者
2025年1月

第 2 版 前言

本教材是根据教育部《关于加强高职高专教育教材建设的若干意见》(教高司〔2000〕19号)、《职业院校教材管理办法》(教材〔2019〕3号)的有关精神，按照国家、省级示范性高等职业院校、省级优质校建设改革的需要，依据国家高职高专畜牧兽医专业实训条件建设标准、人才培养方案及畜禽繁殖与改良课程标准而编写的，为培养适合现代畜牧行业畜禽繁殖与改良工作岗位需要的高素质技能型人才而服务。

"畜禽繁殖与改良技术"是畜牧兽医类专业的主干课程之一，是对应畜禽繁殖与改良工作岗位的行动导向课程。为适应畜牧兽医类专业课程教学改革的需要，本教材按照课程"理实一体化"的设计和改革思路，建立基于工作过程、项目导向、任务驱动的教学改革模式，对课程结构和内容安排进行全面整合、重构及序化，强化学生对问题综合解决能力和职业能力的全面提升。在教材具体内容的安排上，按照岗位能力培养需要，依据工作过程系统化的思想，建立了"选种—选配—扩繁"的设计思路，并以此思路设计了7个学习项目、22个学习任务。项目一、项目二、项目三、项目四、项目六及相应的实训内容由王怀禹编写，项目五及相应的实训内容由吕远蓉编写，项目七及相应的实训内容由兰天明编写。全书由王怀禹负责统稿。

本教材再版时融入了养殖业新工艺、新技术、新标准；结构新颖，内容精炼，图文并茂；文字通俗易懂，注重实际操作，将畜禽繁殖与改良的相关知识与技能融为一体，突出理论知识的应用和实践能力的培养；每个任务都配套有微课教学资源，学生扫码即可学习，充分体现了高等职业技术教育新形态教材的应用性、实用性和先进性原则。通过学习，学生可具备畜禽繁殖与改良技术的知识和能力。本教材除可作为高职高专院校相关专业教材外，还可作为基层畜牧兽医人员、专业化畜禽育种场与生产场的技术人员及畜牧兽医专业大中专学生的参考书。

本教材在体系的编排上是一次改革尝试，加之畜禽繁殖与改良技术是一门整合课程，涉及的内容很广，限于编者的能力和水平，书中难免会有疏漏和不妥之处，恳请广大读者批评指正。

编 者
2021年11月

第1版 前言

本教材是根据《国务院关于加快发展现代职业教育的决定》（国发〔2014〕19号）及《关于加强高职高专教育教材建设的若干意见》的有关精神，按照国家、省级示范性高等职业院校建设改革的需要，依据《高职高专畜牧兽医专业人才培养方案》及畜禽繁殖与改良技术课程标准而编写的，为培养适合现代畜牧行业畜禽繁殖与改良工作岗位需要的高素质技能型人才而服务。

"畜禽繁殖与改良技术"是畜牧兽医类专业的主干课程之一，是对应畜禽繁殖与改良工作岗位的行动导向课程。为适应畜牧兽医类专业课程教学改革的需要，本教材按照课程"理实一体化"的设计和改革思路，建立基于工作过程、项目导向、任务驱动的教学改革模式，对课程结构和内容安排进行全面整合、重构及序化，强化学生对问题综合解决能力和职业能力的全面提升。在教材具体内容的安排上，按照岗位能力培养需要，依据工作过程系统化的思想，建立了"选种—选配—扩繁"的设计思路，并以此思路设计了7个学习项目、22个学习任务。项目一、项目二、项目三、项目四、项目六及相应的实训内容由王怀禹编写，项目五及相应的实训内容由吕远蓉编写，项目七及相应的实训内容由兰天明编写。全书由王怀禹负责统稿。

本教材结构新颖，内容精炼，图文并茂；文字通俗易懂，注重实际操作，将畜禽繁殖与改良的相关知识与技能融为一体，突出理论知识的应用和实践能力的培养；教学目标明确，充分体现了高等职业技术教育教材的应用性、实用性和先进性原则。通过学习，学生可具备畜禽繁殖与改良技术的知识和能力。本教材除可作为高职高专院校相关专业教材外，还可作为基层畜牧兽医人员、专业化畜禽育种场与生产场的技术人员及畜牧兽医专业大中专学生的参考书。

本教材在体系的编排上是一次改革尝试，加之畜禽繁殖与改良技术是一门整合课程，涉及的内容很广，限于编者的能力和水平，书中难免会有疏漏和不妥之处，恳请广大读者批评指正。

编 者
2019年2月

数字资源列表

序号	数字资源名称	页码	序号	数字资源名称	页码
1	微课：绪论	004	41	微课：精液的外观评定	119
2	微课：动物细胞的结构与遗传	006	42	微课：精子的活率评定	120
3	微课：细胞分裂	010	43	微课：精了密度评定	121
4	微课：遗传物质	013	44	微课：精子畸形率评定	123
5	微课：分离定律	015	45	微课：精液的稀释	127
6	微课：自由组合定律	018	46	微课：精夜的液态保存与运输	131
7	微课：连锁与交换定律	019	47	微课：精液的冷冻保存	134
8	微课：性别决定与性相关遗传	021	48	微课：母畜离的生殖器官	140
9	微课：生物的变异概述	024	49	微课：母畜发情生理	150
10	微课：基因突变	025	50	微课：母牛的发情鉴定	160
11	微课：染色体畸变	028	51	微课：母猪的发情鉴定	162
12	微课：数量性状遗传基础	031	52	微课：母羊的发情鉴定	163
13	微课：数量性状的遗传分析	033	53	微课：受精生理	164
14	微课：数量性状的遗传参数	034	54	微课：母牛的人工输精	171
15	微课：品种概述	042	55	微课：母猪的人工输精	172
16	微课：畜禽品种分类	043	56	微课：母羊的人工输精	173
17	微课：畜禽品种的识别	045	57	微课：母鸡的人工输精	174
18	微课：系谱鉴定	048	58	微课：妊娠生理	194
19	微课：生长发育鉴定	051	59	微课：母牛的妊娠诊断	200
20	微课：体质外貌鉴定	054	60	微课：母羊的妊娠诊断	200
21	微课：生产力鉴定	057	61	微课：母猪的妊娠诊断	200
22	微课：后裔选择	059	62	微课：分娩生理	204
23	微课：同胞选择	060	63	微课：母牛的接产与助产	210
24	微课：合并选择	062	64	微课：母羊的接产与助产	210
25	微课：综合选择指数法	064	65	微课：母猪的接产与助产	210
26	微课：估计育种值选择	065	66	微课：生殖激素概述	224
27	微课：选配概述	075	67	微课：生殖的功能与应用	226
28	微课：品质选配	076	68	微课：诱导发情	235
29	微课：近交及应用	077	69	微课：同期发情	238
30	微课：选配的实施	083	70	微课：超数排卵	242
31	微课：杂交改良	086	71	微课：胚胎移植概述	244
32	微课：杂交育种	089	72	微课：牛的胚胎移植	246
33	微课：杂交优势利用	091	73	微课：羊的胚胎移植	246
34	微课：人工授精概述	103	74	微课：公畜繁殖障碍及其防治	266
35	微课：公畜禽生殖器官	104	75	微课：母畜繁殖障碍及其防治	269
36	微课：公牛的采精	111	76	微课：牛的繁殖管理	274
37	微课：公羊的采精	111	77	微课：羊的繁殖管理	274
38	微课：公猪的采精	111	78	微课：猪的繁殖管理	274
39	微课：公鸡的采精	111	79	微课：家离的繁殖管理	274
40	微课：精液的生理特性	116			

目录

绪　论 ·· 1

项目一　畜禽性状遗传基础 ·· 5
  任务一　性状遗传的物质基础 ·· 6
  任务二　性状遗传的基本规律 ·· 15
  任务三　性状的变异现象 ·· 23
  任务四　数量性状的遗传 ·· 31

项目二　畜禽的选种 ·· 41
  任务一　畜禽品种的识别 ·· 42
  任务二　畜禽的鉴定 ··· 48
  任务三　种畜禽选择 ··· 58
  实训一　畜禽品种的分类与识别 ·· 69
  实训二　种畜系谱的编制与鉴定 ·· 69
  实训三　家畜体尺测量与外形鉴定 ··· 71

项目三　畜禽的选配 ·· 74
  任务一　畜禽选配的实施 ·· 75
  任务二　畜禽杂交利用 ··· 85
  实训一　个体近交系数的计算 ·· 99
  实训二　杂交改良方案的设计 ·· 100
  实训三　杂种优势率的计算 ··· 101

项目四　人工授精 ··· 103
  任务一　公畜禽的采精 ··· 104
  任务二　精液品质检查 ··· 116
  任务三　精液的处理 ·· 124
  任务四　母畜发情鉴定 ··· 140
  任务五　母畜禽的输精 ··· 164

实训一　人工授精器材的识别、洗涤与消毒 …… 177
　　实训二　假阴道的安装与采精 …… 179
　　实训三　精液品质检查 …… 182
　　实训四　精液稀释液的配制与精液稀释 …… 184
　　实训五　冷冻精液的制作与液氮罐的使用 …… 186
　　实训六　母畜发情鉴定 …… 189
　　实训七　母畜禽的输精 …… 190

项目五　妊娠与分娩 …… 193
　　任务一　妊娠诊断 …… 194
　　任务二　分娩助产 …… 204
　　实训一　母畜妊娠诊断 …… 217
　　实训二　母畜分娩助产 …… 221

项目六　繁殖调节与控制 …… 223
　　任务一　生殖激素的应用 …… 224
　　任务二　母畜发情控制 …… 235
　　任务三　胚胎移植 …… 244
　　任务四　诱导分娩 …… 253
　　实训一　常用生殖激素制剂识别及其作用实验 …… 258
　　实训二　同期发情、超数排卵与胚胎移植 …… 259

项目七　繁殖管理 …… 263
　　任务一　家畜繁殖障碍及其防治 …… 264
　　任务二　畜禽繁殖力的评价与提高 …… 274
　　实训一　母牛不孕症的诊治 …… 284
　　实训二　牧场繁殖管理调查 …… 286

附录　家畜繁殖员国家职业技能标准（2020年版） …… 288

参考文献 …… 295

绪 论

畜牧业是农业的重要组成部分，改革开放以来，我国畜牧业总产值一直处于增长态势，经过多年的发展，畜牧业从家庭副业逐步成长为农村经济的支柱产业。近年来，我国畜牧业围绕"保供给、保安全、保生态"的总目标，转方式、调结构、促转型，取得了明显成效。2023年，全国肉蛋奶总产量超过1.7亿吨，为自2017年以来最高产量。人均禽蛋占有量超过发达国家水平，肉类超过世界平均水平，成功解决了十四亿多人口畜产品有效供给问题，在保障国家食物安全、繁荣农村经济、促进农牧民增收等方面发挥了重要作用。但我国畜牧业与发达国家相比还存在着较大差距。就畜牧业种业科技创新而言，除蛋鸡外，中国畜牧业种业与世界先进水平相比，整体差距较为明显，肉牛、奶牛、猪等优良种源皆来自国外。随着人口总量的增长、收入水平的提升、城镇化的推进，我国肉蛋奶消费需求呈刚性增长态势。因此，必须采取各项有效措施，积极培育和推广良种，大量运用繁殖新技术，以加速发展畜牧业，保证国家经济发展和社会生活的需求。

一、畜禽繁殖与改良对发展畜牧业的重要意义

1. 选育和扩大优良种畜，提高畜禽的生产性能

在生产实践中，畜禽的生产性能主要取决于两个方面：一是品种特性，二是繁殖性能。畜禽品种特性的优和劣取决于它的遗传基础。遗传基础的改进和提高，是这个品种能否继续生存的基本条件，而先进的繁殖理论和技术又决定了该品种生产性能的正常发挥。所以在畜群中不断提高优良种畜作为种用和淘汰品质低劣的家畜，有助于畜群质量的逐步提高。实践证明，有效提高单胎动物的双胎比例，进一步提高多胎动物的多产性及成活率，对畜禽生产性能的迅速提高起着决定性作用。繁殖与改良技术的应用已成为当代畜牧业生产中提高畜禽生产性能的主要措施之一。

2. 改变家畜生产力的方向，满足不同消费需求

由于各地自然条件和育种方向的不同，所形成的家畜和它们的产品类型有很大的差别，如原始的粗毛羊、役用牛、小型土种猪等。随着社会经济的发展，通过先进的繁育技术，可以改变家畜的生产方向，即将粗毛羊改为细毛羊、役用牛改为肉用牛或奶用牛、小型土种猪改为瘦肉型猪，从而使生产的产品符合人类消费需求。另外，还可以培育出具有特殊功能和用途的品系，如鸡的矮小品系、抗病品系等，为今后的育种提供了更丰富的素材。

3. 培育杂交亲本，充分利用杂种优势，提高产品的数量和质量

早在20世纪50年代，畜禽杂交育种技术开始应用于畜牧业生产，发达国家首先培育出鸡的品系间杂交种，使鸡的产蛋率高达50%以上。20世纪60~70年代，又培育出猪、牛、羊等杂交种，使羊的产羔率提高20%~30%，猪的日增重[①]提高15%以上，牛肉产量提高15%以上，实现了品种由劣向优的转变。

4. 适应"规模化""工厂化"生产模式需求，提供生产规格一致的畜禽

在规模化、工厂化畜牧业中，特别是工厂化养猪、养鸡，畜禽个体大小、生长快慢都有一定的规格与要求，通过采用同期发情等繁育技术，就可以满足这些要求，以适应"全进全出"的生产流程，从而便于经营管理和增加经济效益。

5. 保护畜禽品种资源

我国是世界上畜禽遗传资源最丰富的国家之一，但40多年来发生了一些变化。高产品种对低产品种的排挤、盲目杂交、掠夺性开发利用、生态环境恶化、投入少等原因，造成大量地方品种群体数量有不同程度的下降，相当一部分畜禽品种处于灭绝的高度危险境地。拯救保存这些畜禽遗传资源将依赖于繁育技术，特别是精液的冷冻技术、胚胎生物工程新技术的运用，为保护畜禽遗传资源提供了新的途径。

6. 促进畜禽产品在国际市场的竞争力

我国当前养殖总体质量偏低，畜禽产品在国际市场的竞争力还不强，所以在养殖业中应加速推广先进和成熟的遗传繁育技术，抓好畜禽品种改良，积极培育畜禽新品种，提高我国畜禽产品的数量和质量。这样才能有效地提高我国畜禽产品在国际市场的竞争力，扩大出口份额。

二、畜禽繁殖与改良所取得的主要成就

1. 基本调查清楚了畜禽品种资源

目前，我国已完成三次全国畜禽遗传资源调查。据2004—2008年农业部全国畜禽遗传资源调查，我国有畜禽品种、配套系901个，其中地方品种554个。这些地方品种普遍具有繁殖力高、肉质鲜美、适应性强、耐粗饲等优良特性，是培育新品种不可缺少的原始素材，是我国畜牧业可持续发展的宝贵资源。其中，有些畜禽品种如太湖猪、北京鸭，对国内外品种的改良都起过重要作用。

2. 引进了大批外国优良畜禽品种

中华人民共和国成立以来，我国从国外引进了大批优良种羊、种马、种牛、种猪和种禽。这些优良畜禽的引进，对加速我国畜禽改良起到了很大的作用。各地利用这些良种的公畜（禽）与当地母畜（禽）杂交，或直接引进配套系，获得了良好的杂种优势，不但提高了本地品种

[①] 注：实为质量，包括后文的体重、蛋重、毛重等。因现阶段我国农林畜牧等行业的科研和生产实践中一直沿用，为使读者了解、熟悉行业实际情况，本书予以保留。——编者注

畜禽的经济价值，还为培育新品种打下了良好的基础。

3. 培育了一批新的畜禽品种

中国有计划、有目的的动物育种工作主要是从1949年后开始的。1954年，新疆细毛羊的育成，标志着中国动物育种工作已经走上科学化轨道。继新疆细毛羊育成之后，中国陆续育成了关中奶山羊、中国美利奴细毛羊、南江黄羊、山丹马、甘肃白猪、中国黑白花奶牛、北京白鸡等一批畜禽品种，在畜牧业生产中发挥了很好的作用。

4. 建立了畜禽繁育指导机构和良种基地

中华人民共和国成立以来，各地根据当地自然条件和经济发展，建立了各种畜禽良种基地和良种场，形成了一套良种繁育体系。如各地建立的种畜场、育种场、原种场、育种辅导站、人工授精站、育种协作组、育种协会等，他们在提供良种畜禽、进行杂交改良、指导畜禽育种工作、推广和宣传新技术等方面，都做出了重要的贡献。

5. 培养了一支畜禽繁育科研队伍

中华人民共和国成立后，随着畜牧业的迅速发展，我国逐步建立健全了各种畜禽良种繁育技术推广体系，并通过高等和中等农业院校培养了一大批专业人才。全国各地还举办了各种畜禽繁育训练班，进一步壮大了畜禽繁育技术队伍。

6. 繁育技术取得了突飞猛进的发展

畜禽繁育技术在近40年来得到了快速发展。如畜禽的人工授精、冻配已相当普及。家畜的整个繁殖过程从生殖细胞的发生、初情期、性成熟、发情、配种、受精、妊娠、分娩直到泌乳等形成了一系列相应的控制技术。配子与胚胎生物工程技术的研究和应用更引人注目，如动物卵母细胞的体外成熟和体外受精、胚胎移植、胚胎冷冻保存、胚胎分割、胚胎性别鉴定、精子分离和性别控制、转基因动物等，将会对畜禽繁育方式产生极其深刻的影响。深入基因水平的分子育种改良技术正在悄然兴起，并展现出极大的活力与应用前景。

三、畜禽品种改良的主要内容

畜禽繁殖与改良是畜牧兽医专业的主干课程之一，与动物解剖生理、生物统计、动物生物化学、兽医基础、动物生产、畜禽疾病防治等学科有着密切的联系。本课程主要内容包括畜禽性状遗传基础、选种、选配、人工授精、妊娠与分娩、繁殖调节与控制及繁殖管理7个教学单元，实训和各教学单元相结合，既注重了理论知识的连贯性，又突出了繁育技术的可操作性。

四、学习本课程的目的和任务

本课程主要以猪、牛、羊、鸡为代表，具体阐述了遗传繁育的基本理论知识和实践操作技能。通过学习本课程，可以使同学们了解繁殖调节与控制的相关技术，理解畜禽遗传、变异的基本规律对畜禽生产的指导作用,熟悉畜禽选种、选配方法及繁殖的一般规律,掌握畜禽人工授精及杂交改良技术。同时也可以使同学们具有分析、解决生产中出现的各种问题的能力,为我国畜牧业的发展奠定坚实的基础。

微课:绪论

项目一 畜禽性状遗传基础

学习目标

（1）能够通过对性状遗传基本规律的学习，分析某些遗传现象，为畜禽某些质量性状的控制和改造提供依据。

（2）能够利用所学性状变异知识，解释在畜禽生产实践中出现的性状变异现象。

（3）能够利用所学知识，分析畜禽主要经济性状产生的原因；能够根据育种目标性状遗传参数的高低，确定适宜的选种选配方法。

（4）培养学生实事求是的科学态度以及分析问题、解决问题的能力，激发学生对生命的思考和对生命的热爱。

项目说明

1. 项目概述

畜禽繁殖与改良工作的基础在于对畜禽遗传性状的分析和选择。而对性状进行分析和选择，不仅要从直接的表现进行分析，更要从它的内在特性和规律进行综合分析，并进一步充分认识其表达的规律，最后采用这些规律指导畜禽繁殖与改良生产实践活动。

2. 项目分解

序 号	学习内容
任务一	性状遗传的物质基础
任务二	性状遗传的基本规律
任务三	性状的变异现象
任务四	数量性状的遗传

3. 技术路线

性状的观察 → 性状的分析 → 性状的解释 → 性状的控制 → 性状的选择

任务一 性状遗传的物质基础

知识链接

一、细胞的结构与遗传

细胞是构成生物体形态结构和生命活动的基本单位。虽然细胞在大小、形态结构上不同，但绝大多数细胞是由细胞核和细胞质构成的。细胞可以分为两大类：一类是原核细胞，一类是真核细胞。原核细胞没有成形的细胞核，而真核细胞有成形的细胞核，并且外包被核膜，细胞核中有染色体，细胞质中有细胞器。真核细胞由细胞膜、细胞质和细胞核三部分构成，如图1-1所示。

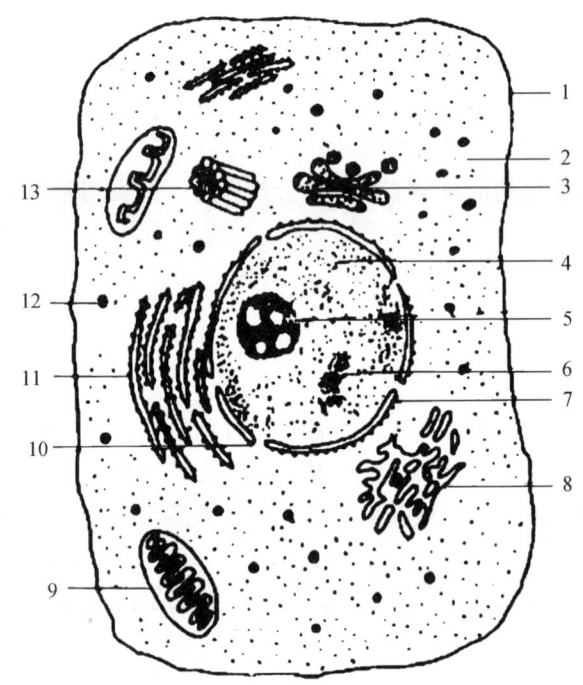

1—细胞膜；2—细胞质；3—高尔基体；4—核质；5—核仁；6—染色质；7—核膜；8—内质网；9—线粒体；10—核孔；11—内质网上的核糖体；12—游离的核糖体；13—中心体。

图1-1 动物细胞亚显微结构模式图

（一）细胞膜

细胞膜是包在细胞质最外面的膜，又称质膜。细胞膜是由蛋白质分子和脂类分子构成的，细胞膜的球形蛋白质分子以不同程度镶嵌在两层脂质内或覆盖在两层脂质表面。

细胞膜有保持细胞形状的支架作用，有保护细胞免受外界侵害的功能，是细胞与外界环境联系的唯一途径。细胞膜表面有各种表面抗原，不同物种的细胞之间及同一物种的不同类型细胞之间的表面抗原均有差异，即表面抗原具有特异性。这种特异性是遗传的，它在遗传学上有很重要的意义。

（二）细胞质

细胞质是细胞核以外、细胞膜以内的全部物质系统，细胞质主要包括基质和细胞器。基质呈胶质状态，在基质中分布着线粒体、质体、内质网、核糖体、高尔基体、溶酶体、中心体等细胞器。

1. 线粒体

在光学显微镜下，线粒体呈粒状、线状。在电子显微镜下，线粒体是由双层膜构成的囊状结构，外膜平滑，内膜向内折叠形成嵴，两层膜之间有腔，线粒体中央是基质。基质内含有与三羧酸循环所需的全部酶类，内膜上具有呼吸链酶系及 ATP 酶复合体。线粒体是细胞内氧化磷酸化和形成 ATP 的主要场所，有细胞"动力工厂"之称。另外，线粒体有自身的 DNA 和遗传体系，但线粒体基因组的基因数量有限，线粒体表现为母系遗传，其突变率高于核 DNA，并且缺乏修复能力，是人们探索母系遗传的重要标记。

2. 内质网与核糖体

内质网是由管状、泡状、扁平囊状的膜结构连接而成的网状结构，广泛分布在基质中。内质网对细胞的生命活动有重要作用。核糖体是由蛋白质和核糖核酸（RNA）组成的小颗粒，附着在内质网上面，核糖体是细胞内将氨基酸合成蛋白质的主要场所，能把氨基酸互相连接成多肽，所以称它为蛋白质的"装配机器"。

3. 中心体

中心体由两个互相垂直排列的中心粒构成，分布于细胞核附近，接近于细胞的中心，所以叫中心体。它与细胞的有丝分裂有关。

另外，高尔基体与细胞内物质的分泌、储存、转运有关；溶酶体内含有 12 种以上的消化酶，在细胞内起消化作用，并能分解体内已损伤或老死的细胞器。

（三）细胞核和染色体

细胞核是由核膜、核质、核仁和染色质构成的。核膜包在细胞核外，是核与细胞质的分界膜，核膜上的微细小孔（核孔）是细胞核与细胞质进行物质交换的孔道；核质是透明胶体，充满整个细胞核，一般不易着色；核仁是一个形状不规则而致密结实的物体，没有外膜；核仁是细胞核里的一个重要结构，它与核糖体核糖核酸（rRNA）的形成及遗传有关，并且染色体所制造的一些物质，如核糖核酸，大都经过核仁的加工后送到细胞质中；染色质是分布在细胞核中的一些易被碱性染料染成深色的物质，由 DNA 和 RNA 及组蛋白质等组成。在细胞分裂间期，染色体以染色质状态存在；在细胞分裂期，染色质则浓缩为光学显微镜下可见的染色体；在细胞分裂末期，又恢复到染色质形态。

1. 染色体的化学组成

据化学分析，染色体是核酸和蛋白质的复合物。其中，核酸可分为脱氧核糖核酸（DNA）和核糖核酸（RNA），蛋白质可分为组蛋白质和非组蛋白质。此外，染色体中还有少量的无机物等。在高等动物中，DNA主要存在于核内染色体上，并与蛋白质结合在一起，仅有少量在细胞质、线粒体等细胞器中。RNA在细胞核和细胞质上都有。

2. 染色体的形态和结构

染色体一般呈棒形，它与着丝点（不易着色）相连（见图1-2）。一条染色体只有一个固定的着丝点。根据着丝点位置的不同，一般把染色体分成3种形态（着丝点把染色体分成2个臂）。如果2个臂长度大致相等，则呈"V"形；如果着丝点不在正中，则呈"L"形；如果着丝点在染色体端部，则呈棒形。着丝点所在处往往缢缩变细，叫主缢痕。有的染色体还有另一个缢缩变细、染色较淡的地方，叫次缢痕。次缢痕位置也是固定的，它与主缢痕的区别是：次缢痕处不能弯曲，而主缢痕处则能弯曲；不同染色体的次缢痕位置是恒定的，而主缢痕的位置如上所述是变化的。根据着丝点的位置和随体的有无，可鉴别特定的染色体。

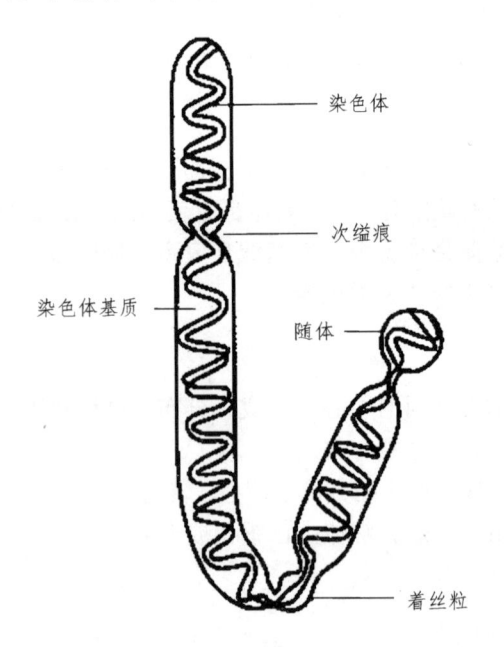

图1-2 染色体的形态结构

染色体外有表膜、内有基质，基质中有2条卷曲而又相互缠绕的染色体贯穿整个染色体。在染色丝上含有许多一定排列顺序易于着色的颗粒，叫染色粒。

染色体在电子显微镜下是一个反复折叠、高度螺旋化的DNA·蛋白质结构。在染色体结构上流行的理论是"绳珠模型"。也就是说，染色体好像一条项链，由双螺旋的"绳子"（DNA）有规则地缠绕在一串"圆珠"（蛋白质）外面，外观好像一个螺旋管。其中，这些圆珠叫核体。通常把纤丝的核体叫染色体的一级结构，把螺旋管叫二级结构，螺旋管进一步螺旋化形成的超螺旋化圆筒叫三级结构，超螺旋管高度折叠和螺旋化就形成了染色体的四级结构。

3. 染色体的数目和组型

各种生物的染色体不仅形态结构是相对稳定的，而且数目是恒定的，并且每一物种生物个体中每一体细胞中染色体数目也是相同的，它们在体细胞中是成对的，一条来自父方，一条来自母方，这样的两条染色体称为同源染色体。一对染色体与另一对形态结构不同的染色体，则互称为"非同源染色体"或"异源染色体"。体细胞里的染色体由常染色体和区分性别的性染色体组成，性染色体只有一对。性染色体与动物性细胞染色体数和性别有关。在家畜中，雄性体细胞中的一对性染色体形状大小不同，记为 XY。雌性体细胞中的一对性染色体形状大小相同，记为 XX。而在家禽中，雄性体细胞的一对性染色体相同，雌性的则不同，为了与家畜相区别，雄性的记为 ZZ，雌性的记为 ZW。

在大多数生物的体细胞中，染色体是成对存在的，通常以 $2n$ 表示体细胞的染色体数目，称为二倍体；用 n 表示性细胞的染色体数目，称为单倍体。例如，人类的染色体有 23 对（$2n=46$），其中 22 对为常染色体，剩余一对为性染色体。常见动物体细胞中染色体数目如表 1-1 所示。

表 1-1 常见畜禽体细胞染色体数

动物名称	染色体数（$2n$）	动物名称	染色体数（$2n$）
猪	38	兔	44
水牛	48	狗	78
牛	60	猫	38
牦牛	60	鸡	78
山羊	60	鸭	80
绵羊	54	鹅	82
马	64	火鸡	82
驴	62		

将处在有丝分裂中期的全部染色体，按同源染色体的长度、着丝点的位置及随体的有无，依次进行排列并编号（性染色体位于最后），称为染色体组型或核型，如牛的核型（见图 1-3）记为 ♂：60，XY；♀：60，XX。各种家畜都有其特定的染色体组型，因此染色体组型是区别物种特征的重要依据。

图 1-3 牛的染色体组型图（性染色体列于最后）

采用染色体分带技术，对某个体的染色体组型进行检查，观察各对染色体是否有异常现象，叫作染色体组型分析。利用染色体组型分析，可以找出变异原因。例如，可以甄别个体由于染色体畸形造成的遗传性疾病，并及时淘汰。

4. 染色体是遗传物质的主要载体

生物的子代与亲代相似，主要是由于亲本通过性细胞的染色体把遗传物质传给子代。子代性状与亲代性状的差异，也是由于双亲遗传物质的结合发育形成的。现代遗传学证明，核酸是遗传物质，核酸分子中存储着控制生物发育的遗传信息，这种遗传信息可决定性状的形成。除少数不含 DNA 的生物以 RNA 为遗传物质外，绝大多数具有细胞结构的生物都以 DNA 为遗传物质。染色体由 DNA 和蛋白质组成，所以遗传物质主要存在于染色体上。

二、细胞分裂

精、卵细胞结合成一个细胞（受精卵）至发育成一个成熟的个体的过程中，机体内的细胞要不断地更新，即原有细胞不断衰老、死亡，新细胞不断产生、成长，这些都是通过细胞增殖来实现的。细胞有多种增殖方式，产生体细胞的过程为有丝分裂，产生性细胞的过程为减数分裂。

通常，将细胞从一次分裂结束到下次分裂结束之间的期限称为细胞增殖周期或细胞周期，可以分为间期（I）和分裂期（M）两个阶段。

（一）间　期

细胞从一次分裂结束到下一次分裂开始之间的期限称为细胞间期或生长期，根据 DNA 的复制情况可以分为 3 个时期：复制前期（G1 期）、复制期（S 期）和复制后期（G2 期）。

G1 期：细胞体积增大，RNA、结构蛋白质和细胞所需要的酶类合成，为 S 期做准备。

S 期：DNA 在此时期进行生物合成，共分为两个阶段，即首先在常染色质中复制，然后在异染色质中复制。

G2 期：RNA、微管蛋白质及其他物质的合成，为细胞分裂做准备。

这 3 个时期的长短因物种不同差异很大，其中 G1 期差异最大，而 S 期和 G2 期相对差异较小。

（二）分裂期

细胞分裂的方式可以分为无丝分裂、有丝分裂和减数分裂 3 种，但是它们的分裂过程并不相同。

1. 无丝分裂

无丝分裂分裂方式简单，细胞体积增大，细胞核延伸和细胞质同时缢裂成两部分，形成两个子细胞。

2. 有丝分裂

有丝分裂是细胞的主要分裂方式，包括两个过程：一是核分裂，二是质分裂（细胞分裂）。依据细胞内物质形态变化特征分为前、中、后、末4个时期，如图1-4所示。

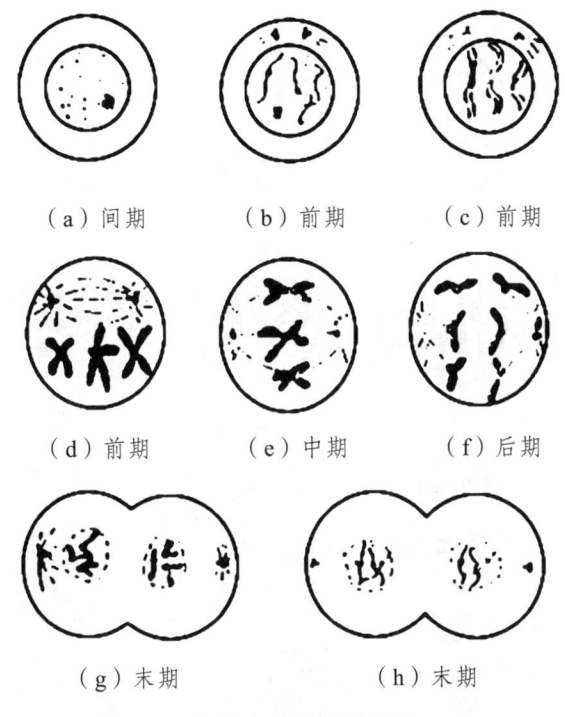

（a）间期　　（b）前期　　（c）前期

（d）前期　　（e）中期　　（f）后期

（g）末期　　　　（h）末期

图1-4　细胞有丝分裂示意图

（1）前期。细胞核膨大，染色质高度螺旋化，形成由着丝粒相连的2条染色单体，中心体的2个中心粒分开，并向细胞两极移动，2个中心粒之间出现纺锤丝，形成纺锤体。同时，核仁逐渐变小消失，核膜逐渐溶解破裂。

（2）中期。核仁和核膜完全消失。染色体有规律地排列在细胞中央的赤道面上，形成赤道板。此期染色体聚缩到最短、最粗，是染色体组型分析的最佳时期。

（3）后期。染色体的着丝粒分裂为2个着丝点，使两条染色单体成为各具一个着丝点的独立的子染色体，并由纺锤丝的牵引分别移向细胞两极的中心粒附近，形成数目相等的两组染色体。同时，在赤道板部位的细胞膜收缩，细胞质开始分裂。

（4）末期。分裂后的两组染色体分别聚集到细胞的两极，染色体解旋伸展变细恢复为染色质，纺锤丝消失，核膜、核仁重新出现，细胞质发生分裂，在纺锤体的赤道板区域形成细胞板，形成2个子细胞，又恢复为分裂前的间期状态。

3. 减数分裂

动物达到一定年龄后，睾丸的精原细胞（卵巢的卵原细胞）先以有丝分裂方式进行若干代增殖，产生大量的精原细胞（卵原细胞），这一段时间为繁殖期。最后一代的精原细胞（卵原细胞）不再进行有丝分裂，而进入生长期（此处生长期不同于细胞周期中的生长期，而是指性细胞形成过程的一个阶段），细胞质增加，细胞体积增大。经过生长期后，精原细胞（卵原细胞）称作初级精母细胞（初级卵母细胞），并开始进行减数分裂。

减数分裂包括连续的两次分裂，分别叫作减数第一次分裂（用Ⅰ表示）和减数第二次分裂（用Ⅱ表示）。在两次分裂中，也各分为前、中、后、末4个时期，如图1-5所示。

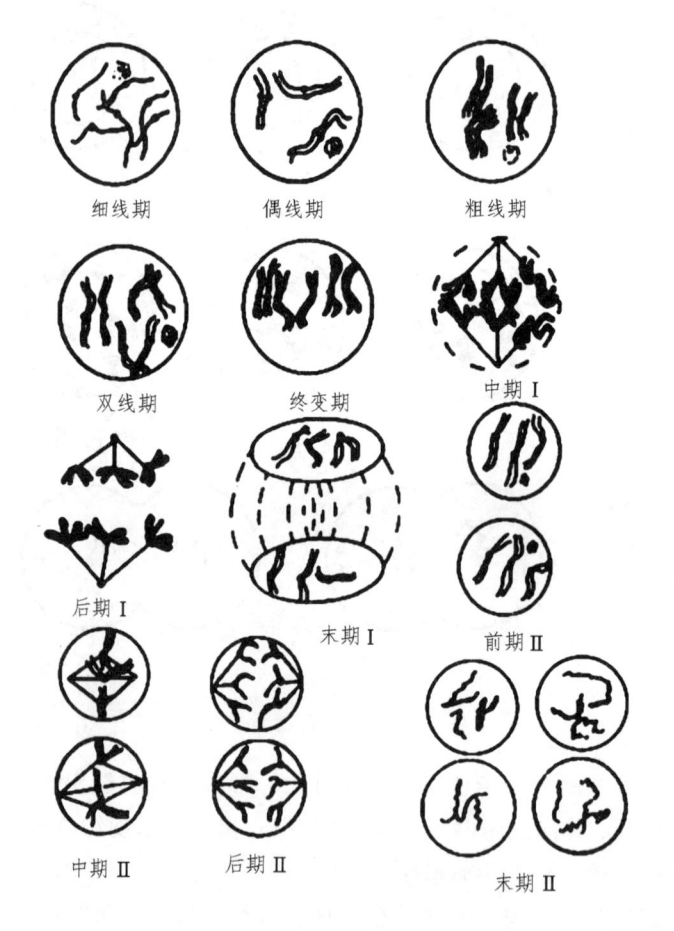

图1-5 减数分裂示意图

（1）减数第一次分裂（Ⅰ）。

① 前期Ⅰ。

前期Ⅰ是染色体变化较为复杂的时期，又分为细线期、偶线期、粗线期、双线期和终变期5个时期。

a. 细线期：染色质丝细长如线，分散在整个核内，虽已经过复制，每一染色体含有2条染色单体，但此期的染色体一般看不出双重性。

b. 偶线期：同源染色体彼此靠拢配对，称为联会。配对时，同源染色体相互接触的染色体粒在大小、形状上相同。

c. 粗线期：联会的染色体对缩短、变粗。每个染色体的着丝粒还未分裂，故2条染色单体还连在一起。配对的同源染色体叫二价体，每条二价体含有4个染色单体，所以又称为四分体。

d. 双线期：染色体继续变短、变粗，周围出现基质，组成二价体的 2 条同源染色体开始分开，但非姐妹染色单体之间仍有一个或几个交叉在着丝粒的两侧向染色体臂的端部移行，称为交叉端化。

e. 终变期：染色体收缩和螺旋化到最粗、最短，是鉴定染色体数目的最佳时期。交叉渐渐接近非姐妹染色单体的末端，核仁和核膜开始消失，二价体向赤道板移动，纺锤体开始形成。

② 中期Ⅰ。

核仁、核膜消失，联会同源染色体的 2 个着丝粒由纺锤丝牵引排列在赤道板上，随着丝粒逐渐远离，同源染色体开始分开，但仍有交叉连接。但交叉的数目已经减少，并接近染色体的端部。

③ 后期Ⅰ。

同源染色体受纺锤丝牵引分别移向细胞的两极，每一极只有同源染色体中的 1 个，实现了染色体数目的减半（$2n \rightarrow n$），但每个染色体仍由 1 个着丝点连接 2 条染色单体组成。同源染色体向两极移动的随机性，增加了非同源染色体的组合方式，有 n 对染色体就有 2^n 个组合方式。

④ 末期Ⅰ。

纺锤丝开始消失，核仁、核膜重新形成，接着细胞质分裂，成为 2 个子细胞，但着丝点仍未分裂，染色体数目实现了减半。哺乳动物形成 2 个次级精母细胞或 1 个次级卵母细胞和 1 个极体。

第一次分裂末期之后，经过很短的时间即进行第二次分裂。

（2）减数第二次分裂（Ⅱ）。

这一阶段各期的形态特征与一般有丝分裂基本相似。染色单体排列在赤道板上，着丝点分裂，姐妹染色单体分别向两极移动，最后形成 2 个新核，细胞质也随之分裂，形成 2 个子细胞（即 2 个精子或 1 个卵子和 1 个极体）。

因此，1 个初级精母细胞经过 2 次连续分裂，可以形成 4 个精子；而 1 个初级卵母细胞经过 2 次连续分裂，可以形成 1 个卵子和 3 个极体。

三、遗传物质

生物个体的性状随个体生命的终止而结束，但从物种的繁衍来看，生命延续的实质就是遗传物质的传递。所以，遗传物质必须具有下列条件：① 高度的稳定性与可变性；② 能够存储并表达和传递遗传信息。此外，遗传物质必须具有自我复制的能力和以自己为模板控制其他物质新陈代谢的能力。

（一）核　酸

通过试验分析，染色体主要由蛋白质、脱氧核糖核酸（DNA）和核糖核酸（RNA）组成，究竟哪一种物质是遗传物质呢？

针对上述疑问，生物学家做了大量的科学试验工作。1928 年，格里菲斯（Griffith）对小家鼠进行了肺炎链球菌的感染试验，结果表明，灭活的 S 型菌中的某些转化因子能使非致病的 R 型菌转化成致病的 S 型菌，具有繁衍功能。1944 年，艾弗里（Avery）等人证明了该转化因子是 DNA，而非蛋白质。1952 年，赫尔希（Hershey）和蔡斯（Chase）用放射性同位素 ^{35}S 标记蛋白质做细菌病毒（即噬菌体）的侵染试验，也证明了遗传物质是 DNA，而非蛋白质。但某些病毒如烟草花叶病毒，只含有蛋白质和 RNA，它的遗传物质是什么呢？1956 年，弗伦克尔·康拉特（Fraenkel Conrat）进行烟草花叶病毒的感染试验，将烟草花叶病毒的 RNA 和蛋白质外壳分开，并分别感染烟草。结果表明，蛋白质不能使烟草形成病斑，而 RNA 可以使烟草形成病斑，而且病斑形状与完整的病毒所引起的病斑一样，证明烟草花叶病毒的遗传物质是 RNA，而不是蛋白质。

通过以上试验可以确定，细胞内含有 DNA，DNA 是遗传物质，对于只含有 RNA 而不含 DNA 的一些病毒来说，RNA 是遗传物质。

（二）DNA 的结构

1953 年，沃森（Watson）和克里克（Crick）通过 X 射线衍射法，研究和总结同时代其他研究者的研究成果，提出了 DNA 的双螺旋结构模型，大致如下：

DNA 分子是一个右转的双螺旋结构，是由 2 条核苷酸链以互补配对原则所构成的双螺旋结构的分子化合物。每个核苷酸由 1 个五碳糖连接，或由 1 个或多个磷酸基团和 1 个含氮碱基所组成，不同的核苷酸再以"糖-磷酸-糖"的共价键形式连接形成 DNA 单链。2 条 DNA 单链以互补配对形式（5′端对应 3′端）形成 DNA 双螺旋结构。其中 2 条 DNA 链中对应的碱基 A-T 以双键形式连接，C-G 以三键形式连接，"糖-磷酸-糖"形成的主链在螺旋外侧，配对的碱基在螺旋内侧。

在 DNA 分子中，每一碱基对受严格的配对规律限制，在空间中可能碱基对仅是 A 和 T 以及 G 和 C，所以这 2 条链是互补的。但碱基的前后排列顺序是随机的，1 个 DNA 分子所含的碱基通常不止几十万或几百万，4 种碱基以无穷无尽的排列方式出现，规定了 DNA 的多样性。

（三）中心法则

生物的各种性状都与蛋白质有关。一个细胞可以含有几千种不同的蛋白质分子，不同的蛋白质各有一定成分和结构，执行不同的功能，从而引起一系列复杂的代谢变化，最后呈现出不同的形态特征和生理性状。然而，各种蛋白质都是在 DNA 控制下形成的，即以 DNA 为模板在细胞核内合成 RNA，然后转移到细胞质中，在核糖体上控制蛋白质的合成。也就是说，DNA 先把遗传信息传给 RNA，然后再翻译为蛋白质，这就是分子生物学的中心法则，如图 1-6 所示。

自 1958 年中心法则提出后，科学家又陆续发现，那些只含有 RNA 而不含 DNA 的病毒（植物病毒、噬菌体以及

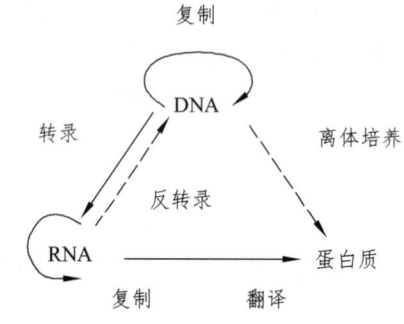

图 1-6　遗传信息的中心法则

流感病毒），在感染宿主细胞后，RNA 与宿主的核糖体结合，形成一种 RNA 复制酶，在这种酶的催化作用下，以 RNA 为模板复制出 RNA。

近年来，科学家又发现了 RNA 病毒复制的另一种形式。路斯肿瘤病毒（RSV）是单链环状 RNA 病毒，存在反转录酶，侵染鸡的细胞后，它能以 RNA 为模板合成 DNA（反转录），并整合到宿主染色体的一定位置上，成为 DNA 前病毒。

前病毒可与宿主染色体同时复制，并通过细胞有丝分裂传递给子细胞，成为肿瘤细胞。某些肿瘤细胞可以前病毒 DNA 为模板，合成前病毒 RNA，并进入细胞质中合成病毒外壳蛋白质，最后病毒体释放出来，进行第二次侵染。

反转录酶的发现，不仅具有重要的理论意义，而且在肿瘤机理的研究以及在遗传工程方面（以这种酶合成基因）都有重要作用。

任务二　性状遗传的基本规律

知识链接

分离定律、自由组合定律和连锁交换定律是遗传学的三大基本规律，是生物界普遍存在的遗传现象，是研究畜禽质量性状表达的基本规律。

一、分离定律

1. 一对相对性状杂交的遗传现象

遗传学上，把具有不同遗传性状的个体之间的交配称为杂交，所得到的后代叫作杂种。所谓性状指的是生物的形态或生理特征特性的总称，如颜色、性别等。同一性状的不同表现形式称为相对性状，如猪毛色的白毛和黑毛、耳型的平耳和立耳等。

孟德尔在种植的 34 个豌豆品种中，选择了 7 对性状（相对性状）明显不同的品种，分别进行了杂交试验。例如，把产圆形种子的植株与产皱形种子的植株进行杂交（圆形、皱形为相对性状），发现产圆形种子的植株不管是作为父本还是母本，子一代（F_1）杂种植株全都结出圆形种子。孟德尔将在杂交时两亲本的相对性状在子一代中表现出来的性状叫作显性性状，在子一代中不表现出来的性状叫作隐性性状。如上例，圆形对皱形是显性性状，皱形对圆形为隐性性状。

孟德尔种下了子一代杂种种子，待长成植株后使其自花授粉。在圆形种子和皱形种子两种植株杂交的子二代（F_2）植株上结出的同一荚果内同时出现了圆形和皱形两种种子，统计结果为：圆形种子有 5 474 颗，皱形种子有 1 850 颗，这个比值非常接近 3∶1 的数量关系。孟德尔把这种现象称为分离现象或性状分离。其他 6 对相对性状的遗传情况都与上例相似，即在 F_1 中出现显性现象，在 F_2 中出现分离现象，分离比都接近 3∶1。试验结果如表 1-2 所示。

表 1-2　孟德尔豌豆 7 对相对性状杂交试验 F_2 结果

性状	显隐性关系 显性	显隐性关系 隐性	显性数目	隐性数目	显隐比例
子叶颜色	黄	绿	6 022	2 001	3.01∶1.00
豆粒形状	圆	皱	5 474	1 850	2.96∶1.00
花的颜色	红	白	705	224	3.15∶1.00
豆荚形状	饱满	瘪	882	299	2.95∶1.00
豆荚颜色	绿	黄	428	152	2.82∶1.00
花的部位	腋	顶	651	207	3.14∶1.00
茎的长度	长	短	787	277	2.84∶1.00

显性现象和分离现象在生物界是普遍存在的。在家畜、家禽中同样存在许多相对性状呈现显隐性关系，相对性状杂交，F_2 的性状分离比也是接近 3∶1。各种畜禽若干性状的显隐性关系如表 1-3 所示。

表 1-3　几种畜禽若干相对性状的显隐性关系

畜别	性状	显性	隐性	备注
猪	毛色	白色 黑六白 棕色 花斑（华中型） 白带（汉普夏）	有色（黑、棕、黑六白、花斑） 黑色、花斑 黑六白（巴克夏、波中猪） 黑色（华北型） 黑六白	有时 F_1 六白不全 棕色更深并略带黑斑 F_1 呈不规则的黑白花斑
猪	耳	垂耳（民猪） 前伸平耳 前伸平耳	立耳（哈白） 垂耳 立耳	耳型一般为不完全显性，有时 F_1 耳尖下垂
牛	毛色	黑色 红色（短角） 黑白花 白头（海福特）	红色 黄色（吉林） 黄色 有色头	
牛	角	无角	有角	
牛	肤色	黑色	白色	
绵羊	毛色	白色 灰色	黑色 黑色	个别品种相反，或呈不完全显性
马	毛色	青色 骝毛 黑毛	骝毛 黑毛 栗毛	

续表

畜别	性状	显性	隐性	备注
鸡	冠形	玫瑰冠	单冠	
		豆冠	单冠	
		胡桃冠	单冠	
	羽毛	白色（来航）	有色	
	脚色	浅色	深色	
	羽形	正常羽	丝毛羽	
	脚形	矮脚	正常脚	
	脚毛	有	无	
	蛋壳色	青色	非青色	

2. 分离定律

孟德尔对杂交试验结果作了圆满解释，称之为分离定律。

（1）遗传性状由相应的遗传因子所控制。遗传因子在体细胞中成对存在，一个来自母本，一个来自父本，称这对遗传因子为等位基因。

（2）体细胞内的遗传因子虽然在一起，但并不融合，各自保持独立性。在形成配子时成对的遗传因子彼此分离，所以配子只能得到其中的一个因子。

（3）由于杂种（F_1）产生的不同类型的配子数相等（1R、1r），并且各雌雄配子的结合是随机的，即有同等的机会，所以 F_2 中出现 1RR：2Rr：1rr，显隐性个体之比为 3：1，如图 1-7 所示。

（4）杂种子一代（F_1）和隐性纯合体亲本交配用以测定杂种或杂种后代的基因型称为测交，遗传学上常用此法测定个体的基因型，如图 1-8 所示。

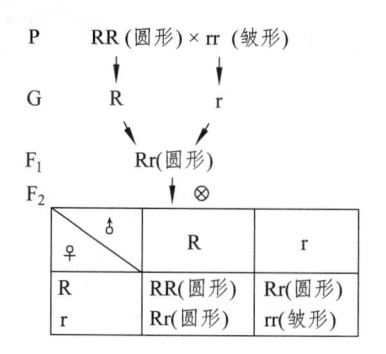

图 1-7 一对相对性状的遗传现象分析图解

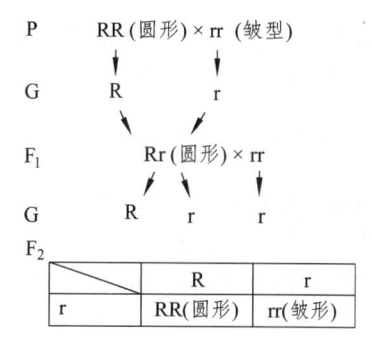

图 1-8 分离现象测交验证图解

现在我们已用"基因"代替了原来遗传因子的概念，把生物体的遗传组成叫作基因型。如圆形植株的基因型是 RR 或 Rr，皱形植株的基因型是 rr。在基因型基础上表现出来的性状叫作表现型（或表型），一个表型可能不止一种基因型，如上例 F_2 中的圆形性状就有 RR 和 Rr 两种基因型。前者叫作纯合体或纯合子，后者叫作杂合体或杂合子。在遗传学上把纯合体中 2 个基因都是隐性的叫作隐性纯合体（如 rr），把 2 个基因都是显性的叫作显性纯合体（如 RR）。

应该注意的是，表现隐性的个体，由于其基因型是同质纯合状态，所以能真实遗传，后代不出现性状分离；而表现显性的个体，由于其基因型有两种情况：一种是同型配子结合，一种是异型配子结合，所以只有前一种情况能真实遗传，后一种情况的后代会产生分离现象。

3. 等位基因分离的细胞学基础

同源染色体对在减数分裂后期Ⅰ发生分离，分别进入2个二分体细胞中，杂合体的性母细胞产生2个不同的二分体细胞，分别再进行减数第二次分裂，每个杂种性母细胞产生含显性基因和隐性基因的四分体细胞各2个，其比例为1∶1。

4. 分离定律的本质

分离定律的本质是位于一对同源染色体上的一对等位基因所控制的一对相对性状的遗传规律。在减数分裂形成配子时，同源染色体及其负载的等位基因发生分离，从而引起后代的相关性状发生分离。

5. 分离规律的应用

分离规律在畜牧业中有广泛的指导意义，它在各种畜禽的育种工作中都有重要的作用。如可以明确相对性状间的显隐性关系，把具有遗传缺陷性状的隐性纯合体淘汰；采用测交的方法判断亲本的某种性状是纯合体或杂合体，检出并淘汰有遗传缺陷性状的杂合体。因此，在指导育种实践时，选种不能仅仅依据表型，要选纯合子，测交验证种子（畜）的纯度，连续近交，提纯种群，培育优良纯系，控制近交程度，固定优良性状，以免后代发生分离，达不到预期目标。育种时要淘汰隐性不良性状，如牛脑积水、牛膝关节弯曲等。如果处于杂合状态，则这些不良性状不会表现，但会给育种工作带来隐患。

二、自由组合定律

孟德尔在进行了一对相对性状杂交试验提出分离定律后，进一步进行两对相对性状的杂交试验，得出了自由组合定律。

1. 两对相对性状的遗传试验

孟德尔用黄色圆形豌豆与绿色皱缩豌豆杂交，结果子一代全是黄色圆形豌豆。子一代自花授粉，得到子二代种子共556粒，结果子二代出现了4种表现型，其中有黄圆的315粒、黄皱的101粒、绿圆的108粒和绿皱的32粒，它们间的比例大体上是9∶3∶3∶1。单独对每对相对性状进行分析，结果圆与皱的比例为3.18∶1，黄与绿的比例为2.97∶1，均接近于3∶1，如图1-9所示。这表明一对相对性状的分离与另一对相对性状的分离无关，互不影响，两对相对性状还能重新组合产生新的组合类型。

在上述试验中，黄圆与绿皱是亲本原有性

P	黄色圆形×绿色皱形
	↓
F_1	黄色圆形
	↓⊗
F_2	黄色圆形　黄色皱形　绿色圆形　绿色皱形
籽粒数	315　　　101　　　108　　　32
比例数	9　∶　3　∶　3　∶　1

图1-9　两对相对性状杂交试验图解

状的组合，叫亲本型；黄皱、绿圆是亲本原来没有的性状的组合，叫重组型。

在家畜、家禽中也有不少相似的现象。例如，用纯合体无角黑毛的安格斯牛与纯合体有角红毛的海福特牛两品种杂交时，F_1 全为无角黑牛。若 F_1 自交，F_2 分离为 4 种类型：无角黑毛、有角黑毛、无角红毛、有角红毛。这 4 种类型的头数比例为 9∶3∶3∶1。

2. 基因的自由组合定律

孟德尔在分离定律的基础上提出了自由组合定律（或独立分配定律）。其基本要点是：两对或两对以上相对性状的基因在遗传过程中，一对基因与另一对基因的分离各自独立、互不影响。不同对基因之间的组合是完全自由的、随机的，雌雄配子在结合时也是自由的、随机的。

利用自由组合定律，两对相对性状的遗传试验可以得到圆满解释。用 Y 和 y 分别代表黄色和绿色子叶，R 和 r 分别代表圆形和皱缩种子。这两对基因的遗传过程图解如图 1-10 所示。

由图 1-10 可知，F_2 中基因型有 9 种，表现型有 4 种，表现型比例是黄圆∶黄皱∶绿圆∶绿皱为 9∶3∶3∶1。

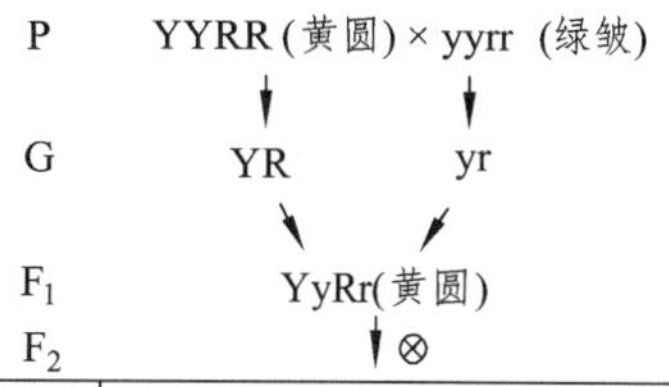

♀ \ ♂	YR	Yr	yR	yr
YR	YYRR 黄圆	YYRr 黄圆	YyRR 黄圆	YyRr 黄圆
Yr	YYRr 黄圆	YYrr 黄皱	YyRr 黄圆	Yyrr 黄皱
yR	YyRR 黄圆	YyRr 黄圆	yyRR 绿圆	yyRr 绿圆
yr	YyRr 黄圆	Yyrr 黄皱	yyRr 绿圆	Yyrr 绿皱

图 1–10　豌豆两对相对性状遗传分析图解

3. 自由组合规律的实质

在减数分裂形成配子的过程中，凡是位于同源染色体上的等位基因彼此分离，位于非同源染色体上的、控制不同相对性状的等位基因随着同源染色体的分离和非同源染色体自由组合，在等位基因分离的基础上，非等位基因随机组合在一起进入不同的配子中，从而引起后代相关性状的分离与重组。

4. 自由组合定律的应用

不同对基因自由组合产生的基因重组是生物发生变异的一个重要来源，也是生物界出现多样性的一个重要原因。在畜禽育种工作中，选择具有不同优良性状的品种或品系杂交，根据自由组合定律，杂交亲本可以自由组合，会出现符合要求的新类型。在杂交育种工作中，可按照人类的意愿组合 2 个亲本的优良特性，预测杂交后代中出现优良性状组合的大致比例，便于确定育种规模。

微课：连锁与交换定律

三、连锁与交换定律

生物体的基因数量众多，但染色体数目却是非常有限的，因此，同一条染色体上必然携带许多基因。在形成配子的过程中，遗传信息是以染色体为单位进行世代传递的。所以同一染色体上不同等位基因控制的性状往往会同时出现，这称为连锁现象。

1. 基因连锁与交换遗传现象

在用纯合体的灰身长翅（BBVV）与纯合体的黑身残翅（bbvv）果蝇进行杂交试验时，F_1全是灰身长翅。然后用F_1雄果蝇与双隐性雌果蝇测交，后代只有灰身长翅和黑身残翅2种类型，其数量各占50%。这表明F_1形成的精子类型只有BV和bv两种。在这个例子中，B和V连锁在一个染色体上，b和v连锁在另一个染色体上。所以用纯合体灰长与纯合体黑残杂交，F_1是灰长。当F_1与隐性亲本雌果蝇测交时，由于雄体只能产生两种配子（BV和bv），雌体只能产生一种配子（bv），所以测交后代只有灰长和黑残两种类型，且比例为1∶1（见图1-11）。这种在同一条染色体上的基因随着这条染色体作为一个整体共同传递到子代中去的遗传方式叫作完全连锁。在生物界中完全连锁的情况是很少见的，到目前为止只发现雄果蝇和雌家蚕表现完全连锁遗传现象。

P　bbvv（黑残）×BBVV（灰长）

F_1　　　BbVv（灰长）♂×bbvv（黑残）♀

测交后代　1BbVv（灰长）∶1bbvv（黑残）

图1-11　果蝇完全连锁遗传图解

在家鸡中，用纯合体白色卷羽鸡（IIFF）与纯合体有色常羽鸡（iiff）杂交，F_1全是白色卷羽鸡，用F_1与有色常羽鸡测交，产生了4种类型的后代，其比例数不是1∶1∶1∶1，而是亲本型大大超过重组型，如图1-12所示。

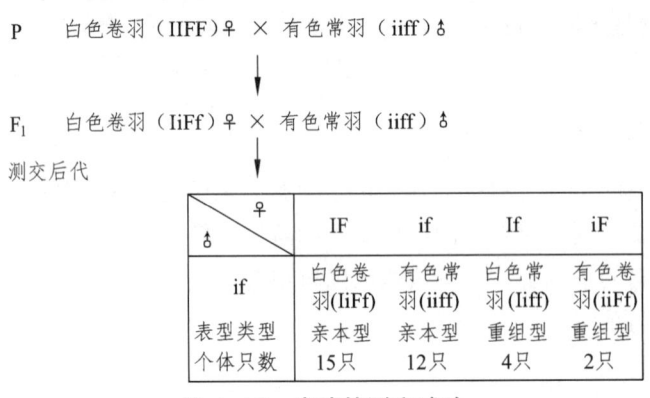

P　白色卷羽（IIFF）♀ × 有色常羽（iiff）♂

F_1　白色卷羽（IiFf）♀ × 有色常羽（iiff）♂

测交后代

♂＼♀	IF	if	If	iF
if	白色卷羽(IiFf)	有色常羽(iiff)	白色常羽(Iiff)	有色卷羽(iiFf)
表型类型	亲本型	亲本型	重组型	重组型
个体只数	15只	12只	4只	2只

图1-12　家鸡的测交试验

这种连锁的非等位基因，在配子形成过程中发生了交换，从而出现不完全连锁的遗传现象。

2. 连锁与交换定律

位于同一条染色体上的非等位基因，在遗传过程中，如果随着该条染色体作为一个整体传递到子代中去，则表现为完全连锁遗传。位于同一条染色体上的非等位基因，在形成配子的减数分裂过程中，如果不表现为完全连锁遗传，非姐妹染色单体之间发生了基因交换，则F_1不仅产生亲本型配子，也产生重组型配子，而且亲本型配子多于重组型配子。

多数情况下，并不是全部性母细胞在某2个基因座位之间发生交换，不发生交换的性母细胞所形成的配子都属于亲本组合。当有40%的性母细胞发生交换时，重组配子占总配子数的20%，刚好是发生交换的性母细胞的百分数的一半。

通常用交换率（互换率）来说明重组合的比率。所谓交换率就是重组合数占测交后代总数的百分比,其变动范围为 0%～50%。在一定条件下,同种生物同一性状的连锁基因的互换率是恒定的。在同一对染色体上,互换率的高低与基因在染色体上的相对距离有关,2 对基因相距越近,交换率越低;相距越远,交换率越高。

3. 连锁交换定律的应用

基因的连锁使某些性状间产生相关性,可以根据一个性状来推断另一个性状。在育种工作中,根据各性状间是否连锁、连锁强度的大小等,来制定适当的选种方法,也可以进行早期选择,提高杂交育种的效果。

根据基因连锁规律确定连锁群和基因定位,对育种工作有很大的指导意义。

四、性别决定与伴性遗传

动物类型不同,性别决定的方式也往往不同。高等动物是雌雄异体,性别的差异不仅反映在性征上,也反映在生产力上,如牛的泌乳性能、母禽的产蛋性能等,同时在生长速度和劳役效率等方面也存在差异。因此,动物生产中应重视性别问题。由于雌雄个体的比数接近 1∶1,保持生物繁殖现象的平衡,类似孟德尔的测交比数,即一性别是纯合体,另一性别是杂合体,说明性别与染色体及染色体上的基因有关。

(一)性别决定

1. 性染色体决定性别

在性染色体组型中,有一对特殊的性染色体,是决定动物性别的基础。通常,决定动物性别的性染色体构型可分 XY、XO、ZW、ZO 等 4 种类型。

(1) XY 型。雌性的性染色体是由一对等长的染色体组成,用 XX 表示;雄性只有一条 X 染色体,另一条是比 X 小且形态也有些不同的 Y 染色体,所以雄性用 XY 表示。大多数脊椎动物,包括所有哺乳动物(如牛、马、猪、羊、兔等)、部分鱼类、两栖类以及多数昆虫的性染色体属于此种类型。

(2) ZW 型。这种构型与 XY 型相反,雄性为同配性别,产生一种配子,用 ZZ 表示;雌性为异配性别,产生 2 种配子,用 ZW 表示。所有的鸟类(如家禽)、部分爬行类、家蚕和鳞翅目昆虫均为此种类型。

(3) XO 型。这一类型决定的性染色体构型,雌的为 XX 型,雄的为 XO 型,即缺乏 Y 染色体。部分昆虫如蝗虫、虱子和蟑螂属于 XO 型。

(4) ZO 型。这一类型决定的性染色体构型,雄的有 2 条 ZZ 染色体,而雌的只有 1 条 Z 染色体。

2. 性别发育与环境

(1) 营养与性别。蜜蜂分蜂王、工蜂和雄蜂 3 种。蜂王和工蜂是由受精卵发育成的,它们的染色体组是相同的（$2n=32$）；雄蜂（$n=16$）是由未受精卵发育成的。受精卵可以发育成正常的雌蜂（蜂王），也可以发育成不育的雌蜂（工蜂），这取决于营养条件对它们的影响。

（2）温度与性别。蛙的性染色体构型为 XY 型。幼体蝌蚪在 20 ℃条件下发育的后代雌雄比为 1∶1；而在 30 ℃条件下全部发育为雄性，它们的染色体构型未发生改变，只是环境（温度）改变的表现型。

（3）生物学特性与性别。海洋生物后鳃的蠕虫性别发育很特别，幼虫无性别，若自由生活则发育成雌性；若幼虫落在雌体吻部，则定向发育成雄性。但是，将发育未完全的幼虫从雌体吻部移出，则发育成中间性。这是由于雌虫的吻部有一种类似激素的化学物质，影响幼虫的性别分化。

（4）性反转现象。许多动物在胚胎时期形成雌、雄两种生殖腺。如果胚胎发育成雌性，则雌性生殖腺分泌雌性激素维持雌性性腺发育，同时抑制雄性性腺发育；反之，如果胚胎发育成雄性，则雄性生殖腺分泌雄性激素维持雄性性腺发育，同时抑制雌性性腺发育。

通常，母鸡依靠左侧卵巢（右侧卵巢在胚胎期退化）维持第二性征，如果发生病变而丧失排卵和分泌激素的机能，那么左侧退化成痕迹的性腺具有向两性发育的可能，如发育成精巢，形成雄性，从而改变性别，而且能够正常配种。

（5）自由马丁现象。高等动物的两性结构同时存在，个体性别的分化取决于有无 Y 染色体上的睾丸决定基因、雄性激素及其受体，即性腺分泌的性激素对性别分化的影响十分明显。

在双生牛犊中，如果一公一母，那么公犊发育为有生育能力的公牛，而母犊不能生育，称雄性中性犊。这种牛长大后不发情，卵巢退化，子宫和外生殖器官都发育不全，外形有雄性表现，称为自由马丁。这种双生犊虽然是不同性别受精卵发育而成的，但是由于胎盘的绒毛膜血管互相融合，胎儿有共同的血液循环，而睾丸比卵巢先发育，睾丸激素比卵巢激素先进入血液循环，抑制雌性犊牛的卵巢进一步发育，最后形成中间性。在多胎动物中，如猪、绵羊、兔等雌雄同胎，由于胎盘不融合或有融合但血管彼此不吻合，故不发生中间性现象。

3. 性别畸形

（1）雌雄嵌合体。

同时存在雌、雄两种性状的个体称为雌雄嵌合体，原因是雌性结合子第一次有丝分裂时发生不规则分裂，生成 XO 型（丢失 1 个 X 染色体）和 XX 型（正常）2 个子细胞，前者发育成雄性系统，后者发育成雌性系统，从而形成雌雄嵌合体。

（2）中间性山羊。

山羊性情粗暴，公羊有角易伤人，所以饲养者有目的地选留无角山羊。而山羊角的性状受一对基因控制，是显性纯合疾病，无角雄性正常而雌性呈中间性；杂合体或者隐性合体雌雄均正常。所以，在山羊生产实践中，应该采用无角配有角而不能采用无角配无角的繁殖方式。

（3）人类的间性。

人类有多种性染色体构型变异和常染色体突变造成的性畸形，列举如下：

① 睾丸退化症（葛莱弗德氏病）：染色体组型为 47 XXY 或 48 XXXY。患者外貌为男性，身材略高于普通男性，有女性化的乳房，智力一般较差，睾丸发育不全，不育。

② 卵巢退化症（杜纳氏综合征）：染色体组型为 45 XO，外貌像女性，第二性征发育不全，身材矮于普通女性，有先天性心脏病。卵巢发育不全，无生殖细胞，原发性闭经，不育。

③ 多 X 女人：染色体组型为 47 XXX 或 48 XXXX，为超雌个体，体型正常，有月经，能够生育，子代可能出现 XXY 综合征。

④ 多 Y 男人：染色体组型为 47 XYY，外貌为男性，性情粗暴，身材高大，智力差。

（二）伴性遗传

伴性遗传指性染色体上的基因控制的性状，其遗传方式与性别有关，这种遗传方式称为伴性遗传。

伴性遗传主要应用在养鸡业，如鸡的羽色和羽数都是伴性遗传现象。利用伴性遗传的特点，可以进行公母雏早期识别，根据实际需要进行有目的地生产。

下面以芦花鸡为例，说明伴性遗传现象。芦花鸡的绒羽为黑色，头上有白色斑点，成羽有横斑，黑白相间。如用雌芦花鸡与雄的非芦花鸡交配，得到的子一代中，雄的都是芦花，雌的都是非芦花。这样就可以根据雏鸡的性状鉴别雌雄，在子一代中，如果绒羽黑色，头上有黄色斑点，则是雄的，其余的是雌的。其遗传行为如图 1-13 所示。其中，芦花基因 B 在 Z 染色体上，而且是显性。

由此可以看出，伴性遗传的遗传特点为：正反交结果不一致和隔代遗传；性状分离比数在两性间不一致；染色体异性隐性基因（Z^bW）也表现其作用，出现假显性。

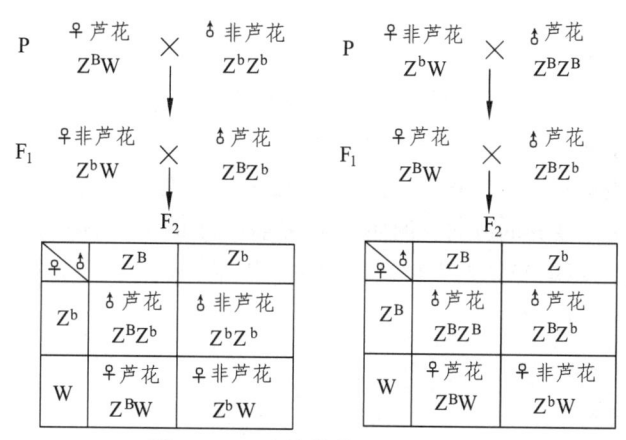

图 1-13 鸡的芦花斑纹的遗传

任务三　性状的变异现象

知识链接

世界上没有两个完全一样的个体，即使亲子之间、同胞之间、同卵双生个体之间也会有这样或那样的差异。不仅高等动物有变异，低等动物也有变异，如细菌、病毒等。生物体在有性繁殖情况下有变异，在无性繁殖情况下也有变异，如芽变。生物的变异不仅表现在外部和内部构造上，也表现在生理生化及本能等方面，如有的猪产仔数多，有的猪产仔数少；有的鸡好斗，有的鸡不好斗。可见，生物变异的表现是多方面的，变异是生物界的一种普遍现象。

一、变异的类型及原因

（一）变异的类型

生物的变异形形色色，主要分为以下几种类型。

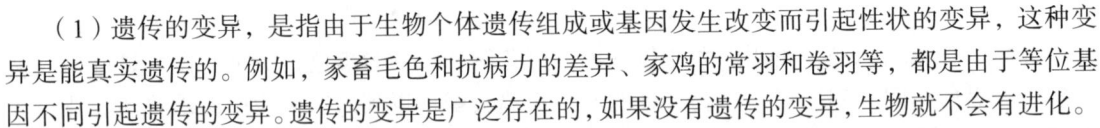

1. 遗传的变异和不遗传的变异

（1）遗传的变异，是指由于生物个体遗传组成或基因发生改变而引起性状的变异，这种变异是能真实遗传的。例如，家畜毛色和抗病力的差异、家鸡的常羽和卷羽等，都是由于等位基因不同引起遗传的变异。遗传的变异是广泛存在的，如果没有遗传的变异，生物就不会有进化。

（2）不遗传的变异，又叫表型的变异，它是指由于环境条件的改变，引起生物的外部变化，即获得性。由于这种变异并没有引起遗传物质相应的改变，所以一般它是不能遗传的。例如，给同一品种的肉羊以不同的饲料，饲料不足的个体，增重慢；饲料充足的个体，则增重快。又如，同一品种的牦牛，在青藏高原被毛密，转到四川平原后，因气温增高，被毛变得稀疏。这类变异都属于不遗传的变异，它也是广泛存在的。

2. 一定变异和不定变异

（1）一定变异，也称定向变异，是指同一种群的生物处在相似的条件下发生相似的变异。环境条件决定了变异的方向。例如，同一品种的水貂，饲养在北方的毛皮品质比饲养在南方的好。

（2）不定变异，也称不定向变异，是指同一种群的生物处在相似的条件下发生不同的变异。在此，环境条件并不决定变异的方向。例如，同一窝仔猪的毛色、体重、大小常常有所不同。

一般认为，遗传的不定变异是生物进化的主要因素，遗传的不定变异通过选择纳入一定方向，最后形成一定的新类型。

（二）变异的原因

生物的性状（表型）是遗传和环境共同作用的结果，所以生物性状的变异来源于遗传物质的改变或环境条件的变异，二者之一发生变化，就会引起生物性状的变异。如果变异的原因是遗传的差异，那么变异是可遗传的。如果变异的原因是环境条件改变引起的且只引起表型的变异，则这种变异是不可遗传的。如果不仅改变了表型而且还影响了基因型，那么这种变异属于可遗传的变异。

虽然环境条件改变引起的变异是不可遗传的，但是遗传性的发挥则需要有一定的环境条件。例如，黄脚来航鸡虽然体内含有黄脚基因，但需要供给含黄色素的饲料，才能表现出黄脚的性状。如果饲料中长期缺乏黄色素，则鸡脚的颜色就会逐渐变为白色；若重新供给含黄色素的饲料，鸡脚的黄色又能恢复。因此，在畜牧业生产中，要获得高产，必须重视培育具有高产基因型的良种，同时还要提供良好的饲养管理条件，才能充分发挥畜禽生产性能的遗传潜力。

基因型变化的原因，分析起来不外乎两类：一是通过有性过程进行杂交所引起的基因重新组合和互换，这是利用已有的基因产生多种多样基因型的根本途径；二是由于突变，包括基因突变和染色体畸变两种，这是产生新的遗传基础的基本方式。

二、基因突变

基因突变是指染色体上某一基因位点发生了化学结构的变化，使一个基因变为它的等位基因，也称为点突变。基因突变广泛存在于自然界，如无角海福特牛就是由突变的无角公牛和母牛培育而成的，又如果蝇红眼变为白眼等。

（一）基因突变的原因

一般认为，基因突变是由于内外因素引起基因内部的化学变化或位置效应的结果，也就是DNA分子结构的改变。染色体或基因在代谢过程中保持稳定主要是靠DNA的精确复制和DNA损伤的修复，但是任何遗传物质的损伤、碱基序列的改变都会导致基因突变。换句话说，基因是由染色体上一定位点的DNA分子所组成的，如果DNA分子的任何一种核苷酸发生变化，或者碱基的位置发生变化（即所谓的位置效应），则以后的DNA分子将按改变的样板进行复制，于是形成了基因突变。

（二）基因突变的种类

1. 按基因突变的起源分

（1）自然突变，也称自发突变，是由外界的自然环境条件或者生物体内的生理生化过程中的理化因子所引起的基因突变，没有施加人为的诱变因素。例如，18世纪后期，在美国新莫兰地区的羊群中发现一只突变的腿短而且弯曲的公羊，用它培育出绵羊安康羊品种。又如无角海福特牛就是由突变的七头无角公牛和母牛培育而成的。

（2）诱发突变，也称人工诱变，是人为地利用诱变剂处理生物或细胞而诱发基因突变。实际上，自然突变与诱发突变没有本质上的区别。

2. 按突变基因的显隐关系分

（1）显性突变，由隐性基因突变为显性基因的突变类型，如鸡的常羽（f）突变为卷羽（F）。
（2）隐性突变，由显性基因突变为隐性基因的突变类型，如犬的黑色被毛（R）突变为红毛（r）。

3. 按基因突变与野生型的关系分

（1）正突变，也叫正向突变，是基因从野生型（指物种在自然界中多数个体的表型）转变为突变型的突变类型。如鸡群中胫骨发育正常突变成胫骨发育极短的匍匐鸡（显性性状），纯合体多数生后数日内死亡。

（2）反突变，也叫回复突变，是基因从突变型变为野生型的突变类型，是一种反向的突变过程。如有的杂合型银灰狐（W^{p}W）体躯上出现大面积白色被毛（WW），可能是体细胞 W^p 基因回复突变为 W 的结果。

4. 按发生基因突变的细胞种类分

（1）性细胞突变，发生于性细胞的基因突变是能够遗传给下一代的，尤其是显性突变在后代就会完全表现出突变性状。如金鱼、家兔、鸡等许多家养动物的优良性状都是突变基因选育的结果。也有许多细胞突变的性状是致畸的，如无尾鸡、无毛鸡、猪的锁肛等。

（2）体细胞突变，这是广泛存在的一种基因突变，几乎所有身体的组织器官的细胞都可能发生突变，如果这些突变不能准确地修复就会导致体细胞病，如恶性增殖、癌变等。

5. 按突变基因的致死程度分

（1）致死突变，是指突变纯合体在胚胎期或出生后不久全部致死或 90% 以上死亡的突变。致死突变可以发生在常染色体上，也可以发生在性染色体上。显性致死在杂合状态即有致死效应，而隐性致死则要在纯合状态才有致死效应，在配子期、合子期、胚胎期、幼龄期或成年期都可发生致死作用，如猪的畸形足致死、鸡的先天性瘫痪等。

（2）半致死突变，一般是指突变基因纯合体死亡率较低（10%~50%）或是个体发育到性成熟以后才表现出致死性表型效应的一类基因突变。

6. 按突变基因的表型分

（1）形态突变，是改变生物的形态结构，导致形状、大小、色泽等性状的突变。如安康羊比普通绵羊的四肢短，这类突变在外观上可看到，所以也叫可见突变。

（2）生化突变，是影响生物的代谢过程，导致一个特定的生化功能的改变或丧失，而没有形态变化的突变。

（三）基因突变的影响因素

1. 基因突变的频率和时期

所谓基因突变频率是突变体占所观察的总个体数的比率，在遗传学上把能够表现突变性状的个体称为突变体。在正常的生长条件和环境中，基因突变的频率是很低的，也是相对稳定的。

突变可以发生在生物个体发育的任何时期。一般性细胞的突变频率大于体细胞的突变频率，这是因为性细胞在减数分裂的末期对外界环境条件具有较大的敏感性。性细胞突变可以通过受精而直接遗传给后代；体细胞突变却不能直接遗传下去，而且突变的体细胞在生长发育过程中往往竞争不过周围的正常细胞，受到抑制或消失。在家畜中，海福特牛的红毛部分出现黑斑就是体细胞突变的结果，但这种突变在遗传上是没有意义的。

2. 引起基因突变的因素

（1）引起自然突变的因素：自然界温度骤变、宇宙射线和化学污染等外界因素，生物体内或细胞内部某些新陈代谢的异常产物也是重要因素。

（2）引起诱发突变的因素：一是物理因素，包括电离辐射线（如X、γ、α和β射线）、紫外线、激光、电子流及超声波等；二是化学因素，包括咖啡碱、甲醛、脱氨剂、烷化剂（如甲基磺酸乙酯、硫酸二乙酯、乙烯亚胺）、秋水仙素，还有能引起转录和转译错误的吖啶类染料等。

（四）基因突变的一般特征

1. 突变的多方向性

基因突变是不定向的，可以向不同的方向发生。一个基因可以突变为一个以上的等位基因，如基因A可以突变为等位基因a_1或a_2、a_3等，且基因之间的生理功能和性状表现各不相同。因而，1个基因位点上可以有2个以上的基因状态存在，称为复等位基因，如人的A、B、O血型系统。基因突变的多方向性是生物进化多样性和复等位基因产生的理论基础，但基因突变的多方向也是相对的，是受基因大小和内部结构制约的，只能在一定范围内发生，如兔的毛色基因（C）的突变，一般在色素范围内。

2. 突变的重演性

相同的突变可以在同一物种内不同个体间多次发生。例如，在有角海福特牛群同时发生几头无角突变体；短腿的安康羊绝种50年后，又在挪威一个羊群发现了短腿突变体。

3. 突变的可逆性

显性基因A可突变成隐性基因a，称之为正突变。例如，果蝇红眼可突变为白眼。反之，隐性基因可突变为显性基因，称之为反突变。由于自然突变大多为隐性突变，所以一般正突变率大于反突变率。从基因突变的可逆性可以得出，基因突变不是遗传物质的缺失，而是基因内部的化学变化。

4. 突变的平行性

亲缘关系较近的一些物种，由于遗传基础——基因组的相似性，往往发生相似的突变。如果发现一个物种有某种突变体，可以预见近缘的其他物种或属也可能发生类似的基因突变。这一点对人工诱变具有一定的指导意义。

5. 突变的有害性

突变对生物来说，绝大多数是有害的。因为物种的基因组构成和生物的遗传稳定性是长期自然选择的结果，对环境的适应处于最稳定的有利状态。如果发生基因突变，必然破坏原有的基因平衡协调系统。由于突变基因重要性不同，对基因平衡的破坏程度也不同，但一般会引起发育和代谢过程的紊乱，表现为生活力、繁殖力下降，甚至死亡。例如，海福特牛群出现白化体侏儒症、猪的阴囊疝、牛的多趾症等。

也有许多基因突变在一定条件下对生物和人类是有利的。有些突变能促进或加强某些生命活动，有利于生物生存，如作物的抗病性、早熟性和茎秆的矮化坚韧、抗倒以及微生物的抗药性等。有些突变虽对生物本身有害，而对人类却有利，如绵羊的短腿突变、牛的无角等。由此可见，基因突变是生物进化的多样性、自然选择和人工选择的源泉，生物种群繁衍产生新的适应条件，是动物育种工作的理论基础。

（五）基因突变的应用

诱变能提高突变率，产生新的性状而且性状又较为稳定；扩大变异幅度，可以缩短育种年限。因此，在微生物和植物育种方面作为一项常规育种技术广泛应用，而且已在生产上取得了显著成果。在动物方面，家畜、家禽因身体结构复杂，生殖腺在体内保护较好，所以诱发突变比较困难。但对家蚕、兔、皮毛兽等的诱变也有一定效果，如野生水貂只有棕色的皮毛，利用诱变使其毛色基因发生突变，产生纯白色貂、灰褐色貂等品种。

三、染色体变异

在细胞分裂过程中，染色体形态、结构和数量发生异常的改变，产生可遗传的变异，这种改变称为染色体畸变，染色体畸变包括染色体结构的变异和染色体数目的变异。染色体畸变虽然没有创造出新的基因，但也是生物产生遗传变异的重要因素。

（一）染色体结构的改变

性细胞减数分裂时，染色体在物理因素、化学因素或环境因素作用下发生断裂，断裂端的重新黏结或游离片段的丢失导致染色体上基因的反常排列，称为染色体结构的变异。依据染色体断裂的数目和位置，断裂端是否连接以及连接的方式，染色体结构的变异分为4种类型：缺失、重复、倒位和易位。

1. 缺　失

缺失是指染色体发生断裂并丢失带有基因的断裂片段，丢失的游离片段一般没有着丝粒。缺失的遗传效应，主要是破坏原有基因的连锁关系，影响基因间的交换和重组，影响生物的正常发育和配子的生活力。影响的程度取决于缺失片段的长短及其所载荷的基因的重要性，一般缺失杂合体比缺失纯合体所受影响小。如果染色体上显性基因丢失，缺失杂合体的隐性基因决定的性状就会表现出来，这种现象称为假显性现象。染色体结构变异最早就是从缺失的假显性中发现的。

2. 重　复

重复是指染色体增加了与本身相同的某一片段。重复的产生主要由一对同源染色体彼此非对等地交换，通常一条染色体发生重复，另一条染色体就发生缺失。或者，在减数分裂中期，同源的2条染色单体于着丝粒处发生横向断裂，形成2条等臂的染色体，那么整条臂基因可能出现重复。

重复的遗传效应表现为剂量效应和位置效应。染色体重复引起某些基因数目的改变，打破了个体基因间构成的平衡关系，导致性状显隐关系的变化，使性状的表现程度加重，这就是基因的剂量效应。同时，重复片段的基因在染色体上的位置不同而表现出效应的差别，就是基因的位置效应。重复破坏了正常的连锁群，也影响基因间的重组率。

3. 倒　位

倒位是指染色体上某一段发生断裂后，倒转180°又重新连接起来。倒位没有改变生物个体的基因总量，只是改变了基因序列和相邻基因的位置。因此，倒位的遗传效应表现为基因的位置效应及其所在连锁群重组率的改变。当倒位的片段较大时，倒位杂合体常表现高度的不育，倒位纯合体一般是完全正常的，并不影响个体的生活力。例如，一头14号染色体倒位的杂合体公牛，与正常母牛配种繁殖的27头后代中，11头是正常的，16头是倒位杂合体，其繁殖能力明显下降。

4. 易　位

易位是指非同源染色体之间发生的染色体片段的转移。如果只是一个染色体的片段转移到另一个非同源染色体上，称为单向易位；如果非同源染色体互相交换染色体片段，称为相互易位。易位与倒位相似，没有改变染色体和基因的数量，只改变了原来的位置和连锁群。易位的遗传效应表现为改变基因的连锁关系，使原来连锁的基因成为非连锁的；反之，原来是非连锁的基因变为连锁的，从而影响基因间的重组率。

相互易位对个体的表型一般没有太大影响。相互易位杂合体减数分裂产生配子时，在联会的2对染色体中，一般相邻的两条易位的染色体进入1个配子，是不育的；而相对应的2条非易位的染色体分离进入另一配子，所以是可育的。通常相互易位染色体的个体，产生的2/3的配子是不育的。易位杂合体与正常个体杂交，其F_1有一半是不育的。许多学者研究确认，单向易位后代个体繁殖力亦明显降低。

（二）染色体数目的改变

生物所具有的染色体数目一般是恒定的。但是，由于内外环境因素的影响，物种的染色体数目也会发生改变，这种染色体数目发生不正常的变化称为染色体数目的变异。这种变化又可归纳为两种类型，即整倍体的变异和非整倍体的变异，如表1-4所示。

表1-4　染色体数目变异的类型

类　别	名　　称		符　号	染色体组型
非整倍体	单体		2n-1	（ABCD）（ABC）
	多体	三体	2n+1	（ABCD）（ABCD）（A）
		四体	2n+2	（ABCD）（ABCD）（AA）
		双三体	2n+1+1	（ABCD）（ABCD）（AB）
	缺体		2n-2	（ABC）（ABC）
整倍体	单倍体		1n	（ABCD）
	二倍体		2n	（ABCD）（ABCD）
	多倍体	三倍体	3n	（ABCD）（ABCD）（ABCD）
		同源四倍体	4n	（ABCD）（ABCD）（ABCD）（ABCD）
		异源四倍体	4n	（ABCD）（ABCD）（A'B'C'D'）（A'B'C'D'）

1. 整倍体的变异

整倍体变异是指细胞核中染色体以染色体组为单位成倍增减的现象。自然界中，多数物种是体细胞内含有 2 个完整染色体组的二倍体。遗传学上把 1 个配子的染色体数，称为染色体组（也称基因组）。凡是细胞核里含有染色体组的完整倍数，叫作整倍体。含有 1 个完整染色体组的叫作单倍体（n），含有 2 个染色体组的叫作二倍体（$2n$），含有 3 个染色体组的叫作三倍体（$3n$），依此类推。自然界中，绝大多数物种是二倍体。体细胞内含有超过 3 个染色体组的统称为多倍体。根据染色体组的性质来源，多倍体可分为两类：一类是来源相同并超过 2 个染色体组的称为同源多倍体；另一类是来源不同并超过 2 个染色体组的称为异源多倍体。多倍体的产生是由于体细胞分裂中只发生染色体分裂而不发生细胞分裂，或者不同倍数性配子受精而形成的。例如，肉用仔鸡、白来航鸡的非整倍体的发生频率，一日龄胚占全部染色体畸变频率的 3%~17%，四日龄胚为 7%。高等动物大多数是雌雄异体，而雌雄性细胞同时发生不正常的减数分裂机会极少，且染色体稍不平衡，就会导致不育，故动物界的多倍体是很少见的。

2. 非整倍体的变异

非整倍体变异是指细胞核中染色体在正常体细胞的整倍染色体组的基础上，发生个别染色体增减的现象。通常以二倍体（$2n$）染色体数为基准，增加或减少了若干个染色体，染色体数目不是整倍数，所以叫非整倍体。按其变异可以分为以下几种：

（1）单体，指二倍体染色体组中缺少 1 个染色体的生物，故又称为二倍减一（$2n-1$）。如先天性卵巢发育不全的女人（核型 45，XO）；在母猪、母马中，均发现缺少性染色体的单体母猪（核型 37，XO）和母马（核型 63，XO），一般体型较小，卵巢发育不全等。

（2）多体，指一个完整的二倍体染色体组，增加了 1 个或多个染色体。二倍体的某对同源染色体多一条染色体叫三体（$2n+1$），如多 X 女人（核型 47，XXX）。在家畜方面，发现 65 XXX 型母马，X 三体表现不孕，卵巢小，子宫发育不全，性周期不规则；还有 65 XXY 型公马，颈似母马，精巢在腹腔内，无精子形成；长白猪 39 XXY 型公猪，阴茎短，精巢发育不全，无精子形成。牛的一些常染色体三体，通常会死亡。

如果二倍体中一对染色体多 2 条染色体，称为四体；如果二倍体中 2 对同源染色体各多一条染色体，称为双三体（$2n+1+1$）。

（3）缺体，指二倍体中有一对同源染色体全部缺失的生物（$2n-2$）。

在非整倍体变异中，三体是较普遍的一种类型，一般二倍体的生物都有三体型个体。在日本的荷斯坦牛、美国的瑞士褐牛等牛群中都发现过常染色体的三体的病例，皆伴有下颚不全的症状。

（三）染色体变异在育种上的应用

利用染色体结构的变异（主要是诱发易位），转移所需要的显性性状的基因具有显著的效果。在家蚕育种上，曾以 X 射线处理蚕蛹，使其第 2 号染色体上载有斑纹基因的片段易位到决定雌性的 W 染色体上，成为限性遗传。因为该基因决定幼蚕的皮肤，有斑纹的为雌蚕，无斑纹的为雄蚕。这样，可以做到早期鉴别雌雄，以便选择饲养，有利于提高蚕丝的产量和质量。

利用染色体数目变异的育种技术包括单倍体育种、多倍体育种和增减个别染色体，从而选育特殊的育种材料。其在植物方面已广泛应用，我国利用多倍体育种方法，已培育出许多农作物新品种，如三倍体无籽西瓜、多倍体小黑麦等；在动物育种方面，有人应用秋水仙素处理青蛙、鲫鱼、鲤鱼、兔子等动物的性细胞，获得了三倍体个体，但它们往往不育。所以目前多倍体育种方法在家畜生产实践上还没有得到实际应用。

研究染色体畸变对诊断染色体病有重要意义。例如，在西门塔尔牛、夏洛来牛、瑞典红白花牛中，已鉴定出 1/29 易位（即第 29 对染色体易位到第 1 对染色体上），染色体易位的公牛常常生殖力下降。

任务四 数量性状的遗传

知识链接

生物的性状从世代传递过程的连续性考虑，可分为显性性状和隐性性状；从个体间变异的连续性考虑，可分为质量性状和数量性状。所谓质量性状，一般是指在个体间没有明显的量的区别而表现为质的中断，呈现或有或无、或正或负的关系，这些性状如白毛或红毛、有角或无角、Rh 阳性或阴性。质量性状一般是由效应较大、为数不多的基因控制的，一个基因的差别可导致性状的明显变异。

数量性状是指那些在类型间没有明显的界限，变异呈连续的、可以用计量单位进行计量的性状。对于家畜而言，差不多所有重要的经济性状都属于这一范畴。例如，牛的泌乳量、乳脂率，猪的胴体长、背膘厚、眼肌面积，鸡的开产日龄、产蛋量、蛋重、生活力，羊的剪毛量、毛纤维长、毛直径等。对于这类性状的改进，直接影响畜牧业的经济利益。每一数量性状是许多微效基因共同作用的结果，受环境影响较大。

一、数量性状的遗传方式与机制

（一）数量性状的遗传方式

1. 中间型遗传

在一定条件下，2 个不同品种杂交，其 F_1 的平均表型值介于两亲本的平均表型值之间，在以后各世代中也不会出现分离现象，如 2 个品种猪杂交，甲品种猪的背膘平均厚为 26 mm，乙品种猪的背膘平均厚为 50 mm；其 F_1 的背膘平均厚为 38 mm；F_2 的背膘平均厚为 38 mm。当群体足够大时，个体性状的表现呈正态分布，只不过 F_2 的变异范围比 F_1 的大些。

2. 杂种优势

杂种优势是数量性状遗传中的一种常见的遗传现象。它是指 2 个遗传组成不同的亲本杂交，其 F_1 代在产量、繁殖力、抗病力、生活力、生长势等方面都超过双亲的平均值的现象，甚至比 2 个亲本各自的水平都高。例如，马和驴杂交产生的骡比亲本都强壮。又如，波中猪与杜洛克猪杂交产生的杂种比任何亲本都强大。但是，F_2 的平均值向 2 个亲本的平均值回归，杂种优势下降，以后各代杂种优势逐渐趋于消失。

3. 越亲遗传

2 个品系或 2 个品种的杂交 F_1 表现为中间型，而在以后各代中可能出现比双亲在该性状上更好或更差的个体，这种现象称为越亲遗传。例如，在鸡中有 2 个品种，一种叫新汉县鸡，体格很大；另一种叫希布赖特观赏鸡，体格很小，两者杂交后可产生出小于希布赖特观赏鸡或大于新汉县鸡的杂种鸡。

（二）数量性状的遗传机制

1. 多基因假说与中间遗传

1908 年，瑞典遗传学家尼尔逊·埃尔通过对小麦籽粒颜色的遗传研究，提出了数量性状遗传的多基因假说。尼尔逊·埃尔的多基因假说的要点是：

（1）数量性状是由许多对微效基因的联合效应造成的。

（2）微效基因之间大多数缺乏显性，它们的效应是相等而且相加的，所以微效基因又称加性基因。

（3）多基因的遗传行为，同样符合遗传基本规律，既有分离和重组，也有连锁和互换。

2. 基因的非加性效应与杂种优势

多基因假说认为控制数量性状的各个基因的效应是累加的，即基因对某一性状的共同效应是每个基因对该性状单独效应的总和。由于基因的加性效应，使杂种个体表现为中间遗传现象。但是，基因除具有加性效应外，还有非加性效应。基因的非加性效应是造成杂种优势的原因，它包括显性效应和上位效应。由等位基因间相互作用产生的效应叫作显性效应。例如，有两对基因，A_1、A_2 的效应各为 10 cm，a_1、a_2 的效应各为 5 cm，基因型 $A_1A_1a_1a_1$ 按加性效应计算其总效应为 30 cm。而在杂合状态下，即 $A_1a_1A_2a_2$，但其总效应却可能是 40 cm，这多产生的 10 cm 效应是由 A_1 与 a_1、A_2 与 a_2 间相互作用引起的，这就是显性效应。由非等位基因之间相互作用产生的效应，叫作上位效应。例如，A_1A_1 的效应是 20 cm，A_2A_2 的效应也是 20 cm，而 $A_1A_1A_2A_2$ 的总效应则是 50 cm，这多产生的 10 cm 效应是由这两对基因间相互作用引起的，这就是上位效应。

一般认为，杂种优势是与基因的非加性效应有关。目前，对产生杂种优势的机制有两种学说，即显性学说和超显性学说。

3. 越亲遗传现象的解释

产生越亲遗传与产生杂种优势的原因并不相同。前者主要是基因重组，而后者则是基因间相互作用的结果。例如，有 2 个杂交亲本品种，其基因型是纯合的，等位基因无显隐性关系，假设一个亲本基因型为 $A_1A_1A_2A_2a_3a_3$，另一个亲本基因型为 $a_1a_1a_2a_2A_3A_3$，一代杂种基因

型为 $A_1a_1A_2a_2A_3a_3$，介于两亲本之间，而杂种一代再杂交，在二代杂种中就出现大于亲本的个体 $A_1A_1A_2A_2A_3A_3$ 和小于亲本的个体 $a_1a_1a_2a_2a_3a_3$。可见，越亲遗传是双亲遗传潜力不同的基因重组于子代的结果。

二、分析数量性状的基本方法

（一）数量性状的统计分析方法

数量性状以数量来表示，获得的数据是大量的。要描述数量性状，研究其遗传规律，必须对数量性状的原始数据进行统计与科学分析，才能去伪存真，做到准确可靠。

总体指所研究事物的全体，包括所有个体在内，样本是总体的一部分。由于总体所包含的个体数目很多，不易取得其全部原始数据，所以一般只能通过样本去了解总体。总体或样本中每一个体的性状观测值叫作变数，常用 X 来表示。

在对数量性状进行统计时，先对原始数据加以整理，然后对各种数据按其性质分门别类，反复核实，然后对数据进行统计分析。在分析数量性状中，最常用的统计量是平均数、标准差、变异系数。

（二）数量性状的剖分

1. 表型值的剖分

表型值是我们进行生物统计的依据，是研究数量性状的基础，同时，好的表型值也是提高经济效益、大力发展畜牧业所追求的目标。但表型值是基因型和环境条件共同作用的结果，所以表型值并不都能遗传。

根据引起性状变异的原因，可将表型值剖分成两部分：一是由基因型控制的能遗传的那部分，称为基因型值（以 G 表示）；二是由环境条件引起的不能遗传的那部分，称为环境效应值（以 E 表示）。基因型值可按基因作用类型的不同，分成加性效应值（以 A 表示）、显性效应值（以 D 表示）、上位效应值（以 I 表示）。如果用公式表示则为

$$P=G+E=A+D+I+E$$

式中的 A、D、I 三种效应都来自基因型，但是 D 和 I 是个体基因型中的非加性效应，一般认为非加性效应不能在自群繁育后代中完全保持，很难固定，只有基因的加性效应值（A）能真正遗传给后代并得到固定。因此，把基因的加性效应值叫作育种值。

2. 表型值方差的剖分

在畜群中，由于各个体之间存在差异，群体表型值就存在着变异。方差就是度量群体表型值变异的指标，方差的组成部分与表型值的组成部分相同。表型方差也可作同样的剖分：

表型方差=基因型方差+环境方差

$$V_P=V_G+V_E$$

三、数量性状的遗传参数

(一) 数量性状的遗传力

1. 遗传力的概念

遗传力这个概念是美国学者拉什于 1949 年正式提出来的。在数量遗传学研究中，一般把基因型方差与表现型方差的比率定义为广义遗传力，即遗传因素对表型的决定程度。用公式表示就是：

$$H^2 = \frac{V_G}{V_P}$$

而我们把育种值方差与表型方差的比率定义为狭义遗传力，即育种值对表型的决定程度，表示性状能够遗传给后代的能力。用公式表示就是：

$$h^2 = \frac{V_A}{V_P}$$

很明显，由于 $V_G > V_A$，则 $H^2 > h^2$。由于纯种繁育时主要考虑的是育种值，所以，一般都用狭义遗传力，很少用广义遗传力。广义遗传力又叫遗传决定系数，一般认为是遗传力的上限。

遗传力估计值可以用百分数或者小数来表示，数量性状的遗传力估计值总是介于 0~1。例如，一个猪群的背膘厚遗传力估计值是 0.5，说明在后代猪群中猪的背膘厚的变异部分，约有一半是遗传原因引起的，另一半则是由环境条件造成的，不能误认为亲代的背膘厚只有 50% 能遗传给后代。根据性状遗传力估计值的大小，可将其大致划分为三等，即 0.5 以上为高遗传力，0.5~0.2 为中等遗传力，0.2 以下为低遗传力。常见畜禽数量性状的遗传力估计值如表 1-5 所示。

表 1-5 畜禽数量性状的遗传力估计值

畜禽种类	性状	遗传力估计值	畜禽种类	性状		遗传力估计值
牛	泌乳量	0.20~0.40	猪	日增重	单饲	0.10~0.50
	乳脂率/%	0.30~0.80			群饲	0.10~0.25
	饲料转化率（泌乳）	0.20~0.40		饲料转化率	单饲	0.15~0.50
	情期受胎率	0.20~0.50			群饲	0.20~0.30
	外形评分	0.20~0.30		胴体长		0.30~0.70
	日增重	0.10~0.30		背膘厚		0.30~0.70
	饲料转化率（增重）	0.20~0.40		背最长肌面积		0.20~0.60
	分割肉比率	0.20~0.50		腿肉比率		0.30~0.60
	背最长肌面积	0.20~0.50		肉色		0.30~0.40
	胸围	0.30~0.60		窝产仔数（不考虑母体效应）		0.10~0.15
	乳房炎抗病力	0.10~0.40				

畜禽种类	性状	遗传力估计值	畜禽种类	性状	遗传力估计值
羊	剪毛量	0.30~0.60	鸡	入舍母鸡产蛋量	0.05~0.15
	净毛量	0.30~0.60		母鸡日产蛋量	0.15~0.30
	毛长	0.30~0.60		开产日龄	0.20~0.50
	毛重	0.30~0.40		体重	0.30~0.70
	细度	0.20~0.50		蛋重	0.40~0.70
	弯曲度	0.20~0.40		繁殖率	0.05~0.15
	体重	0.20~0.40		孵化率	0.05~0.20
	产羔数	0.10~0.30		马立克抗病力	0.05~0.20

2. 遗传力的应用

遗传力这个参数的提出与运用，在数量遗传学的发展过程中具有极为重要的意义，对于指导家畜育种，特别是对于有效地进行选种，有着十分重要的作用。遗传力的用途主要有以下几点：

1）估计种畜的育种值

在育种工作中，根据育种值选留种畜是一种行之有效的选择方法，故可以利用性状的遗传力来估计育种值，再根据育种值来选种。

根据个体的表型值估计个体育种值的公式为

$$A = h^2(P - \overline{P}) + \overline{P}$$

式中，A 为个体 X 的育种值；P 为个体 X 的表型值；$\overline{P}$ 为性状畜群平均值；h^2 为该性状的遗传力。

2）确定繁育方法

当遗传力高时，根据表型进行选择，即根据个体的表现进行选择，可以获得较好的效果。遗传力高的性状，可以通过纯种繁育得到巩固、提高；相反，遗传力较低的性状就不能采用纯种繁育的方法来提高，只能用杂交或引入高产基因的方法，或改善饲养管理条件来达到提高的目的。遗传力低的性状宜采用家系选择，可以收到较好的效果。

3）确定选择方法

遗传力中等以上的性状可以采用个体表型选择这种简便又有效的选择方法。遗传力低的性状宜采用均数选择的方法。均数选择有两种：一种是根据个体多次度量值的均数进行选择，这样能选出好的个体，但需时较长，影响世代间隔；另一种是根据家系均值进行选择，即家系选择。近几十年来，鸡的产蛋量遗传进展很快，主要是采用家系选择的结果。

4）应用于综合选择指数的制定

在制定多个性状同时选择的"综合指数"时，必须用到遗传力这个参数。此外，还可用于预测遗传进展。

（二）数量性状的重复率

1. 重复率的概念

在家畜育种工作中，选种是一个重复环节。怎样才能及早判断出家畜个体的生产性能及种用价值，这是人们所关心的问题。当家畜个体有了第一次生产记录时，就可以根据这次的生产记录来判断其好坏。但仅根据一次的生产记录做出判断，是不太可靠的。家畜的许多性状，在其一生中可以进行多次度量，如牛的产奶量、绵羊的剪毛量等。在评定家畜个体品质时，究竟应该依据哪一次的生产记录呢？一般来说，根据哪一次都可以，但不如根据多次度量记录资料进行综合评定更为准确合理。因为度量次数越多，取样误差越小，越能反映家畜的实际生产性能。但是，要取得多次度量资料，需要较长的时间，这样会影响育种进度。那么，究竟需要度量多少次才合适呢？这要看具体性状的各次度量值之间的相关程度。如果各次度量值间的相关系数等于1，说明每次度量的结果都一样，在这种情况下只要度量一次就可以了。但是随着相关程度的降低，度量次数就需要相应增加。我们把同一个体同一性状的不同次度量值之间的相关程度叫作重复率，用 r_e 表示。如果家畜每次产量都相同或极其相似，重复率就等于1或接近于1；如果每次度量值大小很不一致，重复率就会接近于0。因此，根据性状重复率大小，可以预测家畜一生的生产成绩。一般度量次数不止两次，所以需用组内相关法求重复率。

$$重复率 = \frac{个体间方差}{个体间方差 + 个体内度量间方差}$$

$$r_e = \frac{\sigma_B^2}{\sigma_B^2 + \sigma_W^2}$$

性状的重复率系数一般大于性状的遗传力系数。由于环境影响有两种：一种叫一般环境或永久性环境，这部分虽不属于遗传因素，但能影响个体终生的生产性能，如乳牛在生长发育期间营养不良、发育受阻，对生产力的影响是永久性的；另一种是特殊环境，如暂时的饲养条件变换，造成产量下降，当条件改善时，产量即可恢复正常。因此，重复率是遗传力方差加上一般环境方差占表型值方差的比率，即

$$r_e = \frac{\sigma_B^2}{\sigma_B^2 + \sigma_W^2} = \frac{V_G + V_{Eg}}{V_G + V_{Eg} + V_{Es}} = \frac{V_G + V_{Eg}}{V_G + V_E} = \frac{V_G + V_{Eg}}{V_P}$$

式中，r_e 为重复率；σ_B^2 为个体间方差；σ_W^2 为个体内度量间方差；V_G 为遗传方差；V_{Eg} 为永久环境方差（一般环境方差）；V_{Es} 为暂时环境方差（特殊环境方差）；V_P 为表型方差。

由此可见，重复率受性状的遗传方差、一般环境方差和总方差的影响，所以性状的群体遗传特性和畜群所处的环境条件都能影响重复率。特定条件下测定的重复率，只能反映特定

条件下的情况。表1-6列举了几种家畜的某些性状重复率估计值的取值范围。

表 1-6 家畜某些性状的重复率

家畜种类	性 状	重复率	家畜种类	性 状	重复率
牛	泌乳量	0.35~0.55	猪	窝产仔数	0.10~0.20
	乳脂率	0.50~0.70	绵羊	剪毛量	0.40~0.80
	持续泌乳力	0.15~0.25		毛长	0.50~0.80
	受精率	0.01~0.05		断奶重	0.20~0.30
	妊娠期	0.15~0.25	马	马速	0.60~0.80
	牛犊断奶重	0.30~0.50		步距	0.30~0.40
	断奶成绩	0.20~0.60		外形评分	0.30~0.80

一般来说，重复率 $r_e \geq 0.60$ 称为高等重复率，$0.30 \leq r_e < 0.60$ 称为中等重复率，而 $r_e < 0.30$ 称为低等重复率。

2. 重复率的应用

1）用于验证遗传力估计的正确性

由重复率估计的原理可以知道，重复率的大小取决于基因型效应和一般环境效应，这两部分之和必然高于基因加性效应，因而重复率是同一性状遗传力的上限。另外，计算重复率的方法比较简单，而且估计误差比相同性状遗传力的估计误差要小，故估计较为准确。因此，如果遗传力估计值高于同性状的重复率估计值，则说明遗传力估计有误。

2）确定性状需要度量的次数

重复率高的性状，说明各次度量值间相关程度强，只需要度量几次就可正确估计个体生产性能；相反，重复率低的性状，则需要多次度量才能做出正确的估计。根据计算结果，当 r_e 为 0.9 时，度量一次即可；当 r_e 为 0.7~0.8 时，需要度量 2~3 次；当 r_e 为 0.5~0.6 时，需要度量 4~5 次；当 r_e 为 0.25 时，需要度量 7~8 次。

3）估计个体可能达到的平均生产力

有了重复率参数，可以根据家畜早期生产记录资料估计其一生可能达到的平均生产力，从而能在早期确定留种或淘汰。1937 年，拉什（Lash）提出的估计畜禽的可能生产力公式为

$$MMPA = \overline{P} + \frac{nr_e}{1+(n-1)r_e}(\overline{P}_n - \overline{P})$$

式中，$\overline{P}$ 为全群均数；$\overline{P}_n$ 为个体 n 次度量的均值；r_e 为该性状的重复率；P_n 为 n 次度量的表型值；P 为全群平均值；$\dfrac{nr_e}{1+(n-1)r_e}$ 为 n 次度量的重复率系数；$MMPA$ 为个体的最大可能生产力。

4）应用于评定家畜育种值

在评定家畜育种值时，对多次度量的性状，重复率是不可缺少的一个参数。

(三) 数量性状的遗传相关

1. 遗传相关的概念

畜禽作为一个有机的整体，它所表现的各个性状之间必然存在着内在的联系，这种联系的程度称为性状间的相关，用相关系数来表示。性状间的相关除遗传因素外，也有环境因素的影响。所以表型相关同样可以剖分为遗传相关和环境相关两部分。群体中各个体两性状间的相关称为表型相关（用 $r_{P(xy)}$ 表示），两个性状基因型值（育种值）之间的相关称为遗传相关（用 $r_{A(xy)}$ 表示），两个性状的环境效应或剩余值之间的相关称为环境相关（用 $r_{E(xy)}$ 表示）。按照数量遗传学的原理，性状的表型相关、遗传相关和环境相关的关系为

$$r_{P(xy)} = h_x h_y r_{A(xy)} + e_x e_y r_{E(xy)}$$

从表型相关的组成来看，如果两个性状的遗传力较高，则表型相关主要是遗传相关的影响；相反，当遗传力较低时，表型相关主要是环境的影响。然而，实际上造成表型相关的遗传相关和环境相关间的差异是很大的，有时甚至一个是正相关，一个是负相关。例如，鸡的体重和产蛋量的相关。在蛋鸡中，饲养好的鸡群，体重大则产蛋量高，两者表型相关为正值（$r_{P(xy)}$=0.09）。但从遗传上看，体重大的鸡比体重小的鸡，其产蛋量却较低，即体重与产蛋量的遗传相关为负值（$r_{A(xy)}$=-0.16）。在育种实践中，重要的是遗传相关，因为只有这部分相关是能真实遗传的。畜禽部分性状间的相关系数如表1-7所示。

表1-7 畜禽部分性状相关系数

畜禽种类	相关性状	$r_{P(xy)}$	$r_{A(xy)}$	$r_{E(xy)}$
牛	产奶量与乳脂量	0.93	0.85	0.96
	产奶量与乳脂率	-0.14	-0.20	-0.01
	乳脂量与乳脂率	0.23	0.36	0.22
猪	体长与背膘厚	-0.24	-0.47	-0.01
	生长速度与饲料利用率	-0.84	-0.96	-0.50
	背膘厚与饲料利用率	0.31	0.28	0.32
绵羊	毛被重与毛长	0.30	-0.02	0.17
	毛被重与每厘米卷曲数	-0.21	-0.56	0.16
	毛被重与体重	0.36	-0.11	0.05
鸡	体重（8周龄）与产蛋量（72周龄）	0.09	-0.16	0.18
	体重（8周龄）与蛋重	0.16	0.50	-0.05
	体重（8周龄）与开产日龄	-0.30	0.29	-0.05

2. 遗传相关的应用

数量性状间存在遗传相关，遗传相关主要用于以下几个方面：

1）进行间接选择

在选种过程中，有些遗传力低的性状，如猪的产仔数、鸡的产蛋量等，根据其表型值进行直接选择，效果较差。如能找出一个与其有高度遗传相关，而本身具有较高遗传力的性状作为辅助性状，就可以通过对辅助性状的选择来间接选择我们要选择的性状。

2）进行早期选种

如果辅助性状是一个幼年时期的性状，还可借此做出早期选种。例如，猪的日增重与饲料转化率存在强的正遗传相关，而日增重容易度量，饲料转化率则难以度量，可以通过选择猪的日增重这个性状来间接提高猪的饲料利用率。

3）制定综合选择指数

遗传相关系数是制定综合选择指数的重要参数。在制定一个合理的综合选择指数时，需要研究性状间的遗传相关。如果两个性状间呈负相关，同时选择提高两个性状，则很难达到预期的效果。

4）比较不同环境下的选择效果

遗传相关可用于比较不同环境条件下的选择效果。我们可以把同一性状在不同环境下的表现作为不同的性状看待。这就为解决育种工作中的一个重要实际问题提供了理论依据，解决了在条件优良的种畜场选育的优良品种，推广到条件较差的其他生产场如何保持其优良特性的问题。

实战练习

一、名词解释

染色体　姐妹染色单体　联会　同源染色体　染色体组型　伴性遗传　性状　相对性状　显性性状　隐性性状　基因型　表型　纯合体　杂合体　基因突变　染色体畸变　数量性状　越亲遗传　遗传力　重复率　遗传相关

二、简答题

1. 与遗传关系紧密的细胞器有哪些？它们各有什么功能？
2. 为什么说染色体是遗传物质的载体？它在生物世代传递中起什么作用？
3. 减数分裂的主要特征是什么？与有丝分裂的主要区别是什么？
4. 染色体在细胞分裂过程中的行为如何？数量变化有什么规律？
5. 假定一个杂种细胞里含有4对染色体，其中A、B、C、D来自父本，A′、B′、C′、D′来自母本。通过减数分裂能形成几种配子？写出各种配子的染色体组成。
6. 为什么说遗传物质是核酸？
7. DNA的组成与分子结构如何？
8. 什么是遗传信息的中心法则？
9. 为什么说分离现象比显、隐性现象有更重要的意义？
10. 自由组合规律的实质是什么？怎样证实？为什么？

11. 自由组合规律表明，F₂代是选择的最好时机，为什么？如果在F₂代选得性状理想的个体，怎样证明它是纯合体还是杂合体？

12. 连锁与交换规律的特点是什么？为什么重组合类型总是低于50%？

13. 引起生物产生变异的原因有哪些？

14. 基因突变有什么特性？

15. 染色体数目变异有哪些类型？试举例说明。

16. 数量性状与质量性状有什么区别？

17. 什么是多基因假说？微效多基因和主基因在作用上有什么区别？

18. 何谓遗传参数？主要的遗传参数有哪些？这些遗传参数在畜禽育种中有何用途？

三、分析题

1. 牛的无角状态P是有角p的显性。无角公牛分别与3头母牛杂交，其杂交方式和结果如下：

有角母牛A×无角公牛→无角小牛
有角母牛B×无角公牛→有角小牛
无角母牛C×无角公牛→有角小牛

试分析其亲本和后代的基因型。

2. 真实遗传的黑羽无头冠家鸡与真实遗传的红羽有头冠家鸡杂交，测交该交配的黑羽有头冠F₂，产生的子裔总的比例为4（黑羽有头冠）：2（黑羽无头冠）：2（红羽有头冠）：1（红羽无头冠）。问：

（1）哪一性状是由显性基因决定的？

（2）亲本的基因型是什么？

（3）F₁×F₁交配，预期子裔的类型和比例如何？

3. 在果蝇中已知灰身（B）对黑身（b）为显性，长翅（V）对残翅（v）为显性。现有一杂交组合，其F₁代为灰身长翅，试分析其亲本的基因型。如果以F₁的雌蝇与隐性亲本雄蝇测交，得到以下结果：

灰身长翅	黑身残翅	灰身残翅	黑身长翅
822	652	130	161

（1）试分析说明这个结果是否属于连锁遗传，有无交换发生。

（2）如属连锁遗传，求出交换率。

（3）根据其交换率说明有多少性母细胞发生了交换。

项目二 畜禽的选种

学习目标

（1）能够建立和完善种畜档案，并根据种畜档案资料进行种用价值初步评定。
（2）能开展种畜禽生长发育和生产力的鉴定。
（3）能在种畜禽鉴定的基础上进行种畜的选种操作。
（4）培养学生的民族自信心和自豪感，激发学生为国家种业振兴贡献自己的青春力量。

项目说明

1. 项目概述

选种是按照预定的生产和育种目标，通过一系列方法从畜群中选择优良个体作为种畜的过程。选种是畜禽育种工作的基本技术措施，是育种工作的基础。鉴定又是选种的基础，通过全面鉴定，确定畜群中各方面都达到种畜最低要求的个体，然后再按照适当的选种方法，集中少数主要性状对这些个体进行选优去劣，选出符合人们要求的种公、母畜禽。

2. 项目分解

序　号	学习内容	实训内容
任务一	畜禽品种的识别	畜禽品种的分类与识别
任务二	畜禽的鉴定	种畜系谱的编制与鉴定、家畜体尺测量与外形鉴定
任务三	种畜禽的选择	

3. 技术路线

品种识别 → 畜禽鉴定 → 种畜禽选择

任务一 畜禽品种的识别

知识链接

一、品种的概念

（一）种与品种

种是动物学分类的基本单位，是自然选择的产物，所有动物都属于种或变种；品种是畜牧学上的分类单位，品种是在自然选择和人工选择的共同作用下形成的。例如，黄牛分化成肉用型、乳用型和役用型等不同类型，在这些类型中又有各具特点的类群，称为品种，如肉用牛中的海福特、夏洛来和短角牛等品种。可以说，畜禽品种是人类为了生产和生活的需要，在一定自然和社会条件下，通过实施一系列育种措施选育而成的具有某种经济特点、遗传稳定、有一定结构和足够数量的畜禽类群。

（二）品种的条件

作为一个品种应具备以下几个条件：

1. 具有较高的经济价值

这是品种存在的首要条件。一个品种之所以能存在，必然有某种经济价值，例如，美利奴羊产细毛多、滩羊的裘皮质量好、蒙古羊的适应性好。又如，来航鸡产蛋多、白洛克鸡长肉快、泰和鸡可供药用等。总之，作为一个品种，或是生产力较高，或是能生产某种特殊产品，或是对某一地区具有独特的适应性，从而有别于其他类群。

2. 来源相同

同一品种的家畜在血统来源上应是基本相同的。一般来说，古老的品种往往来源于一个祖先，而培育的品种则可能来源于多个祖先。例如，新疆细毛羊来源于高加索细毛羊、泊列考斯细毛羊、哈萨克羊和蒙古羊。由于一个品种内的个体来源相同，所以遗传基础也就非常相似。

3. 特征特性相似

同一个品种的畜禽在体型结构、生理机能、重要经济性状、对自然环境条件的适应性等方面都很相似，它们构成了该品种的基本特征，据此可与其他的品种相区别。例如，金华猪是"两头乌"，东北民猪是黑色毛，中国黑白花乳牛产奶量高，海福特牛产肉多。当然，不同品种在外貌特点的某些方面可能相似，但总的特征必然有区别。

4. 遗传性稳定，种用价值高

品种必须具有稳定的遗传性，才能将其典型的特征遗传给后代。这不仅使品种得以保持下去，而且当它与其他的品种杂交时能起到改良作用，具有较高的种用价值，这是纯种畜禽与杂种畜禽的最根本区别。

5. 有一定的结构和数量

品种结构是指一个品种是由若干各具特点的类群（品系、品族或类型）构成的，而不是个体的简单组合。由此形成品种的异质性，使一个品种在纯种繁育时，仍能继续发展、改进和提高。品种内的类群由于形成原因不同，又可以分为以下几种：

1）家系和家族

来自同一系祖（公畜）的亲缘群称为家系，而来自同一族祖（母畜）的亲缘群称为家族。

2）育种场类型

同一品种由于所在牧场的饲养管理条件和选种选配方法不同而形成的不同类型。例如，同是中国黑白花奶牛，又有北京奶牛场奶牛、上海奶牛场奶牛等不同类型。

3）地方类型

同一品种由于分布地区条件不同形成了若干互有差异的类群，称之为地方类型。例如，太湖猪有二花脸、枫泾、梅山、嘉兴黑猪等地方类型。

品种除具有若干个品系或类型以外，还要拥有足够数量的个体，才能保持其品种的生活力，才能保持较广泛的适应性，才能进行合理选配而不致被迫近交。一个品种应有多少数量才符合要求，因不同国家、不同畜种而有不同的标准。我国对成立一个新品种数量上的具体规定是：猪10万头以上，牛、马3 000头（匹）以上，家禽20万只以上。当质量已达标准，仅数量不足时，则称为品群。

二、影响品种形成的因素

社会经济条件和自然环境条件是影响品种形成的两大重要因素。

1. 社会经济条件

社会经济条件是影响品种形成的首要因素。在不同的社会发展阶段，人们的需求不同，生产力水平不同，家畜的饲养管理和育种工作水平亦不同，品种必然随着社会的发展而不断提高。在原始社会，人们的需求简单而有限，主要是解决吃的问题，由于当时生产力水平极低，人们无力改变家畜品质，故未分化出什么品种。到了封建社会，畜牧业比较发达。新中国成立后，生产力得到很大发展，因而对畜产品的种类和数量需求急剧增加。为了解决肉食不断增长的需求，我国已经育成并正在培育许多猪的新品种，如哈白猪、新淮猪、北京黑猪等。为了更好地供应城镇鲜奶和其他奶制品，我国积极开展了中国黑白花奶牛的育种工作。今后，随着畜牧科技水平的不断提高，肯定会有更多更好的新品种涌现出来。

2. 自然环境条件

自然环境条件对品种的形成虽不起主导作用，但有重要影响。因为它不易改变，对家畜的作用比较恒定而持久，对品种特性的形成有深刻而全面的影响。例如，在干燥炎热的地区只能形成轻型马品种，而在气候湿润、饲料丰富的地区才能形成重挽马的品种。因此，可以说每个品种都打上了它原产地自然条件的标记，都很好地适应于原产地的环境变化。

三、畜禽品种的分类

进行品种分类的目的，是为了更好地掌握品种特性，以便在组织育种工作时正确地选择和利用它们。在畜牧生产中，较常用的是按培育程度和生产力类型这两种方法分类。

（一）按培育程度分

1. 原始品种

它是在农业水平较低、长期选种选配水平不高、饲养管理条件粗放的条件下所形成的品种。原始品种的特点如下：

（1）晚熟，个体一般相对较小。

（2）体格协调，生产力低但全面，生长发育慢。

（3）体质粗壮，耐粗耐劳，适应性好，抗病力强，如我国黄牛很少患肺结核病。

原始品种虽有不少缺点，但也有它的长处，特别是对当地条件良好的适应性，这是培育既适应当地条件又高产的新品种所必需的。因此，在改良提高时应注意以下几个问题：首先，改善饲养管理条件，这是改良提高的基础；其次，加强品种内的选种、选配，以巩固其优点，改正缺点；最后，如果采用杂交来改良原始品种，则应在不失原始品种优点的前提下持慎重态度，即第一，要注意社会经济条件，符合国民经济和人民生活的需要；第二，根据前面所述的方向，结合自然条件，严格选择杂交用品种；第三，仍应加强原始品种内部的选种选配；第四，改善饲养管理。

值得注意的是，必须把原始品种与地方品种区别开来。原始品种可能是地方品种，如蒙古羊原产于内蒙古草原，一般体小晚熟，生产力低，饲养管理极其粗放，所受自然选择作用又较大，故它既是地方品种，又是原始品种。但不是所有的地方品种都是原始品种，因为在地方品种中，有不少培育程度较高、生产性能较好的品种，如我国的秦川牛、蒙古牛、关中驴、湖羊、金华猪、狼山鸡、北京鸭、狮头鹅等。

2. 培育品种（育成品种）

它主要是经过人们有明确目标选择而培育出来的品种，其生产力和育种价值都较高。培育品种大多具有如下特点：

（1）生产力高，而且比较专门化。如专门乳用的荷斯坦奶牛、专门肉用的利木赞牛。

（2）早熟，性成熟早，体型大，经济。

（3）要有较高的饲养管理条件和育种技术，才能得以保持和提高。

（4）分布区域广，分布地区往往超出原产地范围。由于生产力高、适应性好，因而分布广泛，如荷斯坦牛、长白猪、来航鸡等品种已遍布全球。

（5）品种结构复杂，形成许多家系和家族。一般来说，原始品种的结构只有地方类型，而育成品种因受到细致的人工选择，除地方类型和育种场类型外，还会产生许多家系和家族。

（6）育种价值高，当与其他品种杂交时，可起到改良作用。如各种专门化的肉牛、奶牛、瘦肉型猪、蛋鸡等。

3. 过渡品种

有些品种既不够培育品种，又比原始品种的培育程度要高一些，人们称这一类品种为过渡品种。过渡品种的性能遗传还不十分稳定，如进一步选育则会成为培育品种，如停止选育则会退化为原始品种。因此，要在改良时坚持育种方向，改善饲养管理，加强选种、选配和选育，使之成为培育品种。

（二）按生产力类型分

按家畜的生产力类型，可将其分为专用品种和兼用品种两类。

1. 专用品种

由于人们长期选择和培育，使品种的某些特性获得了显著发展或某些组织器官产生了突出的变化，从而表现出了专门的生产力，形成了专用品种。根据这个标准，可将牛分为乳用品种（如荷斯坦奶牛）和肉用品种（如海福特牛）等；羊分为细毛品种（如澳洲美利奴羊）、半细毛品种（如考力代羊）、羔皮品种（如湖羊）、裘皮品种（如滩羊）、肉用品种（如波尔山羊）等；猪分为脂肪型品种（如陆川猪）、腌肉型品种（如长白猪）等；鸡分为蛋用品种（如来航鸡）、肉用品种（如科尼什鸡）等。

2. 兼用品种

它是指兼备不同生产用途的品种。此品种有两类：一是在农业生产水平较低的情况下形成的原始品种，它们的生产力虽然全面但较低；二是专门培育的兼用品种，乳肉兼用牛（如短角牛）、毛肉兼用羊（如新疆细毛羊）、蛋肉兼用鸡（如洛岛红鸡）等均属于兼用品种。这些兼用品种，体质一般较健康结实，对地区的适应性较强，生产力也并不显著低于专用品种。

随着时代的变迁，生产力类型也会发生变化，如黑白花奶牛是乳用品种，但有些地方却培育成了乳肉兼用黑白花牛；短角牛以肉用品种著称，但又形成了乳用短角牛和兼用短角牛品种。

四、畜禽品种的识别

品种识别是人们利用和保护畜禽遗传资源的基础。作为一个畜禽品种应具有的条件包括较高的经济或种用价值、来源相同、性状相似、遗传性稳定、一定的结构、足够的数量。因此，应从畜禽外貌特征、原产地、生产性能表现等多方面综合识别一个品种。

中国的畜禽品种资源比较丰富，有近600个品种和类群。限于篇幅，这里仅从我国著名的地方品种（见表2-1）、我国主要的培育品种（见表2-2）以及引进的国外主要品种（见表2-3）3个不同角度，选择部分畜禽品种，以表格和简要文字的形式列出。如要对畜禽品种进行全面识别，可以参考相关网站或畜禽品种图库。

表 2-1　我国著名的地方品种

种	品　种	原产地	主要特征	生产用途
猪	太湖猪	浙江太湖流域	被毛全黑，繁殖力高，产仔数最多	肉脂兼用
	民猪	东北三省	被毛全黑，抗寒力强，肉质好	肉脂兼用
	金华猪	浙江	被毛两头乌、中间白，肉质好	腌肉型
	荣昌猪	四川	被毛全白，适应性强，鬃质优良	肉脂兼用
	滇南小耳猪	云南	被毛以全黑为主，适应湿热气候，体型小	肉脂兼用
普通牛	秦川牛	陕西	被毛紫红或红，5 大地方良种之首	役肉兼用
	蒙古牛	内蒙古	被毛黑或黄，原始品种	役肉兼用
瘤牛	云南瘤牛	云南	被毛杂，有灰、白、红、黑等，耐热耐湿	役肉兼用
牦牛	九龙牦牛	四川	被毛以黑为主，分高大与多毛 2 个类型，耐寒	役肉兼用
水牛	江汉水牛	湖北	被毛铁青色、青灰色，役用性能好，耐热	役肉兼用
大额牛	独龙牛	云南	被毛黑色或深褐色，半野生，肉质好	半细毛
绵羊	大尾寒羊	山东、河北	被毛全白且同质性好，肉质好，繁殖力强	半细毛
	小尾寒羊	山东、河北	被毛全白，生长快，繁殖力强	肉脂、粗毛
	乌珠穆沁羊	内蒙古	被毛以白为主，肉脂产量高	绒肉兼用
山羊	内蒙古绒山羊	内蒙古	被毛全白，丝光强，绒板皮、裘皮品质好	羔皮用
	青山羊	山东	黑白色被毛混成青色，青花子皮驰名中外	肉皮兼用
	龙陵黄羊	云南	被毛黄褐色或红褐色，体大，易肥，耐热	肉皮兼用
兔	云南花兔	云南	被毛杂，有白、灰、黑等，抗病力强	肉皮兼用
鸡	北京油鸡	北京	"三羽"特征：凤头、毛脚和胡子嘴，肉鲜美	肉蛋兼用
	寿光鸡	山东	羽毛黑色，皮肤白色	肉蛋兼用
	丝羽乌骨鸡	江西、福建	"十全"特征：桑葚冠、缨头、绿耳、胡须、丝羽、五爪、毛脚、乌皮、乌骨、乌肉	药用、观赏
鸭	北京鸭	北京	羽毛全白，外观硕大美丽，用作"北京烤鸭"	肉蛋兼用
	荆江麻鸭	湖北	头部清秀，产蛋能力强	肉蛋兼用
鹅	狮头鹅	广东	头部前额肉瘤发达，形似狮头，生长快	蛋用
	豁眼鹅	东北三省	羽毛白色，上眼睑有一疤状豁口，繁殖力强	蛋用

表 2-2　我国主要的培育品种

种	品　种	原产地	主要特征	生产用途
猪	上海白猪	上海	被毛全白，瘦肉率高，生长快，产仔数多	肉脂兼用
猪	北京黑猪	北京	被毛全黑，体型较大，生长快	肉脂兼用
猪	三江白猪	黑龙江	被毛全白，饲料利用率高，瘦肉率高	瘦肉型
猪	东北花猪	黑龙江	被毛黑白相间，适应性强，生长快	肉脂兼用
牛	中国荷斯坦牛	各大、中城市	被毛黑白花片，适应性强，产奶量高	乳用
牛	草原红牛	内蒙古、河北	被毛以紫红色为主，适应性强，耐热、抗旱	肉脂兼用
牛	三河牛	内蒙古	被毛红白花片，耐寒、耐粗饲，易放牧	肉乳兼用
牛	中国西门塔尔牛	吉林、内蒙古	被毛褐色，适应性强，耐高寒，寿命长	乳肉兼用
羊	新疆细毛羊	新疆	毛、肉兼用的细毛羊品种	细毛、肉用
鸡	农大褐壳蛋鸡	北京	白羽，属农大3号节粮小型蛋鸡，农大褐系	蛋用
鸭	天府肉鸭配套系	四川	分白羽系、褐麻羽系，生长快	肉用

表 2-3　我国引入的国外主要品种

种	品　种	原产地	主要特征	生产用途
猪	大白猪	英国	被毛全白，适应性好，瘦肉率高，蹄腿弱	肉用
猪	长白猪	丹麦	被毛全白，生长快，瘦肉率高，体质弱	肉用
猪	杜洛克猪	美国	被毛红色，肉质好，但繁殖率低	肉用
猪	皮特兰猪	比利时	背膘薄，瘦肉率高，抗逆性差	肉用
普通牛	荷斯坦牛	荷兰、德国	被毛黑白花片，产奶量高，世界第一大牛品种	乳用
普通牛	娟姗牛	英国	被毛黄、红，乳脂率高	乳用
普通牛	皮埃蒙特牛	意大利	被毛白晕色，瘦肉率高，易发生难产	肉用
普通牛	西门塔尔牛	瑞士	被毛红（黄）白花，产肉（奶）较高，世界第二大牛品种	乳肉兼用
瘤牛	波罗门牛	印度	被毛杂，有灰、红等色，耐热，抗病力强	肉用
水牛	印度摩拉水牛	印度	被毛青黑色，耐热，适应性强，产奶性能好	乳肉兼用
绵羊	澳洲美利奴羊	澳大利亚	被毛全白，适应性强，毛密度大，光泽度好	毛用
绵羊	夏洛来羊	法国	被毛全白，体躯呈圆筒状，产羔率高，生长快	肉用
山羊	安哥拉山羊	土耳其	被毛白色，体型小，生产著名的"马海毛"	毛用
山羊	莎能奶山羊	瑞士	被毛全白，产奶量高	乳用
鸡	白洛克鸡	美国	羽毛全白，生长快，体型大，饲料利用率高	肉用
鸡	白来航鸡	意大利	羽毛全白，体轻巧，产蛋量高	蛋用
鹅	朗德鹅	法国	脖颈粗短而直，易于填饲，生产肥肝	肥肝用

任务二　畜禽的鉴定

知识链接

根据畜禽的生长发育、体质外貌和生产力等资料来评定家畜的品质称为鉴定。鉴定是选种的基础，根据鉴定成绩，从畜群中选出一定数量的种用公母畜，以满足育种的需要。畜禽的鉴定可分阶段进行，幼年时期以系谱鉴定为主，结合生长发育进行；成年以后要进行体质外貌和生长发育鉴定；当有了生产力以后就要以生产力鉴定为主。每次鉴定后要将不合格的个体及时淘汰，对合格的个体加强培育。

一、系谱鉴定

系谱是系统地记录个体及其祖先情况的一种文件。系谱上的各项资料是日常的原始记录资料经统计分析后的结果。

查看一个系谱，除了解血统关系以外，查看该种畜的祖先的生产成绩、育种值、生长发育情况、外貌评分以及有无遗传疾病、外貌缺陷等，用以判断该种畜种用价值的大小。早期对种畜的遗传基础的鉴定，不仅可作为选种的依据之一，还可了解祖先的亲缘关系和选配情况，作为今后制订选配计划的重要参考。所以一个完整的系谱除应记录祖先的名字之外，还应附上以上记录，并力求记录完整、科学、可靠，否则会导致选种乃至整个育种计划的失败。

（一）系谱的种类及其编制

系谱一般记载 3～5 代祖先的资料，因为代数过远对种畜的影响很小。系谱一般有以下几种形式：

1. 横式系谱

种畜的号或名字记在左侧，历代祖先顺序记在右侧，越向右祖先的代数越高。各代的公畜记在上方，母畜记在下方。系谱正中可画一横虚线，上边为父方，下边为母方，具体格式如图 2-1 所示。

2. 竖式系谱

种畜的号或名字在上端，下面是父母，再下面是父母的父母（祖Ⅱ代）。每一代祖先中的公畜记在右侧，母畜记在左侧，系谱正中划一垂线，右半边是父方，左半边是母方，具体格式如表 2-4 所示。

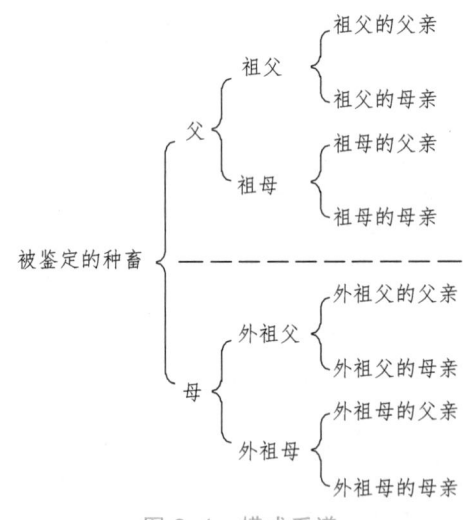

图 2-1　横式系谱

在系谱登记中，产量与体尺可以简写。例如，奶牛的产奶性能按某某年—n 胎次—产奶量—乳脂率的顺序登记。如东 30285 号公牛的母亲 1063 号栏记有 23—Ⅰ—8 727 表示 2023 年第一个泌乳期产奶 8 727 kg。如有体尺资料，可按体高—体长—胸围—管围的顺序写上。

表 2-4　竖式系谱

	种畜的畜号和名字							
Ⅰ	母				父			
Ⅱ	外祖母		外祖父		祖母		祖父	
Ⅲ	外祖母的母亲	外祖母的父亲	外祖父的母亲	外祖父的父亲	祖母的母亲	祖母的父亲	祖父的母亲	祖父的父亲

3. 结构式系谱

结构式系谱比较简单，无须注意各项内容，只要求能表明系谱中的亲缘关系即可，其结构式如图 2-2 所示。

4. 畜群系谱

前几种系谱都是为每一个体单独编制的，畜群系谱则是为整个畜群统一编制的。它是根据整个畜群的血统关系，按交叉排列的方法编制的。利用它，可迅速查明畜群的血统关系、近交的有无和程度、各品系的延续和发展情况，因而有助于我们掌握畜群和组织育种工作。

作图前，首先应根据历年的交配分娩记录，查出它们的父母，然后按下列顺序作图。某畜群系谱如图 2-3 所示，其绘制步骤如下：

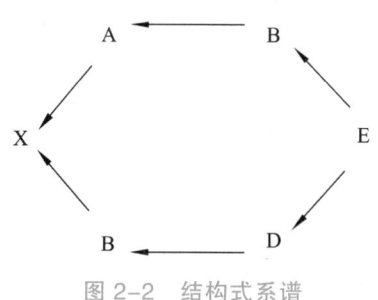

图 2-2　结构式系谱

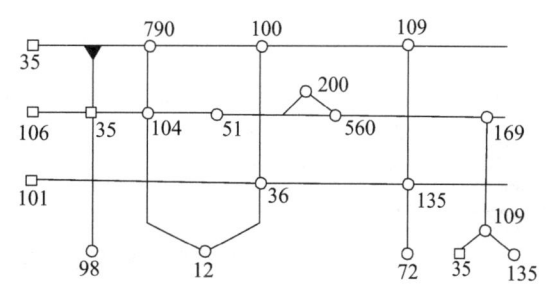

图 2-3　某畜群系谱示意图

（1）先画出几条平行横线，在横线左端画出方块表示公畜，并注明其具体畜号（以下简称父线）。横线的多少，取决于所用种公畜的数量。而各公畜的安排顺序，则取决于其利用的早晚。图 2-3 中的 101 和 106 号是该畜群的两头主要公畜，故应绘出两条横线。其中 101 号利用较早，应安排在最下面。

（2）根据畜群基础母畜的头数，可在图下画出相应的圆圈来表示，然后向上画出垂线（以下简称母线）。基础母畜彼此间的距离，取决于其后裔数量的多少。图 2-3 中有 98、12 和 72 号 3 头基础母畜，以 12 号的后裔较多，故其距离应留宽一些。

（3）根据交配分娩记录找出其父母，然后在其父母线的交叉处画出该个体的位置，分别用"□""○"来表示，并在旁边注明其畜号。图中 35 号公牛为 106 号公牛和 98 号母牛交配所生，故应在父线和母线交叉处画一"□"，并由 98 号处向上引出垂线连接。

（4）本群所培育的公畜，如留群继续使用，应单独给它画一条横线。图中 35 号公牛已被留作种用，故应在106号横线的上面再单独画一横线。但必须在其原处向上引出垂线，在两线交叉处画一黑三角，以表明来自本群。

（5）当母畜继续留群繁殖时，可继续向上做垂线，并将其所生后代画在父母线的交叉点上。图中790号母牛为104号母牛与35号公牛交配所生，故应在104号母线和35号父线的交叉处，画出790号的位置。其他后代用同样的方法来处理。

（6）有的母畜如果与父亲横线下的公畜交配，这样就不能再向上做垂线。此时应将它单独提出来另立一垂线。图中109号母牛与下面的106号公牛交配，生下169号母牛，此时就应将109号提出来另立垂线，并在其下面注明其父35号和母135号。

（7）在父女交配的情况下，可将其女儿画在离横线不远处，并用双线连接。图中200号母牛，原是106号公牛与560号母牛父女交配所生，即应在离560号不远处画一"○"，然后用两条斜线分别与106号的横线和560号连接。

（8）可用不同符号表示群中各个体的变动情况。

（9）对已通过后裔测验的特别优良种畜，可将其符号画大一些，并在旁边注明其主要生产力指标。

（10）在规模较小的猪场中，使用公猪数不多，此时可在同一公猪处画出几条平行横线，一条线代表一年，按年代的远近由下向上排列。其他同上述内容。

（11）在已建立品系和品族的情况下，则可将同一公畜的品系后裔画在同一横线上。而同一母畜的品族后裔则画在同一来源的若干垂线上。

（二）系谱审查与鉴定

系谱审查，就是以系谱为基础的选择，它是根据父母和其他祖先的表型值，来推断其后代可能出现的品质，以便在出生后不久，即能基本确定后备种畜的选留。此外，还可同时了解它们之间的亲缘关系、近交的有无和程度、以往选配工作的经验与存在问题，直接为以后的选配提供依据。

审查时，可将多个系谱的各方面资料，直接进行有针对性地分析对比，即亲代与亲代比，祖代与祖代比，具体比较各祖先个体的体重、生产力、外形评分、后裔成绩等指标的高低。如此经全面权衡后，做出选留决定。

审查中应注意的事项如下：

（1）审查重点应放在亲代的比较上。更高代数的遗传相关意义很小。

（2）凡在系谱中，母亲的生产力大大超过畜群平均数，父亲经后裔测验证明为良，或所选后备种畜的同胞也都高产，这样的系谱应给予较高的评价。

（3）凡生产性能都有年龄性变化，比较时应考虑其年龄和胎次是否相同，不同则应做必要的校正。

（4）注意系谱各个体的遗传稳定程度。

（5）注意各代祖先在外形上有无遗传上的缺陷。

（6）在研究祖先性状的表现时，最好能联系当时的饲养管理条件来考虑。

（7）对一些系谱不明、血统不清的公畜，即使个体本身表现不错，开始也应控制使用，直到取得后裔测验证明后，才可确定是否对其扩大使用。

二、畜禽生长发育的鉴定

了解畜禽生长发育规律，对进行畜禽生长发育鉴定有重要意义。因为生长发育与畜禽生产力和体质外形鉴定密切相关，进行生长发育鉴定较容易也较客观，从小到大都可以进行度量研究，而且生长发育性状的遗传力多在中等以上，尤其是与骨骼发育密切相关的性状（如体长、脊椎数、腿长）遗传力较高，作为选种依据是有效的。

微课：生长发育鉴定

衡量家畜生长发育的主要方法是体尺测量和称重，用获取的资料来反映畜禽各部位的发育及其相互关系和比例，用以说明畜禽体型结构及特点。这种方法可以避免肉眼鉴定带有的主观性，它有具体的数值，而且方法也较为简单。使用此法最主要是可定量描绘外形特征。

1. 称 重

称重就是利用各种称量用具如盘秤、磅秤、地秤等来称量家畜的体重。定期称重是衡量畜禽生长发育简便而常用的方法，也是获得育种工作所必需的数据资料的重要手段。称量体重一般分初生、断乳、初配、成年几个时期进行测定。

2. 体尺测量

通过测量畜禽的某些体尺数值并计算体尺指数，来反映畜禽的生长发育情况。测量体尺的工具通常有测杖、圆形测定器、卷尺和测角计等（见图2-4）。测量部位的多少，应依目的和条件而定。如为了估计体重，只需测两个部位；为了观察其发育情况，可测5~8个部位；为专门研究某一品种，则所测部位可多达20个以上。

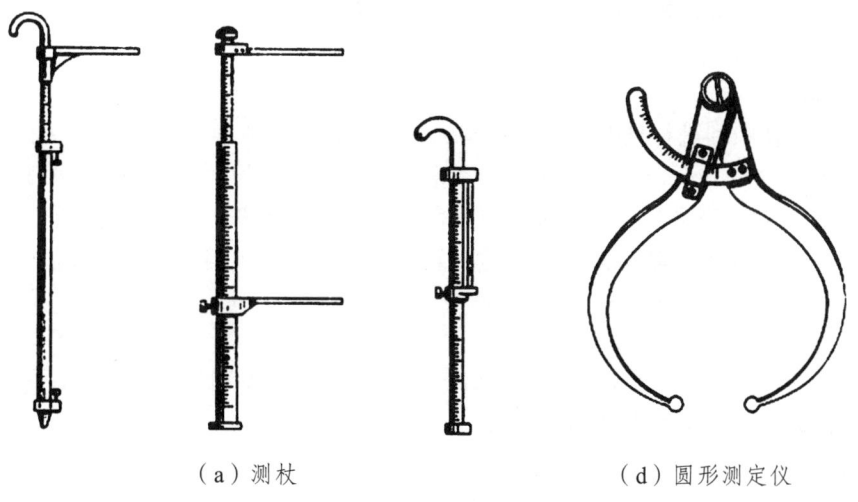

（a）测杖　　　　　　　（d）圆形测定仪

图 2-4　常用测量工具

常用的体尺有体高、体长、胸宽、管围、胸围、胸深等。具体测量方法如下：

（1）体高（鬐甲高）：即用杖尺测量鬐甲最高点至地面的垂直距离。先使主尺垂直竖立在畜体左前肢附近，再将上端横尺平放在鬐甲的最高点（横尺与主尺须成直角），即可读出主尺上的高度。

（2）体长：大家畜的体长称为体斜长，是肩端前缘到臀端后缘的直线距离。用杖尺和卷尺都可量取，前者得数比后者略小一些，故在此体尺后面，应注明所用测量工具名称。猪的体长是自两耳连线中点沿线至尾根处的距离，用卷尺量取。

（3）胸宽：即两肩胛后缘间的水平距离。用杖尺量取，将杖尺的两横尺夹住两端肩胛后缘下面的胸部最宽处，便可读出其宽度。

（4）胸深：即鬐甲至胸骨下缘的垂直距离。用杖尺量取，量时沿肩胛后缘的垂直切线，将上、下两横尺夹住背线和胸底，并使之保持垂直位置。

（5）胸围：即在肩胛后缘处绕体躯一周的周径。用卷尺测量，此体尺是胸部发育的重要指标，与胸宽、胸深一起说明胸部的发育和健康状况。

（6）管围：即左前肢管骨上 1/3 处（最细处）的周径。用卷尺测量，它表示四肢骨的发育程度，对鉴定役畜很重要。

例如，牛体尺测量部位如图 2-5 所示。

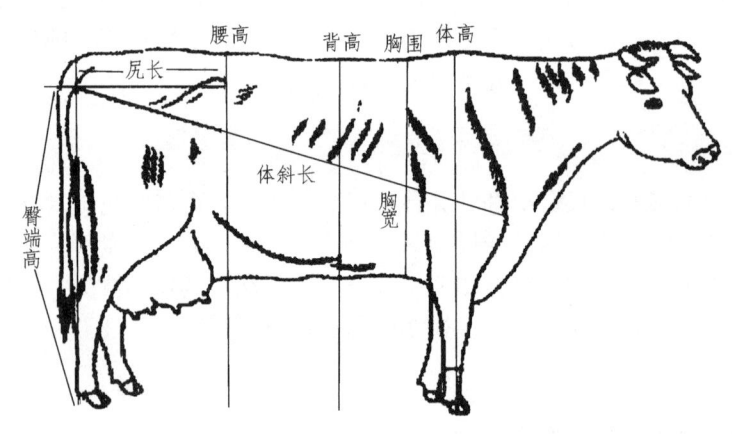

图 2-5　牛体尺测量部位

为使测量工作顺利进行且保证测得数据的准确性，在具体操作时应注意以下几点：
① 应注意人畜的安全，人一般应站在家畜左侧，态度温和，以免家畜紧张骚动。
② 应校正核对好测量工具，还必须使家畜站在平坦的地方，姿势保持端正。
③ 在操作时，测具应紧贴该部位，防止悬空测量，更应切实找准起止部位。

3. 生长发育的计算

所测体重和体尺的原始数据，除应统计出平均数、标准差和变异系数外，还应进行生长测定和体尺指数，并分别加以计算和分析。

1）生长测定

① 累积生长。任何一次所测的体重和体尺，都是代表该家畜在测定以前生长发育的累积结果，称为累积生长。

② 绝对生长。利用一定时间内的增长量（平均日增重 G，g/d）来代表家畜的生长速度，称为绝对生长，其公式为

$$G=\frac{W_1-W_0}{t_1-t_0}$$

例如，一头黑白花奶牛，初生重为 40 kg，一月后增到 55 kg，代入公式得

$$G = \frac{55-40}{30} \text{ kg/d} = 0.5 \text{ kg/d} = 500 \text{ g/d}$$

③ 相对生长。利用一定时期内的增长率（R）（增长量与原来体重相比）来表示家畜生长强度情况，称为相对生长。不同年龄的家畜在同一时间内很可能生长速度相同，但生长强度并不完全一致，肯定是原来年龄小体重轻的个体，其生长强度大。计算公式为

$$R = \frac{W_1 - W_0}{W_0} \times 100\%$$

例如，上述黑白花奶牛，在生后最初一个月中的相对生长，按公式计算应为

$$R = \frac{55-40}{40} \times 100\% = 37.5\%$$

生长强度以幼年家畜为最高，随年龄增长而迅速下降。

④ 生长系数。生长系数也是说明生长强度的一种指标。它是利用末重与始重（一般习惯以初生时的质量为基准）直接相比，单位可用百分数或直接用倍数。其公式为

$$C = \frac{W_1}{W_0} \times 100\%$$

如果为了进一步研究个别组织器官生长和全部组织器官生长之间的关系，可通过相对生长系数的计算来说明：

$$相对生长系数 = \frac{个别器官的生长系数（C）}{全部器官的生长系数（C'）} \times 100\%$$

例如，来航鸡 1 周龄时其心脏重为 0.51 g，全部器官的总重为 9.916 g。5 周龄时，其心脏重为 1.515 g，全部器官的总重为 32.62 g，则

$$心脏生长系数（C） = \frac{1.515}{0.515} = 2.94$$

$$全部器官生长系数（C'） = \frac{32.62}{9.916} = 3.29$$

$$相对生长系数 = \frac{2.94}{3.29} \times 100\% = 89\%$$

说明来航鸡在 5 周龄时，其心脏增加质量为初生的 2.94 倍，而与全部器官的总重相比，其相对生长系数为 89%。

2）体尺指数

单项体尺在没有和其他体尺联系以前，只能代表一个部位的生长发育情况，而不能反映家畜整体的体型结构，因而有必要通过指数计算加以深化。所谓体尺指数，是一种体尺与另一种体尺的比率，用以反映畜禽各部位发育的相互关系和比例。常用的体尺指数及其计算方法如下：

① 体长指数=（体长/体高）×100%。

它表示体长和体高的相对比率。乘用马体躯较短，其指数在101%以下；挽用马体躯较长，其指数在105%以上。肉用牛此指数大于乳用牛。在正常情况下，由于生后体长比体高增长为大，故此指数在成年前随年龄增长而增大。

② 胸围指数=（胸围/体高）×100%。

此指数对鉴定役畜有重要意义。挽用马在125%以上，乘用马在115%以下。肉牛的该指数大于乳牛。由于家畜在生后胸围的增长远比体高大，故该指数随年龄增长而增大。

③ 管围指数=（管围/体高）×100%。

它反映骨骼的发育情况。挽用马粗壮，其指数为13%~15%；乘用马骨细致，指数为12%~13%。肉牛的该指数小于乳牛。由于管骨的粗度在生后生长较多，故该指数随年龄增长而增大。

④ 体躯指数=（胸围/体长）×100%。

它表示体躯的相对发育程度。挽用马的指数为117%~120%，乘用马为111%~113%。肉用家畜的该指数大于乳用家畜。对于猪来说，脂肪型大于肉用型，雄性大于雌性。由于胸围和体长在生后的生长均较快，故该指数随年龄增长变化不显著。

3）体重估测

体重在有条件的情况下以直接称重最为准确，但在体重大而又缺乏设备的情况下可用体尺数值来估算。其估算公式如下：

$$牛、羊活重（kg）=\frac{胸围^2（cm）\times 体长（cm）}{10\ 800}$$

$$猪活重（kg）=\frac{胸围^2（cm）\times 体长（cm）}{14\ 400}$$

必须指出，用此法估测体重在大规模应用前，有必要先称量一批，根据实测结果将公式加以校正后再正式使用。现有资料介绍上述公式在估算肉牛、瘦肉型猪时需要调整。

三、畜禽体质外貌的鉴定

（一）畜禽的体质类型

所谓体质是指畜禽的身体素质，是生理机能和结构协调性的表现。在育种工作中，强调注意畜禽的体质，其实质就是要建立起整体观念，防止片面选择。畜禽体质类型如下：

1. 结实型

这是种畜最为理想的体质类型，身体各部分协调匀称，皮肤紧凑而富有弹性，骨骼坚实而不粗，肌肉发达而不肥胖，外形健壮结实，生产力高。各种生产方向的家畜具有不同的结实型标准。

2. 细致紧凑型

这类家畜外形清秀，皮薄有弹性，骨骼细致而结实，肌肉结实有力，角蹄致密有光泽，反应灵活，动作敏捷。乳牛、细毛羊多属此种体质。

3. 细致疏松型

这类家畜结缔组织发达，全身丰满，皮下及肌肉内易积存大量脂肪，骨细皮薄，早熟易肥。肉畜多为此种体质。

4. 粗糙紧凑型

这类家畜骨骼粗壮结实，体躯魁梧，头粗重，四肢粗大，肌肉强健有力，皮厚毛粗，适应性和抗病力较强，但生产力不高。役畜、粗毛羊多为此种体质。

5. 粗糙疏松型

这类家畜骨骼粗大，结构疏松，肌肉松软无力，皮厚毛粗，神经反应迟钝，繁殖力和适应性均差，是一种最不理想的体质。

（二）畜禽的外貌特征

外貌即家畜的外部形态，外貌不仅反映家畜的外表，而且也反映家畜的体质和机能。畜禽用途不同，外形特征也不一样。不同用途畜禽的外貌特征如下：

1. 肉用型

肉用畜禽共同的外形特征是低身广躯，体形呈圆桶形或长方形，肌肉组织发达，骨骼细致结实，因而外形显得丰满平滑。

2. 乳用型

其特征是前小后大，体型呈三角形。全身清瘦，棱角突出，体大肉不多，头轻颈细，中躯和后躯发达，乳房发育良好，四肢长，皮薄有弹性。

3. 毛用型

其特征是全身被毛密度大，皮薄而有弹性，体型较窄，四肢较长，略呈窄长方形，头宽，颈肩结合良好，公绵羊颈部常有皱褶。

4. 役用型

由于使用种类不同，役用型外貌特征也有差异。耕牛、挽马体大，肌肉发达结实，皮厚有弹性，头粗重，胸宽深，前躯发达，躯干宽广，四肢相对粗短，重心较低，蹄大且正，步态稳健；乘用型马则要求清秀，颈细长，身高，背腰短平，肌肉结实有力，四肢稍长，皮薄有弹性。

5. 蛋用型

其特征是体型小而紧凑，毛紧，腿细，呈船形，头颈宽长适中，胸宽深而圆，腹部发达。

(三)畜禽体质外貌的鉴定

1. 肉眼鉴定

肉眼鉴定即通过肉眼观察畜禽的整体及各个部位,并辅以触摸等手段来判断其个体优劣的鉴定方法。

在肉眼鉴定的步骤及程序上遵循先粗后细、先远后近、先整体后局部、先静后动、先眼后手的原则。鉴定时,人与家畜要保持一定的距离,从其前面、侧面和后面进行一般观察,得其全貌,借以了解其体形是否与生产方向相符、体质是否健康结实、结构是否协调匀称、品种特征是否典型,以及其个体大小与营养好坏、有何主要优缺点。获得一个轮廓的认识后,再接近畜体,详细审查其全身各重要部位,最后根据观察印象,综合分析,得出结论或定出等级。

有时为了避免遗忘,应在鉴定时将所观察的现象用文字简要记载下来,以供备查。此外,也可采用图示法,即在家畜轮廓图上用相应符号将各部位的优缺点标出,使人一目了然。肉眼鉴定历史悠久,至今仍在广泛使用。该方法的优点是简便实用,鉴定不受时间、地点等条件的限制,不需要特殊的器械,鉴定时家畜也不至于过分紧张。肉眼鉴定可以观察家畜的全貌,弄清其整体及各部位的匀称性,还可以看到外形的缺陷、结构与形态上的特征。因此,它是农村及牧区易于推广的一种选种方法。该方法的缺点是不易掌握,需要鉴定者有丰富的经验与熟练的眼力,能善于区别、发现细微的特点。鉴定时带有一定的主观性,有时几个人鉴定的结果不一致,往往以主观代替了鉴定成绩。另外,肉眼鉴定记录不具体,或没有记录结果,结果难以长期保存并备查。

2. 评分鉴定

为减少肉眼鉴定的主观性,可采用评分鉴定。

评分鉴定时,应首先抓住关键要害部位,如公牛是否有单睾或隐睾,如果有严重失格表现,就不必再进行评定了。

此方法首先要制作不同品种类型的评分表,其内容包括整体和局部两大部分,而各部位根据其重要性给出理想标准。我国北方黑白花奶牛的评分标准如表2-5所示。

表2-5 我国北方黑白花奶牛评分标准

项目	满分标准	评分 公	评分 母
整体结构	体质结实,结构匀称,体质、体重符合育种标准,有品种特征,黑白花,花片分明,公牛有雄相,皮软有弹力,毛细有光泽	30	30
体躯	胸宽深,背腰长、平、宽,尻长;公牛腹部适中,母牛腹大不下垂	40	20
乳房	乳房大,向前后延伸,附着良好,乳腺发育良好,皮薄有弹性,乳头大小适中,分布均匀,排乳速度快,乳静脉明显曲折,乳井大		30
肢蹄	健壮结实,肢势良好,蹄形正,质地坚实	30	20
总计		100	100

评分鉴定的优点：这种方法对初学者最适用，因为可帮助初学者掌握观察的顺序，各部位有其具体的理想标准及分数，因此，它是肉眼鉴定的发展与补充。

评分鉴定的缺点：畜禽鉴定的总分是各个具体部位得分累加而得，对整体结构不能有明确反映。同时，由于是分割相加，总分往往偏高，产生偏差。另外，此法又较为烦琐，其结果只有分数而没有指明外形具体的优缺点。为克服这种鉴定方法的缺点，现在对评分表进行了改进与简化，对鉴定部位不再那么细，而是较为概括。与肉眼鉴定相同的是这种方法要求有较熟练的鉴定技术，否则因其伸缩性大，易产生偏差。

四、畜禽生产力的鉴定

生产力即生产性能，是指畜禽最经济有效地生产畜产品的能力。在畜禽育种中，生产力是重点选择的性状，是个体鉴定的重要内容，是代表畜禽个体品质最现实最有意义的指标，是对种畜进行遗传评估的最基本依据，也是选种过程中决定选留与否的决定因素。正确地评定并计算生产力，对指导育种工作和进行生产有重要意义。

(一) 畜禽生产力的种类

由于畜禽种类不同，品种繁多，用途及特性各异，因而它们的产品也各不相同。一般情况下，可将畜禽生产力分为六大类，即产肉力、产乳力、产皮毛力、役用能力、产蛋力和繁殖力。不同类型的生产力鉴定时所选用的性能指标如表2-6所示。

表2-6 畜禽不同生产力类型评定指标

生产力种类	代表畜种	评定的主要指标
产肉力	猪、牛、羊、鸡	日增重、饲料转化率、屠宰率、膘厚、肉的品质
产乳力	奶牛、奶山羊	产奶量、乳脂率
产皮毛力	绵羊、山羊、毛用兔	剪毛量、净毛率、毛的品质
役用能力	马、牛、驴、骡、骆驼	挽力、速度、持久力
产蛋力	鸡、鸭、鹅	产蛋量、蛋重、料蛋比、蛋的品质
繁殖力	猪、牛、羊、兔	受胎率、繁殖力、成活率、增殖率、净增率

各项生产力指标的具体计算方法，在后续畜禽生产类课程中详述。

(二) 鉴定畜禽生产力时应注意的问题

1. 全面性

在评定家畜生产力时，应兼顾产品的数量、质量和生产效率。因为畜禽给人们提供的产品不是单一的，所以在评定时应全面考虑，必须分清主次。例如，绵羊既产羊，又产皮和肉，毛、皮产品应将质量放在第一位来考虑；肉、蛋产品则应把数量放在第一位考虑。在产品数量相近的情况下，应选择质量好的留种；同样在产品质量相似的情况下，则选产量高的来留种。

2. 一致性

在评定生产力时，应在相同的条件下评比。因为生产力受各种内外因素的影响和制约，要做到评定的准确和合理，必须使畜禽所处的环境和饲养管理条件一致，而且性别、年龄、胎次尽可能达到一致。只有这样，才能正确评定其优劣。但在生产实践中，条件很难做到一致。为此，在评定生产力时，应事先研究并掌握各种因素对生产力影响的程度和规律，利用相应的校正系数，将实际生产力校正到相同标准条件下的生产力，以利于评比。

任务三 种畜禽的选择

知识链接

畜禽选种是在鉴定的基础上，对已经筛选的个体进行少数重点性状的选择。选种的依据是种畜测定成绩。种畜种用价值的高低最直接的指标是育种值，而计算育种值的依据又是种畜本身、亲属（祖先、同胞、后裔）所提供的遗传信息，也即本身、亲属提供的测定成绩，因此首先要做好种畜的测定工作。

一、性能测定

性能测定又称为成绩测验，是根据个体本身成绩的优劣决定选留与淘汰，是家畜育种中最基本的工作，是其他一切育种工作的基础。世界各国尤其是畜牧业发达的国家，都十分重视生产性能测定工作，并逐渐形成了对各个畜种的科学、系统、规范化的性能测定系统。我国的家畜育种工作的总体水平与世界发达国家相比有较大差距，造成这种差距的主要原因之一就是缺乏严格、科学和规范的生产性能测定，它严重影响了育种工作的开展和效率，因而需要格外引起重视。

1. 性能测定的应用

性能测定主要应用于遗传力高、能够在活体上直接度量的性状，如肉用家畜的增重、体型大小、饲料消耗、母禽的产蛋性状等。性能测定具有更高的选择强度和更短的世代间隔，而且具有直观、简便、快捷的特点，有利于缩短世代间隔。

有些性状在选种时，公、母畜有所不同。如乳用性状和毛用性状，母畜宜用性能测定，公畜宜用后裔测定；而对于产蛋性状，母禽宜用性能测定，公禽宜用同胞测定。

2. 性能测定的方法

性能测定的具体方法有两种形式：一种是生产现场测定，就是在家畜所在的农场里进行生产性能记录，因为各场测定条件不同，因此测定结果只能供本场选种使用；另一种是测定站测定，通常是把要测定的不同生产场的家畜集中到同一地点，在同样的条件下记录生产性能，便于不同场的家畜进行比较。

3. 生产性能测定的一般原则

所测性状应具有短期经济意义和长远经济价值，如肉质性状；所测性状应具有一定的遗传基础，并且从遗传上能改良；选择容易测定的性状，对不能活体测定或不方便测定的性状可用其相关性状代替，如可通过测定背膘厚来估计瘦肉率；所记录的成绩一定要有足够精确性，测定结果的记录应准确、完整和简洁；记录的管理要便于经常调用和长期保存，最好实行计算机管理，通过互联网共享。

二、后裔测定

后裔测定是根据后裔的生产性能和外貌等特征来估测种畜的育种值和遗传组成，以评定其种用价值。后裔测定方法最可靠，但需要的时间长、投资高，一般多用于种公畜，且主要用于生产性能为限性性状的畜禽，如乳用牛和蛋用鸡。目前，由于 MOET（胚胎移植）技术在育种中的应用，在牛的后裔测定中，选择反应显著提高。后裔测定的方法有以下几种：

1. 母女对比法

将女儿成绩与母亲成绩相比较，以判断种公畜的优劣。如女儿成绩超过母亲，认为该公畜是"改良者"，反之则为"恶化者"，成绩相近则为"中庸者"。此法的优点是简便易行；缺点是由于母女所处年代不同、母亲的胎次不同，以及存在生活条件和生理上的差异，会给平均值造成一定的影响。

2. 母女对比图解法

以母亲产量为横坐标，女儿产量为纵坐标，标出每对母女产量的交点。由左下向右上画一角平分线，凡交点在角平分线上面的，表示女儿产量高于母亲。交点多数位于角平分线上面的，说明种公畜是"改良者"；交点多数位于角平分线上或其附近的，说明种公畜是"中庸者"；交点多数位于角平分线下面的，说明种公畜是"恶化者"。利用这种图解法，可以表示各种指标，如外形评分、体尺、体重、屠宰率、产奶量等。可根据该方法对种公畜作综合分析。

3. 公牛指数法

由于公牛不产奶，不能度量其产奶量，但公牛在产奶量方面是有遗传影响的。为了衡量公牛产奶量的遗传性能，因而提出"公牛指数"这一指标。其原理是假设公牛和母牛对女儿产奶量有同等的影响，因此女儿的产奶量等于其父母产奶量的平均数，用公式表示为

$$D = \frac{F+M}{2}$$

式中，D 为女儿的平均产奶量；F 为父亲的产奶量，即公牛指数；M 为母亲的平均产奶量。

此公式的意思就是公牛指数等于两倍的女儿平均产量减去母亲的平均产量。公牛指数法的优点在于对测定公牛的质量有了具体的数量指标，各公牛间可以互相比较。在饲养管理基本稳定的牛群，这种后裔测定方法可认为是一种简单易行又比较正确的方法。

4. 同期同龄女儿比较法

被测公牛的女儿与其同期（在同一季节内）产犊的其他公牛的女儿进行比较。

此法优点是配种、产仔时间一致，而且同一个场内各公牛后代的饲养管理条件相同，比较时误差较小。

5. 不同后代间比较法

此种方法可用于鉴定种公畜和种母畜。鉴定种母畜的具体方法是将数头被测定的母畜，在同一时期与同一头种公畜交配，所生后代都在同一条件下饲养管理，同一季节生长发育，然后通过对各自后代的资料进行分析，用以判定各母畜的优劣。例如，要鉴定 A、B、C、D 4 头母猪的日增重的遗传特性，可用 A、B、C、D 4 头母猪在同一时期与同一头公猪交配。待产仔后，4 头母猪的仔猪都在相同的条件下饲养管理，然后度量它们的增重情况，并将各母猪所产仔数的平均日增重相互对比，鉴定这 4 头母猪的优劣。

鉴定种公畜的具体方法是将被测种公畜在同一时期与若干生产性能相似的母畜配种，所生后代均在相同条件下饲养管理，通过后代的性能比较，判断种公畜的优劣。

后裔测定需注意的事项如下：

（1）各公畜与配母畜的条件要一致，以减少由母畜引起的差异。

（2）后代年龄、饲养管理条件应尽量达到一致，以减少由环境条件引起的差异。

（3）后裔数目越多，鉴定结果越准确可靠。

（4）后裔测定除突出后代的一项主要成绩外，还应全面分析其体质外形、生长发育、适应性及有无遗传缺陷等。

（5）在资料整理中，无论后代表现优劣，都要全部统计在内，严禁只选择优良后代进行统计。

三、同胞测定

同胞测定就是根据一个个体的兄弟姐妹的平均表型值来确定该个体本身的种用价值。同胞测定主要用于在种畜禽本身难以测定的性状，如限性性状和胴体性状的选择，其可靠程度不及后裔测定，但由于它的一些优点常被用于青年种畜的测定。同胞测定的方法有以下几种：

1. 全同胞测定

同父同母的子女之间为全同胞。该方法主要用于猪、禽等多胎动物。测定时，将后备种畜各自的全同胞成绩排列比较（不包括测定个体本身的成绩），同胞成绩优秀的个体留作种用。

2. 半同胞测定

同父异母或同母异父的子女之间为半同胞。在家畜育种中，由于公畜配种的母畜数量大，所以多数是同父异母的半同胞。测定时，将后备种畜各自的半同胞成绩排列对比（不包括测定个体本身的成绩），其半同胞成绩优秀的个体留作种用。例如，鉴定乳用公牛的产奶量要有 20 头以上的半同胞姐妹牛的产奶成绩；鉴定公鸡的产蛋量要有 30 只以上的半同胞姐妹鸡的产蛋成绩。

3. 全同胞-半同胞混合家系测定

利用全同胞-半同胞混合群的表型平均值作为评定种畜的选种依据。此法在多胎家畜和禽类选择中应用十分广泛。如鸡的家系选择，有甲、乙两个家系，家系成员包括全同胞、半同胞，每个家系各选择一定数量的全-半同胞进行测定，如果甲家系的测定平均成绩超过乙家系，则选择甲家系的鸡留种。

同胞测定的优点是当代即可得到评定结果，可以缩短世代间隔，进行早期选种。所以同胞测定常被用作青年种畜的选择依据。

四、种畜禽选择

（一）单性状的选择

在畜禽育种工作中，需要选择提高的性状很多，如奶牛需要提高产奶量、乳脂率、乳蛋白质率，蛋鸡需要提高产蛋数、蛋重、受精率、孵化率等许多性状，在一定时间内只针对某一性状所进行的选择，叫作单性状选择。

在单性状选择中，除个体本身的表型值外，最重要的信息来源就是个体所在家系的遗传基础，即家系平均数。个体表型值可分为个体所在家系的均值 P_f 和个体表型值与家系均值之差（P_w，家系内偏差）。于是有 $P = P_f + P_w$。

若对 P_f 和 P_w 分别给予加权，合并为一个指数 I，则 $I = b_f P_f + b_w P_w$。

以 I 作为选择的依据，则对 P_f 和 P_w 的不同加权形成了个体选择、家系选择、家系内选择和合并选择4种方法。

（1）当 $b_f = b_w = 1$ 时，是完全根据个体表型进行选择——个体选择。

（2）当 $b_f = 1$，$b_w = 0$ 时，是完全按家系均值进行选择——家系选择。

（3）当 $b_f = 0$，$b_w = 1$ 时，是按家系内偏差进行选择——家系内选择。

（4）当 $b_f \neq 0$，$b_w \neq 0$ 时，是根据 $b_f P_f + b_w P_w$ 的大小进行选择，同时考虑了家系均值和家系内偏差两个组分——合并选择。

1. 个体选择

根据群体中个体表型值的大小进行选择的方法叫作个体表型选择，简称个体选择。个体选择常根据个体表型值与群体均值的离差（离群均差）的大小进行选择。选择离差大的个体留作种用，离差愈大说明该个体愈好。一般来说，在同样的选择强度下，对遗传力高的性状，性状标准差大的群体采用个体表型选择都能获得较好的选择效果。因为在这种情况下，按个体表型值排队顺序与按其育种值的排队顺序是接近的。个体选择的选择反应为

$$R = Sh^2 = i\sigma h^2$$

因为 $i = \dfrac{S}{\sigma}$，所以

$$S = P - \bar{P} = i\sigma$$

式中，R 为选择反应，表示能提高的部分；S 为选择差，留种群均值与大群均值之差；h^2 为性状遗传力；P 为个体某性状的表型值；$\bar{P}$ 为该性状群体平均表型值；σ 为性状的标准差；i 为选择强度，即标准化的选择差。遗传力高的性状，标准差大的群体，用个体选择效果好。

2. 家系选择

家系选择是以整个家系作为一个选择单位，根据家系平均表型值高的大小进行选择。这里所说的家系一般指全同胞和半同胞的群体，亲缘关系更远的家系对选择意义不大。

家系选择的依据是家系均值，均值高的家系全体成员留作种用，均值低的家系全部淘汰。家系选择的前提条件有 3 个：

（1）性状的遗传力低。因为遗传力低的性状的个体表型值受环境影响较大，而在家系平均值中，各个体表型值由环境条件造成的偏差互相抵消。所以家系平均值接近于家系的平均育种值。

（2）由共同环境所造成的家系间的差异和家系内个体间的表型相关要小。在这种情况下，家系选择效果较好。假如由共同环境造成的家系间差异大，家系内个体间的表型相关很大，个体的环境偏差在家系均值中就不能完全相互抵消，所能抵消的只是随机环境偏差部分。因此，家系平均表型值在很大程度上反映了家系的共同环境效应，也就不能代表个体的平均育种值（家系育种值）。

（3）家系要大（家系内个体数多）。因为家系越大，家系平均表型值才能越接近于家系的平均育种值。

可见，性状的遗传力低、家系大、家系内表型相关和家系间环境差异小，是进行家系选择的基本条件。具备这 3 个条件的群体进行家系选择，就能够得到较好的选择效果。如鸡的产蛋量、猪的产仔数等性状都符合这些条件。

3. 家系内选择

根据个体表型值与家系平均表型值离差的大小进行选择，叫作家系内选择。个体表型值超过家系均值越多，这个个体就越好。家系内选择的具体做法就是在每个家系中挑选个体表型值最高的个体留种。适用于家系内选择的条件如下：

（1）性状的遗传力低。

（2）家系间环境差异大，家系内个体间表型相关大。

（3）群体规模小，家系数量少。

在这种情况下，家系间的差异和家系内个体间的表型相关，主要是由共同环境造成的，不是由遗传因素造成的。因此，家系间差异并不主要反映家系平均育种值的差异，各家系的平均育种值可能相关不大。因此，我们在每个家系内挑选最好的个体留种，就能得到最好的选择效果。家系内选择实际上就是在家系内所进行的个体选择，如仔猪断奶体重就符合这些条件。

4. 合并选择

为了克服前 3 种方法的不足，同时利用种畜个体所在家系的平均表型值高低（家系均数）和个体所在家系中的表型值高低（家系内偏差），在考虑这两个方面的同时，根据家系成员间的遗传相关和家系成员之间的组内相关，对两者进行适当的加权处理，将其合并成一个指数——合并选择指数（I），按指数大小进行选择的方法叫作合并选择。合并选择从理论上讲比以上3种方法考虑更具体，方法相对更可靠。该法适用于多胎动物。

合并选择指数的公式为

$$I = b_f P_f + b_w P_w = h^2{}_f P_f + h^2{}_w P_w$$

【例2-1】根据4窝仔猪180日龄体重资料（见表2-7），选择其中4个最好的个体留作种用，比较不同选择方法的差异。

表2-7　四窝仔猪180日龄体重资料　　　　　　　　　　单位：kg

家系（窝）	个体180日龄体重				家系均值
1	A 80.0	B 86.0	C 93.5	D 106.5	91.5
2	E 79.0	F 99.5	G 105.0	H 114.5	99.5
3	I 56.5	J 60.0	K 65.0	L 118.5	75.0
4	M 87.0	N 90.0	O 95.5	P 103.5	94.0
合计					90.0

从选择结果看（见表2-8），不同选择方法获得的结果不完全一致。在4头仔猪中，F虽然本身体重较轻，但由于家系均值高，可认为最好；L本身值虽然最高，但家系均值过低，实际不好；D本身值比P高，但经合并选择指数校正后，P反而比D好，因此，留种时留P而不留D。可见，选择准确率最高的是合并选择。

表2-8　根据四种选择方法得出的选择结果

选择方法	中选个体	中选理由
个体选择	L、H、D、G	个体表型值高
家系选择	E、F、G、H	家系均值高
家系内选择	D、H、L、P	家系内个体表型值
合并选择	G、H、F、P	合并选择指数值高

（二）多性状的选择

前面介绍的各种选种方法都是针对单个性状的选择，但在实际育种工作中，往往兼顾几个性状，对多个性状常用下列几种方法进行选择。

1. 顺序选择法

顺序选择法指对要选择的几个性状，依次逐个进行选择改进的方法，在第一个性状通过选择达到要求后，再选第二个性状。

这种方法的优点是简单，易操作。对所选择的某一性状，遗传进展较快，选择效果较好；缺点是需要的时间较长，如果所选性状之间存在负相关，选择一个性状的同时，会降低另一个性状，出现顾此失彼的现象。例如，奶牛的产奶量和乳脂率呈负遗传相关，如果只注意产奶量的选择，忽视乳脂率的选择，结果会造成牛奶中乳脂率降低。下一步再来选择乳脂率同时还要兼顾产奶量，就要花费更多的时间和精力，往往顾此失彼。因此，这种选择方法在一般情况下只适用于市场的急需。

2. 独立淘汰法

独立淘汰法指对要选择的每一个性状，都制定出一个最低的选留标准，各性状都能达标的个体才能留种。只要一个性状没有达到最低标准，不管其他性状是否优良，都不能作为种用。

此种选择方法最大的优点是全面衡量；缺点是往往留下的都是所选性状刚达标准的中等个体（"中庸者"），而把那些只是某个性状没有达到标准而其他方面都优秀的个体淘汰了。同时，选择的性状越多，中选的个体数就越少。例如，甲、乙两头奶牛，它们的乳脂率相同。甲牛头胎产奶量 4 000 kg，评为一级；外形评分 75 分，也评为一级。这头牛可作为良种登记。而乙牛头胎产奶量为 6 000 kg，评为特级；外形评分 73 分，评为二级。乙牛就不能作为良种登记。可见这种评定方法的不合理性。

3. 综合选择法

常用的综合选择法有以下 3 种：

（1）选择综合性状：把单位性状综合考虑，对综合性状加以选择来达到选择单位性状的目的。如猪的断奶体重与断奶成活率可综合为断奶窝重，从断奶窝重大的母猪后代中选种即可。再如，鸡的蛋重与产蛋数即可综合为产蛋质量。

（2）选择综合指标：将被选性状合成为一个指标加以选择的方法。如牛的产奶量与乳脂率即可合成为 4%或 3.5%标准乳一个指标加以选择。

（3）综合指数选择法：为了克服以上方法的不足，把要选择的几个性状，按其遗传特点、经济重要性等，分别给予适当加权，综合成一个便于不同个体互相比较的数值，这个数值称为综合选择指数，然后再按指数的高低进行选择。

此种方法同时选择几个性状，均取得选择进展，大大缩短了育种时间。但各性状的表型值要在相同的环境条件下测定，数值要准确，同时各种性状的加权值要给得合理。综合指数选择法在现阶段是一个较为客观、全面而有效的选择方法，其效果要优于其他两种方法。

简化的综合选择指数公式为

$$I = \frac{W_1 h_1^2 P_1}{\overline{P}_1} + \frac{W_2 h_2^2 P_2}{\overline{P}_2} + \cdots + \frac{W_n h_n^2 P_n}{\overline{P}_n}$$

为了选种方便，也为了不同畜群间能互相比较，我们把各性状等于畜群平均数的个体综合选择指数定为 100。若个体综合选择指数高于 100，说明其整体性能高于畜群平均数，选择这样的个体留种有助于提高群体的生产水平；若个体综合选择指数低于 100，说明其整体生产性能低于畜群平均数，这样的个体不能留作种用。综合选择指数的计算公式为

$$I = \sum_{i=1}^{n} \frac{W_i h_i^2 P_i \times 100}{\overline{P}_i \sum W_i h_i^2}$$

其中，$\sum W_i h_i^2 = W_1 h_1^2 + W_2 h_2^2 + \cdots + W_n h_n^2$

式中，W_i 为性状的加权值；h_i^2 为性状的遗传力；P_i 为个体某一性状的表型值；$\overline{P}_i$ 为群体某一性状平均值。

【例2-2】我国饲养的荷斯坦牛，产奶量、乳脂率、体质外貌评分的有关数据如下：

产奶量：$\overline{P}_1 = 4\,000$ kg；$h_1^2 = 0.3$；$W_1 = 0.4$；

乳脂率：$\overline{P}_2 = 3.4\%$；$h_2^2 = 0.4$；$W_2 = 0.35$；

体质外貌评分：$\overline{P}_3 = 70$ 分；$h_3^2 = 0.3$；$W_3 = 0.25$。

该牛群有两头母牛，A 牛产奶量为 5 000 kg，乳脂率为 3.6%，体质外貌评分 75 分；B 牛产奶量为 6 000 kg，乳脂率为 3.4%，体质外貌评分为 73 分。试制定荷斯坦牛的综合选择指数，并计算 A、B 两头牛的综合选择指数。

解： 利用公式建立荷斯坦牛的综合选择指数公式为

$$\sum W_i h_i^2 = W_1 h_1^2 + W_2 h_2^2 + \cdots + W_n h_n^2$$
$$= 0.4 \times 0.3 + 0.35 \times 0.4 + 0.25 \times 0.3$$

$$I = \sum_{i=1}^{n} \frac{W_i h_i^2 P_i \times 100}{\overline{P}_i \sum W_i h_i^2}$$

$$= \left(\frac{0.12 P_1}{0.335 \overline{P}_1} + \frac{0.14 P_2}{0.335 \overline{P}_2} + \frac{0.12 P_3}{0.335 \overline{P}_3} \right) \times 100$$

$$= 0.009 P_1 + 12.29 P_2 + 0.32 P_3$$

$$I_A = 0.009 \times 5\,000 + 12.29 \times 3.6 + 0.32 \times 75 = 113.24$$

$$I_B = 0.009 \times 6\,000 + 12.29 \times 3.4 + 0.32 \times 73 = 119.15$$

根据综合选择指数，应优先选留 B 牛作为种用。

（三）育种值估计选择

育种值又称为种用价值，是个体育种值的简称，指的是种用个体的遗传特性。根据不同资料来源，既可计算单项资料的一般育种值，也可计算多种资料的复合育种值。估计育种值的公式为

$$\hat{A}_X = (P - \overline{P}) h^2 + \overline{P}$$

式中，$\hat{A}_X$ 为个体 X 某性状的估计育种值；$\overline{P}$ 为畜群该性状的平均表型值；P 为个体 X 的表型值；h^2 为该性状的遗传力。

1. 单项资料估计育种值

根据种畜本身、祖先、同胞及后裔等记录中的一种资料进行估计。

（1）根据个体本身记录。对于只有一次记录的种畜，或只根据一次记录进行选种，把表型值估计为育种值意义不大。如果不同个体有多次记录，而且记录次数不同，其估计育种值的公式为

$$\hat{A}_X = \left(P_{(n)} - \overline{P}\right)h^2_{(n)} + \overline{P}$$

式中，$P_{(n)}$ 为个体（X）n 次记录的平均表型值；$h^2_{(n)}$ 为 n 次记录平均值的遗传力。计算公式为

$$h^2_{(n)} = \frac{nh^2}{1+(n-1)r_e}$$

式中，n 为记录次数；r_e 为重复率。

（2）根据祖先记录（系谱资料）。如果种畜本身没有表型记录，这时可根据系谱记载，估计个体育种值。

祖先中最主要的是父母，根据父母资料估计育种值有多种情况。在育种实践中，根据母亲多次记录估计育种值的方法较常用，其计算公式为

$$\hat{A}_X = \left(P_{(D)} - \overline{P}\right)h^2_{(D)} + \overline{P}$$

式中，$P_{(D)}$ 为母亲 D 次记录的平均表型值；$h^2_{(D)}$ 为母亲 D 次记录平均值的遗传力。计算公式为

$$h^2_{(D)} = \frac{Dh^2}{1+(D-1)r_e}$$

（3）根据同胞记录。在家畜选种中，旁系亲属主要是全同胞（同父同母）或半同胞（同父异母或同母异父），更远的旁系对估计育种值意义不大。

用全同胞或半同胞记录估计育种值的公式为

$$\hat{A}_X = \left(P_{(FS)} - \overline{P}\right)h^2_{(FS)} + \overline{P}$$

$$\hat{A}_X = \left(P_{(HS)} - \overline{P}\right)h^2_{(HS)} + \overline{P}$$

式中，$P_{(FS)}$ 和 $P_{(HS)}$ 分别为 n 个全同胞和 n 个半同胞的平均表型值；$h^2_{(FS)}$ 和 $h^2_{(HS)}$ 是全同胞和半同胞均值的遗传力。因为比较的是种畜，它们的全同胞或半同胞头数不等，所以它们的遗传力要给予不同的加权。计算 $h^2_{(FS)}$ 和 $h^2_{(HS)}$ 的公式为

$$h^2_{(FS)} = \frac{0.5nh^2}{1+(n-1)0.5h^2}$$

$$h^2_{(HS)} = \frac{0.25nh^2}{1+(n-1)0.25h^2}$$

在育种实践中，对猪、禽、兔等多胎动物可用全同胞资料估计育种值；而在乳牛和绵羊一般只用半同胞资料估计育种值。

（4）根据后裔记录。根据后裔表型值来估计育种值多用于种公畜。如果与配母畜是群体的随机样本，这时所用的公式为

$$\hat{A}_X = \left(P_{(O)} - \overline{P}\right)h^2_{(O)} + \overline{P}$$

式中，$P_{(0)}$ 为子女平均表型值；$h^2_{(0)}$ 为子女均值的遗传力。据证明：

$$h^2_{(0)} = 2h^2_{(HS)}$$

所以上式可以表示为

$$\hat{A}_X = 2(P_{(0)} - \overline{P})h^2_{(HS)} + \overline{P}$$

2. 多项资料估计育种值

把同一性状的各种资料（本身、亲代、同胞、后裔）综合起来估计育种值叫复合育种值。多种资料的复合要用偏回归系数给予不同的加权，而计算偏回归系数的过程相当复杂。下面介绍一种计算复合育种值的简化公式。

这种简化的复合育种值的计算，是在单项资料估计育种值的基础上进行的。根据不同资料在不同情况下的育种重要性，可以大致定出它们的加权值。为了计算上的方便，使 4 项加权系数之和为 1，可把 4 个加权值分别定为 0.1、0.2、0.3 和 0.4。这样复合育种值的简化公式就为

$$\hat{A}_X = 0.1A_1 + 0.2A_2 + 0.3A_3 + 0.4A_4 \tag{2-1}$$

式中，$\hat{A}_X$ 为个体 X 的复合育种值；$A_1 \sim A_4$ 分别代表祖先、本身、同胞和后裔估计的一种育种值；0.1、0.2、0.3、0.4 为各项单项育种值的相对重要性或加权值系数。

那么，怎样确定哪一种单项育种值是 A_1、A_2、A_3 和 A_4 呢？可按表 2-9 的规定顺序代入。

表 2-9　复合育种值的加权系数排列顺序

h^2	A_1	A_2	A_3	A_4
$h^2<0.2$	亲本	自身	同胞	后裔
$0.2 \leqslant h^2<0.6$	亲本	同胞	自身	后裔
$h^2 \geqslant 0.6$	亲本	同胞	后裔	自身

为了计算出 A_1、A_2、A_3、A_4，需要用下列公式：

$$\left. \begin{aligned} A_1 &= (\overline{P_1} - \overline{P})h_1^2 + \overline{P} \\ A_2 &= (\overline{P_2} - \overline{P})h_2^2 + \overline{P} \\ A_3 &= (\overline{P_3} - \overline{P})h_3^2 + \overline{P} \\ A_4 &= (\overline{P_4} - \overline{P})h_4^2 + \overline{P} \end{aligned} \right\} \tag{2-2}$$

由公式（2-1）和（2-2）得

$$\begin{aligned} \hat{A}_X &= 0.1A_1 + 0.2A_2 + 0.3A_3 + 0.4A_4 \\ &= 0.1(\overline{P_1} - \overline{P})h_1^2 + 0.2(\overline{P_2} - \overline{P})h_2^2 + 0.3(\overline{P_3} - \overline{P})h_3^2 + 0.4(\overline{P_4} - \overline{P})h_4^2 + \overline{P} \end{aligned}$$

这时，可直接用表型值和遗传力系数代入，计算它的复合育种值。如果 4 项单项育种值有缺项，则该项以零计。

实战练习

一、名词解释

品种　选种　绝对生长　相对生长　累积生长　体尺指数　系谱　性能测定　同胞测定　家系选择　复合育种值

二、简答题

1. 品种是如何形成的？品种应具备哪些条件？
2. 畜禽品种的分类方法有哪几种？各有何特点？
3. 如何对畜禽品种进行识别？
4. 选种的目的和意义何在？
5. 简述生长发育鉴定的方法。
6. 家畜有哪几种体质类型？如何进行家畜的体质外貌鉴定？
7. 系谱鉴定适用于何种情况？如何进行系谱鉴定？
8. 简述同胞测定和后裔测定的方法及各自的优缺点。

三、综合题

现有某地区奶牛场同一胎次 10 头荷斯坦奶牛及其亲属的产乳量记录如表 2-10 所示，已知该牛群的全群平均产量为 4 820 kg，产乳量的遗传力为 0.3，重复率为 0.4。请选出其中最好的 3 头作为种用母牛，该如何选择？

表 2-10　10 头母牛及其亲属的产乳量记录

牛号	本身 平均乳量/kg	本身 记录次数	母亲 平均乳量/kg	母亲 记录次数	半姐妹 平均乳量/kg	半姐妹 头数	女儿 平均乳量/kg	女儿 头数
001	4 500	3	4 800	6	5 520	23	5 000	1
002	5 520	5	5 000	8	5 020	37	5 050	2
003	6 000	1	4 700	4	5 300	33	—	0
004	4 900	2	4 900	5	5 300	33	—	0
005	5 000	3	4 800	6	5 820	5	—	0
006	3 750	1	5 500	5	4 320	72	—	0
007	4 500	5	6 000	8	4 740	22	4 800	2
008	5 500	8	4 400	11	5 840	8	5 500	4
009	6 500	3	4 500	6	5 070	46	4 700	1
010	3 900	4	5 000	7	5 090	66	4 500	2

实训一　畜禽品种的分类与识别

实训目的

（1）熟悉畜禽品种的分类。

（2）了解我国著名地方品种、当前在畜禽生产中发挥重要作用的培育品种和引进品种的主要种质特性，以及不同类型品种生产性能的表现。

（3）利用牧场条件或图片资料，识别畜禽品种，进一步巩固课堂所学习的知识。

实训内容

（1）畜禽品种的分类。

（2）识别国内外著名的畜禽品种。

实训准备

（1）利用标准的动物模型，识别典型品种的特点。

（2）制作国内外畜禽品种的幻灯片，利用多媒体认识各种畜禽品种的特征。

（3）利用牧场条件，实地参观学习，进一步识别各种畜禽品种的特征。

方法步骤

（1）有牧场条件的情况下，可以通过实地参观学习，由指导教师讲解示范。

（2）没有实地参观条件的，可通过观看动物模型、幻灯片或品种录像，回顾课堂学习的有关内容。总结归纳所观察到的畜禽品种的产地环境、外貌特点、生产性能和经济类型。

实训作业

（1）畜禽品种的分类方法有哪几种？各有何特点？

（2）品种是如何形成的？

（3）如何对畜禽品种进行识别？

（4）详细列出3个你家乡所拥有或你较熟悉的国内外畜禽品种，分析认识其品种类型、主要特征、分布、生产性能。

实训二　种畜系谱的编制与鉴定

实训目的

（1）能够根据给定的资料进行系谱的编制。

（2）掌握系谱鉴定的原则和方法。

实训准备

已知种畜资料如表 2-11、表 2-12 所示。

表 2-11 种母牛资料

牛号	品种	父号	母号	泌乳期	泌乳天数/d	泌乳量/kg	乳脂率/%	标准乳/kg	外貌等级
C146	黑白花	—	—	I	300	3 163	3.3	2 862	二
C224	黑白花	—	—	I	315	4 613	3.7	4 313	一
C524	黑白花	—	—	I	310	5 035	3.5	4 602	一
C548	黑白花	—	—	I	305	3 311	3.5	3 063	二
C636	黑白花	B57	C524	I	315	3 425	3.4	3 117	一
C954	黑白花	B17	C146	I	305	5 040	3.4	4 586	一
C1018	黑白花	B83	C636	I	305	4 396	3.4	4 000	一
J724	黑白花	A111	C1018	I	305	5 592	3.6	5 257	一
N778	黑白花	P451	R332	I	305	5 559	3.6	5 226	一
R58	黑白花	—	—	I	305	4 703	3.5	4 351	一
R64	黑白花	—	—	I	305	4 458	3.4	4 080	一
R76	黑白花	—	—	I	305	5 142	3.4	4 679	一
R188	黑白花	P31	R64	I	305	4 982	3.5	4 609	一
R214	黑白花	P11	R318	I	300	5 665	3.5	5 298	一
R318	黑白花	—	—	I	305	5 313	3.6	4 889	二
R332	黑白花	P167	R214	I	310	5 532	3.5	5 055	一

表 2-12 种公牛资料

牛号	品种	父号	母号	体重评定 年龄/周岁	体重评定 体重/kg	外形评定 年龄/周岁	外形评定 级别
A3	黑白花	—	—	4	910	4	一
A5	黑白花	—	—	5	883	5	一
A13	黑白花	A5	C548	4	955	4	一
A111	黑白花	A13	C954	4	1 008	4	特
B17	黑白花	—	—	5	1 010	5	特
B57	黑白花	—	—	5	1 110	5	特
B53	黑白花	A3	C224	4	970	4	一
P11	黑白花	—	—	4	878	4	一
P31	黑白花	—	—	4	907	4	一
P17	黑白花	—	—	5	1 054	5	特
P45	黑白花	—	—	4	1 100	4	特
P167	黑白花	P45	R76	5	1 069	5	特
P337	黑白花	P17	R58	5	1 007	5	特
P451	黑白花	P337	R188	5	1 106	5	特

方法步骤

1. 编制系谱

（1）复习横式系谱和竖式系谱的编制方法。

（2）在系谱记载中，产量体尺可以简记。如奶牛产奶量：2024—Ⅰ—6 000，表示母奶牛在2024年第一个泌乳期产乳量为6 000 kg。如有体尺资料，记录顺序为：体高—体长—胸围—管围。

在编制系谱时，如果某个祖先无从考起，应在规定的位置上画线注销，不留空白。

2. 系谱鉴定

系谱鉴定是在对种畜历史资料查阅和分析的基础上，对该种畜的种用价值做出评估，因此系谱资料的完整性将影响鉴定的质量。系谱鉴定应遵循以下原则：

（1）将两个或多个系谱进行比较，重视近代祖先的品质，亲代影响大于祖代，祖代影响大于曾祖代。

（2）对祖先的评定，以生产力为主作全面鉴定。要注意应以同年龄、同胎次的产量进行比较。

（3）如果系谱中祖先成绩一代比一代好，应给予较高评价。

（4）如果种公畜有后裔鉴定材料，则比其本身的生产性能材料更为重要，尤其对奶用公牛和蛋用公鸡来说意义更大。

实训提示

（1）教师先示范性地讲授系谱编制的要点和注意事项，学生再练习。

（2）要求编制的系谱格式编排清晰、规范、整洁。

实训报告

（1）根据所给资料编制 J724 和 N778 号两头母牛的横式系谱。

（2）对 J724 和 N778 号两个系谱进行比较鉴定，写出种用价值的初步审查结论。

实训三　家畜体尺测量与外形鉴定

实训目的

（1）通过部位识别，熟悉和掌握各种家畜体表部位的名称、起止范围和形态结构，为体尺测量和外形鉴定打下基础。

（2）通过体尺测量，能准确掌握体尺的起止点和测量方法。

（3）能根据对家畜外形特点的观察，进行体质外形的鉴定。

实训准备

（1）实训动物：各种畜禽若干头（只）。

（2）测量器具：测杖、卷尺、卡尺（圆形测定仪）、量角仪等。
（3）评分材料：各种家畜外貌鉴定评分表、外貌鉴定等级标准。

方法步骤

（一）家畜部位识别

在教师示范下正确识别家畜头、颈、鬐甲、背、腰、尻、胸、腹、乳房、四肢、蹄等主要的体表部位。

（二）肉眼观察鉴定

肉眼观察畜禽的外形及品种特征，同时辅之以手的触摸，对畜禽品质的好坏和生产能力的高低做出初步判断。

（三）体尺测量

熟悉掌握下列体尺起止范围和测量方法，根据不同的畜禽种类择而量取。

（1）体高（鬐甲高）：是鬐甲到地面的垂直高度，表示家畜体高的生长。测量时，将测杖垂直立于左前肢附近，调节内部铁尺，使上端横尺紧贴鬐甲的最高点，然后读出刻度。

（2）臀高：是坐骨结节最后隆凸处到地面的垂直高度。

（3）荐高：是由荐骨最高点到地面的垂直高度，表示家畜后躯高度的生长。与体高的对比，可说明前后躯的发育程度。

（4）体斜长：是由肩端到臀端的直线距离。在测量时，将上端横尺固定于肩端前缘，另端横尺应放于臀端后缘，夹紧读出体尺刻度即可。

（5）头长：是枕骨嵴到鼻镜上缘的直线距离（猪则自两耳连线中点至鼻上缘），用卷尺或卡尺测量。

（6）尻长：是从腰角前缘到臀端后缘的直线距离。

（7）胸深：在肩胛软骨后角，测量由鬐甲至胸底间的垂直距离。测量时，将测杖倒转，上下的横尺夹住鬐甲和胸骨下缘，横尺保持平行。

（8）胸宽：是肩胛软骨后的胸部宽度，测量时，将两横尺夹着畜体胸部量取。

（9）腰角宽：是两腰角外侧的直线宽度，表示后躯的发育程度。

（10）坐骨结节宽：是坐骨结节两外侧突出点的直线宽度。在鉴定母畜时特别重要，可借以知其骨盆的容积，从而推断分娩的难易。

（11）胸围：从肩胛骨后角处用卷尺量取胸部的周径。此体尺是家畜胸部发育的重要指标，与胸宽、胸深一起说明胸部的发育和健康状况。

（12）管围：是前管部上 1/3 处，用卷尺量取的周径。它表示四肢骨的发育程度，对鉴定役畜很重要。

上述体尺，在生产中，马主要测量（1）、（3）、（4）、（6）、（7）、（11）、（12），另外还加上前胸宽（两个肩端之间的距离）；牛主要测量（1）、（2）、（3）、（4）、（5）、（6）、（7）、（8）、

(9)、(10)、(11)、(12)等12项体尺；羊主要测量(1)、(3)、(4)、(7)、(8)、(9)、(11)、(12)等8项体尺；猪主要测量(1)、(4)、(5)、(11)等4项体尺。

(四) 外貌评分鉴定

根据不同畜禽外貌鉴定评分标准，对所鉴定畜禽进行外貌评分鉴定。

实训提示

(1) 接触家畜应胆大心细，态度温和，从家畜的左前方接近，切忌从后方突然接近，并注意家畜有无恶癖，以确保人身安全。

(2) 被测量的家畜姿势应站立正确，若姿势不正，可使其前进或后退以调整姿势。头部不能偏高或偏低，四肢要垂直立在同一水平面上。

(3) 测量之前要检查和校正测量工具的准确性。

(4) 测量的部位起止点务必正确，将量具轻轻对准测量点，并注意量具的松紧程度，使其紧贴体表，不能悬空量取，读数要准，动作要迅速。

(5) 按评分表进行鉴定时，需要有较熟练的鉴定水平。因为评分伸缩性很大，稍有偏差，往往不符合实际情况。

实训报告

(1) 以猪、马、牛为代表，在空白图中，将主要体尺测定时的起止部位用线条划出，并用文字在下方说明。

(2) 要求每人能独立测量马、牛、羊、猪的各项体尺，将结果填入表2-13(可任选一个)。

表 2-13 体尺记录

种别	畜号	品种	性别	体高	体重	尾长	体长	头长	腹围	胸宽	臀围	胸围	管围

(3) 测量两头同种家畜体尺的主要项目，并对其做出外貌鉴定。

项目三 畜禽的选配

学习目标

（1）能够制订切实可行的种畜选配方案。
（2）会运用相应的育种手段实施选配。
（3）能够对选配效果进行准确的评价。
（4）培养学生的科学探究精神，厚植学生种业兴国情怀。

项目说明

1. 项目概述

选配是一种交配制度，它是根据育种目标和生产需要，有计划地选择合适的公母畜进行配种，有意识地组合后代的遗传基础，使后代得到遗传改进。虽然通过选种选出的都是优秀的种畜，但它们的后代不一定都是优秀的。所以，要想获得优良的后代，不仅要加强选种工作，而且必须做好选配工作，即有意识地组织优良的种用公母畜进行配种，才能达到预期的目的。

2. 项目分解

序　号	学习内容	实训内容
任务一	畜禽选配的实施	个体近交系数的计算
任务二	畜禽杂交利用	杂交改良方案的设计
		杂种优势率的计算

3. 技术路线

选配计划的制 → 选配计划的实 → 选配效果的评

任务一 畜禽选配的实施

知识链接

在畜牧生产中，优良的种畜不一定都能产生优良的后代，这是因为后代的优劣不仅取决于双亲的品质，而且还取决于它们配对是否适宜。因此，要想获得理想的后代，除做好选种工作外，还必须做好选配工作。选配就是有意识、有目的、有计划地组织公母畜的配对，以便定向组合后代的遗传基础，从而达到通过培育获得良种的目的。

一、选配的概念和作用

选配是对家畜的配对进行人为控制，从而使优秀的公母畜获得更多的交配机会，使优良基因更好地重组，进而促进畜群的改良和提高。具体来说，选配在家畜育种工作中的作用如下：

（1）能创造新的变异，为培育新的理想型创造条件。

因为选配研究配对家畜间确有遗传关系，在任何情况下，交配双方的遗传基础是不可能完全相同的，而它们所生的仔畜则是父母双方遗传基础重新组合的结果，必然会产生新的变异。因此，为了某种育种目的而选择相应的公畜和母畜交配，就会产生所需要的变异，就可能创造出新的理想类型。这已为杂交育种的大量成果所证实。

（2）能稳定遗传性，固定理想性状。

选择遗传性状相似的公母畜交配，其所生后代的遗传基础通常与其父母出入不大。因此，在若干代中均连续选择性状特征相似的公母畜交配，则该性状的遗传基因逐代纯合，最后这些性状特征便被固定下来。这已为新品种或新品系培育的实践所证实。

（3）能控制变异的方向，并加强某种变异。

当畜群中出现某种有益变异时，可以通过选种将具有该变异的优良公母畜选出，然后通过选配强化该变异。它们的后代不仅可能保持这种变异，而且还可能较其亲代更加明显和突出。如此，经过若干代的长期选种、选配和培育，则有益变异即可在畜群中更加突出，最终形成该畜群独具的特点。有些品种和品系就是这样培育出来的。

（4）控制近交。

细致地做好选配工作，可使畜群防止被迫近交。即使近交，选配也可使近交系数的增量控制在较低水平。

二、选种和选配的关系

选种和选配都是畜禽改良和育种的重要环节，彼此之间既相互联系又相互促进。选种是选配的基础，不通过选种，就没有符合要求的优良种畜，也就无法进行选配。而选种的效果又必须通过合理的选配才能在后代中得到保持和提高。同时，选配所得的后代又为进一步选种提供更加丰富的材料。选种和选配是交替进行的，只有把选种和选配有机结合起来才能不断产生理想的畜禽个体。

由此可知，选配在家畜育种工作中是一项非常重要的措施，它与选种和培育同样是改良家畜种群和创造新种群的有力手段。

三、选配的种类

根据交配对象的不同，选配方式有个体选配和种群选配两种。在个体选配中，按品质不同，又分为同质选配和异质选配两种，按亲缘远近不同又分为近交和远交两种。在种群选配中，按种群特性不同可分为纯种繁育、杂交繁育和品系繁育三类。

（一）个体选配

以家畜个体为单位的选配方式，按其内容和范围来说，主要是考虑与配个体之间的品质和亲缘关系选配。

1. 品质选配

品质选配也叫表型选配，是一种考虑双方品质（如体质、体型、生物学特性、生产性能、产品品质、遗传品质、数量性状的估计育种值等）异同的一种方法。品质选配分为同质选配和异质选配两种。

1）同质选配

即同质选配指选择性状相同、性能表现相似或育种值相似的优秀公母畜来配种，以期获得与亲代品质相似的优秀后代，使畜群中具有父母优良性状的个体数量不断增加。如高产牛配高产牛、超细毛羊配超细毛羊等。与配双方越相似，则越有可能将共同的优良品质遗传给后代。所谓与配家畜双方的同质性，可以是一个性状的同质，也可以是一些性状的同质；并且是相对的同质，完全同质的性状和家畜是没有的。

同质选配的遗传效应是促使基因纯合。同质选配的作用主要是使亲代的优良性状稳定地遗传给后代，使优良性状得以保持与巩固，使具有这种优良性状的个体在畜群中得以增加。

在育种实践当中，同质选配主要用于下列几种情况：① 在育种实践中，为了保持种畜有价值的性状，增加群体中纯合基因型的频率，就可采用同质选配；② 当杂交育种到了一定阶段，群体当中出现了理想类型，通过同质交配使其纯合固定下来并扩大其在群体中的数量；③ 为了巩固和发展某些性状，必须针对这些性状进行同质选配。如为了加大某一牛种的体格，在牛群中可以对体格高大的公、母牛同质选配，以得到更多的"体格高大"的个体，逐步在牛群中保持和发展这一性状。

同质选配的效果取决于：① 基因型的判断准确与否。因为表现型好的优良个体，不一定都是纯合的，如果是杂合体，性状不能稳定遗传，后代性状就会发生分离，有时甚至还会出现不理想的后代。因此，如能准确判断基因型，根据纯合基因型选配，则会收到好的效果。② 选配双方的同质程度，越同质者，则选配效果越好。③ 同质选配所持续的时间，连续继代进行，可加强其效果。

需要说明的是，长期使用同质选配也可能产生一些不良影响，如种群的变异性相对减小，由于有害基因也会出现纯合，导致后代适应性、生活力和生产水平等有所下降等。因此，在使用同质选配的同时，要加强选择和严格淘汰不良个体，改善饲养管理，才能达到理想效果。

2）异质选配

异质选配是表型不同的公母畜之间的选配。异质选配有两种情况：一种是选用具有不同优良性状的公母畜相配，以期获得兼有双亲不同优点的后代；另一种是选择相同性状但优劣程度不同的公母畜相配，即以优改劣，以期后代有较大的改进和提高。实践证明，这是一种可以用来改良许多性状的行之有效的选配方法。

异质选配的遗传效应，在前一种情况下是结合不同优良基因型于后代，丰富后代的遗传基础；在后一种情况下，则是增加致使某一性状良好表现的优良基因频率和基因型频率，并相应减少致使该性状不良表现的不良基因频率和基因型频率。异质选配的作用，在前一种情况下主要是结合双亲的优良性状，丰富后代的遗传基础，创造新类型，并增强后代体质结实性，提高后代的适应性、生活力和繁殖力；在后一种情况下，则是改良不良性状并提高其水平。

在育种实践当中，异质选配主要用于下列几种情况：① 以好改坏，以优改劣。如有些高产母畜，只在某一性状上表现不好，就可以选一头在所有性状上均表现好并在这个性状上特别优异的公畜与之交配，以便在后代中改进这一性状。② 综合双亲的优良特性，提高下一代的适应性和生产性能。如选毛长的羊与毛密的羊相配、选产奶量高的牛与乳脂率高的牛相配。③ 丰富后代的遗传基础，并为创造新的遗传类型奠定基础。

但是必须指出，异质选配的效果往往是不一致的。有时由于基因的连锁和性状间的负相关等原因，而使双亲的优良性状不一定都能很好地结合在一起。为了保证异质选配的良好效果，必须严格选种，并考虑性状的遗传规律与遗传相关。

应该特别指出的是，异质选配与弥补选配不能混为一谈。所谓"弥补选配"是使有相反缺陷的公母畜交配，意图获得中间类型，如凹背的与凸背的相配、过度细致的与过度粗糙的相配等。实际上，这样交配并不能克服缺陷；相反，有时可能使后代的缺陷更加严重，甚至出现畸形后代，正确的方式应是凹背的母畜与背腰平直的公畜相配，过度细致的母畜与体质结实的公畜相配。

同质选配与异质选配是相对的。与配家畜之间，可能在某些方面是同质的，而在另一些方面是异质的；即使是相同的性状，其表现程度也存在差异。例如，有头母猪乳头多，但腹大背凹，选一头乳头多、背腰平直的公猪与之交配，以期获得乳头多、背腰比较平直的后代。这里，就乳头多这一性状而言是同质选配（如果乳头数相等，当然更是同质选配），就背腰而言，则是异质选配。因此，在实践中，同质选配与异质选配是不能截然分开的，并且只有将这两种方法密切配合、交替使用，才能不断提高和巩固整个畜群的品质。

2. 亲缘选配

亲缘选配即考虑交配双方亲缘关系远近的一种选配。如果交配双方到共同祖先的总代数在六代以内就叫近交；如果超过六代就叫非亲缘交配，也称远交。近交有利也有害，一般在商品生产场不宜采用近交，而在育种场为了某种育种目的，可采用近交。

1）近交的遗传效应

① 近交可以使个体基因纯合，群体产生分化。近交可以使后代群体中纯合基因型频率增加，增加程度与近交程度成正比。在个体基因纯合的同时，群体被分化成各具特点的纯合类型，所以可以利用近交固定优良性状。

微课：近交及应用

② 近交会降低群体均值。数量性状的基因型值是由基因的加性效应值和非加性效应值组成的，非加性效应值主要存在于杂合体。近交使群体中杂合体减少，群体的非加性效应值也随之减少，受非加性效应值控制的性状，就会发生退化，因而降低群体均值。

③ 近交可暴露有害基因。决定有害性状的基因大多为隐性基因，在非近交情况下不易显现。近交既可使优良基因纯合固定，也能使有害基因纯合固定，从而使隐性有害基因得到暴露。此时应及时将带有有害性状的个体淘汰，以降低群体中有害基因的频率。

2）近交程度的分析

在育种工作中，衡量和表示近交程度的大小可通过个体近交系数、群体近交系数和亲缘系数等方法确定。其中近交程度最大的是父女、母子和全同胞交配，其次是半同胞、祖孙、叔侄、姑侄、堂兄妹、表兄妹之间的交配。

① 个体近交系数计算法。近交程度分析，通常进行个体近交系数的计算，所谓近交系数，就是指通过近交使后代基因基本纯合的百分率。近交系数的计算公式如下：

$$F_X = \sum \left[\left(\frac{1}{2} \right)^{n_1+n_2+1} (1+F_A) \right]$$

式中，F_X 为个体 X 的近交系数；n_1 为一个亲本到共同祖先的世代数；n_2 为另一个亲本到共同祖先的世代数；F_A 为共同祖先本身的近交系数；$\sum$ 为个体 X 的父母所有共同祖先的全部计算值之和。

若共同祖先全为非近交个体时，则 $F_A=0$，上述公式可简化为

$$F_X = \sum \left(\frac{1}{2} \right)^{n_1+n_2+1}$$

不同近交类型所生子女的近交系数如表3-1所示。

表3-1 各种近交类型所生子女的近交系数（当 $F_A=0$ 时）

近交类型	n_1+n_2+1	所生子女的近交系数/%	近交程度
亲子	2	25	嫡亲
全同胞	3，3	25	嫡亲
半同胞	3	12.5	嫡亲
祖孙	3	12.5	嫡亲
叔侄	4，4	12.5	嫡亲
堂兄妹	5，5	6.25	嫡亲
半叔侄	4	6.25	嫡亲
曾祖孙	4	6.25	嫡亲
半堂兄妹	5	3.125	近亲
半堂叔侄	6	1.562	近亲
远堂兄妹	7	0.781	中亲

② 畜群近交系数的计算。有时我们需要估计畜群的平均近交程度，此时可根据具体情况选用下列方法：

当畜群较小时，可先求出每个个体的近交系数，再计算其平均值。

当畜群很大时，则可用随机抽样的方法，抽取一定数量的家畜，逐个计算近交系数。然后，用样本平均数来代表畜群的平均近交系数。

对于长期不再引进种畜的闭锁畜群，其畜群近交系数可采用下列公式进行估计。当近交系数增量不变时，其公式为

$$F_t = 1 - (1 - \triangle F)^t$$

当每代近交系数增量有变化时，其公式为

$$F_t = \triangle F + (1 - \triangle F) \times F_{t-1}$$

式中，F_t 为 t 世代时畜群近交系数；F_{t-1} 为 $t-1$ 世代时畜群近交系数；t 为世代数；$\triangle F$ 为每进展一个世代的畜群近交系数增量。

当各家系随机留种时，则

$$\triangle F = \frac{1}{8N_S} + \frac{1}{8N_D}$$

式中，$\triangle F$ 表示畜群平均近交系数的每代增量；N_S 表示每代参加配种的公畜数；N_D 表示每代参加配种的母畜数。

③ 亲缘系数的计算。近交系数的大小取决于双亲间的亲缘程度，而亲缘程度则用亲缘系数 R_{SD} 表示。两者的区别在于近交系数是说明 X 本身是由什么程度近交产生的个体，而 R_{SD} 则说明 S 与 D 两个亲缘个体间的遗传上的相关程度，即具有相同等位基因的概率。

亲缘关系有两种：一种是直系亲属，即祖先与后代的关系；另一种是旁系亲属，即那些既不是祖先又不是后代的亲属关系。

直系亲属间的亲缘系数：在品系繁育中，需要计算个体与系祖间的亲缘系数，其公式为

$$R_{XA} = \sum \left(\frac{1}{2}\right)^N \sqrt{\frac{1+F_A}{1+F_X}}$$

式中，R_{XA} 为个体 X 与 A 之间的亲缘系数；N 为个体 X 到祖先 A 的世代数；F_A 为祖先 A 的近交系数；F_X 为个体 X 的近交系数；$\sum$ 为个体 X 到祖先 A 的所有通路的计算值之总和。

旁系亲属间的亲缘系数：其计算公式为

$$R_{SD} = \frac{\sum \left[\left(\frac{1}{2}\right)^N (1-F_A)\right]}{\sqrt{(1+F_S)(1+F_D)}}$$

式中，R_{SD} 表示个体 S 和 D 之间的亲缘系数；N 为个体 S 和 D 分别到共同祖先代数之和，即等于 n_1+n_2；F_S 为个体 S 的近交系数；F_D 为个体 D 的近交系数；F_A 为各共同祖先 A 的近交系数；$\sum$ 为个体 S 和 D 通过共同祖先 A 的所有通路计算值之总和。

如果个体 S、D 和祖先 A 都不是近交个体，则公式可简化为

$$R_{SD} = \sum \left(\frac{1}{2}\right)^N$$

3）近交的用途

近交既有不利的一面，也有其有利的一面。近交主要有下列几种用途：

① 固定优良性状。近交使优良性状的基因型纯化，能使优良性状确实地遗传给后代，很少发生分化，同质选配也有纯化和固定遗传性的类似作用，但不如近交的速度快而全面。

② 暴露有害基因。由于近交使基因型趋于纯合，有害基因暴露机会增多，因而可以早期将有害性状的个体淘汰。

③ 保持优良个体的血统。

④ 提高畜群的同质性。近交使基因纯合的另一结果是造成畜群分化，但经过选择，却可达到畜群提纯的目的。

4）近交衰退及其防止

① 近交衰退的现象。所谓近交衰退，是指由于近交，家畜的繁殖性能、生理活动及与适应性有关的各性状均较近交前有所削弱的现象。其具体表现是繁殖力减退、死胎和畸形增多、生活力下降、适应性变差、体质变弱、生长较慢、生产力降低等。

② 近交衰退的原因。对于近交衰退的原因，不同的学说从不同的角度有不同的解释。基因学说认为，近交使基因纯合，基因的非加性效应减小，而且平时为显性基因所掩盖起来的有害基因得以发挥作用，因而产生近交衰退现象；生活力学说认为，近交时由于两性细胞差异小，故其后代的生活力弱。

③ 影响近交衰退的因素。影响近交衰退的主要因素如下：

近交程度和类型：不同程度和类型的近交，其衰退现象的表现程度不同。近交程度愈高，所生子女的近交系数愈高，其衰退现象的表现可能愈严重。

连续近交的世代数：连续近交与不连续近交相比，其衰退现象可能更严重，连续近交的世代数愈多，其衰退现象可能愈严重。

家畜种类：这与家畜的神经类型和体格大小有关。一般来说，神经敏感类型的家畜（如马）比迟钝的家畜（如绵羊）的衰退现象要严重。小家畜（如兔）由于世代间隔较短，繁殖周期快，近交的不良后果累积较快，因而衰退表现往往较明显。

生产力类型：肉用家畜对近交的耐受程度高于乳畜和役畜。这可能是由于肉畜的体力消耗较少，在较高饲养水平条件下可以缓和近交不良影响的缘故。

品种：遗传纯度较差的品种，由于群体中杂合子频率较高，故近交衰退比较严重；那些经过长期育成的品种，由于已经排除了一部分有害基因，故而近交衰退较轻。

个体：这与个体的遗传纯度和体质结实性有关。杂种个体的遗传纯度较差，呈杂合状态而具有杂种优势，虽在适应性等方面可以在一定程度上抵消近交的不良影响，但生产力的全群平均值显著下降；近交个体的遗传纯度较高，呈纯合状态，对近交衰退的耐受性较高。体质结实健康的家畜，其近交的危害较小。

性别：在同样的近交程度下，母畜对后代的不良影响较公畜大，这主要是由于母体对后代除遗传影响外还有其母体效应。

性状：近交的衰退现象因性状而异。一般来说，遗传力低的性状，如繁殖性能等，它们在杂交时其杂种优势表现明显，而在近交时其衰退也严重；那些遗传力高的性状，如屠体品质、毛长、乳脂率等，它们在杂交时杂种优势不明显，而在近交时其衰退也不显著。

饲养管理：良好的饲养管理，在一定程度上可以缓和近交衰退现象。

④ 近交衰退的防止。为了防止近交衰退的出现，除了正确运用近交、严格掌握近交程度和时间以外，在近交过程中还可采用以下措施：

严格淘汰：无数实践证明，只有实行严格淘汰才不至于出现明显衰退。严格淘汰的实质，是及时将分化出来的不良隐性纯合个体从群体中除掉，将不衰退的优良个体留作种用。此措施最好能结合后裔测验，用通过后裔测验证明是优良的公母畜近交，则更能收到预期效果。

血缘更新：在自群繁育一段时间后，难免都有不同程度的血缘关系，为防止不良影响，此时应考虑引进一些同品种、同类型、无亲缘关系的种畜或冷冻精液来进行血缘更新。血缘更新对于商品场和一般繁殖群来说尤为重要，所谓"三年一换种"以及"异地选公，本地选母"都强调了这个意思。但在商品场和一般繁殖群中定期更换种公畜，则不一定要考虑同质性。

加强饲养管理：近交个体所产仔畜种用价值一般较高，但生活力较差，表现为对饲养条件要求较高。如果饲养条件能满足它们的要求，则暂时不会或很少会表现出来近交带来的不利影响；如果饲养管理条件不能满足它们的要求，则近交恶果可能会立即在各种性状中表现出来；如果饲养管理条件恶劣，直接影响生长发育，则遗传和环境的双重不良影响将导致更严重的衰退。

做好选配工作：尽量多选公畜为种用，并细致地做好选配工作，就不至于被迫进行近交。即使发生近交，也可使近交系数的增量控制在一定水平之下。实践证明，如果每代近交系数的增量维持在3%~4%，即使继续若干代，也不致出现显著的有害后果。

⑤ 近交的具体运用。近交是获得稳定遗传性的一种高效方法，育种中不可不用。但在具体应用时，应注意以下几点：

必须有明确的近交目的：近交只适宜在育种场培育新品种和新品系（包括近交系），为了固定理想型和提高种群纯度时采用，而且近交双方只能是经过鉴定的性状优秀、体质健壮的家畜。另外，还要及时分析近交效果，适可而止，原则上要求尽可能达到基因纯合，但同时又不要超越可能出现的衰退界限。

灵活运用各种近交形式：不同的近交形式其效果不同，可根据具体情况灵活运用。如为了使优良母畜的遗传占优势，可采用母子、祖母与孙子交配的形式；如为了固定公畜的遗传优势，可采用父女、祖父与孙女这种连续与一个优良公畜回交的形式；如为了使父母双方共同的优良品质在后代中再度出现，或为了更大范围地扩大某一优良祖先的影响，或在某一公畜死后为继续保持其优良遗传性时，则可用同胞、半同胞或堂（表）兄妹等同代交配。

控制近交的速度和时间：近交速度的快慢与育种群的质量以及亲本的遗传品质有关，不能一概而论。一般来说，可采取先慢后快的办法，缓慢地提高近交程度，以便及时淘汰携带有害基因的个体。如美国明尼苏达一号猪的育成，便是先慢后快的典型。但近交方式应根据实际情况灵活运用，有时也可先快后慢，因为刚杂交以后，杂种对近交的耐受能力较强，可用较高程度的近交，让所有不良隐性基因都急速纯化暴露，然后便立即转入较低程度的近交，以便近交衰退的过度累积，如梅山猪新品系培育就采用这种方法。

近交时间的长短：原则是达到目的就适可而止，及时转为程度较轻的中亲交配或远交。

如近交程度很高而又长期连续使用，则有可能造成严重损失。

严格选择：近交必须与选择密切配合才能取得成效，单纯的近交不但收不到预期的效果，而且往往是危险的。严格选择包括两方面的内容：一是必须选择基本同质的优秀公母畜近交，此时近交才能发挥它固有的作用；二是严格选择近交后代，即严格淘汰有一切不良（甚至是细微的）变异的近交后代，使有害和不良基因频率下降甚至消灭。应该指出，严格选择必然要大量淘汰，但并不是凡淘汰者必定宰杀。所谓淘汰只是不再留作近交之用，只要没有严重缺陷，完全可以继续繁殖，甚至继续留作种用。

（二）种群选配

种群选配就是根据与配双方种群的异同而进行的选配。按其内容和范围来说，则主要是考虑与配双方所属种群的特性以及性状的异同、在后代中可能产生的作用。所谓种群，是指一切种用的群体，它可以是分类学上的属、种，也可以是畜牧学中的品种、品系、品群、类型。根据与配双方所属种群的异同，又可分为下述三类：

1. 纯种繁育

纯种繁育即同种群内的选配，亦即选择相同种群的个体进行交配，其目的在于获得纯种，简称纯繁。所谓纯种，是指家畜本身及其祖先都属于同一种群，而且都具有该种群所特有的形态特征和生产性能。级进到四代以上的高血杂种，只要特征特性和改良种群基本相同，亦可当作纯种。相同种群家畜的配合，最初可能是由于地理条件的隔离而必然使用，而以后则是为了保持优良品种的遗传纯度和稳定而有意识地使用。

由于长期在同一种群范围内用来源相近，体质、外形、生产力及其他性状上又都相似的家畜进行同质选配，就势必造成基因的相对纯合，这样形成的种群就有可能有较高的遗传稳定性。通过种群内的选种选配，可以提高种群的品质。因此，纯繁的作用有两个：一是可以巩固遗传性，使种群固有的优良品质得以稳定保持，并迅速增加同类型优良个体的数量；二是可以提高现有品质，使种群水平不断稳步上升。

2. 杂交繁育

杂交繁育即不同种群间的交配，亦即选择不同种群的个体进行交配，其目的在于获得杂种，简称杂交。

杂交可以使基因和性状重新组合，使原来不在一个群体中的基因集中到一个群体中来，使原来在不同种群个体身上表现的性状集中到同一类群或个体上来。杂交还可能产生杂种优势，即杂交所产生的后代在生活力、适应性、抗逆性、生长势及生产力等诸多方面，表现在一定程度上优于其亲本纯繁群体的现象。

杂交后代的基因型往往是杂合子，其遗传基础很不稳定，故杂种一般不作种用。但这一点也不能一概而论，不同种群在某些特定性状上的基因型也有相同的可能，如新疆细毛羊与东北细毛羊，其羊毛细度相同、毛色都是白色，这两个品种杂交，其后代在羊毛细度和白色方面的基因型未必就是杂合子。

杂交具有较多的新变异，有利于选择；又有较大的适应范围，有助于培育，因而是良好的育种材料。再者，杂交有时还能起改良作用，能迅速提高低产种群的生产性能，甚至改变生产力方向。因此，杂交在畜牧业实践中具有重要的地位。

杂交的分类主要有以下 3 种：

（1）按杂交种群关系远近分。按杂交双方种群关系远近，可将杂交分为系间杂交、品种间杂交、种间杂交和属间杂交。

（2）按杂交目的分。按杂交目的的不同，可将杂交分为经济杂交、引入杂交、改良杂交和育成杂交。杂交目的有时也可以产生改变，特别是经济杂交、改良杂交，常有转变为引入杂交的情况。

（3）按杂交方式分。按杂交方式的不同，可将杂交分为简单杂交、复杂杂交、级进杂交、轮回杂交、双杂交。

杂交方式和目的有一定联系，但也不完全一致。一般经济杂交的方式最多；育成杂交可采用多种方式，但应注意避免轮回杂交。

3. 品系繁育

品系繁育是较常用的育种技术，品系既是纯繁品种内的单位，也可单独存在，作为杂交育种以及杂种优势利用的亲本。

四、选配的实施

（一）选配的原则

制订选配计划并做好选配工作，应注意以下原则：

1. 根据育种目标进行综合考虑

育种有明确的目标，各项具体工作均应根据育种目标进行。为此，选配不仅应考虑与配个体的品质和亲缘关系，还必须考虑与配个体所隶属的种群对它们后代的作用和影响。在分析个体和种群特性的基础上，注意如何加强其优良品质并克服其缺点。

2. 尽量选择亲和力好的家畜交配

在对过去交配结果具体分析的基础上，找出产生过优良后代的选配组合，不但要继续维持，而且还要增选具有相应品质的母畜与之交配。种群选配同样要注意配合力问题。

3. 公畜等级高于母畜等级

因公畜具有带动和改进整个畜群的作用，而且选留数量少，故其等级和质量都应高于母畜。对特级、一级公畜应充分使用，二级、三级公畜则只能控制使用，最低限度也要同等级使用，绝不能公畜等级低于母畜等级。

4. 具有相同缺点或相反缺点者不能配种

选配中，绝不能使具有相同缺点（如毛短与毛短）或相反缺点（如凹背与凸背）的公母畜交配，以免加重缺点的发展。

5. 控制近交的使用

近交只能控制在育种群中必要时使用，它是一种局部而又短期内采用的方法。在一般繁殖群中，非近交是一种普遍而又长期使用的方法。为此，同一公畜在一个畜群的使用年限不能过长，应做好种畜交换和血缘更新工作。

6. 搞好品质选配

优秀公母畜，一般均应进行同质选配，以便在后代中巩固其优良品质。一般只有品质欠优的母畜或为了特殊的育种目的才采用异质选配。对已改良到一定程度的畜群，不能用本地公畜或低代杂种公畜来配种，以免改良配种失败。

（二）选配前的准备工作

制订选配计划，必须事先做好准备工作，它包括以下内容：

1. 深入了解整个畜群和品种的基本情况

整个畜群和品种的基本情况包括系谱结构、形成历史、畜群现有水平和需要改进提高的地方。为此，应分析畜群的历史和品种形成的过程，并对畜群进行普遍鉴定。

2. 认真分析以往的交配结果

查清每一头母畜与哪些公畜交配曾产生过优良的后代、与哪些公畜交配效果不好，以便总结经验和教训。对于已经产生良好效果的交配组合，则采用"重复选配"的方法，即重复选定同一公母畜组合配种；对于还未交配过更未产生过后代的初配母畜，可分析其全同胞姐妹或半同胞姐妹与什么样的公畜交配已产生良好效果，不妨也用这样的公畜与这些初配母畜试配，待这些母畜产第一胎仔畜后就进行总结，以便找出较好的交配组合作为今后选配的依据。

3. 全面分析即将参加配种公母畜的基本资料

参加配种公母畜的基本资料包括其系谱、个体品质和后裔鉴定材料，找出每一头家畜要保持的优点、要克服的缺点、要提高的品质。后裔鉴定材料可直接为选配提供依据，找出最好的交配组合。

进行上述准备工作时，可采用下述具体方法：

（1）分析交配双方的优缺点。将母畜每一头或每一群（按其父畜分群）列成表，分析其优缺点，根据这些优缺点选配最恰当的公畜。

（2）绘制畜群系谱图。畜群系谱可使整个畜群的亲缘关系一目了然，以便分析个体之间的亲缘关系，从而避免盲目近交。

（3）分析系、族间的亲和力。从畜群系谱可追溯各个体所属系、族，然后比较不同系、族后代的选配效果，以判断不同系、族间亲和力的大小。

（三）拟订选配计划

选配计划又叫选配方案。选配计划没有固定的格式，但计划中一般应包括每头公畜和与配母畜号（或母畜群别）及其品质说明、选配目的、选配原则、亲缘关系、选配方法、预期效果等。

选配方法有个体选配和群体选配两类。个体选配是在逐头分析的基础上选定与配公畜，牛、马等大家畜及各畜种的核心群母畜，一般采用此形式。群体选配又分两种，一种是等级选配，即按公母畜的等级进行选配。这是因为同等级的家畜有共同的特点，不同等级的家畜有不同的特点。例如，细毛羊中一级羊体大、毛长毛密，二级羊则有体小、毛短的共同缺点，为了工作方便，一般以等级群体为单位进行选配，这实际上等于按个体特性进行选配。另一种是在某些小家畜品系繁育中的"随机交配"，即在选定的公母畜群间进行随机结合。群体选配的优点是简单易行，只要公畜挑选得当，就能取得良好效果，因为畜群质量的改进在很大程度上取决于优秀公畜。

还应指出的是，在制订选配计划时，应充分利用优秀公畜的作用，应使用经鉴定的公畜，以备在执行过程中如发生公畜精液品质变劣或伤残死亡等偶然情况，可及时更换与配公畜。选配计划执行后，在下次配种季节到来之前，应具体分析上次选配效果，按"好的维持，坏的重选"的原则，对上次选配计划进行全面修订。表3-2是牛的选配计划表的样式。

表3-2 牛的选配计划表

母牛				与配公牛				亲缘关系	选配目的
牛号	品种	等级	特点	牛号	品种	等级	特点		

任务二 畜禽杂交利用

知识链接

在畜牧业生产中，杂交是指不同种群（种、品种、品系或品群）之间的公母畜的交配。杂交技术的运用在我国有着悠久的历史。先秦时代，我国北方民族地区的游牧民族就利用马驴杂交产生杂种后代骡和驘。中国古代的动物杂交不仅运用于马、驴之间，还运用于其他动物的育种，如牦牛和黄牛的杂交、家鸡和野鸡的杂交、番鸭和麻鸭的杂交以及家蚕雌雄之间的杂交等。

杂交的遗传效应与近交的遗传效应相反，不同的杂交方法和杂交方式会产生不同的杂交效果。概括地说，杂交有以下几方面的用途：

（1）可综合双亲本的性状，育成新品种。
（2）改良家畜的生产方向。
（3）产生杂种优势，提高生产力。

微课：杂交改良

一、杂交改良

许多地方品种历史悠久，适应性强，对饲养管理条件要求较高，但生产性能低或者其畜产品的种类、质量等不能满足市场需求。这时，改进地方品种的缺点，提高其生产性能的最简便、快捷的方法，就是用优良的外来品种与之杂交，一般称之为杂交改良。根据杂交的次数或代数，以及外来基因所占的比例，杂交改良大致上分为引入杂交和级进杂交两类。这种杂交的范围一般以畜群为单位，而不是以整个品种为对象。

（一）引入杂交

引入杂交又称导入杂交，是以原有品种为主，在保留原有品种基本品质的前提下，通过导入另一品种基因成分来克服和改进原有品种个别缺点的杂交方法。

1. 引入杂交的方法

引入杂交一般选用与原有品种基本上同质，需要导入优良品质方面表现突出的品种作为父本，而以原有品种作为母本，杂交后代再与原有品种回交，使导入品种基因成分占25%，进行横交固定（杂种自群繁育）。如果原有品种品质尚不能完全保持，也可再与原有品种回交，使后代含导入品种基因成分占12.5%，以后在这些后代间横交固定。引入杂交示意图如图3-1所示。

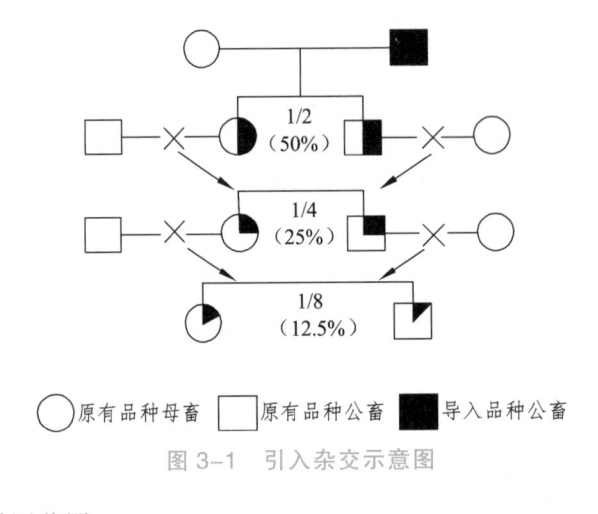

图 3-1 引入杂交示意图

2. 引入杂交的适用范围

1）用本品种选育难以改进的个别性状

原有品种基本上符合要求，但还存在个别性状需要改进，用本品种选育又难以奏效时，可考虑采用引入杂交。例如，荣昌猪用长白猪进行引入杂交，改进其体型和四肢软弱的缺点，收到了明显的效果。

2）只需要加强或改善畜种的生产力

不改变畜种的生产方向，只需要加强或改善其生产力。如一个基本符合要求的瘦肉型猪群体，由于体格过小而且产肉量低时，可以选用一个大型的瘦肉型猪品种进行引入杂交。

3. 引入杂交的注意事项

1）亲本的选择

引入品种必须与原有品种基本同质，生产方向基本相同。引入品种的公畜（也可引入母畜）必须严格进行选择，要求具有针对原来品种缺陷的显著优点，而且这一优点能够稳定遗传，引入公畜最好经过后裔测验。

2）加强亲本及杂种的培育

引入杂交需选用优良母畜与引入品种公畜杂交一次，所产杂种后代又将与原来品种进行回交。因此，一方面要对亲本和杂种加强选育，进行严格的选种和细致的选配，防止在几代以后退回到原来的水平；另一方面要提供必需的培育条件，创造有利于引入品种优良性状表现的饲养管理条件，保证引入杂交的成功。

3）引入外血量要适当

采用引入杂交时，坚持以原有品种为主，一般引入外血的量不超过 1/8～1/4，引入外血量过多，不利于保持原来品种的特性。如原来品种与引入品种在主要生产性状及特性方面差异不大，在回交一代（含 25%外血）后就可暂时在引血群内横交。如差异过大，则应在回交二代（含 12.5%外血）后进行横交。在引血群内选出所需要的纯合子作种畜，然后用以提高整个品种，单纯依靠外血难以巩固所需要的性状。

4）限定范围

必要时，在地方品种的本品种选育过程中可采用引入杂交，但应注意杂交只宜在育种场内进行，切忌在良种产区普遍推行，以免造成地方良种混杂。在育种场内一般也只进行少量杂交，还要保留一定规模的地方良种纯繁，供回交时使用。为了试验，也可引入少量外来品种的母畜作改良者。引入母畜进行杂交，至少有两个明显的特点：一是母畜影响面比较小，在试验阶段对整个品种或畜群不致有很大的影响；二是由于有些性状受母本影响大，这样的引入杂交有可能使某些性状的改进效果更好。

（二）级进杂交

级进杂交又叫改造杂交或吸收杂交。这种杂交方法是以引入品种为主、原有品种为辅的一种改良性杂交。级进杂交是提高本地畜种生产力的一种最普遍、最有效的方法，当原有品种需要做较大改造或生产方向需要根本改变时使用。

1. 级进杂交的方法

以改良品种的公畜（引入品种）与被改良品种的母畜交配，产生的杂种母畜连续与改良品种的不同公畜交配（杂种公畜不留种），直到获得理想的类群再进行自群繁育，如图3-2所示。一代杂种含改良品种的基因成分为50%，二代为75%，三代为87.5%，以此类推，四代以上杂种通称高代杂种。改造杂交在我国畜禽育种中应用较早，尤其在粗毛羊改为细毛羊、役用牛改为乳用牛和肉用牛方面获得了显著成效。

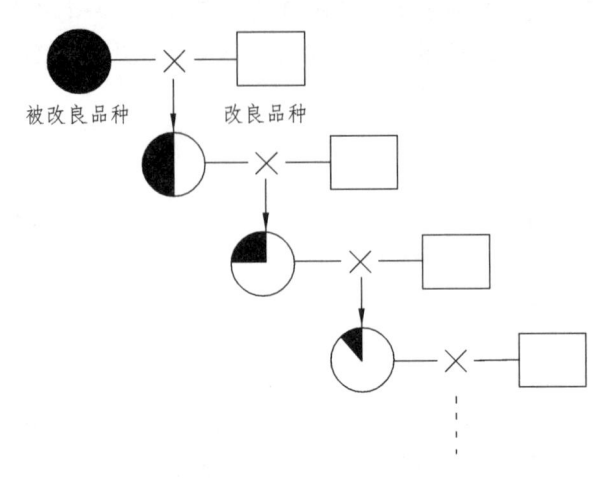

图 3-2 级进杂交示意图

2. 级进杂交的适用范围

1）改造生产性能低的品种

当原有品种生产性能低，不能满足国民经济需要时，可用级进杂交方法提高其生产性能，例如，我国黄牛耐粗耐劳、适应性强，但是产乳量很低，为了提高产乳量，我国北方大部分地区利用荷斯坦牛改良当地黄牛，取得了明显的效果。

2）改变畜群的生产方向

如役用牛改成乳用牛、粗毛羊改成细毛羊，都可以采用这种杂交方法。如在黄牛向奶用方向改良的过程中，不少地方用级进杂交，已获得了许多成功的经验。

3）经济有效地获得大量"纯种"家畜

应用优良纯种公畜改良当地家畜，经过 4~5 代级进杂交后，杂种在体质外形上和生产性能上已非常接近"纯种"。所以，有些国家将这些高"血统"杂种登记为"纯种"。这种获取"纯种"家畜的改良途径，节省了购买纯种家畜的大量费用，非常经济有效。

4）获得大量适应性强且生产力高的家畜

在条件比较艰苦而又难以很快改良，从而不能很好培育优良的生产性能高的家畜的地方，可以用生产性能良好的家畜作为改良品种，与能适应当地条件但生产力差的品种进行级进杂交。如果改良代数适当，杂种表现为适应性强且生产力高。

3. 级进杂交的注意事项

1）明确改良的具体目标

进行级进杂交前，首先必须有明确的目标。根据目的不同，制订具体的杂交方案，避免盲目杂交，造成浪费。

2）选好改良品种和改良个体

改良品种的选择与改良效果关系极为密切。选择时要认真考虑地区条件、地区规划及地区需要，并在此基础上根据各有关品种的特性和特点做好判断。适宜的改良品种必须是该地区需要、有发展前途的、生产力高的品种。

改良用畜无论公母都必须有较高的性能，除了考虑生产性能高、能满足畜牧业发展需要外，还要特别注意其对当地气候、饲养管理条件的适应性。因为随着级进代数的提高，外来品种基因成分不断增加，适应性的问题会越来越突出。

3）杂交代数要适当

级进到几代好，没有固定的模式，但不是代数越高越好。随着杂交代数的增加，杂种优势逐代减弱，因此实践中不必追求过多代数，一般级进 2~3 代即可。过高代数还会使杂种后代的生活力、适应性下降。事实上，只要体形外貌、生产性能基本接近用来改造的品种就可以固定了。原有品种应当有一定比例的基因成分，这对适应性、抗病力和耐粗性有好处。

4）加强对杂种的培育与选择

级进杂交中，要注意饲养管理条件的改善和选种选配的加强。随着级进代数的增加，生产性能的不断提高，培育条件要相应改善，一般要求饲养管理水平也应相应提高。同时，对杂种后代要严格选择，淘汰性能低下及遗传性不稳定的个体。

二、杂交育种

利用 2 个或 2 个以上的品种进行杂交培育新品种的杂交方法称为杂交育种，又称为育成杂交或创造性杂交。杂交育种的创造性主要表现在综合参与杂交品种的优点，创造新的类群。如果本地品种具有某种优点，但不能满足国民经济的需要，而且又无别的品种可以代替；或者需要把几个品种的优点结合起来育成新品种，便可采用杂交育种的方法。

1. 杂交育种及其步骤

1）确定育种目标和育种方案

建立明确的育种目标非常必要，没有明确的指导思想，会使育种工作盲目性大、效率低、时间长、成本高。应在掌握国内外进展，调查分析当地自然经济条件、市场走向与潜在需要以及品种资源情况的基础上，确定选育新品种（或品系）主要的目标性状所要达到的指标以及杂交用的亲本及亲本数，初步确定杂交代数和每个参与杂交的亲本在新品种血缘中所占的比例等。实践中也要根据实际情况进行修订与改进，灵活掌握。

2）杂交创新阶段

这一阶段是采用杂交手段（将具有不同优良性状的不同品种进行杂交），实现基因重组，扩大遗传变异（产生各种变异类型，包括新类型），通过测定、选择和选配，创造出兼具诸杂交亲本优点的新的理想型杂种群。此阶段的工作除了选定杂交品种或品系外，每个品种或品系中与配个体的选择、选配方案的制订、杂交组合的确定等都直接关系到理想后代能否出现。因此，有时可能需要进行一些试验性的杂交。由于杂交需要进行若干世代，所采用的杂交方法如引入杂交或级进杂交，要视具体情况而定，灵活掌握。理想个体一旦出现，就应该用同样的方法生产更多的这类个体，在保证符合品种要求的条件下，使理想个体的数量达到满足继续进行育种的要求。

3）自繁固定阶段

这一阶段从杂种自群繁殖起至稳定遗传为止。此阶段要求停止杂交，进行理想杂种群内的自群繁育（或称横交，即杂种群内理想型个体的相互交配），以期使目标基因纯合和目标性状稳定遗传，主要采用同型交配方法，有选择性地采用近交。对于个别十分突出的理想型杂种公畜，为了迅速地巩固其优良特性并使其特性能传递给后代，甚至可连续进行父女交配或兄妹交配。例如，乌克兰草原白猪是世界上快速培育新品种的典型例子之一，归功于对种猪极其严格的挑选和较高度的近交。当然，近交的程度以未出现近交衰退为度。在选择理想型杂种准备自群繁殖的过程中，对具有某一重要优点且相当突出的个体，可考虑围绕其建立品系。这一阶段，以固定优良性状、稳定遗传特性为主要目标。同时，也应注意饲养管理等环境条件的改善。横交固定一般在育种场内进行。

4）扩群提高阶段

在前阶段虽然培育了理想型群体或品系，但是在数量上毕竟较少，还不易避免不必要的近交，在数量上也还没有达到成为一个品种的起码标准。因此，这个阶段应大量繁殖已固定的理想型畜群，增加其数量和扩大分布地区，着手培育新品系，建立品种整体结构和提高品种质量，这是建成一个新品种必备的条件。在横交固定阶段已建立的品系，应予以扩大。还可利用品系间杂交，使后代获得更多的优良特性，进一步提高品种的质量。在增加数量和质量的同时，可逐步推广品种，使之获得广泛的适应性。

这一阶段开始时定型工作虽已结束，但为了加速新品种的培育和提高新品种的质量，还应继续做好性状测定、选种、选配以及饲养管理等一系列工作。不过这一阶段的选配有着鲜明的特点，那就是不再强调同质选配，而且开始转入非近交。选配方法上应该是纯繁性质，一般不许杂交。

2. 杂交育种的方法分类

杂交育种没有固定的杂交模式，它可以根据育种目标的要求，采用级进杂交、多品种交叉杂交等方法，以达到育成新品种的目的。例如，我国新疆毛肉兼用细毛羊采用4个品种，经过复杂育成杂交育成；新淮猪是用大约克夏猪和淮猪进行正反杂交育成的。

1）根据育种所用的品种数量分

① 简单育成杂交：指只用2个品种进行杂交来培育新品种。这种育种方法成本低、简单易行，而且新品种的培育时间较短。采用这种方法，一是要求选用的2个品种其遗传基础要清楚，要包含所有新品种的育种目标性状，优点能互补；二是在培育前需要设计杂交培育方案。杂交方式、培育条件及整个工作内容、工作进度、预计目标等，都要有一个完整的设计方案，这样有助于目标的完成。

② 复杂育成杂交：如果根据育种目标的要求，选择2个品种仍然满足不了要求时，可以多用1~2个甚至更多一些品种，这种用3个以上的品种杂交培育新品种的方法，称为复杂杂交育种。所用品种多的好处在于杂交后代的遗传基础丰富，可综合多个品种的优良特性。但也不是越多越好，杂交所用的品种越多，后代的遗传基础越复杂，需要的培育时间也往往相对越长。在运用的品种较多时，由于各品种在育成新品种时的作用各不相等，其所占比重和作用必然有主次之分。所以不仅应根据每个品种的性状或特点，很好地确定父本或母本，进行个体的严格选择，还要认真推敲先用哪两个品种，后用哪一个或哪几个品种。因为后用的

品种对新品种的遗传影响和作用相对较大。通过这种育种方法已培育出不少新品种，如新疆毛肉兼用细毛羊（中国育成的第一个绵羊新品种）、东北毛肉兼用细毛羊（中国育成的第二个绵羊新品种）、内蒙古毛肉兼用细毛羊和北京黑猪等品种，都是由3个以上品种杂交培育出来的。

2）根据育种目标分

① 改变家畜主要用途的杂交育种。随着人口的增多、社会的发展，许多原有的畜禽品种已不能满足要求，这时就有必要改变现有品种的主要用途或育种目标。例如，把毛质欠佳，满足不了纺织需要的肉用、兼用型绵羊或细毛羊杂交，通过杂交育种，培育细毛羊或半细毛羊。

改变家畜主要用途的杂交育种，一般要选用一个或几个目标性状。符合育种目标的品种，连续几代与被改良品种杂交，在得到质量与数量均满足要求的杂交后代以后，进行自群繁育。我国东北细毛羊就是用这种方法育成的。

② 提高生产性能的杂交育种。培育高生产力水平的畜禽新品种，对畜牧业生产的发展有着重要的意义。因此，提高生产能力的杂交育种，在不少地方都有开展。例如，北京黑猪、新淮猪、黑白花奶牛和草原红牛的培育等都是具体的例证。

③ 提高适应性和抗病力的杂交育种。许多著名的畜禽、家禽品种都有最适宜自己生活和发挥最好生产潜力的自然环境条件，当把这些品种引入到环境条件不同的地区时，要求这些品种对新环境有一定的耐受能力。于是就有必要培育具有适应性强和抗病力好的品种。我国幅员辽阔，生态条件不仅复杂，有的还极为特殊，如青藏高原的低压高寒、南方等地的高温多雨，因此，有必要培育抗逆性品种。来航鸡的抗马立克氏病品系是美国培育的新型品系。在海福特牛与短角牛的杂交后代中，含有一个抗牛蜱的主基因，这个基因可以转移并能在其他基因型中表达，属显性遗传，抗牛蜱效应极高。所以，培育出携带这个主基因的品系或品种，将能有效地防止牛蜱病的发生。

3）根据育种工作的基础分

① 在现有杂种群基础上的杂交育种。用外来品种与原始品种或地方品种杂交，然后以杂种畜禽为基础，培育一个兼有当地品种和引入品种优点的新品种。这种育种方法就属于在杂交改良基础上开展的杂交育种。在杂交改良基础上培育新品种，我国早有先例，如三河牛、三河马等就都是在杂交改良基础上培育的。

② 有计划从头开始的杂交育种。培育畜禽新品种是畜牧业生产的一项基本建设工作。为了保证进度和质量，一般应在工作开始前，根据国民经济的需要、当地的自然条件和基础畜禽的特点进行细致分析和研究，然后以现代遗传育种理论为指导，制订出目的明确、方法可行、措施有力和组织周密的育种计划并严格执行。有计划从头开始的杂交育种可使工作少走弯路，有利于培育出高质量的新品种。中国美利奴羊就是有计划从头开始的杂交育种产物。从1972年开始，以澳洲美利奴羊为父系，波尔华斯羊、新疆细毛羊和军垦细毛羊为母系，进行有计划地育成杂交，1985年12月经鉴定验收，正式命名为中国美利奴羊。

三、杂种优势利用

（一）杂种优势的表现

杂种优势是指杂种后代（子一代）在生活力、生长发育和生产性能等方面的表现优于亲本纯繁群体。如某一良种羊群体平均体重为 40 kg，本地羊群体平均体重为 30 kg，两者杂交后产生的杂种群体平均体重为 36 kg，这就表现出了杂种优势。杂种优势是当今畜牧业生产中一项重要的增产技术，已广泛应用于肉鸡、蛋鸡、肉猪、肉羊、肉牛生产。

但也应注意到，杂种并不是在所有性状方面都表现优势，有时也会出现不良的效应。杂种能否获得优势，其表现程度如何，主要取决于杂交用的亲本群体质量和杂交组合是否恰当。如果亲本缺少优良基因、双亲本群体的异质性很小或不具备充分发挥杂种优势的饲养管理条件等，都不能产生理想的杂种优势。

（二）杂交优势产生的理论基础

一般认为，杂种优势是与基因的非加性效应有关。目前，对产生杂种优势的机制有几种学说，即显性学说、超显性学说、上位学说和遗传平衡学说。显性学说认为，杂种优势是由于双亲的显性基因在杂种中起互补作用，显性基因遮盖了不良基因的作用结果；超显性学说则认为，杂种优势是等位基因的异质状态优于纯合状态，等位基因相互作用可超过任一杂交亲本，从而产生超显性效应；而上位学说强调的是非等位基因间的相互作用，有时表现为显性上位，有时表现为隐性上位；遗传平衡学说则认为，在基因型不同的个体间杂交时，杂种后代性状将具有不同比率的遗传平衡，其大小与亲本相比将出现增高或减小的变化。关于杂种优势遗传原理，这几种学说都各自从不同角度解释了杂种优势现象，虽都不够全面，但都包含了一些正确看法。这些学说都只是杂种优势理论的一部分。分子遗传学的研究对基因有了新的认识，发现基因间的作用相当复杂，难以明确区分显性、超显性、上位等各种效应。实践证明，杂种优势现象极其复杂，不同性状有不同的杂种优势率，即使同一性状在不同试验或生产条件下也可能有不同的杂种优势率。采用的杂交方式不同，参与杂交的种群及组合的不同，杂种优势大小有明显的差异，高的可达 30%～50%，低的仅 5%～10%，有时甚至出现负值。

（三）杂种优势利用的方法和步骤

杂种优势利用必须有计划、有步骤地开展。杂种优势利用既包括对杂交亲本的选优和提纯，又包括对杂交组合的筛选。杂交优势既有杂交，又有纯繁，它是一整套综合措施。

1. 杂交亲本的选优与提纯

要想成功地开展杂种优势利用工作，获取最佳经济效益，对杂交用的亲本种群的选优和提纯，是杂种优势利用工作的 2 个基本环节。只有当杂交亲本具有优质高产的遗传基因，能产生明显的显性效应和上位效应，杂种才能显示出杂种优势。

"选优"就是通过对亲本种群的选择，使亲本群体高产基因的频率尽可能增加；"提纯"就是通过选择和近交使得亲本群体在主要性状上纯合基因型频率尽可能扩大，个体间差异尽可能缩小。选优与提纯是 2 个不可截然分开的技术措施，它们是相辅相成、同步进行的一个过程。只有增加了优良基因的频率，才有可能使这些优良基因组合成优质基因型，使种群中纯合子的频率尽可能增多。故杂种优势的利用必须在纯繁基础上进行，亲本越纯，杂交亲本双方的基因频率差异越大，配合力测定的误差越小，所得的杂种生产性能更高，外形体质更加一致，更加规格化。在猪、鸡生产中，由于事先选育出优良的近交系或纯系，然后进行科学杂交，从而获得了强大的杂种优势，取得了显著的生产效果和良好的经济效益。

选优和提纯的较好方法是品系繁育，用群体品系或近交系建立配套品系，再经配合力测定，筛选最优组合推广应用。用品系繁育方法选优和提纯的优点在于，品系比品种数量小，便于控制，能较快完成选优和提纯，有利于缩短培育亲本的时间。

2. 杂交亲本的选择

在生产中，杂交亲本的选择应按照父本和母本分别选择。

1）母本的选择

要选择本地区数量多、分布广、适应性强的品种或品系作为母本。良好的母本应具有繁殖力强、母性好、泌乳力强等特点。母畜不宜选用大型品种，体格大的个体对营养的维持需求量大，饲料报酬低。

2）父本的选择

首先要选择生长速度快、饲料利用率高、胴体品质好的品种或品系作为父本。其次要考虑适应性和种畜来源问题。一般父本多选择外来优良品种。

3. 杂交效果的预估

不同杂交组合的杂交效果差异往往比较大，如果每个组合都要通过杂交试验，那么测定配合力的工作量很大，而且费时费钱。实际上也没有必要进行两两之间的杂交组合试验。在做配合力测定之前，可以根据种群的来源和种群的生产类型作预测和分析，对明显不合要求的杂交组合可不做杂交试验。

一般情况下，分布地区距离较远、来源差别较大、类型特征不同的品种间或品系间杂交，可望获得明显的杂种优势。

长期与外界隔离的封闭畜群，用作杂交亲本，可望获得较大的杂种优势。山区交通不便，或因其他地理条件的自然隔离，形成了一些自然封闭的闭锁繁育种群，这些种群内基因组成较纯，与其他种群之间基因频率差异较大，用作杂交亲本，杂种后代可望产生明显的杂种优势。

4. 配合力测定

配合力是指种群通过杂交能够获得杂种优势的程度，即杂交效果的大小。用分析法判断种群间的杂种优势，情况较复杂，需占有充分的资料，并要有相当的实际经验，否则不易做出准确的判断，甚至会出现错误的判断。在这种情况下，最好通过杂交试验，进行配合力测定，以筛选出最优杂交组合。在做配合力测定之前，最好是在种群经过2~3代的选优和提纯以后进行。因为在种群比较整齐一致的情况下所测得的配合力才是可靠的。

配合力按基因的遗传效应分为两种：一般配合力和特殊配合力。

1）一般配合力

一般配合力指的是一个种群与其他各种群杂交所能获得的平均值。如果一个品种与其他各品种杂交经常能够获得较好的效果，那么它的一般配合力就好。如我国荣昌猪与许多品种猪杂交效果很好，说明它的一般配合力好。一般配合力的遗传基础是基因的加性效应。因为显性效应和上位效应值在各杂交组合中有正有负，在平均值中已互相抵消。

2）特殊配合力

特殊配合力指两个特定种群之间杂交所能获得超过一般配合力的杂种优势。它的遗传基础是基因的非加性效应，即显性效应和上位效应。一般杂交试验进行配合力测定，主要测定特殊配合力。为了便于理解两种配合力的概念，可用图3-3加以说明。

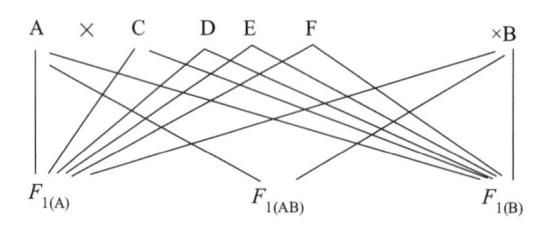

$F_{1(A)}$——A种群与B、C、D、E…各种群杂交一代的某一性状的平均值，即A种群的一般配合力；
$F_{1(B)}$——B种群与A、C、D、E…各种群杂交一代的某一性状的平均值，即B种群的一般配合力；
$F_{1(AB)}$——A、B两种群杂交一代杂种性状的平均值。

图3-3 两种配合力的概念示意图

根据图3-3，A、B两种群的特殊配合力为

$$F_{1(AB)} = 1/2[F_{1(A)} + F_{1(B)}]$$

一般配合力反映了杂交亲本间群体平均育种值的高低，遗传力高的性状，一般配合力都高；遗传力低的性状，一般配合力都不容易提高。一般配合力主要依靠纯繁选育来提高。特殊配合力反映了杂种群体平均基因型值与亲本群体平均育种值之差，其提高主要依靠杂交组合选择。遗传力高的性状，各组合的特殊配合力差异不会太大；反之，遗传力低的性状，特殊配合力可以有很大的差异，因而有很大的选择余地。一般杂交试验，主要测定两个杂交亲本群体的特殊配合力。特殊配合力一般以杂种优势值来表示。

进行配合力测定一般应注意以下几点：

① 应当有合理的试验设计，试验应突出主要性状的测定。要有适当的饲养方式和营养水平，并有严格的记录、记载制度。

② 杂交试验应当设立亲本对照组，试验组和对照组应当在相同条件下饲养和管理。

③ 不必要的组合可以不做，也不必每个组合都做正交和反交试验。有条件的地区，可以集中在同一年度、相同季节内进行，以减少年度和季节造成的偏差，提高测定的准确性。

5. 杂种优势的度量

杂种优势表示的是一个特定杂交组合的特殊配合力，杂种优势的大小，一般以杂种优势值来表示，即

$$H = \overline{F}_1 - \overline{P}$$

式中，H为杂种优势值；$\overline{F}_1$为一代杂种平均值；$\overline{P}$为两亲本群体纯繁时的平均值。

为了便于多性状间相互比较，杂种优势值常用相对值来表示，即杂种优势率表示，其计算公式如下：

$$H(\%) = \frac{\overline{F}_1 - \overline{P}}{\overline{P}} \times 100\%$$

【例 3-1】某一次杂交试验结果如表 3-3 所示，计算断奶窝重的杂种优势率。

表 3-3　约克夏猪与内江猪杂交试验结果

组　别		窝重/kg	平均窝产仔数	平均断奶窝重/kg
约克夏猪	内江猪	12	10	129
约克夏猪	约克夏猪	17	8.2	122.5
内江猪	内江猪	17	10.41	105.5

解：计算断奶窝重的杂种优势。

$$\overline{F}_1 = 129，\overline{P} = (122.50 + 106.50)/2 = 114.00$$

$$H(\%) = \frac{\overline{F}_1 - \overline{P}}{\overline{P}} \times 100\% = \frac{129 - 114.00}{114.00} \times 100\% = 13.16\%$$

在多品种或多品系杂交试验时，亲本的平均值（$\overline{P}$）是各亲本表型值按各自在杂种中所占血缘成分的加权平均值。

【例 3-2】亲本纯繁群和杂种第二代的平均日增重效果如表 3-4 所示，计算三品种的杂种优势率。

表 3-4　平均日增重效果比较表

组　别	平均日增重/g
A×A	180.56
B×B	258.85
C×C	225.10
C×AB	278.41

解：在三品种杂种中，亲本 C 占 1/2 血缘成分，亲本 A、B 各占 1/4，所以

$$\overline{P} = \frac{1}{4}(180.56 + 258.85) + \frac{1}{2} \times 225.10 = 222.40$$

故三品种的杂种优势率为

$$H(\%) = \frac{\overline{F}_1 - \overline{P}}{\overline{P}} \times 100\%$$

$$= \frac{278.41 - 222.4}{222.40} \times 100 = 25.18\%$$

6. 建立专门化品系和杂交繁育体系

所谓专门化品系就是优点专一，并专作父本或母本的品系。利用专门化品系杂交可以获得显著的杂种优势。例如，在肉牛生产中，建立生长快、饲料利用率高的父本品系，通过杂交试验，确定最优杂交组合，能获得超出一般水平的理想效果。

为了确保杂种优势利用工作的顺利开展，应特别重视建立杂交繁育体系，即建立各种性质的畜牧场。目前，建立的杂交繁育体系有三级杂交繁育体系和四级杂交繁育体系。三级杂交繁育体系即建立育种场、一般繁殖场和商品场，如图3-4所示。育种场的主要任务是选育和培育杂交亲本；一般繁殖场主要进行纯种繁殖，为商品场提供父母本；商品场主要进行杂交生产商品家畜。这种繁育体系适宜于两品种杂交生产。

四级杂交繁育体系是在三级杂交繁育体系的基础上加建一级杂种母本繁殖场，开展三品种杂交的地区要建立四级杂交繁育体系。

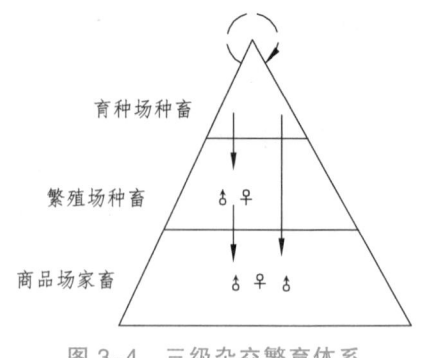

图3-4 三级杂交繁育体系

（四）杂交方式

由于杂交的目的不同，其方法也各异。但就杂交的性质来看，其实质是通过杂交使各个亲本种群的基因组合在一起，形成新的更为有利的基因型。根据用途的不同，可以把杂交方法分为以下几种。

1. 二元杂交

二元杂交也叫简单的经济杂交或单杂交。二元杂交（见图3-5）就是用2个不同品种（或品系）杂交，产生一代杂种公母畜全部作经济利用，不留种，其基础父母群始终保持纯种状态。

这种杂交方法简单易行，特别是在选择杂交组合时较为简单，只需做一次配合力测定。而且杂种优势明显，并具有良好的实际效果。通常以当地品种为母本，只需引进一个外来品种作为父本，数量不用太多便可杂交。养猪业中的"公猪良种化、母猪本地化、肉猪杂种一代化"就是用的这种杂交方式。

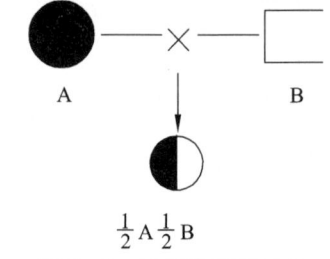

图3-5 二元杂交模式图

这种杂交方式的缺点是不能充分利用繁殖性能方面的杂种优势，因为用以繁殖的母畜都是纯种，杂种一代直接用于商品，因而其繁殖性能方面的杂种优势没有机会表现出来；纯种母本需求数量大，成本高。

2. 三元杂交

三元杂交又叫三品种杂交。三元杂交（见图3-6）就是先用2个品种杂交产生具有杂种优势的母本，再与第3个品种的公畜杂交，产生的三品种杂种全部供经济利用。

三元杂交的优点主要表现为在一般情况下其

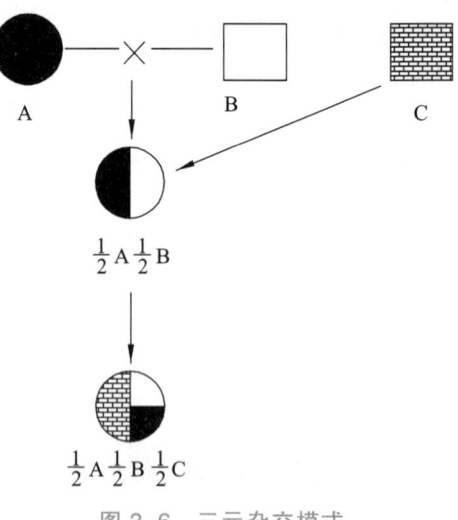

图3-6 三元杂交模式

杂种优势要超过单杂交。首先，在整个杂交体系下，三元杂种母畜在繁殖性能方面的杂种优势可以得到利用，二元杂种母畜对三元杂交的母体效应也不同于纯种；其次，三元杂种集合了 3 个品种的差异和 3 个品种的互补效应，因而单个数量性状上的杂种优势可能更大；最后，母本用杂交一代的母畜，从而可以在相当大的程度上减少纯繁母本，以节约开支，提高效益。在这一点上正好弥补了二元杂交的不足。

三元杂交的缺点是需要有 3 个繁殖场分别饲养 3 个纯种，要进行 2 次杂交试验才能确定最佳杂交组合，因而，三元杂交的组织工作和技术工作都比较复杂，成本也较高。

3. 双杂交

双杂交又称四元杂交，即用 4 个品种或品系分别两两杂交，获得一级杂种，再在两种杂种间进行第二级杂交，所得杂种全部用作商品畜禽，这种方法叫双杂交。

双杂交最初用于生产杂交玉米，在畜牧业中主要用于养鸡生产。鸡的双杂交基本方法是先用高度近交建立近交系，再进行近交系间配合力测定，选择适于作父本和母本的单杂交系，然后再进行单杂交系间的杂交。选定了杂交组合后分两级生产杂交鸡，第一级是生产单杂交鸡，第二级是生产双杂交商品鸡，如图 3-7 所示。

实践证明，双杂交的杂种比单杂交杂种具有更强的杂种优势，双杂交的商品畜禽生命力强，生产性能高，经济效益显著。由于这种方法的出现被大量采用，极大地促进了现代肉用畜禽的发展。

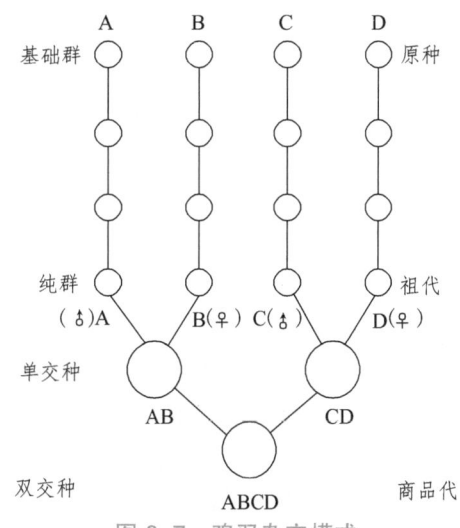

图 3-7 鸡双杂交模式

1）双杂交的优点

① 遗传基础更广泛，有更多的显性优良基因相互作用的机会，容易获得更大的杂种优势。

② 利用杂种母畜的优势外，还充分利用了杂种公畜的优势，这种优势主要表现为配种能力强，可以少养多配并延长使用年限。

③ 由于大量利用杂种繁殖，可少养纯种，降低生产成本。

④ 杂种一代，除作二级杂交用的父本和母本外，其余杂种完全可作育肥用的商品畜群，而杂种的育肥性能要比纯种好。

2）双杂交方法的缺点

这种杂交方式涉及 4 个种群，组织工作比较复杂。要保持 4 个近交系在大型动物中有相当大的难度，而在家禽生产中同时保持 4 个纯种群则比较容易，费用少，因而在养鸡业中被广泛应用。在现代蛋鸡生产中，所采用的品种多为双杂交种，因而一般要建立 4 种类型的繁育场，而肉猪生产中则采用纯系配套杂交。

4. 轮回杂交

用 2 个或 2 个以上品种或品系，有计划地轮流杂交，各世代的杂种母畜除选留一部分再与另一品种杂交外，其余杂种母畜和全部杂种公畜供经济利用，把这种杂交方式称为轮回杂交，如图 3-8 所示。

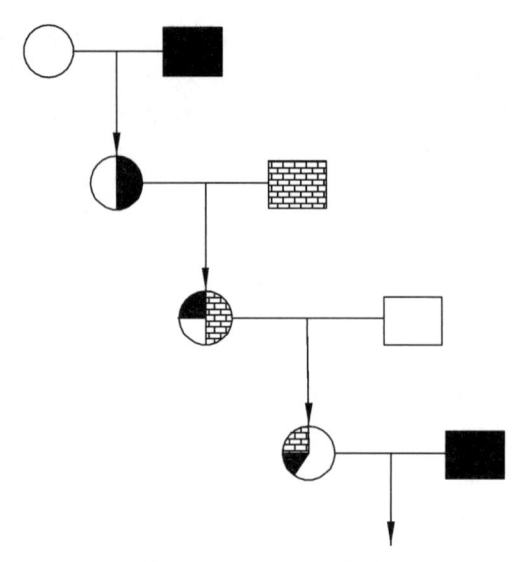

图 3-8　轮回杂交模式

1）轮回杂交方法的优点

① 除第一次杂交外，母畜始终都是杂种，有利于充分利用繁殖性能方面的杂种优势。

② 对于单胎家畜，特别是肉牛业，繁殖用母畜需要较多，杂种母畜也需用于繁殖，采用这种杂交方式最为合适，因为二元杂交不利用杂种母畜繁殖，三元杂交也需要经常用纯种杂交以产生新的杂种母畜，对于繁殖力低的家畜，特别是大家畜都不适宜。

③ 这种杂交方式只需要每代引入少量纯种公畜或利用配种站的种公畜，而不需要自己维持几个纯繁群，在组织工作上方便得多。

④ 由于每代交配双方都有相当大的差异，因此始终能产生一定的杂种优势。

2）轮回杂交的缺点

① 代代需要变换公畜，即使发现杂交效果好的公畜也不能继续使用，而且如果自己饲养公畜，则公畜在使用一个配种期后，要么淘汰，要么闲置几年，直到下一个轮回才能使用，因此可能造成较大浪费；克服的办法是使用人工授精或者几个畜场联合使用公畜。

② 配合力测定较难，特别是在第一轮回的杂交期间，相应的配合力测定必须在每代杂交之前，但是这时相应的杂种母畜还没有产生，为了进行配合力的测定，就必须在一种类型的杂种母畜大量产生之前，先生产少数供测定用的该类型杂种母畜，故而比较麻烦。但是在完成第一轮回的杂交以后，只要方案不变，就不一定要再做配合力的测定。

（五）制订杂交改良方案的基本原则

在生产中，要组织开展杂交改良工作，首先必须制订切实可行、科学合理的杂交改良方案，制订杂交改良方案应遵守以下原则：

1. 明确改良目标

改良目标要根据社会经济发展的需要来制订，要能满足人民生活水平日益提高的需求。如黄牛改良目标是向肉用或乳用方向发展。

2. 选择适宜的杂交改良方法

要根据选用品种的多少及改良目标确定适宜的杂交改良方法，既要有利于实施，又要能达到预期目的。

3. 慎重选择杂交亲本，筛选最佳杂交组合

杂交亲本的母本一般选择地方品种，父本一般选择引进优良品种，因而要加强对父本的选择。

4. 建立杂交繁育体系

可根据需要建立三级或四级杂交繁育体系。

5. 加强对试验示范推广工作的指导

由于我国畜牧业以户养为主，开展杂交改良工作涉及许多养殖场（户）的利益，因而，推广工作应由点到面逐步进行，并要加强对推广工作的技术指导。

实训一 个体近交系数的计算

实训目的

熟悉个体近交系数的计算方法。

实训准备

收集畜禽品种的系谱资料。

方法步骤

（1）从个体的系谱中查找出共同祖先（即在父系和母系中都出现的个体），用适当的符号如△、×、○等作标记。

（2）把系谱改绘成通径图。由共同祖先引出箭头指向个体 X 的父亲，同时引出箭头指向个体 X 的母亲。共同祖先通向 X 的父亲和母亲，归结于个体 X 的通径中，所有各代祖先不可省略。通径图中每个祖先只能出现一次，不能重复。通径图要清楚、明了。

（3）把通径链展开，得出 n。把各条通径链的 n 代入公式 $\sum \left[\left(\frac{1}{2} \right)^{n_1+n_2+1} (1+F_A) \right]$ 即可计算出 F_X。

实训提示

教师可通过具体实例，按照个体近交系数的计算步骤进行讲解示范，然后让学生操作。

实训作业

（1）根据下面 X 公牛的系谱计算 F_X。

```
            S ←——— A
          ↗ ↑ ↖   ↑
         X   |  ↖ |
          ↘  |    ↑
            D ←——— B
```

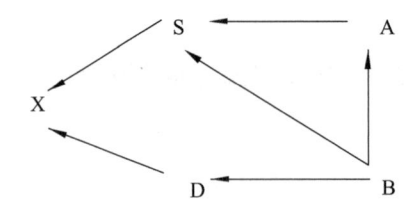

（2）根据下面289号公羊系谱计算 F_{289}。

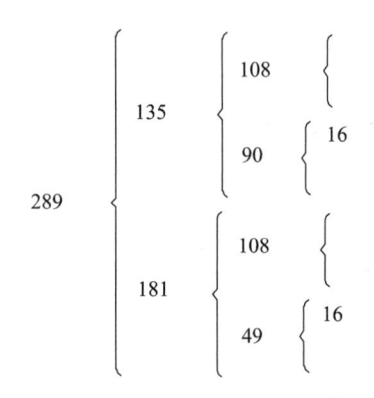

$$289 \begin{cases} 135 \begin{cases} 108 \\ 90 \begin{cases} 16 \end{cases} \end{cases} \\ 181 \begin{cases} 108 \\ 49 \begin{cases} 16 \end{cases} \end{cases} \end{cases}$$

实训二　杂交改良方案的设计

实训目的

掌握引入杂交、级进杂交、育成杂交等杂交改良方法的应用和方案设计。

实训准备

本地区现有主要畜禽品种的特性材料。

方法步骤

（1）比较各种杂交改良方法的应用。

（2）确定育种目标。根据本地区各种畜禽的品种区域规划和市场需求，提出育种目标。

（3）选择杂交改良方法。根据本地区主要畜禽品种的性能特点，选择杂交改良方法。在选择杂交用品种时，应对亲本品种进行认真分析，分别加以权衡。查阅一些有关它们杂交效果和生产性能的资料，最好进行小规模杂交试验，然后做出选择。

（4）拟定杂交改良方案。针对不同品种的选育要求，初步拟定杂交改良方案。

实训提示

杂交改良方案的设计涉及诸多专业知识，教师要有针对性地选择当地品种的杂交改良典型案例组织教学。本次实训的重点在于如何根据当地品种的特性和选育要求，选择适当的杂交改良方法。

实训作业

以当地畜禽品种特性材料为依据，根据制订杂交改良方案的基本原则，设计一个适于当地畜牧业生产的畜禽杂交改良方案。

实训三 杂种优势率的计算

实训目的

学会根据杂交试验结果计算各项性状杂种优势率的方法。

实训准备

收集一些家畜杂交试验的数据。

方法步骤

（一）两品种杂交杂种优势率的计算

（1）求出杂交试验中亲本纯繁组的平均值。

$$\overline{P} = \frac{A+B}{2}$$

式中，$\overline{P}$ 为亲本平均值；A、B 为杂交亲本的值。

（2）求出杂种该性状的平均值，即 $\overline{F}$。

（3）将双亲平均值和杂种平均值代入公式 $H(\%) = \frac{\overline{F_1} - \overline{P}}{\overline{P}} \times 100\%$，计算杂种优势率。

（二）多个品种杂交的杂种优势率计算

（1）计算三元杂交亲本平均值，即3个品种的加权平均值。设 A、B 为第一杂交亲本值，C 为终端杂交亲本值。

$$\overline{P} = \frac{1}{4}(A+B) + \frac{1}{2}C$$

（2）求三品种杂交的杂种优势率。

实训作业

试根据下列三品种杂交试验结果，计算内江猪×本地猪，巴克夏猪×本地猪，内江猪×（巴克夏猪×本地猪），3个杂交组合的杂种日增重优势率。不同杂交组合试验结果如表3-5所示。

表 3-5　不同杂交组合试验结果

品种 父	品种 母	头数	始重/kg	末重/kg	平均日增重/g	每增重 1 kg 消耗饲料/kg
本地	本地	6	5.10	75.45	180.50	6.45
内江	内江	4	9.62	77.15	225.10	6.05
巴克夏	巴克夏	4	5.69	75.85	258.85	4.51
内江	本地	2	4.85	76.25	252.28	4.29
巴克夏	本地	5	6.53	76.42	245.23	5.50
内江	巴本	4	9.81	76.63	278.41	4.09

实战练习

一、名词解释

同质选配　异质选配　近交　近交衰退　杂交　杂种优势　一般配合力　特殊配合力　单杂交　轮回杂交　双杂交　导入杂交　级进杂交　育成杂交

二、简答题

1. 什么是选配？选配有何作用？
2. 同质选配和异质选配各在什么情况下应用？
3. 近交有何遗传效应和用途？如何防止近交衰退？应用近交时需注意哪些问题？
4. 如何防止近交衰退？
5. 杂交改良有哪些方法？各在什么情况下使用？应用时分别要注意哪些问题？
6. 什么是一般配合力和特殊配合力？杂种优势率如何计算？
7. 简述杂种优势利用的方法和步骤。
8. 扼要说明获得杂种优势的主要杂交方法。

三、综合题

查阅相关资料，撰写某奶牛场选种选配计划的方法步骤。

项目四 人工授精

学习目标

（1）能够针对不同养殖环境，制订以人工授精为核心的畜禽配种方案。
（2）能够对公畜禽进行精液采精、品质的检查和处理。
（3）能够针对不同品种母畜发情状态进行鉴别，确定适宜配种时间。
（4）能够对畜禽进行适时输精和效果评价。
（5）培养学生敬畏生命、勇于探索、精益求精的工匠精神。

项目说明

1. 项目概述

人工授精是畜禽生产管理环节非常核心的繁殖技术手段，是一种代替自然交配的繁殖技术。目前，人工授精在牛和猪的生产中得到了广泛应用。该技术充分提高了优良种畜的利用率，使传统配种方式下的种畜利用率提高了几十倍，降低了生产成本，加速了品种的改良速度；同时可防止疾病传播，并使配种的时间和空间的阻隔以及体重差别较大影响配种等情况得以改善和解决。

2. 项目分解

序号	学习内容	实训内容
任务一	公畜禽的采精	人工授精器材的识别、洗涤与消毒
		假阴道的安装与采精
任务二	精液品质检查	精液品质检查
任务三	精液的处理	精液稀释液的配制与精液稀释
		冷冻精液的制作与液氮罐的使用
任务四	母畜发情鉴定	母畜发情鉴定
任务五	母畜禽的输精	母畜禽输精

3. 技术路线

公畜禽采精 → 精液品质检查 → 精液稀释保存 → 母畜发情鉴定 → 母畜禽输精

任务一 公畜禽的采精

知识链接

一、公畜的生殖器官和机能

公畜的生殖器官主要由睾丸、附睾、输精管、副性腺、尿生殖道、阴茎、阴囊、包皮等组成，如图4-1所示。

微课：公畜禽生殖器官

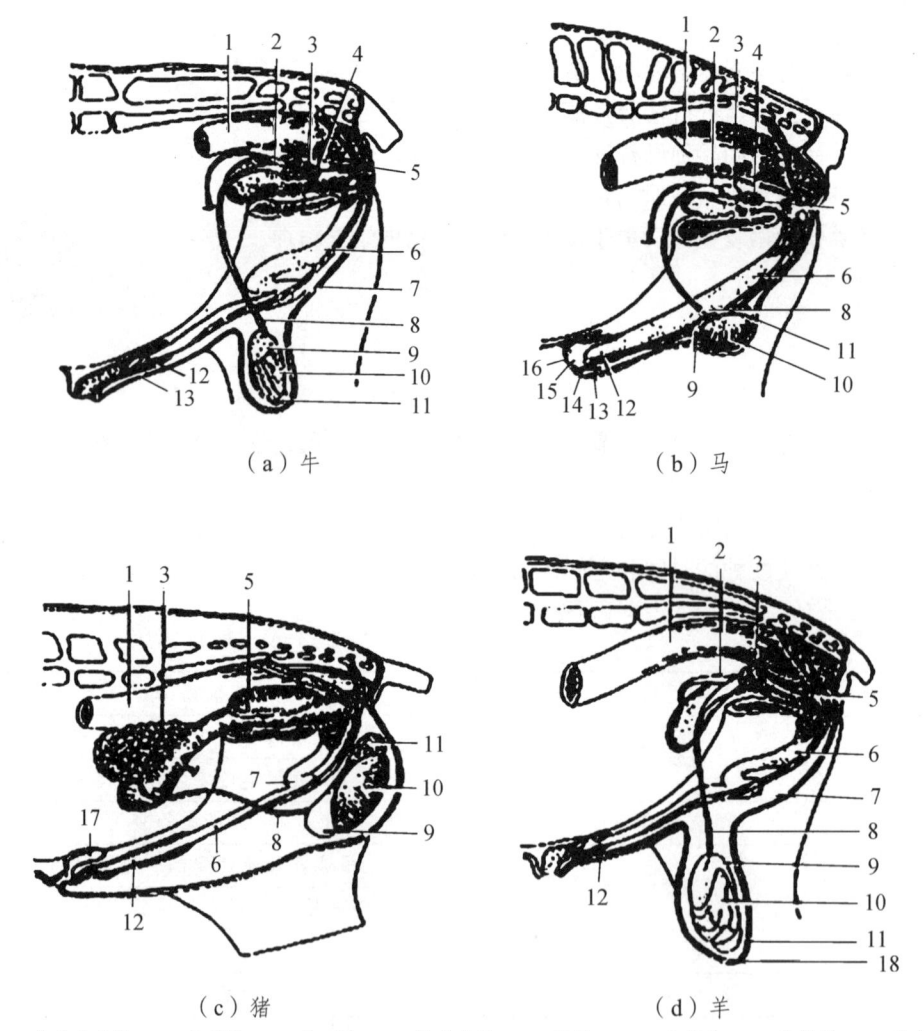

（a）牛

（b）马

（c）猪

（d）羊

1—直肠；2—输精管壶腹；3—精囊腺；4—前列腺；5—尿道球腺；6—阴茎；7—S状弯曲；8—输精管；9—附睾头；10—睾丸；11—附睾尾；12—阴茎游离端；13—内包皮鞘；14—外包皮鞘；15—龟头；16—尿道突起；17—包皮憩室；18—阴囊。

图4-1 公畜的生殖器官

（一）睾　丸

1. 形态位置及组织构造

1）形态位置

家畜的睾丸均为长卵圆形，不同种家畜睾丸大小有很大的差别。猪、绵羊和山羊的睾丸相对较大。正常的2个睾丸大小相同，牛、马的左侧稍大于右侧。成年公畜的睾丸位于阴囊中，左、右各一。各种家畜的睾丸质量如表4-1所示。

表4-1　各种家畜睾丸质量比较表

畜　种	2个睾丸质量		左、右睾丸大小差别
	绝对质量/g	相对重（占体重百分比）/%	
牛	550~650	0.08~0.09	左侧稍大
马	550~650	0.09~0.13	左侧稍大
猪	900~1 000	0.34~0.38	无固定差别
绵羊	400~500	0.57~0.70	无固定差别
山羊	150	0.37	无固定差别
狗	30	0.32	无固定差别
家兔	5~7	0.02~0.03	无固定差别

2）组织构造

睾丸的最外层由浆膜覆盖，其下为致密结缔组织构成的白膜，在睾丸实质部纵轴方向有一结缔组织索状结构，形成睾丸纵隔，由纵隔向四周发出许多放射状结缔组织小梁伸向白膜，称为中隔，将睾丸实质分成许多锥形小叶，其尖端朝向中央，基部朝向表面，形似玉米。每个小叶内含2~3条曲精细管，管径只有0.1~0.3 mm。据估计，公牛的曲精细管的总长可达5 km，占睾丸总量的80%~90%。曲精细管在各小叶的尖端各自汇合成为直精细管，穿入睾丸纵隔结缔组织内，形成弯曲的导管网，称为睾丸网，最后在睾丸网的一端又汇成10~15条睾丸输出管，穿过白膜，形成附睾头。精细管的管壁由外向内是由结缔组织纤维、基膜和复层生殖上皮构成的。上皮主要由两种细胞构成：能产生精子的生精细胞、支持和营养生殖的支持细胞。

2. 睾丸的生理功能

1）产生精子

精细管内的生精细胞是直接形成精子的细胞，它经多次分裂后最后形成精子。精子随精细管的液流输出，经直精细管、睾丸网、睾丸输出管而到附睾。公畜每克睾丸组织平均每天可产生1 000万~3 000万个精子。

2）分泌雄激素

间质细胞分泌的雄激素有激发公畜的性欲和性行为、刺激第二性征、刺激阴茎和副性腺的发育、维持精子的发生及附睾内精子的存活等作用。

3）产生睾丸液

曲细精管和睾丸网可产生大量的睾丸液，其含有较高的钙、钠等离子成分和少量的蛋白质成分。睾丸液主要作用是维持精子的生存，并有助于精子的移动。

3. 精子的发生

精子在睾丸内形成的全过程称为精子的发生，包括精细胞生成和精子形成两个阶段。

1）精细胞生成

公畜在胚胎时的精细管无管腔，只有性原细胞和未分化细胞；出生后数月，性原细胞经增殖形成精原细胞，未分化细胞形成支持细胞。精原细胞经过有丝分裂，在理论上得到16个初级精母细胞（猪可能分裂成24个），1个初级精母细胞经过二次分裂，变成4个精细胞。

2）精子形成

精细胞的细胞核是精子头的主要部分，高尔基体形成精子的顶体，中心小体形成精子尾，线粒体聚集在中段形成线粒体鞘。成形的精子最终与支持细胞分离进入精细管的管腔。此时，精子的颈部仍有部分原生质在细胞外形成原生质滴。至此，精子的发生完成。整个精子发生过程约需2个月，如表4-2所示。

表4-2 各种动物精子发生周期

畜　种	精子发生周期/d	通过附睾时间/d
猪	44～45	9～12
牛	60	10
绵羊	49～50	13～15
马	50	8～11

（二）附　睾

1. 形态位置

附睾位于睾丸的附缘，分头、体、尾三部分，主要由睾丸输出管盘曲组成。这些输出管汇集成一条较粗而弯曲的附睾管，构成附睾体。在睾丸的远端，附睾体延续并转为附睾尾，最后逐渐过渡为输精管。

2. 功　能

（1）附睾是精子最后成熟的地方。从睾丸精细管生成的精子，刚进入附睾头时，其形态尚未发育完全，颈部常有原生质滴存在。此时其活动微弱，没有受精能力或受精能力很低。在精子通过附睾管的过程中，原生质滴向尾部末端移行脱落，达到最后成熟，从而活力增强，且有受精能力。

精子的成熟与附睾的物理及细胞化学特性有关，精子通过附睾管时，附睾管分泌的磷脂质和蛋白质包被在精子表面，形成脂蛋白质膜，此膜能保护精子，防止精子膨胀，抵抗外界环境的不良影响。精子通过附睾管时，可获得负电荷，防止精子的凝集。

（2）附睾是精子的储存场所。附睾可以较长时间储存精子，一般认为在附睾内储存的精子，经60 d后仍具有受精能力。但如果储存过久，则活力降低，畸形及死亡精子增加，最后死亡被吸收。

精子能在附睾内较长期储存的原因：附睾管上皮的分泌物能供给精子发育所需要的养分；附睾内环境呈弱酸性（pH为6.2～6.8）、高渗透压、温度较低，这些因素可使精子处于休眠状态，减少能量消耗，从而为精子的长期储存创造条件。

（3）附睾管的吸收作用。附睾头和附睾体的上皮细胞具有吸收功能，来自睾丸的稀薄精子悬浮液，通过附睾管时，其中的水分被上皮细胞所吸收，因而到附睾尾时精子浓度升高，每微升含精子 400 万个以上。

（4）附睾管的运输作用。来自睾丸的精子借助于附睾管纤毛上皮的活动和管壁平滑肌的收缩，可将精子悬浮液从附睾头运送到附睾尾。精子通过附睾管的时间：牛为 10 d，绵羊为 13～15 d，猪为 9～12 d，马为 8～11 d。

（三）输精管

输精管由附睾尾的附睾管延伸而成，它先和通向睾丸的血管、淋巴管、神经等构成精索，再经腹股沟管进入腹腔，折转入骨盆腔，并在膀胱的背部变粗形成输精管壶腹（猪无壶腹部）。壶腹末端与精囊腺的排泄管共同开口于尿生殖道起始部背侧的精阜后端的射精孔。

（四）副性腺

副性腺包括精囊腺、前列腺和尿道球腺，如图 4-2 所示。

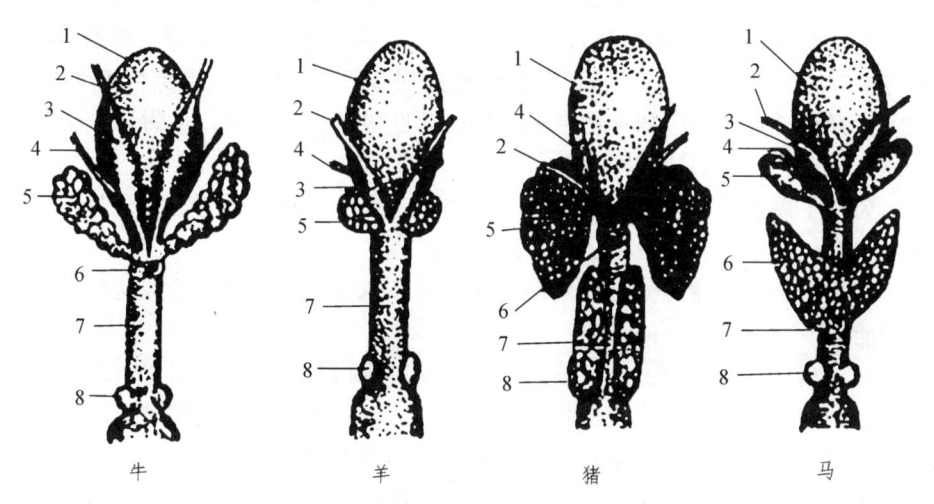

1—膀胱；2—输精管；3—输精管壶腹；4—输尿管；5—精囊腺；6—前列腺；
7—前列腺扩充部；8—尿道球腺。

图 4-2　各种家畜的副性腺（背面图）

1. 形态位置

1）精囊腺

精囊腺成对，位于输精管末端外侧。牛、羊、猪的精囊腺是致密的分叶腺，腺体组织中央有一致密的腔。马的为长圆形盲囊，其黏膜层含分支的管状腺。精囊腺的排泄管和输精管一起开口于精阜，形成射精孔。猪的精囊腺最为发达。精囊腺的分泌物为弱碱性的黄白色胶状液体，含有丰富的果糖，具有稀释精子、营养精子的作用；所含有的抗坏血酸具有抗氧作用。猪的精囊腺液在阴道内形成栓塞，防止精液倒流，增加受精的机会。

2）前列腺

前列腺分为体部（壁外部分）和扩散部（壁内部分）两部分，呈淡黄色。前列腺大部分存在于尿生殖道壁内，形成扩散部；小部分位于尿生殖道壁外，是前列腺体部。整个前列腺外面包有较厚的致密的结缔组织被膜，其中含有丰富的平滑肌纤维。被膜中的结缔组织将腺体实质分为许多小叶。前列腺为复管状腺，有许多排泄管开口于精阜两侧。

牛、猪前列腺分为体部和扩散部，羊的仅有扩散部，马的前列腺位于尿道的背面，并不围绕在尿道的周围。前列腺因年龄的变化而发生变化：幼龄时小，性成熟时大，老龄逐渐退缩。前列腺的分泌物是一种黏稠的蛋白样液体，含有丰富的酶类，有特殊的鱼腥味，呈弱碱性，能够中和阴道的酸性分泌物。

3）尿道球腺

尿道球腺成对，位于尿生殖道骨盆部末端的背侧，被球海绵体肌覆盖。尿道球腺表面为含有横纹肌的致密结缔组织被膜，被膜中的结缔组织将腺体实质分为许多小叶，叶间结缔组织内含有平滑肌和横纹肌纤维。猪的尿道球腺体积最大，马次之，牛、羊最小。尿道球腺的分泌物透明黏滑，由黏液性和蛋白样液组成，参与精液的组成，具有冲洗湿润尿道的作用。

2. 功　能

副性腺的分泌物是构成精液的主要成分，其主要生理机能包括以下几个方面：

（1）冲洗尿生殖道，为精液通过做准备。交配前阴茎勃起时，主要是尿道球腺分泌物先排出，它可以冲洗尿生殖道内的尿液，为精液通过创造适宜的环境，以免精子受到尿液的危害。

（2）稀释精子。副性腺分泌物是精子的内源性稀释剂。因此，从附睾排出的精子与副性腺分泌物混合后，精子即被稀释。

（3）为精子提供营养物质。精囊腺分泌物含有果糖，当精子与之混合时，果糖很快扩散入精子细胞内，果糖的分解是精子能量的主要来源。

（4）活化精子。副性腺分泌物呈偏碱性，其渗透压也低于附睾处，这些条件都能增强精子的运动能力。

（5）运送精液。精液的射出，除借助附睾管、输精管副性腺平滑肌收缩及尿生殖道肌肉的收缩外，副性腺分泌物的液流也起着推动作用。在副性腺管壁收缩排出的腺体分泌物与精子混合时，随即运送精子排出体外，精液射入母畜生殖道内。

（6）延长精子的存活时间。副性腺中含有柠檬酸盐及磷酸盐，这些物质具有缓冲作用，从而可以保护精子，延长精子的存活时间，维持精子的受精能力。

（7）防止精液倒流。有些家畜的副性腺分泌物有部分或全部凝固现象，一般认为这是一种在自然交配时防止精液倒流的天然措施。

（五）尿生殖道和外生殖器

1. 尿生殖道

雄性动物的尿道兼有排精作用，故称尿生殖道，可以分为盆部和阴茎部（海绵体部）两部分。尿生殖道壁包括黏膜、海绵体层、肌层和外膜。

2. 阴茎和包皮

阴茎为雄性动物的交配器官，位于包皮内，由阴茎海绵体生殖道阴茎部构成，大致分为阴茎头（龟头）、阴茎体和阴茎根三部分。家畜种类不同，其龟头的形态也不同（见图4-3）。包皮为皮肤折转而形成的管状皮肤套，容纳和保护阴茎。

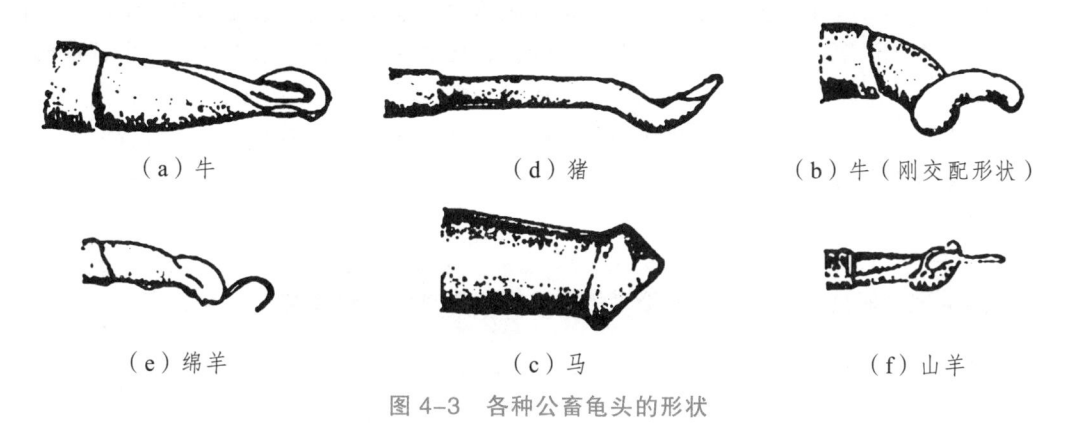

（a）牛　　　　（d）猪　　　　（b）牛（刚交配形状）

（e）绵羊　　　（c）马　　　　（f）山羊

图4-3　各种公畜龟头的形状

二、公禽的生殖器官和机能

公禽的生殖器官主要由睾丸、附睾、输精管和阴茎（或交配器）构成（见图4-4）。与家畜及其他哺乳动物相比，公禽的睾丸位于腹腔内，且没有副性腺，阴茎不发达或发育不全。

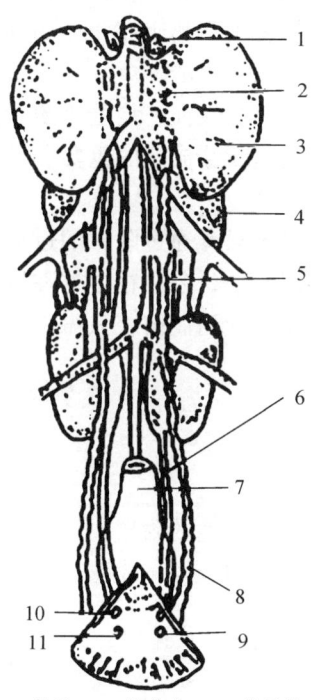

1—肾上腺；2—附睾区；3—睾丸；4—肾脏；5—输精管；6—输尿管；7—直肠；8—输精管扩大部；9—射精管口；10—泄殖腔；11—输精管口。

图4-4　公鸡的生殖器官

(一) 睾 丸

1. 形态位置及组织构造

公禽睾丸一对，呈卵圆形，始终位于腹腔内，肾脏的前下方，周围与胸腹气囊相接触，利于睾丸的温度调节，不像家畜那样，要下降到阴囊内，适于飞翔。睾丸的组织结构也简化了很多，睾丸内无纵隔和小梁，所以不形成小叶，直接由曲精细管、精管网、输出管构成。雏禽睾丸很小，只有米粒或黄豆大小，淡黄色；成年公禽睾丸可以达到橄榄大或鹌鹑蛋大小，呈乳白色。在自然条件下，成年公鸡在春季性机能特别旺盛，睾丸增大，精细管变粗，精子大量形成，睾丸颜色逐渐变为乳白。当性机能减退时，则又变小。

2. 生理功能

睾丸的生理功能是产生精子，分泌雄激素，维持雄禽的生殖活动。

3. 精子的发生与成熟

1）精子的发生

公禽精子的发生过程与哺乳动物基本相同，也需经过4个阶段，即精原细胞、初级精母细胞、次级精母细胞和精子细胞。精子的发育因家禽种类、品种及品系不同而不同，一般在20周龄，大多数公鸡的精细管内都可见到精子细胞或精子。

公禽产生具有受精能力的精子的时期称为性成熟。有些早熟品种如来航鸡、北京鸭，约于20周龄达到性成熟。特别早熟的来航公鸡，往往在10~12周龄便可采集到精液；而晚熟品种的性成熟时间则相应推迟，如蛋用型鸡应在22~26周龄才开始产生，北京鸭24~27周龄，太湖鹅32~36周龄，火鸡31~36周龄。

鸡冠、肉垂、肉瘤等是家禽的第二性征，均受雄激素的影响。鸡冠生长与睾丸的发育密切相关。因此，鸡冠的发育程度是判断性成熟的重要参考。

2）精子的成熟

与家畜一样，由睾丸产生的精子只有通过附睾的过程中，才能完成形态和生理的成熟过程，获得运动和受精的能力。不同的是，公禽精子这一过程的实现不仅在附睾，更主要的是在输精管内成熟。精子自睾丸经输精管到泄殖腔只需24 h，显然精子成熟所需要的时间比家畜精子短得多。

(二) 附 睾

家畜的睾丸输出管穿出白膜形成发达的附睾，而家禽的附睾不明显，仅由睾丸输出管构成，附睾管不发达。附睾管也是精子初步发育成熟、储存和分泌精清的地方。

(三) 输精管

输精管一对，接附睾管，最后开口于泄殖腔的两侧，并向泄殖腔内突出，简化了尿生殖道。家禽没有集中的副性腺，稀释精子并提供营养的精清主要来源于精子通过的管道（如睾丸管、附睾管、输精管的上皮细胞）及泄殖腔上的血管体和淋巴褶，所以家禽的精液浓度大而量小。

输精管的主要功能：分泌精清，是精子进一步成熟储存的场所，也是精子输出的管道，把精子运送至交配器官。

（四）阴　茎

阴茎是公禽的交配器官，不同种雄禽的阴茎形态和构造差异较大。

公鸡没有真正的阴茎，只有退化的交配器，在肛门的腹侧缘有3个并起的突起，称阴茎体。孵出24 h的雏鸡可用肉眼看到阴茎体，可鉴别雏鸡的雌雄。公鸡的交配器由输精管乳头、阴茎体、淋巴褶和泄殖孔组成。交配时，左、右阴茎体合拢形成纵沟，并翻出泄殖孔，精液从输精管乳头直接流入纵沟而排出体外，省略了尿生殖道，此纵沟相当于家畜的尿生殖道。

公鸭和公鹅的阴茎比较发达，平时套缩在泄殖腔内。勃起时，阴茎充血，从泄殖腔翻出，呈螺旋形锥状体，表面有螺旋形的输精沟。交配时，输精沟闭合成管状，精液从合拢的输精沟射出。

三、公畜禽的采精

（一）采精前的准备

1. 采精场地的准备

采精要有良好和固定的场所与环境，以便公畜建立起稳定的条件反射，同时保证人畜安全和防止精液污染。为此，采精场所应该宽敞、平坦、安静、清洁和固定。供保定台畜的采精架（或称配种架）和供公畜爬跨射精的假台畜，必须坚固牢实，安放的位置要便于公畜出进和采精人员操作。采精场所的地面既要平坦，但又不能过于光滑，最好能铺上橡皮垫以防打滑。采精前要将场所打扫干净，并配备有喷洒消毒和紫外线照射的灭菌设备。

采精虽然可在室外露天进行，但一般条件较好的人工授精站，都有半敞开式的采精棚或室内采精室（大家畜采精室的面积一般为10 m×10 m左右），并要紧靠精液处理室。

2. 台畜的准备

台畜是供公畜爬跨用的台架，有真台畜和假台畜之分，使用发情母畜和调教的公畜做台畜采精效果更好。活台畜应选择健康无病、体格健壮、大小适中、性情温顺、无恶癖的同种家畜。活台畜入保定栏内保定，马可用横木保定，并用保定绳或三角绊固定两后肢，以防蹴踢；使用假台畜采精简单方便，且又安全，各种家畜均可采用。假台畜是用钢筋、木材、橡胶制品等材料模仿家畜的外形制成的，固定在地面上，其大小与真畜相近（见图4-5）。假台畜的外层覆以棉絮、泡沫等柔软之物，亦可用畜皮包裹，以假乱真。假台畜内可设计固定假阴道的装置，可以调节假阴道的高低。

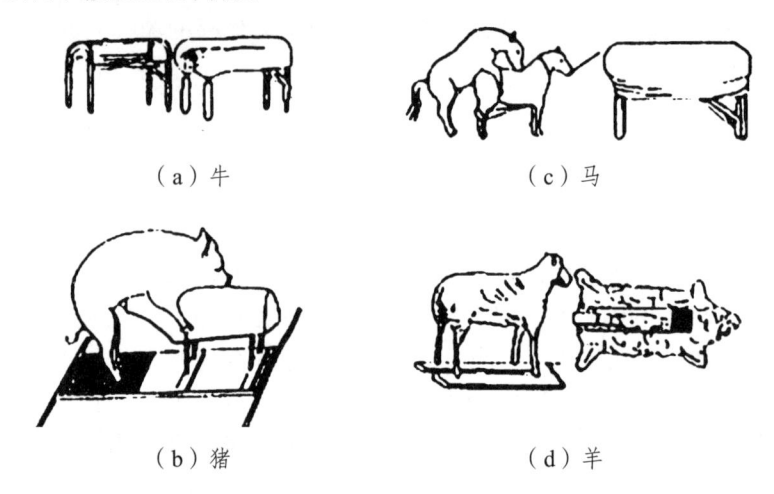

（a）牛　　　　　　　（c）马

（b）猪　　　　　　　（d）羊

图 4-5　采精用的假台畜

3. 器械与假阴道的准备

采精所要的器械要事先准备好，力求清洁无菌，在使用前要严格消毒，每次使用后必须洗涮干净。假阴道是模仿母畜阴道内环境条件而设计制成的一种人工阴道。虽然各种家畜用的假阴道在形状、大小等方面不尽相同（见图 4-6），其类型也多种多样，但设计原理和基本构造是相同的，即由外筒（又称外壳）、内胎、集精杯（瓶、管）、活塞（气嘴）和固定胶圈等基本部件所组成。

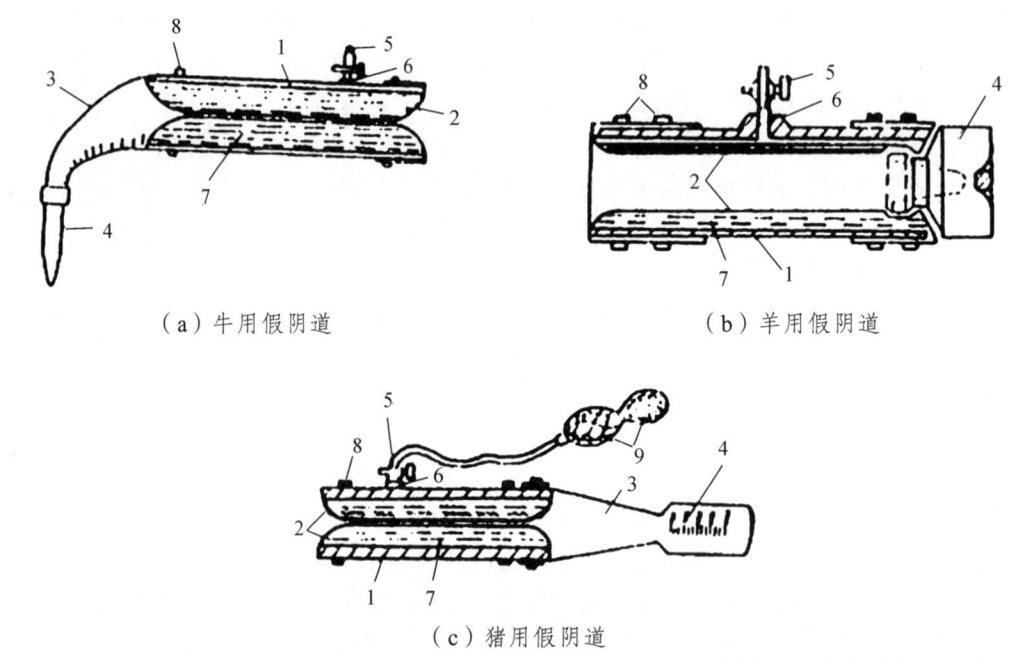

（a）牛用假阴道　　　　　　　（b）羊用假阴道

（c）猪用假阴道

1—外壳；2—内胎；3—橡胶漏斗；4—集精管（或集精杯）；5—气嘴；6—注水孔；7—温水；8—固定胶圈；9—双连球

图 4-6　各种家畜的假阴道

假阴道在使用前必须进行洗涤、安装内胎、消毒、冲洗、注水、涂润滑剂、调节温度和压力等步骤。安装调试时应注意以下几点：

1）适当的温度

假阴道的温度应和母畜的体温相近，温度过低，会抑制公畜性兴奋；温度过高，会影响精子的存活时间。假阴道温度一般用热水来维持，使内胎温度达到 38～40 ℃；而集精杯的温度应保持在 34～35 ℃，以防温度突然变化危害精子。

2）适当的压力

适当的压力是引起公畜射精的重要条件，压力不足对公畜刺激不够，压力过大则阴茎不易插入。一般通过注水和吹入空气调节压力。

3）适当的润滑度

润滑度不足，公畜阴茎插入困难并有痛感，甚至受伤；涂油过多，则往往混入精液，使精子呈现凝集现象，影响精液品质。另外，还应注意凡是接触精液的部分，如集精杯、内胎、橡胶漏斗等均需严格消毒。仔细检查外胎、内胎及集精杯，不能有裂隙或漏水、漏气。

4. 公畜的准备

1）性成熟与初次采精时间

性成熟是指公畜性器官、性机能发育成熟，并具有受精能力。性成熟时间：牛为 10～18 月龄，马为 18～24 月龄，猪为 3～6 月龄，羊为 5～8 月龄，家兔为 3～4 月龄。

初次采精时间是指公畜基本上达到生长完成的时期，各种器官组织都已发育完善，是配种的最佳时期。母畜适配年龄一般根据品种、个体发育情况，在性成熟基础上延迟数日（兔）、数月（猪、羊），甚至 1 年（牛、马）。

2）公畜的调教

利用假台畜采精，要事先对种公畜进行调教，使其建立条件反射。调教的方法有以下几种：

① 在假台畜的后躯涂抹发情母畜的阴道黏液或尿液，公畜则会受到刺激而引起性兴奋并爬跨假台畜，经过几次采精后即可调教成功。

② 在假台畜旁边牵一头发情母畜，诱使公畜进行爬跨，但不让交配而把其拉下，反复多次，待公畜性冲动达到高峰时，迅速牵走母畜，令其爬跨假台畜采精。

③ 将待调教的公畜拴系在假台畜附近，让其目睹另一头已调教好的公畜爬跨假台畜，然后再诱其爬跨。

④ 种公畜调教应注意的问题。调教过程中，要反复进行，耐心诱导，切勿施用强迫、恐吓、抽打等不良刺激，以防止性抑制而给调教造成困难；调教时，应注意公畜外生殖器的清洁卫生；最好选择在早上调教，早上精力充沛，性欲旺盛；调教时间、地点要固定，每次调教时间不宜过长；注意调教环境的安静。

3）采精前种公畜的准备

公畜采精前的准备，包括体表的清洁、消毒和诱情（性准备）两个方面。这与精液的质量和数量都有密切的关系。

采精前应擦拭公畜的下腹部，用 0.1% 高锰酸钾溶液等洗净其包皮外并抹干，用生理盐水清洗包皮腔内积尿和其他残留物并抹干。

在采精前，需以不同诱情方法使公畜有充分的性兴奋和性欲，一般采取让公畜在台畜附近停留片刻，进行2~3次假爬跨。

5. 操作人员的准备

采精员应技术熟练，动作敏捷，对每一头公畜的采精条件和特点了如指掌，操作时要注意人畜安全。操作前，要求脚穿长筒靴，着紧身工作服，避免与公畜及周围物体钩挂而影响操作。指甲剪短磨光，手臂要清洗消毒。

（二）采精方法

家畜种类不同，采精操作方法也不同。

1. 假阴道法

1）牛的假阴道采精

采精员站在台畜的右侧，右手握住假阴道，公牛爬跨台牛时，迅速用左手将其阴茎导入假阴道内，公牛向前一冲即为射精。阴茎抽出后，要使集精杯一端向下，以免精液向外倒流。

2）羊的假阴道采精

基本方法与牛相同。采精时，先将台羊牵入配种架，采精员蹲于台羊右侧，右手持假阴道，当公羊爬跨阴茎勃起向前冲时，以左手轻握包皮速将阴茎导入假阴道内，以防精液射在假阴道外。

3）兔的假阴道采精

采精时，将假阴道放在台兔腹下两后腿之间，并将台兔尾巴举起，当公兔爬跨台兔，阴茎插入阴道时，即耸身射精。公兔常在射精后摔倒，且有尖叫声。

4）猪的假阴道采精

猪的射精时间较长。采精员右手持假阴道，蹲在台猪右侧，当公猪前肢爬上台猪背部后，将假阴道入口对准公猪的包皮孔，待阴茎伸出自然插入。此时采精员要有节律地挤压双连球，使假阴道内腔一张一缩，以增加公猪快感。见公猪爬在台猪背上不动，肛门部有节律地收缩，即表示射精。这时应立即将胶皮漏斗向下方拉直，以利精液流入集精瓶。

2. 手握采精法

猪采精的手握法又称拳握法，是用手掌代替假阴道采精，是目前广泛采用的一种方法。与假阴道法相比较，它具有设备简单、操作容易和便于选择性地收集"浓份精液"等优点。其操作方法如下：

采精时，采精员蹲在台猪的右侧，公猪爬跨台猪伸出阴茎时，手掌心向下，即轻握公猪阴茎的螺旋部，使龟头露出手掌1 cm左右，并用拇指顶住顶端，有节奏地轻握，使公猪增加快感，并顺势将阴茎拉出包皮外，松紧度以不使阴茎滑脱为准（见图4-7）。公猪射精时，即用盖有2~3层纱布的集精瓶接取精液，初射的精液可以不必接取。当射出胶状物时，用手指排去，主要接取含精子数量较多的第二部分。

图4-7 猪的手握采精

3. 电刺激法

电刺激法近年来有所发展，牛、羊、猪、兔和特种经济动物都已采用，并已有与之相适应的各种电刺激采精器，其中以羊和特种经济动物使用效果较好，也较多地用于性欲差、肥胖、爬跨困难或不易调教采用假阴道采精的种公牛采精。

4. 按摩法

按摩法适用于牛和家禽等。

1）公牛的按摩采精法

先将直肠内宿粪排出，再将手伸入直肠约 25 cm 处，轻轻按摩精囊腺，以刺激精囊腺的分泌物自包皮排出。然后将食指放在输精管两膨大部中间，中指和无名指放在膨大部外侧，拇指放在另一膨大部外侧，同时由前向后轻轻拌以压力，反复进行滑动按摩，即可引起精液流出，由助手接入集精杯（管）内。为了使阴茎伸出以便助手收集精液，尽量减少细菌污染程度，也可按摩"S"状弯曲。按摩法比用假阴道法所采得的精液精子密度较低，并且细菌污染程度较高，生产中较少采用。

2）家禽的按摩采精法

家禽的按摩采精法分为背腹式按摩采精法和背式按摩采精法两种。背腹式按摩采精法多用于体形较大、重型品种的鸭和鹅的采精。而鸡与体形小的鸭与鹅的采精，多用背式按摩采精。

鸡的按摩采精一般由 2 人操作，保定员以两手各保定公鸡的一条腿，使其自然分开，拇指扣住翅膀，使公鸡尾部朝向采精员，呈自然交配姿势。

采精员右手持集精杯置于泄殖腔下部的软腹处，左手自公鸡的翅基部向尾根方向连续按摩 3～5 次。按摩时，手掌紧贴公鸡背部，稍施压力。近尾部时手指并拢紧贴尾根部向上滑动，施加压力可稍大。公鸡泄殖腔外翻时，左手放于尾根下，用拇指、食指在泄殖腔上部两侧施加压力，右手持集精杯置于交配器下方接取精液。

按摩采精法需注意的事项：① 保持采精场所的安静和清洁卫生；② 采精人员要固定，采精日程要固定；③ 采精过程不能粗暴、惊吓公鸡；④ 捏压泄殖腔力度要适中，过轻、过重均不利排精，甚至造成种公鸡损伤；⑤ 采精过程中，要保持无菌操作；⑥ 采出的精液要置于 30～35 ℃ 的环境中。

5. 智能化采精

以公猪智能化采精为例，国内已经生产有通过电-气动原理控制仿生假阴道的舒张和收缩的采精系统（见图 4-8），完全模仿母猪阴道的生理刺激，从而提高公猪精液质量。1 名采精员可同时采集 2～3 头公猪精液，且可以实时监测采精情况，还可全程密闭收集精液，避免细菌、粉尘及公猪毛发皮屑污染精液，从源头保证精液品质。

图 4-8 公猪自动采精系统

还有仿真母猪外形的假母猪和控制系统组成的智能化采精装置（见图 4-9），假母猪具有母猪仿真外形，母猪内部生殖结构，可自动调节温度，快速自动调节高度，适合不同体重、体长、短阴茎的公猪使用，可增加公猪舒适感，提高公猪性欲，增加射精快感，从而提高采精量，对后备公猪驯化也有一定的辅助作用。

图 4-9　种公猪精液智能化采集装置

（三）采精频率

采精频率是指每周对公畜禽采精的次数。适宜的采精频率是保障公畜禽生殖功能和身体健康的基本要求，也是获得品质优良精液的基础。

采精频率应根据公畜禽生精能力、精子在附睾的储精量、每次射精的精子数及公畜禽体况等确定。一般公牛每周采精 2 次；公猪、公马射精量大，很快将附睾内储存的精子彻底排空，每周采精 2~3 次；公鸡一般隔日采精一次，必要时可连采 3~5 d，休息 1 d，但要注意精液品质的变化和公鸡的健康状况。

公畜采精的频率应根据不同公畜、季节等具体情况确定。如果采精过度，不仅会降低精液品质，而且会造成公畜生殖机能降低，甚至会造成缩短使用年限等不良后果。

任务二　精液品质检查

知识链接

微课：精液的生理特性

一、精液的组成及成分

1. 精液的组成

精液由精子和精清（精浆）两部分组成，活的精子悬浮在液态和半胶样的精清中。精清是附睾、副性腺及输精管壶腹的分泌物，占精液的大部分，家畜精液量的多少取决于副性腺。牛、羊的副性腺不发达，分泌力弱，故精液量小，精子密度很大；猪、马的副性腺发达，精液量大、精子密度小，如表 4-3 所示。

表 4-3　各种家畜的射精量和精子密度

畜别	一次射精量/mL	精子密度/（亿个/毫升）	畜别	一次射精量/mL	精子密度/（亿个/毫升）
牛	4（2~10）	10（2.5~20）	猪	250（150~500）	2.5（1~3）
绵（山）羊	1（0.7~2）	30（20~50）	家兔	1（0.4~6）	7（1~20）
马	70（30~100）	1.2（0.3~8）	鸡	0.8（0.2~1.5）	35（0.5~60）

2. 精液的成分

精液的成分包含无机成分、糖类、蛋白质、酶、核酸、脂质和维生素。

（1）无机成分。精液中的无机离子以 K^+、Na^+ 为主，精子内钾的浓度比精清的高，而钠和钙的浓度则次之。在含钾的溶液中，精子很快不能活动。阴离子以 Cl^-、PO_4^{3-} 较多，这些离子对维持精液的渗透压和稳定精液的 pH 均有重要的作用。

（2）糖类。糖是精液的重要成分，是精子代谢的能量来源。精液中的糖类主要是果糖，而且大多来源于精囊腺。果糖的分解产物丙酮酸是射精的瞬间给予精子的能源，射精后很快从精清中消失。马和猪的精液中只有很少量的果糖，所以保存这两种家畜的精液时更需要糖类。精液还含有几种糖醇，以山梨醇和肌醇为代表，来源于精囊腺。肌醇在猪精液中特别多，它和柠檬酸有相似的方面，都不能为精子所利用。

（3）蛋白质。家畜精子中的蛋白质主要是组蛋白质，约占精子干重的一半以上，主要在头部和 DNA 结合构成碱性的核蛋白质，并在尾部形成脂蛋白质和角质蛋白质。精清中有一种属于黏蛋白质的唾液酸，在精子中也有少量存在。还有一种含氨碱的麦硫因，特别在猪的精囊腺分泌液中含量很多，对射精量大的精液有保护精子的作用。

（4）酶。精液中的酶较多，它们对蛋白质、脂质、糖类的分解和代谢起着催化作用。在精子顶体中的酶都与受精有重要关系，如透明质酸酶、顶体素、放射冠穿透酶等。各种磷酸酶和糖苷酶等在精清中也大量存在，是精子呼吸和糖酵解活动所必需的。

（5）脂质。精液中的脂类物质主要是磷脂，在精子中大量存在，主要在精子表膜和线粒体内，而且尾部多于头部，大多以脂蛋白质和磷脂的结合态而存在。精液中的磷脂约有 10% 在精清中。前列腺是精清中磷脂的主要来源，其中以卵磷脂更有助于延长精子的存活时间，对精子的抗冻保护作用比缩醛磷脂更重要。

（6）维生素。精液中含有的维生素和动物本身的营养有关。用某些维生素含量丰富的饲料饲养时，精液中便出现这些维生素。在牛的精液中已分析出有维生素 B_1、维生素 B_2、维生素 C、泛酸和烟酸等。出现黄色的精液即与维生素 B_2 有关。这些维生素的存在有利于提高精子的活力和密度。

二、精子的形态和结构

各种家畜精子的形态结构基本相似，长 50~70 μm，分头、颈、尾 3 个部分，如图 4-10 所示。

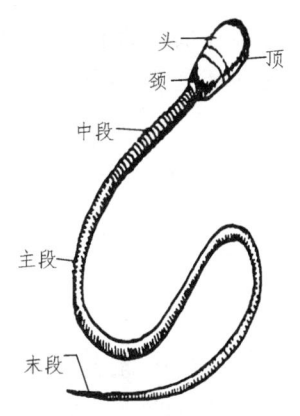

图 4-10　牛精子形态

1. 头　部

家畜精子头部呈扁卵圆形，家禽精子头部呈长的圆锥形，主要由细胞核、顶体和核后帽3部分组成。

（1）细胞核。周围有一层核膜，内含DNA。

（2）顶体（核前帽）。细胞核前端被帽样的顶体覆盖，顶体是一个双层膜囊，由高尔基体发育而来。顶体是受精所需的重要细胞器，内含有多种水解酶，其中与受精过程有密切关系的是透明质酸酶、顶体素和穿冠酶。精子顶体在衰老时易变性，出现异常或脱落，是评定精子品质的重要指标之一。

（3）核后帽。紧接在顶体后部，精子死亡后，该区易被伊红、溴酚蓝等染色剂着色，这一特征是鉴别精子的方法之一。顶体部分覆盖核后帽形成核环（赤道节），此处在受精过程中首先和卵母细胞膜融合。

2. 颈　部

在头的基部，是头和尾的连接部，其中含2~3个基粒，核和颗粒之间有一基板，局部的纤维丝即以此为起点。颈部是精子最脆弱的部分，特别是在精子成熟时稍受影响，尾部易在此处脱离形成无尾精子；另外，在体外处理和保存过程中容易变形，从而失去受精能力。

3. 尾　部

尾部是精子最长的部分，是精子代谢和运动的器官。根据其结构的不同又分为中段、主段和末段3部分，由中心体小体发出的轴丝和纤丝组成，靠近颈的为中段，中间为主段，最后为末段。

（1）中段。中段长8~15 μm，是尾部最粗的部分，由颈部延伸而来，由2条中心轴丝、周围是由外围较粗的9对纤丝和9条外围纤丝构成的同心圆纤维束，最外层由螺旋状的线粒体鞘膜所环绕。牛为70圈、猪为65圈、家兔为47圈，是精子分解营养物质、产生能量的主要部分。

（2）主段。9条外围纤丝消失，剩下9对细纤丝和2条中心轴丝，线粒体鞘变成纤维性尾鞘。

（3）末段。只有2条中心纤丝和细胞质膜覆盖。

精子的运动主要是靠尾部的鞭索状波动，把精子推向前进。而且与头脱离的尾仍能活动，这是由于尾部的纤丝具有收缩力的缘故。

三、精子的运动

正常精子是靠尾部的摆动产生推动力，驱使精子呈直线前进运动。

1. 精子的运动形式

精子的运动形式大体可分3种：直线前进运动、原地摆动运动和圆周运动。在适宜的情况下，正常的精子做直线前进运动，这样的精子能运行至输卵管的壶腹部完成受精作用，是有效精子。若精子头部摆动，不发生位移，这种精子是无效的。另外，当精子与周围环境不适时，如温度偏低或 pH 下降等，也会引起精子出现摆动。如果精子围绕某点做转圈运动，最终会导致精子衰竭，这样的精子同样是无效的。

2. 精子的运动速度

精子的运动速度受周围液体性质的影响，在静止的液体中，精子的运动方向并不固定；在流动的液体里，则逆流加速前进。如在流动的液体中，马的精子的运动速度约为 90 μm/s；而在流速 120 μm/s 的液体中，速度能够达到 180~200 μm/s。

3. 精子的运动特性

1）向流性

在流动的液体中，精子表现出逆流向上的特性，运动速度随液体流速而加快。在母畜生殖道中，由于发情时分泌物向外流动，所以精子可逆流向输卵管方向运行。

2）向触性

在精液或稀释液中有异物存在时，如上皮细胞、空气泡、卵黄球等，精子有向异物边缘运动的趋向，表现其头部顶住异物做摆动运动，精子活力即会下降。

3）向化性

精子具有向着某些化学物质运动的特性，雌性动物生殖道内存在某些特殊化学物质如激素、酶等，能吸引精子向生殖道上方运行。

四、精液品质检查

检查精液的目的在于鉴定精液的优劣，这是评定公畜种用价值的重要依据，也是影响母畜受胎极为重要的条件之一。通过检查，对精液质量做到心中有数，以便合理地利用精液和及时提高种公畜的饲养管理。鉴定精液品质常用以下几种方法进行综合评定。

（一）外观检查

1. 射精量

射精量是种公畜一次采精时所射出的精液容积。采精后应立即测定射精量。马（驴）、猪的射精量大，精液中常混有胶状物，需用 2~4 层灭菌纱布过滤后，在有刻度的量杯（或玻璃集精杯）中测定；牛、羊、兔、鸡射精量小，不需过滤，可在集精杯（管）中直接测定。各种家畜每次的射精量如表 4-4 所示。

表 4-4　各种畜禽的射精量　　　　　　　　　　　　　单位：mL

畜别	一般射精量	范围	畜别	一般射精量	范围
牛	5~10	0.5~14	羊	0.8~1.2	0.5~2.5
马	40~100	30~300	兔	0.5~2.0	0.3~2.4
驴	20~80	20~200	猪	150~300	100~500

射精量因品种、个体、采精次数、配种季节和饲养管理等条件不同而有差异，所以测定公畜射精量不能凭一次采精记录，应以多次射精量总和的平均数为依据。

2. 颜　色

总的来说，正常的精液一般为乳白色或灰白色，而且精子密度越高，乳白色程度越浓，其透明度也就越低。所以各种家畜的精液甚至同一个体不同批次的精液，色泽都在一定范围内有所变化。正常牛、羊精液均为乳白色，但有时呈乳黄色（多见于牛），是因为核黄素含量较高的缘故，如果核黄素过高，对精液品质无影响，过段时间后，黄色即被氧化消失。水牛精液为乳白色或灰白色，猪、马、兔为淡乳白色或浅灰白色。

如果颜色异常，则为不正常现象。如果精液带有浅绿色或黄色，则是混有脓液或尿液的表现；若带有淡红色或红褐色，即为含有鲜血或陈血的证明。这样的精液应该弃而不用，并应立即停止采精，与兽医会诊寻找发生的原因和确定诊疗方案。

3. 气　味

公畜的精液无味或略带腥味。如有异常气味，可能是混有尿液、脓液、尘土、粪渣或其他异物的表现，应废弃。颜色和气味检查可以结合进行，使鉴定结果更为准确。

4. 云雾状

所谓云雾状是肉眼观察精液时，可以看到精子的翻滚现象。云雾状是精子活动和密度的表现，据此可以判定精子活率的高低。牛和羊的精液因精子密度大，观察时一般可以发现明显的云雾状；而马和猪的精子密度小，所以一般看不到云雾状。云雾状显著的一般以"+++"表示，稍次的以"++"表示，不明显的用"+"表示。

（二）显微镜检查

1. 精子活力

精子活力也称活率，是指精液中呈直线前进运动的精子数占总精子数的百分率。精子活率是精液品质优劣的重要标志之一。精子的受精能力与精子的活率有密切关系，因此精子活率检查必须在每次采精后、精液稀释后和输精前进行3次。精子活率受温度影响很大，温度过高时，精子活动激烈，会很快死亡；温度过低时，则精子活动表现不充分，影响评定结果。因此做精子活率检查时，应把显微镜置于保温箱内（见图4-11），检查时的温度以37℃为宜。

1）检查方法

检查精子活力需借助显微镜，放大200~400倍，把精液样品放在显微镜下观察。

① 平板压片法。取1滴精液于载玻片上，盖上盖玻片，放在显微镜下观察。此法简单，操作方便，但精液易干燥，检查应迅速。

② 悬滴法。取1滴精液于盖玻片上，迅速翻转使精液形成悬滴，置于凹玻片的凹窝内，即制成悬滴玻片。此法精液较厚，检查结果可能偏高。

图 4-11 显微镜保温箱（单位：cm）

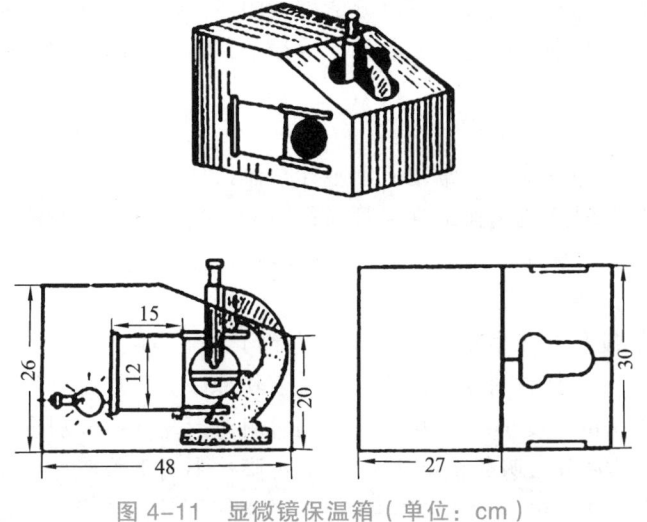

2）评　定

评定精子活力多采用"十级一分制"，如果精液中有 80% 的精子做直线运动，精子活力计为 0.8；如有 50% 的精子做直线运动，活力计为 0.5，以此类推。评定精子活力的准确度与经验有关，具有主观性，检查时要多看几个视野，取平均值。

牛、羊及猪的浓份精液精子密度较大，可用生理盐水、5% 葡萄糖溶液或其他等渗稀释液稀释后再制片，这样在检查时，可以比较清晰地看清单个精子的运动。

2. 精子密度

单位容积中精子数量的多少即为精子密度。品质良好的精液精子密度大，而品质差的精液精子密度小。精子密度测定方法有估测法和血细胞计数法两种。

微课：精子密度评定

1）估测法

滴 1 滴原精液在载玻片上，覆以盖玻片，放在 400~600 倍显微镜下观察，按其稠密程度划分为"密""中""稀"3 个等级，如图 4-12 所示。

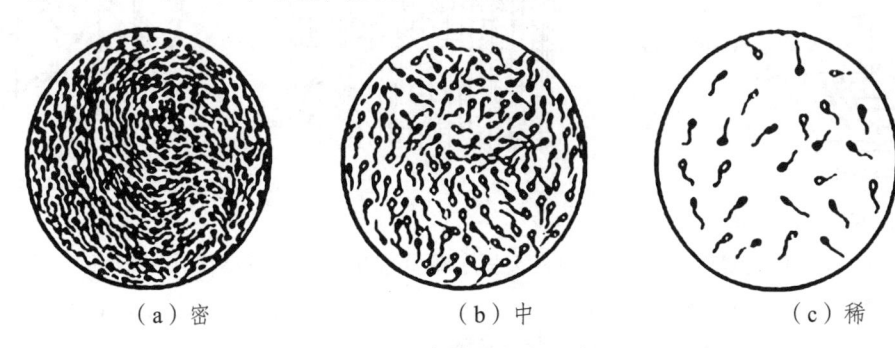

(a) 密　　　　(b) 中　　　　(c) 稀

图 4-12　牛精子密度示意图

"密"：整个视野布满精子，精子之间的空隙小于一个精子的头长，看不清单个精子的活动情况，这种精液一般每毫升含精子 10 亿个以上；"中"：精子在视野中比较分散，精子彼此之间距离约与一个精子的头长相等，可以分清精子的活动情况，这种精液一般每毫升含精子8亿个以下；"稀"：视野中只能见到分散的少数精子，精子之间的空隙很大，这种精液一般每毫升含精子1亿~2亿个。

2）血细胞计数法

为了对精子密度作详细检查，常用血细胞计数器计算每毫升精液中含有的精子数，这是比较准确的方法。计数时，先用血细胞吸管稀释精液，牛、羊和兔的精液用红细胞吸管，稀释成100~200倍，马（驴）和猪的精液用白细胞吸管，稀释成20倍。稀释液用3%氯化钠溶液，用以杀死精子，便于计数。

先将血细胞计数板及盖玻片冲洗干净、晾干，置于显微镜载物台上，并盖好盖玻片备用。再用吸管吸取精液至所需要的刻度（0.5或1），接着用原吸管吸取稀释液至11（白细胞吸管）或101（红细胞吸管）的刻度上（见表4-5），同时用拇指及食指分别按压吸管两端，充分摇振，使之混合均匀；然后弃去吸管前端1~2滴，再滴一小滴于盖玻片与计数板之间的空隙边缘，使精液渗入计算室内；最后置于400~600倍显微镜下数出5个中方格内的精子数。对头部压线的精子，采取"左计右不计，上计下不计"的原则，避免重复和遗漏。5个中方格应从有代表性的四角及中间各选一格（即80个小方格），精子计数方法如图4-13所示。

表4-5 吸管种类和稀释倍数

畜别	吸管种类	应吸到刻度 精液	应吸到刻度 3%氯化钠	稀释倍数
公牛	红细胞吸管	1.0	101	100
公羊	红细胞吸管	0.5	101	200
公猪	白细胞吸管	0.5	11	20
公马	白细胞吸管	0.5	11	20
公兔	红细胞吸管	1.0	101	100

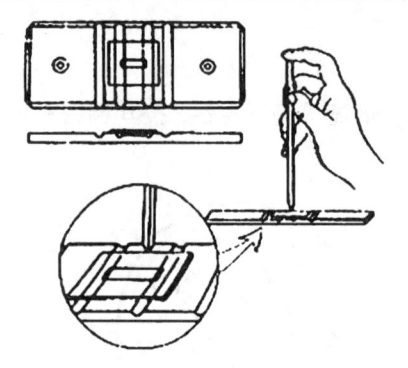

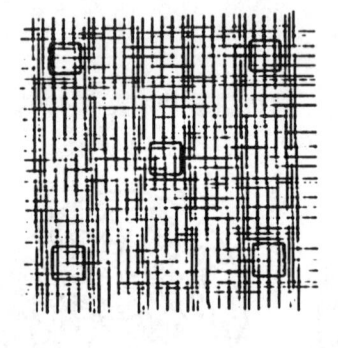

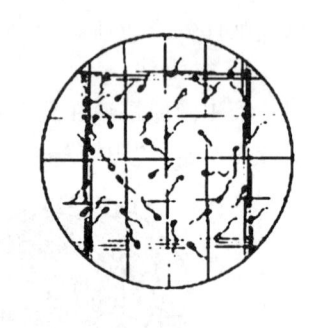

图4-13 精子计数示意图

将数出的5个中方格精子总数，代入公式，即可求出1 mL原精液中的精子总数。即1 mL精液的精子总数=5个中方格的精子数×5（计数室有25个中方格）×10（1 mm^{3}计数室高度为1/10 mm）×1 000（1 mL=1 000 mm^3）稀释倍数。

为了计数迅速、简便，可在查出5个中方格的精子总数后面加"零"，如稀释20倍加6个"零"，稀释200倍加7个"零"，即为每毫升精液所含的精子数。

对每次的精子数，要求计算两次。如果两次结果相差10%以上时，则需重做第三次。取两次误差不超过 10% 的数字求出平均值。

羊的精子密度最大，每毫升含精子 20 亿~30 亿个；牛的精液每毫升含精子 10 亿~15 亿个；猪的精液和牛、羊的精液相似，每毫升含精子 10 亿~20 亿个；兔的精液每毫升含精子 1.5 亿~20 亿个；鸡的精液每毫升含精子 0.5 亿~60 亿个。

3）光电比色法

目前，世界各国普遍将光电比色法应用于牛、羊的精子密度测定。此法快速、准确、操作简便。其原理是根据精液透光性的强弱判断，精子密度越大，透光性就越差。

事先将原精液稀释成不同倍数，用血细胞计数法计算精子密度，从而制成精液密度标准管，然后用光电比色计测定其透光度，根据透光度求出每相差 1% 透光度的级差精子数，编制成精子密度对照表备用。测定精液样品时，将精液稀释 80~100 倍，用光电比色计测定其透光值，查表即可得知精子密度。

3. 精子畸形率

精子畸形率指精液中畸形精子占精子总数的百分比。

1）畸形精子种类

畸形精子又叫变态精子，如图 4-14 所示。在精液中如发现大量畸形精子，即证明精子在生长过程中受破坏。畸形精子过多，精液品质就会降低，必然影响受胎效果。畸形精子一般可分为 4 类：① 头部畸形，巨大、瘦小、双头、顶体脱落；② 断裂，颈部断裂、尾部断裂；③ 双尾、双头、尾部弯曲等；④ 带有原生质滴。

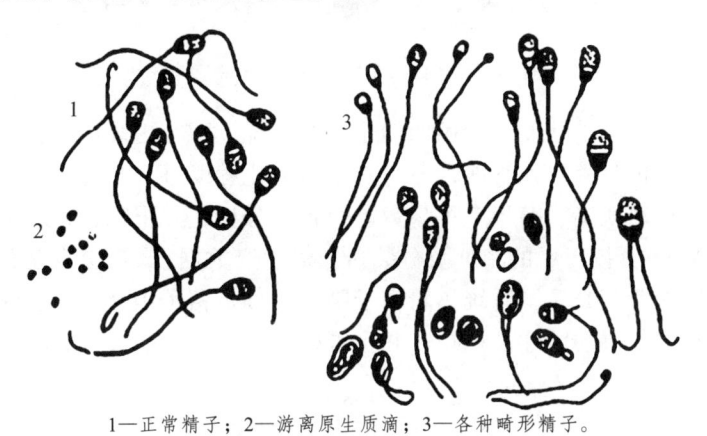

1—正常精子；2—游离原生质滴；3—各种畸形精子。

图 4-14 各类畸形精子图

2）畸形精子检查方法

① 涂片：用玻璃棒蘸取 1 滴精液滴于载玻片的一端，另取一载玻片抵于精液滴上，使精液充满载玻片的边缘，以 30° 角向前推动，制成抹片，抹片不宜太厚。为了方便观察，建议牛、羊新鲜精液要用生理盐水稀释后再抹片。牛的精液按 1∶5 稀释，羊的精液按 1∶10 稀释，并混合均匀。

② 固定：用 95% 酒精浸泡 2~3 min。

③ 染色：酒精固定之后，再用亚甲蓝或蓝墨水进行染色 2~3 min。

④ 冲洗：用蒸馏水冲去染料，冲洗时要缓慢，待干燥后即可镜检。

⑤ 镜检：将自然干燥的抹片置于放大 400~600 倍的显微镜下观察，记下精子的总数，以及畸形精子的数目，至少检查 300~500 个精子，然后计算精子畸形率。其计算公式为

$$精子畸形率（\%）=（畸形精子数/计算精子总数）\times 100\%$$

品质优良的精液，牛精子畸形率不超过 18%、羊不超过 14%、马不超过 12%、猪不超过 18%。各种家畜的精子畸形率均不应超过 20%，超过 20%者，表示精液品质不良，不宜作输精用。

（三）智能化精液分析

近年来，计算机辅助精子分析系统（CASA）（见图 4-15）领域不断得到创新升级，实现从半智能化到完全智能化的跨越，可根据客户需求定制精子分析模块，像精子活力和密度分析模块、形态分析模块、活率分析模块、顶体完整性等分析模块，致力于为养殖户提供高性价比的精子分析系统。

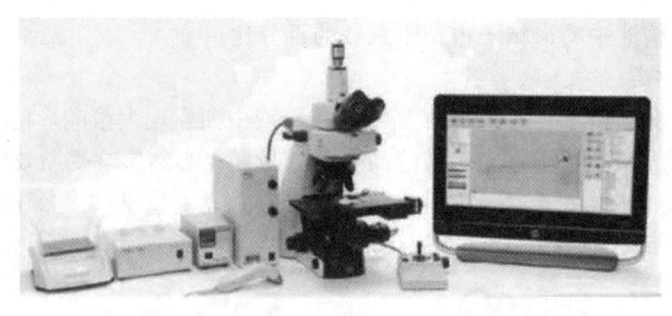

图 4-15　计算机辅助精子分析系统

目前，国内一些公司也开发了专用的精子分析系统，配套更高端的显微镜和数码相机，让操作更加简单，分析过程更加智能，分析系统自动化程度进一步提高，可对精子活力、密度、形态、活率、运动轨迹、畸形率等参数进行自动分析，并根据分析结果，自动推荐稀释液需要量，稀释后总量，校正后的密度及分装份数等生产数据，最后会自动化形成分析报告。除此之外，还可以配置荧光显微系统，对精子染色，分析精子顶体及质膜完整性等参数。该系统也可以自动存储分析的照片及视频，并且可以在本地或云端进行共享。

任务三　精液的处理

知识链接

一、精子的代谢

精子在体外生存，必须进行物质和能量代谢，以满足其生命活动所需的养分。精子代谢过程较为复杂，主要有糖酵解和呼吸作用。

1. 糖酵解

精子所储存和精清中所含有的有机化合物是维持精子生命力的必要能源，其中以糖类为主，但精子本身的这些能源很贫乏，而是通过糖酵解的过程由精清所供给。由于精子所代谢的几乎都是果糖，所以也叫果糖酵解。不论是有氧或无氧的糖酵解，所有的精子都能使六碳糖经过果糖酵解而成丙酮酸或乳酸，其终末产物在有氧时则氧化，从而分解成二氧化碳和水。

2. 精子的呼吸

精子的呼吸和糖酵解是密切相关的现象。精子的呼吸主要在尾部进行，通过呼吸作用，对糖类彻底氧化，并释放出大量能量。呼吸旺盛，会使氧和营养物质消耗过快，造成精子早衰，对精子体外存活不利。为防止这一不良现象，在进行精液保存时，常采用降低温度、隔绝空气和充入二氧化碳等办法，使精子减少能量消耗，以维持和延长精子体外存活时间。

二、外界因素对精子的影响

对精子有影响的环境条件很多，如温度、渗透压、pH、光照、振动和某些化学物质等，其对精子的生存时间、运动、代谢和受精能力等方面都会产生不同程度的影响。只有充分了解这些因素的影响，才能在精液的稀释和保存中，控制适宜的条件，延长精子存活和保持受精能力的时间。

1. 温　度

最适合精子运动和代谢的温度是动物的体温，哺乳动物是 37~38 ℃、鸟类是 40 ℃。当温度继续上升时，精子的代谢和活力增强，能量消耗加快，生存时间缩短。精子能忍受的最高温度约为 45 ℃，超过这一温度时，会经历一个极短促的热僵直现象，并迅速死亡。驴的精子可暂时忍受 48 ℃而不死亡，这可认为是例外。

低温对精子的影响是比较复杂的。经适当稀释的家畜精液，缓慢降温时，精子的代谢和运动会逐渐减弱，一般在 0~5 ℃基本停止运动，代谢也处于极低的水平，称为精子的"休眠"。但未经任何处理的精液，如果急剧降温到 10 ℃以下，精子必遭受严重伤害，出现"冷休克"现象，而不可逆地丧失其生活力。为防止这一现象的出现，在精液处理过程中，在稀释液里加入卵黄、奶类等防冷休克物质和采用缓慢降温的一些技术措施是十分有效的。

在精液的冷冻保存中，在冷冻稀释液中加入甘油及其他防冻剂，经过特殊的冷冻工艺，可将精液冷冻后在超低温冷源干冰（-79 ℃）和液氮（-196 ℃）中长期保存。在超低温条件下，精子的代谢活动虽然已经停止，但精子并没有死亡，经解冻后，仍能恢复其代谢、运动和受精的能力。

2. 渗透压

渗透压指由于精子膜内外的溶液浓度不同，而出现的膜内外压力差。在高渗透压（高浓度）溶液中，精子膜内的水分会向外渗出，造成精子脱水，严重时会使精子干瘪死亡；在低渗透压溶液（蒸馏水、常水）中，水分会主动向精子内渗入，引起精子膨胀变形而死亡。精子最适宜的渗透压与精清相等。

3. pH

新鲜精液的 pH 为 7 左右，接近中性。在一定的限度内，酸性环境对精子的代谢和运动有抑制作用；碱性环境则有激发和促进作用，但超过一定限度均会因不可逆的酸抑制或因加剧代谢和运动而造成精子酸、碱中毒而死亡。精子适宜的 pH 范围为 6.9~7.5。常利用酸抑制原理，将精液的 pH 调节到 7 以下，使精子的运动和代谢处于抑制状态，使精液在室温下得到保存。另外，在精液的常温保存过程中，精子代谢产生的乳酸会使 pH 降低，因此在精液的稀释保存时要加一定量的缓冲物质，以维持 pH 平衡。

4. 电解质

电解质对精子的影响与其在精液中电离的离子类型和浓度有关。由于阴离子能影响精子表面的脂质，造成精子的凝集，其损害往往大于阳离子。适量的电解质对精子的正常代谢和缓冲作用是必要的。对精子代谢和运动能力影响较大的离子主要是 K^+、Na^+、Ca^{2+} 和 Cl^-，其浓度的高低可能具体影响精子的代谢和运动能力的提高或降低。某些重金属离子对精子有毒害作用，可致精子死亡。

5. 稀 释

哺乳动物精子射出后在精液中能活泼运动，经适当的稀释后活力更好，精子的代谢和耗氧量增加。有研究认为，超过 1.8 倍稀释后从精子内渗出 K^+、Mg^{2+}、Ca^{2+}，而 Na^+ 向精子内移动，但这种代谢性的变化因稀释液种类的不同而不同。精液经高倍稀释，对精子的存活力、受精能力都有不良影响，这是因为高倍稀释后，覆盖在精子表面的膜发生变化，使细胞的通透性增大，细胞内的各种成分向外渗出，而外界的离子向精子内部入侵，给代谢和生存能力带来影响。在稀释液中加卵黄，可以降低高倍稀释的有害影响。

6. 光 照

直射的日光对精子的代谢和运动有激发作用，加速精子的运动和代谢，但不利于精子的存活，所以精液应尽量避免阳光直射，或用棕色玻璃容器收集和储运精液。某些短光波，特别是紫外线对精子的危害很大，经其照射的精子，不但受精能力下降，有时还可能影响受精卵的发育。荧光灯利用紫外线的荧光作用制成，所以对精子也有不良影响。

7. 常用化学药物

常用的消毒药物，即使浓度很低，也足以杀死精子，应避免其与精液接触。但某些抗生素类药物（青霉素、链霉素、磺胺类药物等），在适当的浓度下，不但对精子无毒害作用，而且还可抑制精液中细菌的繁殖，对精液的保存和维持精子的生存时间十分有利。凡消毒药、具有挥发性异味的药物对精子均有危害。吸烟所产生的烟雾，对精子有强烈的毒害作用，在精液处理时要严禁吸烟。

8. 振 动

在采精和精液的运输过程中，振动往往是不可避免的，轻微振动对精子的危害不大，在液态精液运输时，应将装精液的容器注满、封严，防止液面和封盖之间出现空隙。如果有空气存在，振动可加速精子的呼吸作用，对精子的危害就会增加；但在无氧条件下，轻微的振动对精子的危害不大，相对而言，牛精子对振动的影响较敏感些。

三、精液的稀释

所谓精液稀释，就是在采得的精液里，添加一定量按特定配方配制的、适宜于精子存活并保持受精能力的溶液。在生产实践中，精液稀释的目的和意义在于扩大精液容量，提高一次射精的可配母畜头数；降低精子能量的消耗，补充适量营养和保护物质，抑制精液中有害微生物活动，延长精子在体外的存活时间，增强其受精能力；同时，也只有经稀释处理后，精液才能进行有效地保存和运输。因此，精液的稀释是充分体现和发挥人工授精优越性的重要技术环节。

（一）稀释液的主要成分和作用

1. 营养剂

营养剂用于提供营养，以补充精子在代谢过程中消耗的能源。由于精子代谢只是单纯的分解作用，而不能通过同化作用将外界物质转变为自身成分。因此，为了补充精子的能量消耗，只可能使用最简单的能量物质，一般多采用葡萄糖、果糖、乳糖等糖类；另外，卵黄、蜂蜜及奶类（全脂乳、脱脂乳）也可以提供较好的营养效果。

2. 稀释剂

稀释剂主要用以扩大精液容量，要求所选用的药液必须与精液具有相同的渗透压。严格地讲，凡向精液中添加的稀释液都具有扩大精液容量的作用，均属稀释剂的范畴，但各种物质添加各有其主要作用，一般用来单纯扩大精液量的物质有等渗的 0.9%氯化钠溶液、5%的葡萄糖溶液等。

3. 保护剂

保护剂用以保护精子免受各种不良外界环境因素的危害。

1）缓冲物质

缓冲物质用以保持精液适当的pH，利于精子存活。储存于附睾中的精液呈弱酸性，有利于抑制精子的活动和代谢。但在射精过程中会与碱性的副性腺分泌物相混合而变为弱碱性，因而激发了精子活动，加速了精子的代谢。在精子代谢过程中，由于代谢产物（如乳酸和碳酸）的积累，pH 又会发生偏酸性变化，影响精液品质，甚至使精子自身酸中毒而发生不可逆性的变性。因此，需要在稀释液中加入适量的缓冲剂，以保持精液相对恒定的pH。常用作缓冲剂的物质有柠檬酸钠、酒石酸钾钠、磷酸二氢钾和磷酸氢二钠等。近年来，在各种家畜精液稀释液中常采用三羟甲基氨基甲烷（Tris），这是一种碱性缓冲剂，对精子代谢酸中毒和酶活动反应具有良好的缓冲作用。精液稀释液 pH 一般维持在 6.8 ~ 7.2。

2）非电解质和弱电解质

非电解质和弱电解质具有降低精清中电解质浓度的作用。副性腺体分泌物的电离度，比附睾中的精液高10倍,因此射出的精液精清中电离度也很高。这一方面在生理上具有激发精子运动的作用,而有利于精子和卵子受精过程的完成;但同时又会促进精子的早衰,破坏精子脂蛋白质膜,使精子失去电荷而凝聚,以致不利于精液的有效保存。为此,有必要在稀释液中加入适量的非电解质或弱电解质,以降低精清中的电解质浓度。一般常用的非电解质为各种糖类、弱电解质(如甘氨酸)等。此外,因猪、马精液的副性腺分泌物多,山羊精液中则含有一种可引起精子凝结的酶,所以对于这几种家畜的精液,在稀释前可先经离心以除去精清,然后再代之以适当的稀释液,对保存和受胎都有良好效果。

3)防冷刺激物质

防冷刺激物质具有防止精子冷休克的作用。在保存精液时,常需降温处理,尤其是从20 ℃以上急剧降至0 ℃时,由于冷刺激,会使精子遭受冷休克而丧失活力。这是因为精子内的缩醛磷脂熔点较高,低温下容易凝结,从而导致精子的代谢不能正常进行而造成不可逆的冷休克死亡。因此,在低温保存稀释液中需要添加防冷休克的物质,其中以卵磷脂的效果最好。因为卵磷脂的熔点低,在低温下不易冻结,进入精子体内后,可以替代缩醛磷脂保障代谢的正常进行,从而维护精子的生存。此外,脂蛋白质以及含磷脂的脂蛋白质复合物,亦有类似卵磷脂防止冷休克的作用。以上这些物质在奶类和卵黄中均有存在,因此它们是常用的精子防冷刺激物质。

4)抗冻物质

抗冻物质具有抗冷冻危害的作用。精液在冷冻保存过程中,精子内、外环境的水分,必将经历液态到固态的转化过程,从而导致精子遭受冻害而死亡。而抗冻物质有助于减轻或消除这种危害。一般常用的抗冻物质有甘油、二甲基亚砜(DMSO)、三羟甲基氨基甲烷(Tris)等。

5)抗菌物质

抗菌物质具有抗菌作用。在人工授精过程中,即使努力改善环境卫生条件和严格操作规程,虽然能减少细菌微生物对精液和稀释液的污染,但很难做到无菌。而精液和稀释液都是营养丰富的物质,是适宜细菌微生物滋生的环境。这些细菌微生物的污染,不仅直接影响精子的生存,而且是引起母畜生殖道感染、不孕和早期胚胎死亡的原因之一。因此,在稀释液中有必要添加一定数量的抗菌物质,常用的有青霉素、链霉素和氨苯磺胺等。青霉素和链霉素的混合使用更具有广谱抑菌效果。氨苯磺胺不仅可以抑制细菌微生物的繁殖,而且可以抑制精子的代谢机能,有利于延长体外精子的存活时间,然而它在冷冻过程中对精子反而有害,故只适用于液态精液的保存。此外,近年来国外又将数种新的广谱抗生素和磺胺类药物(如卡那霉素、林可霉素、多粘菌素、氯霉素、磺胺甲基嘧啶钠)等试用于精液的稀释保存,取得了较好的效果。

4. 其他添加剂

这些添加剂的主要作用,在于改善精子所处环境的理化特性以及母畜生殖道的生理机能,以利于提高受精机会,促进合子发育。常用的有以下几类:

(1)酶类,如过氧化氢酶能分解精子代谢过程中产生的有害物质——过氧化氢,消除其危害,从而具有提高精子活率的作用;β-淀粉酶则具有促进精子获能、提高受胎率的作用。

(2)激素类,如催产素、PGE等,具有促进母畜生殖道蠕动,有利于精子运行从而提高受胎率的作用。

（3）维生素类，如维生素 B_1、B_2、B_{12}、C、E 等，具有改善精子活率、提高受胎率的作用。

（4）其他添加成分，如 CO_2、己酸、植物汁液（番茄汁、椰子汁），可调节稀释液的 pH，有利于精液的常温保存；乙二胺四乙酸（EDTA），具有保护精子抗冷休克的作用，又可通过改变细胞膜渗透力，降低果糖分解和精子活动，从而延长精子寿命并保持受精能力。

（二）稀释液的配制原则

（1）配制稀释液的各种药物原料品质要纯净，一般应选择化学纯或分析纯制剂，同时要使用分析天平或普通药物天平按配方准确称量。不能以人用的口服葡萄糖，代替化学纯或分析纯的葡萄糖；不能用未知含糖量的奶粉或炼乳来取代新鲜奶液；卵黄要取自新鲜鸡蛋，并且不应混入蛋白或卵黄膜等杂物；稀释用水最好使用 pH 为 7.0 左右的中性新鲜纯净的蒸馏水，不要随便用普通开水代替；对新购进的抗菌药物，最好在大批使用前进行效果预试，证明确实对精子无毒害作用且安全可靠时方可使用。

（2）配制和分装稀释液的一切物品用具，事先都必须刷洗干净和严格消毒。

（3）配制稀释液的各种药物原料用水溶解后要进行过滤，以尽可能除去杂质异物。然后采用隔水煮沸（即水浴）或高压蒸汽消毒，并应采用灭菌蒸馏水以补足消毒灭菌过程中蒸发损失的水量，以保持配方要求的正常药物浓度。抗生素、卵黄、酶类、激素等物质，应在稀释液消毒冷却后再加入。氨苯磺胺可先溶解于少量蒸馏水（其用量需纳入配方总水量中），单独加热到 80 ℃，待完全溶解后再加入稀释液中。鲜奶或奶粉溶液需先单独过滤，然后在水浴中加热至 92～95 ℃维持 10 min，以杀死混入奶中的微生物，并使奶中的乳烃素对精子的杀害作用得到抑制，通过加热还能从牛奶的乳糖中分解出葡萄糖，从而有利于精子利用。使用脱脂乳更加适宜，因为脂肪球减少，有利于精子活率的检查。

（4）配制好的稀释液如不现用，应注意密封保鲜，不受污染。卵黄、奶类、抗生素等必需成分应临时添加。

（5）要认真检查已配制好的稀释液成品，经常进行精液的稀释、保存效果的测定，发现问题及时纠正。凡不符合配方要求，或者超过有效储存期的变质稀释液都应废弃。

（三）稀释方法和稀释倍数

1. 稀释方法

精液稀释应在采精后尽快进行（一般要求最多不超过 30 min），并尽量减少与空气和其他器皿接触。所以，采精前就应将精液品质检查、稀释以至保存的各项准备工作做好。

稀释前应防止精液温度发生突然变化，特别是防止遭受低于 20 ℃以下的低温刺激。同时，要求稀释液的温度要调整至与精液相同。因此，一般是将精液和稀释液同时置于 30 ℃左右的水浴锅或保温瓶中。

稀释时，将稀释液沿杯（瓶）壁缓缓加入精液中，然后轻轻摇动或用灭菌玻璃棒搅拌，使之混合均匀。如做 20～30 倍以上的高倍稀释时，则应分两步进行。先做低倍稀释（如 3～5 倍或加入稀释液总量的 1/3～1/2），稍待片刻后再做高倍稀释，即将其余所剩的稀释液全部加入，以防精子所处环境条件的突然改变，造成稀释打击。

稀释后，静置片刻再做活力检查。如果稀释前后活力一样，即可进行分装与保存；如果活率下降，说明稀释液的配制或稀释操作有问题，不宜使用，并应查明原因，加以改善。

2. 稀释倍数

1）决定适当稀释倍数的主要依据

第一，家畜种类不同，精液稀释倍数不相同。公牛精液稀释后保证每毫升中含有 500 万个有活力的精子数时，稀释倍数可达百倍以上，而对受胎率无大影响。不过在一般情况下，只做 10~40 倍稀释。公猪精液一般稀释 2~4 倍，或按每毫升稀释精液含 1 亿个有活力的精子的标准稀释。绵羊和山羊精液，稀释后经保存 1 天时，受精率即有所下降，除非再经浓缩。所以绵、山羊精液若在采精后数小时内使用时，宜直接采原精液进行输精。如果进行稀释，习惯是 2~4 倍。马、驴精液的受精力也下降很快，故应在采精当天或次日内使用完毕，稀释倍数一般为 2~3 倍。兔的精液一般稀释 3~5 倍。

第二，不同配方的稀释液，稀释倍数也不相同。因此，在研制稀释液配方时，应结合有关试验求得该种稀释液的最适宜精液稀释倍数。

第三，精液的保存方法以及稀释后的保存时间要求不同，应考虑采用不同的稀释倍数。如精液冷冻保存就不能像常温、低温保存那样做较高倍数的稀释。

第四，精液稀释结果，要保证不同种类母畜正常受胎率，满足每个输精量所需有效精子数的要求。因此，采得的精液实际精子活率和密度，与稀释倍数密切相关。即活力高、密度也大时，可做适当高倍稀释；两项中有一项高和一项低时，都只能做适当低倍稀释；如果两项都未达到正常标准时，则不应稀释或者弃而不用。

2）稀释倍数和输精剂量

加入与原精液等量的稀释液为稀释一倍，也叫 1:1 稀释。加入两倍于精液的稀释液为稀释两倍。精液的稀释倍数主要根据原精液的质量、密度、输精剂量和每个剂量中含有的有效精子数（以做直线运动的精子为依据）而定，另外也与稀释液的种类和保存的方法有关。当精子密度大、活率高时，可适当增加稀释倍数。由于各种公畜精液的特性和母畜对输精的要求不同，精液的稀释倍数也不一致，如表 4-6 所示。

以决定公牛精液稀释倍数的计算方法举例如下：

已知：射精量 = 8 mL，精子密度=12 亿/毫升，精子活率=0.7，每毫升稀释精液中要求含有效精子 3 000 万个，则每毫升原精液含有的有效精子数=12 亿/毫升×0.7=8.4 亿/毫升，所以稀释倍数=8.4 亿/0.3 亿 = 28（倍）。

以上计算结果表明，8 mL 牛精液，可以稀释成 8 mL×28 = 244 mL，每个输精量需稀释后的精液为 1 mL，所以 8 mL 原精液稀释后可供 200 余头母牛输精之用。

表 4-6 各种公畜精液的稀释倍数和输精剂量

家畜种类	稀释比例	输精剂量/mL	有效精子数
猪	1:1~3	30~50	10 亿~20 亿
牛	1:10~40	1~1.5	0.1 亿~0.15 亿
马	1:1~3	20~30	2.5 亿~5 亿
羊	1:1~3	0.1	0.2 亿~0.5 亿

（四）智能化精液稀释

目前，国内开发的全自动稀释液配制系统（见图 4-16）能够一次性配制 100 L 稀释液，可以实现定量加水，定量出液，温度自由调节，边加热边搅拌等功能，完全可以做到自动定量稀释。操作人员可以全程通过触摸显示屏进行操作。还可以预设启动时间，不需要进行实时现场操作，提高工作效率。

图 4-16 全自动稀释液配制系统

微课：精液的液态保存与运输

四、精液的液态保存

精液液态保存是指精液稀释后，保存温度在 0 ℃以上，以液态形式作短期保存。按保存温度又可分为常温保存和低温保存两种。

（一）常温保存

1. 保存原理

主要利用稀释液的酸性环境来抑制精子的活动，减少其能量的消耗，一旦 pH 恢复到 7.0 左右，精子还可以复苏。另外，在稀释液中加入弱酸性物质，创造酸性环境，同时利用抗生素抑制精液中微生物的生长。因此，加入适量的糖类，隔绝空气，对精液的保存都有良好的效果。

2. 保存方法

根据上述原理，为使稀释液得到所需环境，一般采用如下几种方法：向稀释液中充一定量的 CO_2 气体，如英国的伊里尼变温稀释液（IVT）；利用精子本身代谢产生的 CO_2 自行调节 pH，如康奈尔大学稀释液（CVE）；向稀释液中加入酸性物质或充以氮气，如醋酸稀释液。操作步骤如下：

第 1 步，计算稀释倍数。

第 2 步，依据保存时间长短及畜种选择稀释液。如牛精液用伊里尼稀释液时，在 18～27 ℃下，可保存 1 周；用醋酸稀释液时，在 18～24 ℃条件下，可保存 2 天。

第3步，按稀释倍数进行精液稀释。

第4步，稀释后，充入 CO_2 或氮气。储精瓶加盖密封，置于干净环境下。

3. 稀释液配方

各种家畜精液常温保存稀释液配方如表 4-7 所示。

表 4-7　家畜常温保存稀释液配方

稀释液种类成分		牛		绵羊		猪	
		IVT*	CUE	葡-柠-卵液	RH 明胶液	IVT*	葡-柠-EDTA 液
基础液	葡萄糖/g	0.3	0.3	3	—	0.3	5
	碳酸氢钠/g	0.21	0.21	—	—	0.21	—
	二水柠檬酸钠/g	2	1.45	1.4	—	2	0.3
	氯化钾/g	0.04	0.04	—	—	0.04	—
	氨基乙酸/g	—	0.937	—	—	—	—
	氨苯磺胺/g	0.3	0.3	—	—	0.3	—
	EDTA/g	—	—	—	—	—	0.1
	磺胺甲基嘧啶钠/g	—	—	—	0.15	—	—
	明胶/g	—	—	—	10	—	—
	蒸馏水/mL	100	100	100	100	100	100
稀释液	基础液容量/%	90	80	100	100	100	100
	卵黄容量/%	10	20	20	—	—	—
	青霉素/(IU/mL)	1 000	1 000	1 000	1 000	1 000	1 000
	双氢链霉素/(μg/mL)	1 000	1 000	1 000	1 000	1 000	1 000

注：*指充 CO_2 20 min，pH 调至 6.35。

（二）低温保存

1. 保存原理

精子在低温条件下，其代谢机能降低。因此，对营养物质的消耗比较缓慢，而且在低温下，可以抑制微生物的生长，所以精子在低温条件下，可以延长其存活时间。当温度回升，精子的代谢活动又逐渐恢复，并且不丧失其受精能力，从而达到保存的目的。

2. 保存方法

精子对低温刺激是敏感的，当体温急剧降至 0~10 ℃时，精子会出现冷休克现象，为此除在稀释液中添加卵黄、奶类等抗冷物质外，采用缓慢降温是很重要的措施。操作步骤如下：

第1步，采精后检查精液品质，并计算稀释倍数，然后用低温保存稀释液稀释。

第2步，稀释后待精液温度降至室温，然后按一个输精剂量分装至储精瓶中。绵羊输精量少而且多为群体输精，可按 10~20 个剂量分装。

第 3 步，各储精瓶用盖子密封，然后用多层纱布包缠精液容器，并在外面用塑料袋裹住，以防止水的浸入。

第 4 步，包裹好后，置于 0~5 ℃的冰箱中，经 1~2 h 后，精液温度即可降至 0~5 ℃。同时应维持冰箱温度恒定，防止升温。

3. 稀释液配方

各种家畜精液低温保存稀释液配方如表 4-8 所示。

表 4-8 家畜低温保存稀释液配方

<table>
<tr><th colspan="2" rowspan="2">稀释液种类
成分</th><th colspan="3">牛</th><th colspan="3">绵羊</th><th colspan="3">猪</th></tr>
<tr><th>葡-柠-卵液</th><th>葡-氨-卵液</th><th>葡-柠-奶-卵液</th><th>葡-柠-卵液</th><th>葡-柠-EDTA-卵液</th><th>卵-奶液</th><th>葡-柠-卵液</th><th>葡-卵液</th><th>葡-柠-奶液</th></tr>
<tr><td rowspan="8">基础液</td><td>二水柠檬酸钠/g</td><td>1.4</td><td>—</td><td>1</td><td>2.8</td><td>1.4</td><td>—</td><td>0.5</td><td>—</td><td>0.39</td></tr>
<tr><td>奶粉/g</td><td>—</td><td>—</td><td>3</td><td>—</td><td>—</td><td>10</td><td>—</td><td>—</td><td>—</td></tr>
<tr><td>牛奶/g</td><td>—</td><td>—</td><td>—</td><td>—</td><td>—</td><td>—</td><td>—</td><td>—</td><td>75</td></tr>
<tr><td>葡萄糖/g</td><td>3</td><td>5</td><td>2</td><td>0.8</td><td>3</td><td>—</td><td>5</td><td>5</td><td>0.5</td></tr>
<tr><td>氨基乙酸/g</td><td>—</td><td>4</td><td>—</td><td>—</td><td>0.36</td><td>—</td><td>—</td><td>—</td><td>—</td></tr>
<tr><td>EDTA/g</td><td>—</td><td>—</td><td>—</td><td>—</td><td>0.1</td><td>—</td><td>—</td><td>—</td><td>—</td></tr>
<tr><td>酒石酸钾钠/g</td><td>—</td><td>—</td><td>—</td><td>—</td><td>—</td><td>—</td><td>—</td><td>—</td><td>—</td></tr>
<tr><td>蒸馏水/mL</td><td>100</td><td>100</td><td>100</td><td>100</td><td>100</td><td>100</td><td>100</td><td>100</td><td>100</td></tr>
<tr><td rowspan="4">稀释液</td><td>基础液容量/%</td><td>80</td><td>70</td><td>80</td><td>80</td><td>100</td><td>90</td><td>9</td><td>80</td><td>100</td></tr>
<tr><td>卵黄容量/%</td><td>20</td><td>30</td><td>20</td><td>20</td><td>10</td><td>10</td><td>73</td><td>20</td><td>—</td></tr>
<tr><td>青霉素/（IU/mL）</td><td>1 000</td><td>1 000</td><td>1 000</td><td>1 000</td><td>1 000</td><td>1 000</td><td>1 000</td><td>1 000</td><td>1 000</td></tr>
<tr><td>双氢链霉素/（μg/mL）</td><td>1 000</td><td>1 000</td><td>1 000</td><td>1 000</td><td>1 000</td><td>1 000</td><td>1 000</td><td>1 000</td><td>1 000</td></tr>
</table>

五、液态精液的运输

液态精液运输要备有专用运输箱，同时要注意下列事项：

（1）运输前精液应标明公畜品种名称、采精时期、精液剂量、稀释液种类、稀释倍数、精子活率和密度等。

（2）精液的包装应严密，要有防水、防振衬垫。

（3）运输途中维持温度恒定。

（4）运输中最好用隔热性能好的泡沫、塑料箱装放，避免振动和碰撞。

六、精液的冷冻保存

精液冷冻保存是利用液氮（-196 ℃）或干冰（-79 ℃）作冷源，将精液经过适当处理后，保存在超低温下，以达到长期保存精液的目的，使输精不受时间、地域和种畜生命的限制，是家畜人工授精技术的一项重大革新。

（一）精液冷冻保存的意义

1. 可以充分利用优秀种公畜

液态精液受保存时间的限制，其利用率最大只能达到 60%，而细管型冷冻精液的利用率可以达到 100%。因此，冷冻精液的使用极大地提高了优良公畜的利用效率。

2. 加快品种的改良速度

由于冷冻精液充分利用了生产性能高的优秀种公畜，从而加速了品种育成和改良的步伐。同时，冷冻精液的保存有利于建立巨大的具有优良性状的基因库，更好地保存品种资源，为开展世界范围的优良基因交流提供廉价的运输方式。

3. 便于母畜的输精

母畜发情才能输精，由于母畜自身生理状况及其他因素的影响，不同品种发情时间个体差异较大，因此要有精液随时可用，而冷冻精液可以达到这一目的。

（二）精液冷冻保存原理

精子在超低温环境中（-196～-79 ℃）代谢几乎停止，活动完全消失，生命以相对静止状态保持下来，一旦温度回升，又能复苏而不失受精能力。复苏的关键在于精子在冷冻过程中受冷冻保护剂的作用，防止了细胞内水的冰晶化所造成的破坏作用。因为冰晶的形成是造成精子死亡的主要物理因素。

精液在超低温下由液态成为固态，而固态按照水分子的排列方式又分为结晶态（冰晶态）和玻璃态。在不同温度条件下，两态之间的变化完全与冰晶化温度区域（-60～0 ℃）降温和升温速度有关。降温速度越慢，水分子就越有可能按有序的方式排列，形成冰晶态。其中尤以 -25～-15 ℃ 缓慢升温或降温对精子的危害最大。而玻璃态则是在 -250～-25 ℃ 超低温区域内形成，若从冰晶化区域内开始就以较快或更快的速度降温，就能快速越过形成冰晶的温度范围（-60～0 ℃），使水分子无法有序按几何图形排列，而只能形成玻璃态和均匀细小的冰晶。但玻璃化是可逆的、不稳定的，当缓慢升温再经过冰晶化温度区时，玻璃化先变为结晶态再变为液态。因此，精液在冷冻过程中，无论是升温还是降温都必须采取快速越过冰晶区，使冰晶来不及形成而直接进入玻璃化状态或液态。这就是目前大多研究者认同的玻璃化学说。精子在玻璃化冻结状态下，不会出现原生质脱水，膜结构也不会受到破坏，解冻后仍可恢复活力。

目前，在冷冻精液制作和使用中，无论降温或升温，都是采取快速越过对精子产生不可逆性危害的冰晶化温度区。尽管如此，在冷冻中仍有30%～50%的活精子死亡。为了增强精子的抗冻能力，可以在稀释液中加入抗冻物质，如甘油、二甲基亚砜等，对防止出现冰晶化有重要作用。但这些抗冻剂浓度过高，会影响精子的活力和受精能力。通常将其浓度限制在1%～3%。

（三）精液冷冻保存稀释液

冷冻保存精液稀释液的成分从理论而言，一般应含有低温保护剂（如卵黄、牛奶等）、防冻保护剂（如甘油等）、维持渗透压物质（如糖类、柠檬酸钠等）、抗生素以及其他添加剂。由此可见，冷冻保存精液稀释液，一般都是在原有低温保存稀释液的基础上，再添加一定的防冻物质。

1. 公牛常用冷冻精液稀释液

公牛常用冷冻精液稀释液主要有乳糖-卵黄-甘油液、蔗糖-卵黄-甘油液、葡萄糖-卵黄-甘油液和葡萄糖-柠檬酸钠-卵黄-甘油液等4种，其成分配比如表4-9所示。

表4-9 公牛常用冷冻精液稀释液

	成 分	乳糖-卵黄-甘油液	蔗糖-卵黄-甘油液	葡萄糖-卵黄-甘油液	葡萄糖-柠檬酸钠-卵黄-甘油液 第一液	葡萄糖-柠檬酸钠-卵黄-甘油液 第二液	解冻液
基础液	蔗糖/g	—	12	—	—	—	—
基础液	葡萄糖/g	—	—	7.5	3	—	—
基础液	乳糖/g	11	—	—	—	—	—
基础液	二水柠檬酸钠/g	—	—	—	1.4	—	2.9
基础液	蒸馏水/mL	100	100	100	100	—	100
稀释液	基础液容量/%	75	75	75	80	86①	—
稀释液	卵黄容量/%	20	20	20	20	—	—
稀释液	甘油容量/%	5	5	5	—	14	—
稀释液	青霉素/(IU/mL)	1 000	1 000	1 000	1 000	—	—
稀释液	双氢链霉素/(μg/mL)	1 000	1 000	1 000	1 000	—	—
稀释液	适用剂型	颗粒	颗粒	颗粒	细管	颗粒	

注：①取第一液86 mL，加入甘油14 mL，即为第二液。

2. 猪常用冷冻精液稀释液

猪常用冷冻精液稀释液一般以葡萄糖、蔗糖、脱脂乳、甘油为主要成分，甘油浓度以1%～3%为宜，其成分配比如表4-10所示。

表 4-10　猪常用冷冻精液稀释液

成　分		乳糖-卵黄-甘油液	BF₅液	脱脂乳-卵黄-甘油液			解冻液	
				Ⅰ液	Ⅱ液	Ⅲ液	BTS	葡-柠-乙液
基础液	葡萄糖/g	8	3.2	—	—	—	3.7	5
	蔗糖/g	—	—	—	11	11	—	—
	脱脂乳/g	—	—	100	—	—	—	—
	二水柠檬酸钠/g	—	—	—	—	—	0.6	0.3
	乙二胺四乙酸钠/g	—	—	—	—	—	0.125	0.1
	碳酸氢钠/g	—	—	—	—	—	0.125	—
	氯化钾/g	—	—	—	—	—	0.075	—
	Tris/g	—	0.2	—	—	—	—	—
	TES/g	—	1.2	—	—	—	—	—
	OrvusES 糊/mL	—	0.5	—	—	—	—	—
	蒸馏水/mL	100	100	—	100	100	100	100
稀释液	基础液（体积分数）/%	77	79	100	80	78	—	—
	卵黄（体积分数）/%	20	20	—	20	20	—	—
	甘油（体积分数）/%	3	1	—	—	2	—	—
	青霉素/（IU/mL）	1 000	1 000	1 000	1 000	1 000	—	—
	双氢链霉素/（μg/mL）	1 000	1 000	1 000	1 000	1 000	—	—

3. 马、绵羊常用冷冻精液稀释液

马、绵羊常用冷冻精液稀释液一般以糖类（葡萄糖、乳糖、果糖、棉子糖）、乳类、卵黄、甘油为主要成分，其成分配比如表 4-11 所示。

表 4-11　马、绵羊常用冷冻精液稀释液

成　分		马			绵　羊		
		乳糖-卵黄-甘油液	乳-乙-柠-卵-甘油液	解冻液	乳糖-卵黄-甘油液	葡-乳-甘油液	解冻液
基础液	葡萄糖/g	—	—	—	—	2.25	—
	乳糖/g	11	11	—	10	8.25	—
	奶粉/g	—	—	3.4	—	—	—
	蔗糖/g	—	—	6	—	—	—
	乙二胺四乙酸/g	—	0.1	—	—	—	—
	柠檬酸钠/g	—	—	—	—	—	2.9
	3.5%柠檬酸钠/mL	—	0.25	—	—	—	—
	4.2%碳酸氢钠/mL	—	0.2	—	—	—	—
	蒸馏水/mL	100	100	100	100	100	100

续表

	成分	马			绵羊		
		乳糖-卵黄-甘油液	乳-乙-柠-碳-卵-甘油液	解冻液	乳糖-卵黄-甘油液	葡-乳-甘油液	解冻液
稀释液	基础液容量/%	95.4	94.5	—	72.5	75	—
	卵黄容量/%	0.8	2	—	25	20	—
	甘油容量/%	3.8	3.5	—	3.5	5	—
	青霉素/（IU/mL）	1 000	1 000	—	1 000	1 000	—
	双氢链霉素/（μg/mL）	1 000	1 000	—	1 000	1 000	—

4. 其他家畜常用冷冻精液稀释液

其他家畜常用冷冻精液稀释液成分配比如表4-12所示。

表4-12 其他家畜常用冷冻精液稀释液

	成分	水牛		驴	山羊			兔		蔗-乳-卵-甘液
		奶-果-卵-甘液	葡-卵-甘液	解冻液	蔗-卵-甘液	果-乳-卵-甘液 ‖	葡-柠-T-卵-甘液	葡-T-卵-甘-D液 ‖		
						Ⅰ液	Ⅱ液		Ⅰ液	Ⅱ液	
基础液	果糖/g	1.4	—	—	—	1.5	—	—	—	—	—
	葡萄糖/g	—	10	5	—	—	—	1.0	1.05	1.05	—
	蔗糖/g	—	—	—	10	—	—	—	—	—	5
	乳糖/g	—	—	—	—	—	10.5	—	—	—	5
	脱脂鲜奶/mL	82	—	—	—	—	—	—	—	—	—
	二水柠檬酸钠/g	—	—	0.5	—	—	—	—	—	—	—
	一水柠檬酸/g	—	—	—	—	—	—	1.34	—	—	—
	Tris/g	—	—	—	—	—	—	2.42	2.521	2.52	—
	蒸馏水/mL	—	100	100	100	100	—	100	00	100	100
稀释液	基础液（体积分数）/%	82	79	100	—	80	93	82	75	79	74
	卵黄（体积分数）/%	10	20	—	—	20	—	10	16	16	20
	甘油（体积分数）/%	8	1	—	—	—	7	8	—	5	6
	DMSO（体积分数）/%	—	—	—	—	—	—	—	9	—	—
	青霉素/（IU/mL）	1 000	1 000	—	1 000	1 000	—	1 000	1 000	1 000	1 000
	双氢链霉素/（μg/mL）	1 000	1 000	—	1 000	1 000	—	1 000	1 000	1 000	1 000

(四) 冷冻技术

1. 精液稀释

根据冻精的种类、分装剂型、稀释液的配方和稀释倍数的不同，稀释方法也不尽相同。一般采取一次或二次稀释法。

1）一次稀释法

常用于制作颗粒冻精精液，是将含有甘油抗冻剂的稀释液按一定比例一次加入精液内，适宜于低倍稀释。

2）二次稀释法

将采得的精液在常温的等温条件下，立即用不含甘油的第Ⅰ稀释液做第一次稀释，稀释后的精液经 30~40 min 缓慢降温至 4~5 ℃后，然后加入等温的含甘油的第Ⅱ稀释液，加入量通常为第一次稀释后的精液量。第Ⅱ稀释液加入方法又分为一次性或三、四次缓慢滴入等方法，每次间隔 10 min。为避免甘油与精子接触时间太长而造成的有害作用，通常采用两次稀释法。

2. 降温平衡

经含甘油稀释液稀释后的精液，为了使精子有一段适应低温的过程，同时使甘油能充分渗入精子内部，达到抗冻保护作用，需进行一定时间的降温平衡。一般牛、马、鸡精液稀释后用多层纱布或毛巾将容器包裹，可直接放入 5 ℃冰箱内平衡 2~4 h；公猪精液一般经 1 h 由 30 ℃降至 15 ℃，维持 4 h，再经 1 h 降至 5 ℃，然后在 5 ℃环境中平衡 2 h。

3. 精液的分装

主要用于冷冻精液分装的剂型有颗粒型、细管型和袋装型 3 种。

1）颗粒型

颗粒型是将平衡后的精液在经液氮冷却的聚乙氟板上或金属板上滴冻成 0.1~0.2 mL 的颗粒。这种方法的优点是操作简便、容积小、成本低、便于大量储存。但也存在剂量不标准、颗粒裸露、易受污染、不便标记、大多需解冻液解冻等缺点。故有条件的单位多不采用这种方法。

2）细管型

细管型是先将平衡后的精液通过吸引装置分装到塑料细管中，再用聚乙烯醇粉、钢珠或超声波静电压封口，置于液氮蒸气冷却，然后浸入液氮中保存。细管的长度约 13 cm，容量有 0.25 mL 和 0.5 mL 两种。细管型冷冻精液适于快速冷冻，管径小，每次制冻数量多，精液受温均匀，冷却效果好；同时，精液不再接触空气，即可直接输入母畜子宫内，因而不易污染，剂量标准化，便于标记，容积小，易储存，适于机械化生产。使用时解冻方便，但成本较颗粒型高。

3）袋装型

猪、马的精液由于输精量大，可用塑料袋封装，但冷冻效果不理想。

4. 精液的冻结

根据剂型和冷源的不同，可将冻结分为干冰埋植法和液氮熏蒸法两种。

1）干冰埋植法

① 颗粒冻精。将干冰置于木盒上，铺平压实后，用模板在干冰上压孔，然后将经降温平衡至5℃的精液定量滴入干冰压孔内，再用干冰封埋2~4 min后，收集冻精放入液氮或干冰内储存。

② 细管冻精。将分装的细管精液铺于压实的干冰面上，迅速覆盖干冰，2~4 min后，将细管移入液氮或干冰内储存。

2）液氮熏蒸法

① 颗粒冻精。在装有液氮的广口瓶或铝制饭盒上，置一铜纱网（或铝饭盒盖），距离氮面1~3 cm处预冷数分钟，使其温度维持在 -100~ -80 ℃。也可用聚四氟乙烯板代替铜纱网，先将它在液氮中浸泡数分钟后，悬于液氮面上，然后将经平衡的精液用吸管吸取，定量、均匀、整齐地滴于其上，停留2~4 min。待精液颜色变为橙黄色时，将颗粒精液收集于储精袋内，移入液氮储存。滴冻时动作要迅速，尽可能防止精液温度回升。

② 细管冻精。将细管放在距离液氮面一定距离的铜纱网上，停留5 min左右，等精液冻结后，移入液氮中储存。细管冷冻的自动化操作，是使用控制液氮喷量的自动计温速冻器调节，在 -60~5 ℃时每分钟下降4 ℃；从 -60 ℃起快速降温到 -196 ℃。

5. 冻精的储存

冷冻精液是以液氮或干冰作冷源，储存于液氮罐或干冰保温瓶内。

液氮具有很强的挥发性，当温度升至18 ℃时，其体积可膨胀680倍。此外，液氮又是不活泼的液体，渗透性差，无杀菌能力。

储存器包括液氮储运器和冻精储存器，前者为储存和运输液氮用，后者为专门保存冻精用。为保证储存器内的冷冻精液品质，不至于使精子活率下降，在储存及取用过程中必须注意以下几点：

① 要定期检查液氮的消耗情况，当液氮减少2/3时，需及时补充。如用干冰保温瓶储存，应每日或隔日添补干冰，储精瓶掩埋于干冰内，不得外露。最少要深埋于干冰5 cm以下。

② 从液氮罐中取出冷冻精液时，提筒不得提出液氮罐口外。可将提筒置于罐颈下部，用长柄镊子夹取细管（或精液袋）。从干冰保温瓶中取冻精，动作要快，储精瓶不得超出冰面。

③ 将冻精转移到另一容器时，动作要迅速，储精瓶在空气中暴露的时间不得超过3 s。

6. 冻精的解冻

冻精的解冻是使用冷冻精液的重要环节，因为解冻温度、解冻方法和解冻液的成分，都直接影响解冻后精子的活力。

解冻温度有低温冰水解冻（0~5 ℃）、温水解冻（35~40 ℃）和高温解冻（50~70 ℃）等。实践中以35~40 ℃的解冻较为实用，因为比较安全、稳妥，解冻效果也较好。

由于冻精剂型不同，解冻方法也不同。

1）细管型冻精

可将其直接投入35~40 ℃温水中，待冻精融化一半时，立即取出备用。

2）颗粒型冻精

有干解冻和湿解冻两种方法。干解冻是先将灭菌试管置于35~40 ℃水中恒温后，投入冻精颗粒,摇动和搅拌至融化;湿解冻事先要配制解冻液,先将1 mL解冻液装入灭菌试管内,置35~40 ℃水中恒温后,投入颗粒冻精,摇动至融化待用。

相对而言,湿解冻由于先已加入解冻液升温,故可以加快颗粒冻精解冻的速度,解冻后精子活力较高。

解冻后的精液要及时进行镜检,输精时活率不得低于0.3。如果精液需短时间保存,可以用冰水解冻,解冻后保持恒温。

任务四 母畜发情鉴定

知识链接

一、母畜的生殖器官和机能

母畜的生殖器官主要由卵巢、输卵管、子宫、阴道、尿生殖前庭、阴唇和阴蒂组成。其中卵巢、输卵管、子宫和阴道为内生殖器,尿生殖前庭、阴唇、阴蒂为外生殖器官,如图4-17所示。

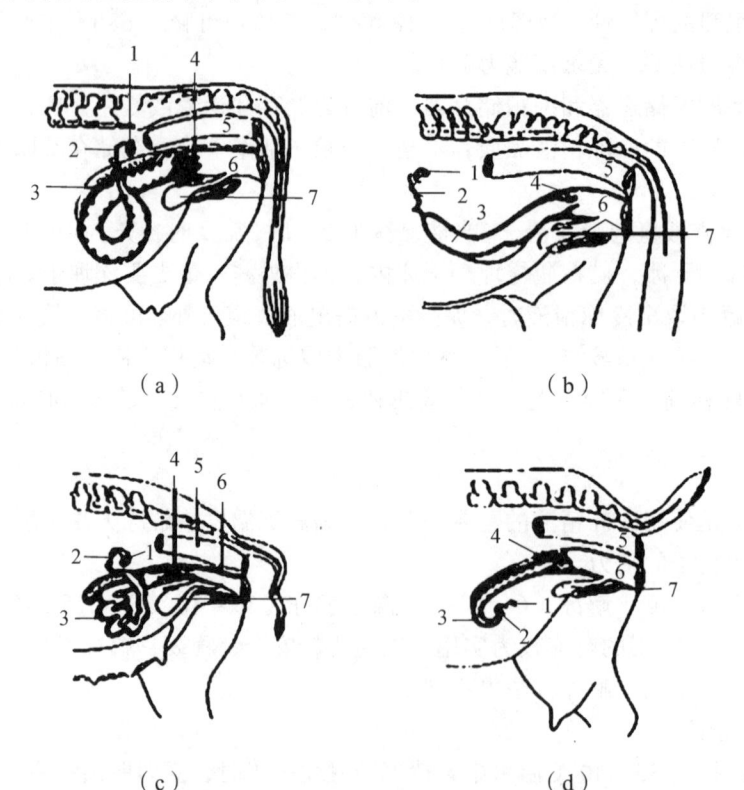

微课:母畜禽的生殖器官

1—卵巢;2—输卵管;3—子宫角;4—子宫颈;5—直肠;6—阴道;7—膀胱。

图4-17 母畜的生殖器官

（一）卵　巢

1. 卵巢的形态位置及组织构造

卵巢是一对重要的生殖腺体，位于腹腔或骨盆腔，其形态和位置因畜种、年龄、生理状态而异。

1）形态位置

卵巢是产生卵子和分泌雌性激素的器官，呈卵圆形或圆形，借卵巢系膜悬挂于肾后方的腰下部或骨盆腔入口附近。卵巢分两缘、两端和两面。卵巢背侧与卵巢系膜相连，称卵巢系膜缘，系膜缘有神经、血管、淋巴管出入卵巢，该处称卵巢门；卵巢腹侧为游离缘。前端与输卵管伞相接，称输卵管端；后端借卵巢固有韧带与子宫角相连，称子宫端。输卵管系膜和卵巢固有韧带之间形成卵巢囊，卵巢位于其中。

成年未孕母畜的卵巢在没有较大卵泡和黄体时，其形状和位置如下：牛卵巢的形状为扁椭圆形，附着在卵巢系膜上，其附着缘上的卵巢门、血管、神经即由此出入；马在初情期以后，其卵巢的形状像蚕豆，附着缘宽大，游离缘上有排卵窝，为马类所特有，卵泡均在此凹陷内破裂而排卵；猪卵巢的形状和体积因年龄不同而有很大的变化。初生仔猪的卵巢类似肾脏，色红，一般是左侧稍大。接近初情期时，卵巢增大，表面出现许多小卵泡，很像桑葚。初情期开始后，卵巢上的卵泡、红体或黄体突出于卵巢的表面，凹凸不平，像一串葡萄。

2）卵巢的组织构造

卵巢的结构依动物的种类、年龄、生殖周期的阶段不同而有所不同，其组织结构如图4-18所示。

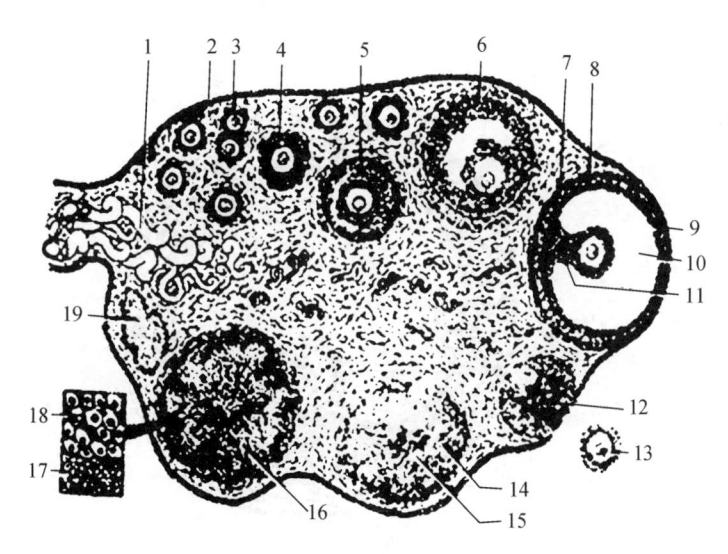

1—血管；2—生殖上皮；3—原始卵泡；4—早期生长卵泡（初级卵泡）；5，6—晚期生长卵泡（次级卵泡）；
7—卵泡外膜；8—卵泡内膜；9—颗粒层；10—卵泡腔；11—卵丘；12—血体；13—排出的卵；
14—正在形成的黄体；15—黄体中残留的凝血；16—黄体；
17—膜黄体细胞；18—颗粒黄体细胞；19—白体。

图4-18　卵巢组织结构模式图

卵巢的表层为一单层的生殖上皮，其下是由致密的结缔组织构成的白膜，白膜下为卵巢实质，它分为皮质部和髓质部。皮质部在髓质部的外周，两者没有明显的界限，其基质都是结缔组织。皮质部内含有许多不同发育阶段的卵泡或处在不同发育和退化阶段的黄体，皮质的结缔组织内含有血管、神经等。髓质部内含有丰富的弹性纤维、血管、神经、淋巴管等，它们经卵巢门出入与卵巢系膜相连。

2. 卵巢的生理机能

1）卵泡发育和排卵

卵巢皮质部分布着许多原始卵泡，经过初级卵泡、次级卵泡、生长卵泡、成熟卵泡几个发育阶段，最终有部分卵泡发育成熟，破裂排出卵细胞，原卵泡腔处便形成黄体。多数卵泡在发育到不同阶段时退化、闭锁。

2）分泌雌激素和孕酮

在卵泡发育过程中，包围在卵泡细胞外的两层卵巢皮质基质细胞形成卵泡膜。卵泡膜分为内膜和外膜，其中内膜和颗粒细胞可分泌雌激素，雌激素是导致母畜发情的直接因素。而排卵后形成的黄体可分泌孕酮，它是维持怀孕所必需的激素之一。

3. 卵泡生长和成熟

母畜在性成熟后，卵巢上出现周期性的卵泡发育和排卵。卵泡发育分为原始卵泡、初级卵泡、次级卵泡、生长卵泡和成熟卵泡 5 个阶段。卵泡发育模式如图 4-19 所示。由于卵泡液不断增加、卵泡腔扩大，卵母细胞被推向一边并被卵泡细胞所包围，形成半岛状的卵丘，其余卵泡细胞贴于卵泡腔周围成为颗粒细胞。卵泡膜分为内、外两层，内膜有血管分布并参与激素的合成。

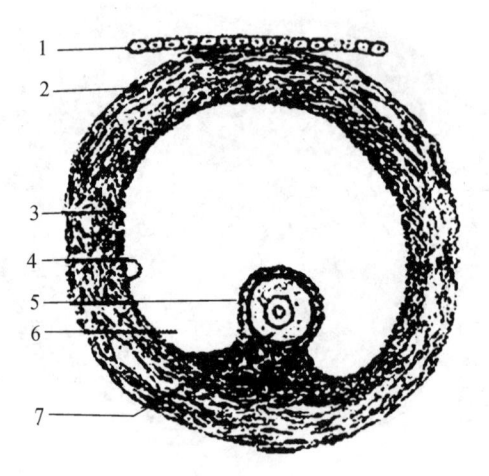

1—生殖上皮；2—外膜；3—内膜；4—颗粒细胞；5—放射冠；6—卵泡液；7—卵母细胞。

图 4-19 卵泡发育模式图

各种母畜成熟卵泡的直径一般为：牛 12~19 mm、绵羊 5~10 mm、山羊 7~10 mm、猪 8~12 mm、马 25~70 mm、犬 2~4 mm。母畜发情时，由于卵泡液增加，卵泡体积的增大，泡壁变薄并部分突出于卵巢的表面。与此同时，卵泡颗粒细胞和内膜细胞出现促卵泡素和促黄体素受体，它们的变化和数量的增加对促进卵泡的成熟和排卵，以及雌激素的合成、分泌和促黄体素起着决定性的作用。

在卵泡生长发育过程中，初级卵母细胞处于第一次减数分裂前期的双线期，到卵泡发育至临排卵前，初级卵母细胞完成第一次减数分裂，产生1个次级卵母细胞和1个第一极体。此时，牛、羊和猪等多数动物的卵泡已经发育成熟并排出卵子。因此，多数家畜卵巢上排出的卵子是处于次级卵母细胞阶段。次级卵母细胞在进入输卵管后，开始进行第二次减数分裂，当精子进入卵子时，才刺激次级卵母细胞完成第二次减数分裂，形成1个卵细胞和1个第二极体。马和犬卵巢上排出的卵子仍处于初级卵母细胞阶段，当卵子进入输卵管后才完成第一次减数分裂，成为次级卵母细胞。当精子进入次级卵母细胞时，才完成第二次减数分裂。

4. 排 卵

排卵是指成熟卵泡破裂，卵子随卵泡液排出的过程。排卵后在破裂的卵泡处形成一个暂时的激素分泌器官——黄体，黄体分泌的孕激素为胚胎的发育和维持妊娠提供了生理基础。

1）排卵过程

卵泡在排卵过程中，由于LH和FSH的释放量骤增并达到一定比例引起母畜卵巢出现一系列的变化。首先，卵母细胞细胞质和细胞核发育成熟；继而卵丘细胞聚合力松懈，颗粒细胞各自分离；最后由于卵泡液的增加，卵泡膜进一步变薄，纤维蛋白质水解酶活性提高，并分解卵泡膜，造成顶端局部变薄形成排卵点，排卵点附近表层上皮和白膜在有关酶的作用下出现局部崩解，使卵母细胞随卵泡液排出并被输卵管接纳。排卵后，破裂的卵泡腔被淋巴液、血液和卵泡细胞填充，而形成红体和黄体，对维持妊娠和卵泡发育起到重要调控作用。

2）排卵的时间、数目和类型

① 排卵的时间。家畜的排卵时间与种类、品种及个体有关。就某一个体而言，其排卵时间根据营养状况、环境等条件而有所变化。通常情况下，夜间排卵较白天多，右侧排卵较左侧多。家畜的排卵时间大致为：牛排卵距发情（接受爬跨）开始平均为28~32 h，距发情结束（拒配）平均为10~12 h；山羊排卵多发生在发情（接受爬跨）结束后数小时内；猪排卵在发情后20~36 h时，排卵持续期6~8 h；马排卵在发情结束前10~12 h；兔是在交配后6~12 h排卵。

② 排卵数目。在一个发情期中，不同家畜的排卵数有很大差异。排卵数受畜种、品种、年龄、营养和遗传等因素的影响变化较大。牛、马、驴、水牛等一般只排1~2枚；羊1~3枚；猪10~30枚。

③ 排卵类型。母畜排卵的类型分为自发性排卵和刺激性排卵。排卵和促黄体素的作用有关，但其作用的途径不同。

卵泡成熟后不经交配刺激能自发排卵，自动形成黄体称为自发性排卵，如猪、牛、羊、马等。母畜的促黄体素作用是周期性的，不取决于交配的刺激，而是由神经内分泌系统的相互作用激发的。刺激性排卵是指卵泡成熟后只有经交配或子宫颈受到某些刺激后才能排卵，兔、骆驼、猫等即属此类。动物只有当子宫或阴道受到适当刺激后，神经冲动由子宫颈或阴道传到下丘脑的神经核，并于该处产生GnRH，沿着垂体门脉系统到垂体前叶，刺激其分泌LH。刺激性排卵动物没有类似自发性排卵动物的发情周期，在交配前2~3 d几乎总是处于发情状态，之后一段时间为乏情期。

5. 黄体的形成与退化

1）黄体的形成

母畜排卵后，卵泡壁破裂流出的血液、淋巴和残留的卵泡液聚集在卵泡腔形成凝血块称为红体，此后颗粒细胞和内膜细胞增生变大并吸收类脂物质变为黄体。早期黄体细胞的营养来自红体，随血管的侵入和增生，使黄体靠血液提供营养。牛、绵羊、猪、马的黄体达到最大体积的适当时间分别为排卵后 7~9 d、10 d、6~8 d、14 d。

2）黄体的退化

如果母畜排卵后未妊娠，形成的黄体称为周期黄体（假黄体），如果妊娠则称妊娠黄体（真黄体）。多数母畜的妊娠黄体存在于整个妊娠期，分泌孕酮以维持妊娠，直至妊娠结束才退化。但母马是个例外，一般在妊娠中期退化，以后靠胎盘分泌的孕酮维持妊娠。周期性黄体退化的时间，因畜种而异，一般维持 12~17 d 退化，退化的黄体先变为白体，最后形成一个疤痕。

（二）输卵管

1. 输卵管的形态位置

输卵管是一对多弯曲的细管（20~28 cm），位于每侧卵巢和子宫角之间，是卵子进入子宫必经的通道，由子宫阔韧带外缘形成的输卵管系膜所固定。输卵管分为 3 部分：漏斗部、壶腹部和峡部。

输卵管的前端膨大呈漏斗状部分为输卵管的漏斗部，漏斗中央的深处有一口通腹腔，为输卵管腹腔口，卵细胞由此进入输卵管，口的周缘有许多不规则的皱褶，称输卵管伞。输卵管的前 1/3 段较粗，称为输卵管壶腹，是精子和卵子受精的场所。输卵管的后 2/3 段较细，称为输卵管峡部，峡部的末端以细小的输卵管子宫口与子宫角相连，称为宫管结合处。

2. 输卵管的组织构造

输卵管的管壁从外向内由浆膜、肌层和黏膜构成。浆膜包裹在输卵管外面，并形成输卵管系膜。肌层可分为内层的环形肌和外层的纵形肌，混有斜行纤维，以利于协调收缩。黏膜层有许多纵褶，上皮为单层柱状纤毛，有助于运输卵子。

3. 输卵管的生理机能

1）运输精子、卵子和早期胚胎

从卵巢排出的卵子被输卵管伞接纳，借助平滑肌的蠕动和纤毛的摆动将其运送到漏斗和壶腹。同时，将精子由峡部反向运送到壶腹部，以便受精结合。受精后，在输卵管内进行近 1 周的发育，早期胚胎由壶腹部下行进入子宫角。

2）提供精子获能、卵子受精及卵裂的场所

精子在通过子宫和输卵管的同时，获得使卵子受精的能力。精子和卵子只能在输卵管的壶腹部受精结合，形成受精卵。受精卵在向峡部和子宫角运行的同时进行卵裂。

3）为早期胚胎提高营养

输卵管的分泌物主要是黏蛋白质和糖胺聚糖，是精子、卵子的运载工具，也是精子、卵子、胚泡附植和早期胚胎的培养液。输卵管的分泌作用受激素控制，发情时分泌增多。

（三）子　宫

1. 类　型

子宫为胚胎发育和胎儿分娩的肌质器官。哺乳动物的子宫可以归纳为以下几种类型：

1）双子宫

左、右两个子宫分别开口于阴道，某些啮齿类、翼手目和象属于此类型。

2）对分子宫

左、右两个子宫末端靠近，共同开口于阴道，反刍动物属于此类型。

3）双角子宫

两个子宫是分开的，称为子宫角，而后端合成子宫体，家畜（马、猪）属于此类型。但单胎动物子宫角短，多胎动物子宫角长。

4）单子宫

两上子宫完全合并在一起，只有输卵管是成对的，灵长类属于此类型。

2. 形态位置

子宫前接输卵管，后接阴道，背侧为直肠，腹侧为膀胱。各种家畜的子宫都分为子宫角、子宫体和子宫颈。

子宫角成对，角的前端接输卵管，后端汇合而成子宫体，最后由子宫颈接阴道。

1）子宫角

子宫角为子宫的前部，呈弯曲的圆筒状，位于腹腔内，前端分为左、右两部分，每侧子宫角向前下方弯曲、逐渐变细，与输卵管相连，后端汇合为子宫体。

2）子宫体

子宫体多位于骨盆腔内，部分在腹腔内，呈短而直的圆筒状，向后延续为子宫颈。子宫角与子宫体内的空腔称为子宫腔。

3）子宫颈

子宫颈位于骨盆腔内，为一直管状，突入阴道形成子宫颈阴道部。阴道前方的部分称阴道前部，突入阴道内的部分称阴道部。子宫颈壁厚，内腔狭窄，称子宫颈管。子宫颈管分别以子宫内口和外口与子宫体和阴道相通。

3. 子宫的组织构造

子宫从内向外由黏膜（又称子宫内膜）、肌层和浆膜（又称子宫外膜）三层组成。在发情周期中，子宫经历一系列明显的变化。

1）子宫内膜

子宫内膜呈粉红色，膜内有子宫腺。子宫内膜由上皮和固有层构成。上皮随动物种类和发情周期的不同而不同，反刍动物和猪为单层柱状或假复层柱状上皮，马、犬、猫等动物为单层柱状上皮。固有层的浅层有较多的细胞成分及子宫腺导管，深层中细胞成分较少，但布满了分支管状的子宫腺及其导管（子宫阜处除外）。腺上皮由有纤毛或无纤毛的单层柱状上皮组成。子宫腺分泌物为富含糖原等营养物质的浓稠黏液，称子宫乳，可供给着床前附植阶段早期胚胎所需营养。

子宫阜是反刍动物固有层形成的圆形隆起，其内有丰富的成纤维细胞和大量的血管。子宫阜参与胎盘的形成，属胎盘的母体部分。

2）子宫肌层

子宫肌层由发达的内环形肌和薄的外纵形肌构成。在两层间或内层深部存在大量的血管、淋巴管和神经，这些血管主要是供应子宫内膜营养，在反刍动物子宫阜区特别发达。子宫颈的环形肌特别发达，形成子宫颈括约肌，平时紧闭，分娩时开张。

3）子宫外膜

子宫外膜为浆膜，由腹膜延续而成，被覆于子宫的表面，由疏松结缔组织和间皮构成，有时可见少数平滑肌细胞存在。浆膜在子宫角背侧和子宫体两侧形成浆膜褶，称子宫阔韧带，将子宫悬于腰下部。子宫阔韧带内有卵巢和子宫的血管通过，动脉由前至后依次是子宫卵巢动脉、子宫中动脉和子宫后动脉。妊娠时可根据动脉的粗细和脉搏性质的变化进行妊娠诊断。

4. 各种家畜子宫的特点

1）牛子宫的特点

牛子宫的子宫角长 20~30 cm，子宫角的基部粗 2~3 cm，末端形成伪体，中间有明显的纵隔。子宫体较短，长 2~5 cm。青年母牛和产胎次数较少的母牛子宫角呈卷曲的绵羊角状，位于骨盆腔内。经产胎次多的母牛子宫不能完全恢复，常垂入腹腔。两侧子宫角基部之间的连接处有一纵沟，称角间沟。子宫角分叉处有角间背侧和腹侧韧带相连。子宫黏膜上有 100~200 个卵圆形隆起，称子宫阜。子宫阜上没有子宫腺，深部含有丰富的血管，妊娠时子宫阜发育为母体胎盘。子宫颈长 8~10 cm，粗 3~4 cm，位于骨盆腔内，壁厚而硬，管腔封闭很紧。发情和分娩时稍开张。子宫颈阴道部粗大，突入阴道 2~3 cm，黏膜呈放射状皱襞，经产母牛的皱襞有时肥大呈菜花状。子宫颈肌环形层发达，形成 3~5 个横行新月形皱襞，彼此嵌合，使子宫颈管成螺旋状。子宫颈黏膜上皮为单层柱状上皮细胞，其分娩活动与母牛的生理活动相关。

2）羊子宫的特点

羊子宫的形态与牛相似，体积较小。绵羊的子宫阜为 80~100 个，山羊的子宫阜为 160~180 个，子宫阜的中央有一凹陷。子宫颈阴道部仅为上、下两片或三片突起，上片较大，子宫颈外口的位置多偏向右侧，形成一个不规则的弯曲管道。

3）猪子宫的特点

猪子宫的子宫角长而弯曲，似小肠。经产母猪的子宫角长达 1.2~1.5 cm，管壁较厚。子宫体短，子宫黏膜上多皱襞，无子宫阜。子宫颈长 10~18 cm，内壁有左、右 2 个彼此交错的半圆形突起，称子宫颈枕，中部较大，靠近两端较小。子宫颈管呈螺旋状。子宫颈后端逐渐过渡为阴道，无子宫颈阴道部，与阴道无明显的界限。

5. 子宫的生理机能

子宫的主要功能是为胚胎的生长发育提供适宜的场所，并参与胎儿的分娩。同时，还能促进精子向输卵管运行。

1）储存、筛选和运送精子

母畜发情配种后子宫颈开张，有利于精子逆流运行，子宫颈黏膜隐窝内可储存大量精子，同时阻止死精子和畸形精子进入，借助子宫肌的节律性收缩运送精子到达输卵管。

2）孕体的附植、妊娠和分娩

子宫内膜可提供孕体附植，并形成母体胎盘，与胎儿胎盘结合，为胎儿的生长发育提供良好的环境条件；妊娠期间，子宫颈分泌的高度黏稠的黏液形成栓塞，防止异物侵入，起到保胎作用；分娩前栓塞液化，子宫颈扩张，有利于胎儿产出。

3）调节卵巢的机能

在发情周期中，子宫角内膜分泌的前列腺素 $F_{2\alpha}$ 对同侧卵巢的周期性黄体有溶解作用，使黄体机能减退，消除对垂体机能的抑制作用，使促卵泡素分泌增加，卵泡发育，导致再次发情。在妊娠期，子宫角内膜部分泌前列腺素 $PGF_{2\alpha}$，黄体持续存在，维持妊娠。

(四) 阴道与外生殖器

1. 阴 道

阴道为中空的肌质器官，位于骨盆腔内，背侧为直肠，腹侧为膀胱和尿道。阴道前端与子宫颈阴道部形成一环形或半环形的隐窝，称阴道穹隆；后端以尿道外口与阴道前庭为界，在尿道外口前方有一横行或环形的勃膜槽，称为阴瓣，以驹和仔猪的最为发达。

阴道壁由黏膜、肌层和浆膜（或外膜）组成。内层黏膜呈粉红色，形成许多纵行皱褶，没有腺体。肌层由平滑肌和弹性纤维构成。外层前部为浆膜，后部为结缔组织构成的外膜。

阴道是母畜的交配器官，又是胎儿产出的通道，也称产道。

2. 外生殖器官

外生殖器官包括尿生殖前庭、阴蒂和阴门。

1）尿生殖前庭

尿生殖前庭位于骨盆腔内，呈短筒状，为阴瓣到阴门裂的部分，前高后低，为稍倾斜的结构。前方以尿道外口与阴道为界，后方经阴门与外界相通。

尿生殖前庭由黏膜、肌层和外膜组成，黏膜呈粉红色。母牛尿道外口的腹侧面有一黏膜凹陷形成的盲囊，称尿道憩室，在为母牛导尿时应注意避开。在尿道外口后方两侧，有前庭小腺的开口，在阴道前庭的两侧壁有前庭大腺的开口，母畜发情时前庭腺体分泌机能增强。

2）阴 蒂

在阴门联合腹侧的前下方有一阴蒂窝，内有阴蒂。阴蒂由 2 个勃起组织构成，相当于公畜的阴茎，富有感觉神经末梢。母马的阴蒂发达，发情时常暴露于阴门外。

3）阴　门

阴门为母畜生殖器官的末部，位于肛门的腹侧，由左、右阴唇构成，两阴唇间的裂隙称阴门裂。

二、母禽的生殖器官与机能

如图4-20所示，母禽的生殖器官包括卵巢和输卵管两大部分。与家畜相比，其结构简化了许多，家畜的输卵管、子宫、阴道分界明显，而家禽把三者合称为输卵管，且卵巢、输卵管简化了一半，只有左侧生殖器官发育完全，右侧生殖器官在孵化的第7~9天就停止发育并逐渐退化，到孵出时仅留残迹。因为卵生，卵主要在输卵管内形成，不像家畜要在子宫内孕育好长时间，且产蛋是连续的，所以相对于家畜，家禽的输卵管非常发达。

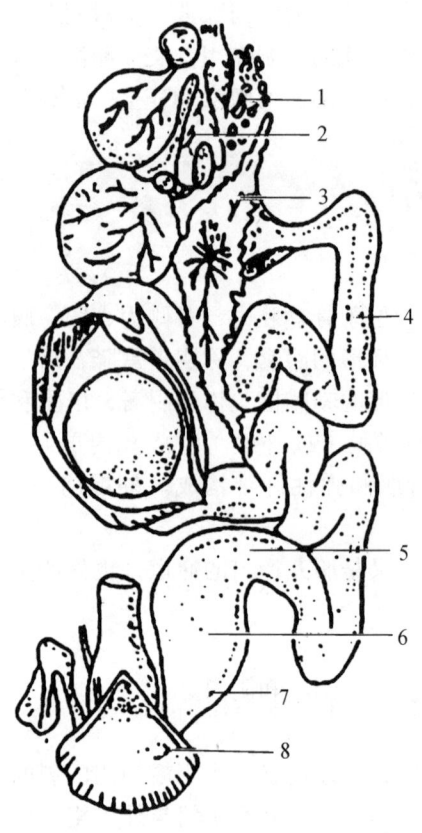

1—发育中的卵泡；2—成熟卵泡；3—喇叭部；4—膨大部；5—峡部；
6—子宫部；7—阴道部；8—泄殖腔。

图4-20　母鸡的生殖器官

（一）卵　巢

1. 卵巢的形态位置

卵巢位于腹腔的左侧，靠卵巢系膜韧带与体壁相连，在左肺后方。雏鸡的卵巢不发达，颜色呈灰色或白色，形状似桑葚。性成熟时由于表面有不同发育阶段的卵泡突出表现于表面呈葡萄状，颜色由白色到黄色。随着生长，卵泡膜逐渐变软，最后在卵泡膜无血管处排出卵子，被输卵管伞部接纳。由于家禽卵生无须孕育，所以排卵后不形成黄体。

2. 卵巢的生理机能

卵巢是形成卵子的器官，能分泌雌激素，促进输卵管的生长、耻骨及肛门的开张，以利于产蛋，而且还能够累积卵黄营养物质，以供给胚胎体外发育时的营养需要。因此，禽类的卵细胞要比其他家畜的卵细胞大得多。

（二）输卵管

1. 输卵管的形态位置

输卵管发达，尤其是产蛋期最发达。根据输卵管各段结构和功能的不同分为 5 部分，即漏斗部、膨大部、峡部、子宫部和阴道部。

1）漏斗部

漏斗部又称伞部，呈漏斗状，便于承接卵巢排出的卵子，如交配或人工输精后精卵在此结合受精。卵通过漏斗部的时间约需 18 min。输卵管在伞部有开向腹腔的口，产蛋期的家禽受惊吓时，卵巢排出的卵子有时不被伞部接纳而落入腹腔内，形成卵黄性腹膜炎，所以养鸡场应避免使鸡群受到惊吓。

2）膨大部

膨大部也称蛋白分泌部。膨大部管壁较厚，是输卵管中最长、弯曲最多的一段，分泌的蛋白包裹在蛋黄的周围，卵子通过此段一般需要 2~3 h。

3）峡　部

峡部位于蛋白分泌部与子宫部之间，为输卵管较短和较窄段，所以称为峡部，与膨大部界限明显。在此处分泌的蛋白质，能形成内外卵壳膜，至此形成了软皮蛋，卵子通过此段约需 75 min。

4）子宫部

子宫部也称壳腺部，是输卵管峡部后的膨大部分，呈袋状。管壁较厚，肌层发达，分布有螺旋状的平滑肌纤维。黏膜形成纵横的深褶，黏膜内有壳腺，能分泌钙质、角质和色素，形成蛋壳和壳上膜（也称胶护膜）。禽蛋在此处停留时间最长，为 19~20 h。

5）阴道部

阴道部开口于泄殖道的左侧壁，黏膜呈白色，是雌禽的交配器官。子宫部和阴道部的连接处附近区域的精小窝有储存精子的作用，以保证家禽受精的连续性。阴道对蛋的形成不起作用，只是等待产出。蛋产出时，阴道自泄殖腔翻出。

2. 输卵管的生理机能

输卵管的主要生理功能是精子、卵子受精和早期胚胎发育。输卵管各部的生理作用如表 4-13 所示。

表 4-13 母鸡输卵管各部分的生理作用

输卵管各部分	长度/cm	卵的停留时间	生理作用
漏斗部	9	15 min	承接卵子，受精作用
膨大部	33	2～3 h	分泌蛋白
峡部	10	80 min	形成内外蛋壳膜，注入水分
子宫部	10～12	18～20 h	注入水分和盐类，形成蛋壳，着色，壳上膜
阴道部	10	几分钟	鸡蛋等待产出

三、母畜的发情与发情周期

（一）发情

1. 发情的概念

发情是指母畜生长发育到性成熟阶段时所表现的周期性性活动现象。即在生殖激素的调节下，母畜卵巢上有卵泡发育和排卵等变化，生殖道出现充血、肿胀和排出黏液等变化，母畜在行为上有兴奋不安、食欲减退和出现求偶活动等变化。母畜表现出的这一系列生理和行为上的变化称为发情。

2. 发情的特征

母畜发情时主要在卵巢、生殖道和行为3方面表现出特定的变化。

1）卵巢的特定变化

母畜发情时，卵巢上有卵泡发育、成熟和排卵的变化过程，这是母畜发情的内在表现，也是母畜发情的本质特征。

2）生殖道的特定变化

母畜发情时，随着卵巢上卵泡的发育，在激素的调节下，母畜的外生殖器官发生一系列的变化。外阴部红肿、阴门湿润并常常外翻，阴蒂闪动。生殖道充血肿胀、排出黏液，发情初期量多、稀薄、透明，发情后期逐渐变为浓稠状，分泌量减少。

3）行为的特定变化

母畜发情时，由于激素的作用，母畜在行为表现上出现许多变化，如兴奋不安、食欲减退和产生交配欲等变化。具体表现出排尿频繁、鸣叫、愿意接近公畜、静立不动、后肢叉开、尾巴举起、接受交配的姿势，有的还出现拱槽、刨地、爬跨、跳圈、举尾和阴唇翻动的特征。

（二）母畜性机能的发育阶段

母畜的性机能发育经历了一个由发生、发展直至衰退停止的过程，包括初情期、性成熟期、配种适龄期和繁殖机能停止期。不同的种类、品种、个体及不同的饲养管理条件，性机能的发育阶段都有差异，如表 4-14 所示。

表 4-14 母畜的繁殖阶段

家畜种类	初情期（月龄）	性成熟期（月龄）	适配年龄（岁）	繁殖机能停止期（岁）
黄牛	8~12	10~14	1.5~2.0	13~15
奶牛	6~12	12~14	1.3~1.5	13~15
水牛	12~15	18~24	2.5~3.0	13~15
猪	3~6	5~8	8~12月龄	6~8
绵羊	4~5	6~10	1~1.5	8~11
山羊	4~6	6~10	1~1.5	11~13
马	12~15	15~18	2.5~3.0	18~20
兔	4	3~4	6~7月龄	3~4
狗	6~8	8~14	12~18月龄	

1. 初情期

初情期指的是母畜初次发情和排卵的时期。

初情期的母畜其生殖器官迅速发育，开始出现性活动。由于生殖器官还未发育完全，性机能也不完全。初情期母畜的发情表现往往不完全，没有明显的规律。常常虽有发情表现，但发情周期不正常，发情症状不明显，常表现为安静发情，一旦配种也有受精的可能。

初情期出现的早迟受很多因素影响，如品种、环境温度、饲养管理水平以及有无公畜的接触等。一般小家畜早于大家畜，温暖地带早于寒冷地带，饲养管理条件和健康状况好的早于饲养管理条件和健康状况差的家畜。初情期与母畜体重也有关系，在一般情况下，体重达成年体重的1/3，即出现初情期。

2. 性成熟

初情期后，母畜的生殖器官进一步发育，直到发育完全，发情排卵趋于正常，具备了繁殖后代的能力，此时称为性成熟。

性成熟后，母畜具备了正常发情周期和繁殖机能。但是，母畜的其他器官还未发育完全，此时还不适宜于配种，以免影响母畜自身的发育和胎儿的发育，降低母畜一生的生产力。

3. 初配适龄

初配适龄指根据母畜个体发育情况和使用目的的不同，人为确定的母畜首次配种年龄。初配适龄是在性成熟后，母畜各器官发育基本完全，具备了本品种的外貌特征，体重达到成年体重的70%左右，是参加配种的适宜时间。配种时间过早会影响母畜的生长和胎儿发育，配种时间过晚会因延长饲养时间，造成经济损失。初配适龄对生产具有重要的指导意义，但是具体时间应当根据个体发育情况结合年龄和体重综合判定。当前我国规定黑白花奶牛16个月龄体重达350 kg才进行初配，没有达到350 kg的须在20月龄后方可配种。

4. 繁殖机能停止期

母畜经过多年的繁殖活动，生殖器官逐渐老化，生殖机能逐渐退化直至停止。在家畜繁殖机能停止前，一旦生产效益明显下降就应当被淘汰。具体时间因品种、饲养管理、健康等状况不同而不同。

（三）发情周期

发情周期指在生理或非妊娠条件下，雌性动物每间隔一定时期均会出现一次发情，通常将这次发情开始至下次发情开始或这次发情结束至下次发情结束所间隔的时期，称为发情周期。母畜的发情周期因畜种类型不同而有差异。一般情况下，猪、牛、山羊和马平均为 21 d（16~25 d），绵羊为 17 d（14~20 d），驴为 23 d（20~28 d）。根据母畜在发情周期中的一系列表现特征，将发情周期分为几个时期。一般采用四期分法和二期分法来划分发情周期。

1. 四期分法

1）发情前期

上一个发情周期黄体退化，新的卵泡开始发育；子宫腺体略有生长，生殖道黏膜轻微充血肿胀，有少量稀薄黏液分泌；阴道黏液涂片上分布有大而轮廓不清的扁平上皮细胞和散在的白细胞；母畜的外表发情行为不明显，尚无性欲表现，不接受公畜和其他母畜的爬跨。发情前期是母畜发情的准备阶段，相当于 21 d 发情周期的第 16~18 d。

2）发情期

卵泡迅速发育，卵巢体积明显增大，多数母畜在发情期末期排卵；生殖道黏膜充血肿胀明显，子宫黏膜显著增生，子宫的弹性增强变硬；子宫颈口松弛开张，子宫和阴道的收缩性增强，腺体分泌活动加强，有大量透明稀薄黏液排出；外阴部充血、肿胀、松弛；阴道黏液涂片上分布有无核的上皮细胞和白细胞；母畜的外表发情行为、性欲表现明显，爬跨或接受爬跨。发情期是母畜集中表现发情表现的阶段，相当于 21 d 发情周期的第 1~2 d。

3）发情后期

排卵后卵巢开始形成黄体并分泌孕酮；子宫颈管逐渐收缩关闭，子宫颈内膜增厚，子宫收缩性降低，腺体分泌活动减弱，黏液量少而黏稠，阴道黏膜上皮脱落；母畜的精神状态逐渐恢复正常，性欲逐渐消失。发情后期是母畜发情后的恢复阶段，相当于 21 d 发情周期的第 3~4 d。

4）间情期

间情期也称休情期，性欲消失，恢复常态，在间情期的初期卵巢上的黄体逐渐发育成熟并分泌孕酮，使子宫内膜增厚、腺体分泌活动旺盛，能分泌含有糖原的子宫乳，阴道黏液涂片上分布着有核和无核的扁平上皮细胞和大量的白细胞。如果卵子没有受精，间情期的后期，则黄体产生退行性变化，子宫内膜也恢复回缩，腺体缩小，分泌活动停止，恢复正常。间情期的母畜外部表现处于正常状态，相当于 21 d 发情周期的第 5~15 d。

若母畜未受胎，间情期后则进入下一个发情周期的发情前期。家畜的发情周期种间差异较大，个体间也不尽相同。神经系统和激素的调节是影响家畜发情周期的内在因素，而营养状况（如日粮能量、蛋白质、维生素和微量元素等）、温度、光照等是影响家畜发情周期的外在因素。

2. 二期分法

二期分法根据卵巢上组织学变化以及有无卵泡发育和黄体存在,将发情周期分为卵泡期和黄体期。母畜发情周期的实质是卵泡期和黄体期的交替进行。

1)卵泡期

上一个发情周期的黄体基本退化,卵巢上有卵泡发育、成熟,直到排卵的阶段,包括发情前期和发情期。猪、牛、羊、马、驴等大动物为 5~7 d,约占发情周期的 1/3。

2)黄体期

从排卵后形成黄体,直到黄体萎缩退化为止的阶段,包括发情后期和间情期,大约相当于 21 d 发情周期的第 4~15 d,约占发情周期的 2/3。

发情持续期指母畜在一次发情中,从开始发情到发情结束所持续的时间,相当于发情周期中的发情期。发情持续的时间因动物的种类、品种、季节、饲养管理状况、年龄以及个体条件等不同而有差异。各种家畜的发情持续期:牛为 18~19 h、水牛为 1~2 d、山羊为 24~48 h、绵羊为 16~35 h、猪为 2~3 d、马为 4~8 d、驴为 5~6 d。

(四)发情季节

家畜的发情受生殖激素的调控,季节变化是影响生殖活动的重要因素,它通过神经系统影响到下丘脑、垂体性腺轴调节系统的调节作用。有些动物一年中只能在一定时期才能表现出发情现象,这个时期称为发情季节,这些动物只能在发情季节里才能发情排卵。

1. 季节性多次发情

季节性发情的母畜在发情季节里有多个发情周期,如马、驴、绵羊等在春季和秋季发情时,如果没有配种或配种后未受胎,还可以发生多个发情周期。马属动物的发情季节多在 3~7 月份,绵羊的发情季节多在 9~11 月份。

2. 季节性一次发情

多数野生和毛皮动物是季节性单次发情,犬的发情季节在春、秋两季,但是每个发情季节只有一个发情周期。

3. 常年发情

母畜一年四季都可以发情并配种,如牛和猪。但是高纬度和高寒地区对母畜的发情季节有一定影响。例如,东北地区,牛发情集中在 5~8 月份;南方地区,湖羊、寒羊等品种,可以出现全年多次发情。

(五)乏情、产后发情和异常发情

1. 乏 情

乏情是指母畜到达初情期后不发情,或卵巢无周期性机能活动,处于相对静止状态。产生乏情的因素包括生理性、季节性和病理性因素。

1）生理性乏情

生理性乏情指母畜因为某些生理状态导致卵巢的周期性活动机能暂时停止，不表现出发情表现，主要包括妊娠性乏情、泌乳性乏情、衰老性乏情等。

① 妊娠期乏情，指母畜配种后在妊娠期间不表现出发情表现。母畜在妊娠期间由于卵巢上存在妊娠黄体，可持续分泌孕激素，妊娠后期的胎盘分泌大量的孕激素，对抗雌激素的作用，抑制母畜的发情活动。妊娠期乏情是保证胎儿正常发育的生理现象，妊娠期不能对母畜配种，以免引起流产。因此，早期妊娠鉴定在生产中具有重要的实践意义。

② 泌乳性乏情，指母畜在分泌后的泌乳期间不表现出发情表现。泌乳性乏情是由于促乳素和孕激素使卵巢的周期性活动机能受到抑制而引起的不发情、排卵。泌乳性乏情的发生和持续时间的长短，因畜种和品种的不同而有很大差异。正常情况下，母猪是在仔猪断奶后才发情；母牛在产后2周左右就可出现发情和排卵；绵羊在羔羊断奶后2周左右出现发情。母畜的分娩季节、哺乳仔数和产后子宫复原的程度，对乏情的发生和持续时间也有影响，如春季分娩的母牛，乏情期较短；高产乳牛或哺乳仔数多的，乏情期较长。

③ 衰老性乏情，指母畜因衰老使下丘脑—垂体—性腺轴的功能减退，导致垂体促性腺激素的分泌减少，或卵巢对激素的反应性降低，不能激发卵巢机能活动而表现不发情。衰老性乏情是母畜正常的生理现象，因此，及时淘汰繁殖性能下降的种畜，控制种群的结构，是保持种群繁殖性能的重要措施。

2）季节性乏情

季节性乏情指季节性繁殖的母畜在非繁殖季节，不表现出发情表现。季节性乏情是由于季节性繁殖的母畜在非繁殖季节卵巢上的卵泡发育无周期性活动变化，而引起不发情。乏情的时间因动物的种类、品种和环境的差异而不同。母马在短日照的冬季及早春出现乏情，此时卵巢小而硬，卵巢上既无卵泡发育又无黄体存在，通过逐渐延长白昼光照的刺激，可使季节性乏情的母马重新合成和释放促性腺激素，促使发情；绵羊过了夏至光照渐短后不久便开始发情，在乏情季节人工缩短光照，可刺激母羊性腺活动而引起发情和排卵，使发情季节提早。因此，对于季节性发情的家畜，可以通过改变环境条件（如光照或温度）使卵巢机能从静止状态转变为活动状态，使发情季节提早到来。

3）病理性乏情

病理性乏情指母畜因为某些非生理性和季节性因素导致母畜卵巢的周期性活动机能暂时停止，不表现出发情表现，主要包括营养性乏情、应激性乏情、生殖疾病乏情。

① 营养性乏情，指因为营养因素导致母畜不表现出发情表现。日粮水平对卵巢活动有显著的影响，营养不良会抑制发情，青年母畜比成年母畜更为严重。矿物质和维生素缺乏会引起乏情。缺乏维生素A和维生素E可引起发情周期无规律或不发情。放牧的牛、羊因缺磷会引起卵巢机能失调，发情症状不明显，最后停止发情。母猪和母牛由于喂食缺锰的饲料会造成卵巢机能障碍，发情不明显，甚至不发情。

② 应激性乏情，指因为应激原因导致母畜不表现出发情表现。不同环境引起的应激都可能抑制母畜的发情、排卵及黄体功能，气候恶劣、畜群密度过大、使役过度、栏舍卫生不良、长途运输等这些应激因素可使下丘脑—垂体—性腺轴调节系统的机能活动转变为抑制状态，导致母畜暂时不表现出发情表现。

③ 生殖疾病乏情，指因为某些生殖疾病导致母畜不表现出发情表现。由于生殖疾病而引

起乏情的因素较多，如先天的生殖器官发育不全、异性孪生不育母犊和两性畸形等，更多的是卵巢机能疾病，如黄体囊肿、持久黄体等。限制母畜卵巢正常的周期性活动机能，导致母畜不表现出发情，生产中常常根据具体情况直接淘汰或进行治疗。

2. 产后发情

产后发情指母畜分娩后出现的第一次发情。母畜在妊娠、泌乳等生理状态下卵巢的周期性活动暂时停止，经过一段时间的修复，卵巢恢复周期性的生理活动，重新出现发情表现。不同的家畜产后发情的时间各不相同，在良好的饲养管理、气候适宜、哺乳时间短以及无产后疾病的条件下，产后出现第一次发情时间就相对较早；反之较迟。母牛一般可在产后的1个月左右出现发情，但是多数情况下表现为安静发情。由于子宫尚未修复，个别牛的恶露还没有流净，此时即使发情表现明显也不能配种。为保证奶牛一个标准的泌乳期（305 d 泌乳期），在产后第二次发情即产后 45～60 d 配种较适宜。

发情季节不明显的母羊大多在产后2～3月发情，不哺乳的母羊产后 20 d 左右即可发情；母猪一般在分娩后 3～6 d 出现发情，但是多数不排卵。通常母猪在仔猪断奶后1周之内出现第一次正常发情，此时配种比较适宜；母马往往在产驹后 6～12 d 发情，一般表现不太明显，甚至无发情表现，但是母马产后第一次发情时有卵泡发育，并可排卵，因此可以配种，俗称"血配"。

3. 异常发情

异常发情主要有以下几种表现形式：

1）安静发情

安静发情指母畜卵巢有卵泡的生长发育并排卵，但是发情症状不明显。各种家畜都可能发生，尤其是高产奶牛或营养不良的母畜容易发生安静发情。产后第一次发情，带仔母畜，年轻、营养不良的母畜由于雌激素和孕激素分泌不足，导致母畜缺乏发情表现。

2）短促发情

短促发情指母畜卵巢有卵泡发育并排卵，但是发情持续期较短，卵泡成熟较快。由于神经内分泌系统的功能失调，卵泡迅速成熟排卵或卵泡发育受阻而引起短促发情。生产中不易掌握配种时间，往往错过配种机会，常见于青年母畜，尤其是奶牛。

3）断续发情

断续发情指母畜发情时断时续，延续发情持续期。由于卵泡交替发育，导致卵泡发育中途停止、萎缩退化，新的卵泡又开始发育，使得母畜的发情表现时断时续。断续发情多见于营养不良的母畜。

4）持续发情

持续发情又称长期发情，指母畜发情表现持续时间长，卵泡迟迟不能排出。持续发情主要发生于母马。

5）假发情

假发情指母畜有发情症状，但是没有卵子释放，很少有卵泡发育成熟。假发情的原因是生殖激素分泌失调，多见于孕后发情、未合理使用外源激素促进发情的母畜。

四、各种母畜发情周期的特点

(一) 母 牛

1. 发情周期

无论是奶牛、黄牛和水牛,发情周期平均在 21 d(18~24 d),青年母牛为 20 d 左右。

2. 发情期(或发情持续期)

发情期即有性欲和性欲兴奋表现的持续时间。牛的发情期平均为 18 h(10~24 h),季节、饲养管理水平等都会影响牛的发情期。通常,夏季的发情期较短,营养差或寒冷季节时发情期也稍短。

排卵一般发生在发情结束后 10~15 h,或发情开始后 28~32 h。在一个发情期中通常只有一个卵泡发育成熟,排双卵率仅为 0.5%~2%。牛右侧卵巢排卵占 55%~60%,约有 1/2 以上母牛排卵是发生在夜间。产后第一次排卵常发生在原妊娠子宫角对侧的卵巢。母牛发情时交配能刺激排卵提早发生。从开始发情开始到发情现象消失后 6 h,这一阶段配种受胎率最高。

大多数母牛,尤其是处女母牛的子宫在排卵后约 1 d 发生流血现象,主要是因为发情时受雌激素的刺激,造成子宫内膜微血管破裂的结果。

3. 产后发情

奶牛在正常情况下,第一次发情多在产后 35~50 d,气候炎热、寒冷季节、挤乳次数多、产后有疾病等均会使产后发情延迟。饲养管理粗放的耕牛,产后发情会更迟,一般在产后 100 d 甚至更长些。产后发情的时间差异,与牛的安静发情有关,安静发情多见于产后 25~30 d,而奶牛比例较高。

(二) 母 猪

1. 发情周期

猪的发情周期平均为 21 d(17~25 d),其周期长短在不同年龄和不同品种间差异不大。

2. 发情期(或发情持续期)

母猪发情期一般为 2~3 d,品种、年龄、胎次对发情期有一定影响。成年猪发情持续期比青年母猪长,断乳后第一次发情持续时间比以后的发情期长,夏季较冬季长。排卵发生在发情开始后 20~36 h,从排第 1 个卵到最后 1 个卵间隔时间为 4~8 h。每次排卵数目依品种和胎次不同而有差异,一般为 10~25 个,胎次较多者排卵数也较多,5~7 胎的排卵率最高,以后逐渐下降。地方品种比引进品种排卵数多,太湖猪排卵数可达 25 个以上。胎次、营养状况、环境因素及产后哺乳均会影响排卵数。猪左侧卵巢排卵占 55%~60%。

3. 产后发情

母猪通常在断乳后 5~7 d 开始发情。如果在哺乳期间任何时候停止哺乳仔猪,则在 4~

10 d 后便可发情。例如，有 20%~60% 的母猪在产后 3~6 d 出现第一次发情，但持续期比断乳后发情的短 2/3，多数不排卵，故不能受孕，且发情大多不易发现。

(三) 母 羊

母羊属季节性多次发情动物，北方绵羊发情多集中在 8~9 月份，湖羊、寒羊、山羊发情季节不明显，多集中在秋季。

1. 发情周期

绵羊的发情周期平均为 17 d（12~20 d），山羊平均为 20 d（18~23 d）。

2. 发情期

发情期一般为 24~36 h（绵羊）或 26~42 h（山羊）。初配母羊发情期较短，年老母羊较长。绵羊排卵一般都在发情开始后 20~30 h 发生，山羊排卵一般在发情开始后 35~40 h 发生。山羊配种适宜时间一般在发情开始后 25~30 h。排卵数目有种属与品种间的差异，绵羊每次排 1 个卵，有的品种排 2 个或 3 个卵，排双卵时两卵间隔 2 h。山羊一般排 1 个卵，但有时排 2 个卵，萨能山羊多排卵 2~3 个，有时排 5 个。绵羊在 4 岁或 5 岁之前，排卵率随着年龄的增长而增高，其后随着年龄的增长而下降。山羊的排卵曲线也基本和绵羊相同。羊右侧卵巢排卵占 55%~57%。

3. 产后发情

一般产后第一次发情都在下一个发情季节。

(四) 母 兔

母兔的繁殖无明显的季节性，终年均可繁殖。一般来说，气候温暖及饲料较丰富时，是母兔最好的繁殖季节。

1. 发情周期

母兔发情周期一般为 8~15 d。

2. 发情期

母兔的发情期持续 3~4 d。母兔属诱导性或刺激性排卵动物，母兔经公兔交配刺激后隔 10~12 h，才能从卵巢中排出卵子。公兔交配或其他母兔爬跨，可刺激 LH 的释放，形成排卵峰值，导致排卵反应。每个卵巢中有相同发育阶段的卵泡 5~10 个，如果不让母兔交配，则成熟卵泡经 10~16 d 后，在雌激素和孕激素的协同作用下逐渐萎缩退化，并被周围组织所吸收。

3. 产后发情

母兔分娩后第 1 天卵巢上就有成熟卵泡存在，如在两天内配种，不但能正常受胎，而且可以提高繁殖率。但母兔哺乳仔兔后，一般断奶后 2~7 d 才出现发情、排卵和配种受胎。母兔产后过早配种，则会影响母兔泌乳量和仔兔的生长发育。

五、发情鉴定的常用方法

各种动物的发情特征既有共性，也有特殊性。因此，发情鉴定的方法有很多种，在生产实践中进行发情鉴定时，既要注意共性，又要兼顾不同家畜自身的特性。

（一）外部观察法

外部观察法是各种家畜发情鉴定最常用的一种方法，也是最基本的方法。其主要是根据家畜的外部表现和精神状态来判断其是否发情和发情程度的方法。

各种家畜发情时的共同特征为：食欲下降甚至拒食，兴奋不安，爱活动；外阴肿胀、潮红、湿润，有的流出黏液，频频排尿。不同种类家畜也有各自的特征，如母牛发情时哞叫，爬跨其他母牛；母猪拱门闹圈；母马扬头嘶鸣，阴唇外翻闪露阴蒂；母驴伸颈低头、"吧嗒嘴"等。家畜的发情特征是随着发情过程的进展，由弱变强，又逐渐减弱直到完全消失。

（二）试情法

试情法是利用体质健壮、性欲旺盛、无恶癖的非种用公畜对母畜进行试情，根据母畜对公畜的反应来判断母畜是否发情与发情程度的方法。

母畜发情时，愿意接近公畜且呈交配姿势；不发情的或发情结束的母畜，则远离试情公畜，强行接近时，有反抗行为。试情用的公畜在试情前要进行处理，最好做输精管结扎或阴茎扭转手术，而羊在腹部结扎试情布即可使用。此方法的优点是简便，表现明显，容易掌握，适用于各种家畜，因此在生产中应用较为广泛；不足点是不能准确鉴定母畜的发情阶段。

（三）阴道检查法

阴道检查法是将灭菌的阴道开张器（或称开腔器）插入被检查母畜的阴道内，观察其阴道黏膜的颜色、充血程度、润滑度和子宫颈的颜色、肿胀度、开口大小及黏液数量、颜色、黏稠度等，来判断母畜是否发情的方法。阴道检查法主要适用于马、牛、驴及羊等家畜。由于此方法不能准确判断母畜的排卵时间，也容易对生殖道造成损伤、感染，故在生产中很少采用，只作为辅助的检查手段。如采用本方法，在操作时要严格保定家畜，防止人畜受到伤害；对母畜外阴部和开膣器要严格进行清洗消毒；检查时动作要轻稳谨慎，避免损伤阴道黏膜和撕裂阴唇；检查时要使开膣器的温度和畜体的温度接近。

（四）直肠检查法

直肠检查法是将已涂润滑剂的手臂伸进保定好的母畜直肠内，隔着直肠壁触摸卵巢上卵泡发育情况，以确定配种时期的方法。本方法只适用于大家畜，在生产实践中，对牛、马及驴的发情鉴定效果较为理想。检查时要有步骤地进行，用指肚触诊卵泡的发育情况，切勿用手挤压，以免将发育中的卵泡挤破。此法的优点是可以准确判断卵泡的发育程度，确定适宜的输精时间，有利于减少输精次数，提高受胎率；也可以在必要时进行妊娠检查，以免对妊娠家畜进行误配，引发流产。此法的缺点是冬季检查时操作者必须脱掉衣服，才能将手臂伸进家畜直肠，易引起操作者感冒和风湿性关节炎等职业病。如劳动保护不妥（不戴长臂手套），易感染布氏杆菌病等人兽共患病。

（五）生物和理化鉴定

1. 仿生学法

应用仿生学的方法模拟公畜的声音，或利用人工合成的外激素模拟公畜的气味，来测试母畜是否发情。

2. 孕酮含量测定法

从母畜的血液、尿液、乳汁中测定其孕激素含量，来判断母畜是否发情，此方法的成本较高。

3. 生殖道分泌物 pH 测定法

母畜性周期的不同阶段，其生殖道分泌物的 pH 呈现一定的变化。发情旺盛时，黏液为中性或弱碱性，黄体期偏酸性。

（六）智能化发情鉴定

智能化发情鉴定是近年来在畜牧业中逐渐兴起的一种技术，它旨在通过先进的技术手段来准确、快速地判断母畜是否处于发情期。智能化发情鉴定技术能够减少人工判断的主观性和误差，提高发情鉴定的准确性。通过实时监测和分析动物的生理指标和行为参数，可以及时发现动物的发情状态，提高发情鉴定的效率。减少人工投入和降低误配率，从而降低生产成本。

1. 智能化发情鉴定的方法

（1）行为观察法。通过综合母畜的行为表现来判断其是否处于发情状态。例如，母猪在发情期间会表现出接受其他母猪或公猪爬跨、食欲减退等行为。

（2）生理指标监测法。利用传感器等设备实时监测动物的生理指标，如体温、采食量、活动量等，通过分析这些指标的变化来判断母畜是否处于发情期。

（3）人工智能算法分析。结合母畜的行为参数和生理指标数据，利用人工智能算法进行智能判断。这种方法能够综合考虑多个因素，提高发情鉴定的准确性。

2. 智能化发情鉴定的应用

智能化发情鉴定技术已经广泛应用于畜牧业中，特别是在母猪、奶牛等家畜的繁殖管理中。通过智能化发情鉴定技术，养殖场主可以准确掌握母畜的发情周期和最佳配种时机，提高繁殖效率和生产效益。

智能化发情鉴定技术在实际应用中还面临设备成本较高、维护复杂等挑战，未来随着技术的不断发展和成本的降低，智能化发情鉴定技术有望在畜牧业中得到更广泛的应用。同时，结合物联网、大数据等先进技术，可以实现更加精准、智能的发情鉴定和繁殖管理。

六、各种母畜发情鉴定

（一）母牛的发情鉴定

母牛发情期较短，外部表现较明显，其发情鉴定主要通过外部观察法、超声诊断法、直肠检查法和智能监测法进行。

1. 外部观察法

根据母牛爬跨或接受爬跨的行为来发现母牛发情是最常用的方法。一般采取早、晚各观察一次的方法进行。

1）发情初期

发情母牛并不接受爬跨，表现为静立不动，后肢叉开并举尾；精神不安，食欲下降，鸣叫，反刍次数减少，产奶量下降，频频排尿。外阴部稍肿胀，阴道黏膜潮红肿胀，子宫颈口开张，有少量透明的稀薄黏液流出，几小时后进入发情盛期。

2）发情盛期

发情母牛经常有公牛爬跨，并且很安定，接受爬跨。外阴部肿胀明显，皱襞开展，阴道黏膜更加潮红，子宫颈开口较大，流出的黏液呈纤缕状或玻璃棒状，以手拍压牛背十字部，表现凹腰和高举尾根。

3）发情后期

母牛兴奋性逐渐减弱，哞叫声减少，尾根紧贴阴门，不再接受其他牛爬跨并表示躲避又不远离。外阴部、阴道及子宫颈的肿胀稍减退，排出的黏液由透明变为稍有乳白的混浊，黏液性减退牵拉如丝状。此后，母牛外部症状消失，逐渐恢复正常，进入间情期。

2. 超声诊断法

利用兽医超声诊断可以适时地检测卵泡的发育情况，并且客观地显示出卵泡的情况，避免因为操作者的差异造成错误的鉴定，可以实现真正意义上的适时输精。

1）牛卵泡发育规律与发情期的判断

牛的卵泡发育可分为以下4个时期。

① 卵泡出现期。卵巢稍增大，卵泡直径为 0.50 ~ 0.75 cm，触诊时感觉卵巢上有一隆起的软化点，但波动不明显，母牛一般已开始有发情表现。从开始算起，此期约为 10 h。

② 卵泡发育期。卵泡直径增大到 1.0 ~ 1.5 cm，呈小球状，波动明显，突出于卵巢表面。此期持续时间为 10 ~ 12 h，后半段，母牛的发情表现已经不太明显。

③ 卵泡成熟期。卵泡不再增大，但泡壁变薄，紧张性增强，触诊时有一触即破的感觉，似熟葡萄。此期为 6 ~ 8 h。

④ 排卵期。卵泡破裂排卵，卵泡液流失，卵巢上留下一个小的凹陷。排卵多发生在性欲

消失后10~15 h。夜间排卵较白天多，右侧较左侧多。排卵后6~8 h可摸到肉样感觉的黄体，其直径为0.5~0.8 cm。

2）诊断方法

先将母牛保定，掏出宿粪，对外阴和探头进行消毒，并用润滑剂湿润探头。操作人员站立在母牛的正后方，打开主机并用左手固定，同时右手持超声诊断仪探头插入母牛直肠内，隔着直肠壁找到母牛卵巢的位置进行探查，观察卵巢图像，冻结图像后对卵巢上卵泡发育情况进行诊断，如图4-21所示。

3. 直肠检查法

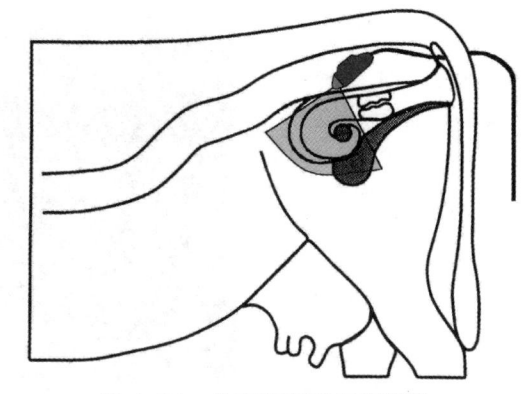

图4-21　牛直肠超声探查卵巢

1）直肠检查的适用情况

牛的卵泡体积不大，发情期短，一般在发情期配种一次或两次即可。但有些母牛常出现安静发情或假发情，有些母牛营养不良，生殖机能衰退，卵泡发育缓慢，排卵时间延迟或提前。对这些母牛通过直肠检查判断其排卵时间是很有必要的。

通过直肠检查判断母牛的发情，可以准确地判断母牛的发情阶段和配种时间。由于技术要求较高，需要经训练和长期的实践才能做出较准确的判断。

2）牛直肠检查方法

牛骨盆腔段直肠的肠壁较薄且游离性强，可隔肠壁触摸子宫及卵巢。将待检母牛牵入保定栏内保定，尾巴拉向一侧。检查人员将手指甲剪短磨光，挽起衣袖，用温水清洗手臂并涂抹润滑剂（肥皂或香皂）。检查人员应站在母牛正后方，五指并拢呈锥形，旋转缓慢伸入直肠内，排出宿粪。手进入骨盆腔中部后，将手掌展平，掌心向下，慢慢下压并左右抚摸钩取，找到软骨棒状的子宫颈，沿着子宫颈前移可摸到略膨大的子宫体和角间沟，向前即为子宫角，顺着子宫角大弯向外侧一个或半个掌位，可找到卵巢。用拇指、食指和中指固定、触摸卵巢，感觉卵巢的形状、大小及卵巢上卵泡的发育情况。按同样的方法触摸另一侧卵巢，判断母牛发情的时期，确定准确的配种时间。

3）直肠检查注意事项

在直肠检查过程中，检查人员应小心谨慎，避免粗暴。如遇到母牛努责时，应暂时停止检查，等待直肠收缩缓解时再操作。直肠内的宿粪可一次排出。将手臂伸入直肠内向上抬起，使空气进入直肠，然后手掌稍侧立向前慢慢推动，使粪便蓄积，刺激直肠收缩。当母牛出现排便反射时，应尽力阻挡，待排便反射强烈时，将手臂向身体侧靠拢，使粪便从直肠与手臂的缝隙排出，如粪便较干燥，可慢慢将手臂退出。

4. 智能监测法

智能化母牛发情监测系统，由佩戴在母牛脖颈的牛项圈和发情分析管理软件组成，如图4-22所示。通过对母牛运动量和运动行为的监测与分析，对母牛的发情行为和时间、采食状况、反刍状况、健康状况进行分析预警。牛项圈通过定时记录母牛的行为及运动情况，数据通过网络发送到云端平台，系统通过分析母牛运动和行为，判断母牛发情状况，在探测到母牛发情后，将通过预设程序提示牧场养殖人员及时、准确地对母牛进行配种。通过智能化发情监测，减少了人员观察的遗漏，可以有效监测夜间母牛发情，缩短母牛空怀期天数，快速提高牧场繁殖水平。

图 4-22 戴着耳标和项圈的牛

（二）母猪的发情鉴定

母猪发情时，发情持续期长，外阴部和行为变化明显，因此母猪的发情鉴定是以外部观察为主，结合试情法、性外激素法并辅之以压背法进行综合判断。

微课：母猪的发情鉴定

1. 外部观察法

发情初期，母猪表现不安，时常鸣叫，外阴稍充血肿胀，食欲减退，约半天后外阴充血明显，微湿润，喜欢爬跨其他母猪，也接受其他母猪的爬跨。母猪的交配欲达到高峰，阴门黏膜充血更为明显，呈潮红湿润，如有其他猪爬压其背部，则出现静立反应，用手按压其背部时，母猪则站立不动，尾巴上翻，凹腰拱背，用手臂向前推动母猪，它不仅不会逃脱，反而有向后的反作用力，有时以其臀部顶碰公畜，这时即进入发情的盛期。此后母猪交配欲逐渐降低，外阴肿胀充血消退，阴门变得较干，淡红微皱，分泌物减少，喜欢静伏，表现迟滞，这时即为配种或输精的适期。

2. 试情法

用试情公猪试情时，发情母猪表现两耳竖起，寻找并喜欢接近公猪。用手按压母猪背腰部，如母猪表现静立不动，向人身靠拢，尾巴翘起，即出现"静立反射"，说明母猪已到发情盛期。

另外，母猪发情时，对公猪的气味和叫声反应敏锐，故可将公猪尿液或包皮冲洗液向母猪舍喷雾，也可在母猪群播放公猪求偶的录音，通过观察母猪的反应来鉴定其是否发情。

3. 智能鉴定法

智能化母猪发情鉴定技术已经在实际生产中得到了广泛应用，通过全天候实时监测和分析母猪的生理指标和行为表现，饲养员可以准确掌握母猪的发情周期和最佳配种时机，解决漏查、漏配和错配等问题，从而提高母猪的受孕率和产仔率。

智能化母猪发情鉴定数据来源于以下几个方面：

1）行为观察数据

通过摄像头和图像识别技术，实时监测母猪的行为表现，如蹲跪、摆尾、被咬、磨牙等发情行为，以及母猪对公猪的追逐和亲密行为。这些行为可以帮助判断母猪是否处于发情期。

2）生理指标监测数据

利用传感器实时监测母猪的体温变化。发情期间，母猪的体温会略有升高，这可以作为判断发情的辅助指标。

3）外阴部观测数据

利用摄像头观测母猪的外阴部颜色和大小变化。结合母猪的行为、生理指标等监测数据，利用人工智能算法进行智能判断。这种方法能够综合考虑多个因素，提高发情鉴定的准确性。目前国内开发的智能查情仪可24 h实时监测母猪发情情况并上传云端，根据发情指数判断母猪发情情况，自动推送配种任务，受孕率可提升5%~10%。

（三）母羊的发情鉴定

母羊的发情持续期短，且外部表现不太明显，特别是绵羊，又无法进行直肠检查，因此母羊的发情鉴定常以试情法为主，结合外部观察进行判断。

母羊发情时，其外阴部也发生肿胀，但不是十分明显，只有少量黏液分泌，有的甚至见不到黏液而只是稍有湿润。生产中采用将试情公羊（结扎输精管或腹下带兜布）按一定比例（通常为1∶40）放入母羊群内，每日一次或早、晚各一次，定时放入母羊群中进行试情，接受公羊爬跨者即为发情母羊。也可在试情公羊的腹部戴上标记装置（发情鉴定器）或在胸部装上颜料囊，如果母羊发情并接受公羊爬跨时，便将颜色印在母羊背部上，有利于将发情母羊从羊群中挑选出来进行配种。

（四）母兔的发情鉴定

母兔的发情鉴定主要通过外部观察法进行。母兔发情时，食欲下降，不安，用后爪叩击笼底，时而将后躯和尾部抬起，如将其放入公兔笼，则喜欢接近公兔，愿意接受交配。也可通过观察母兔的外阴部来判断其是否发情。母兔发情时，外阴部润湿、红肿，如呈现粉红色，即为发情初期；呈现大红色，即为发情中期；呈现紫红色，即为发情高潮，这是配种的最好时机。俗话说得好，"粉红早，黑紫迟，大红正当时"。

七、群体发情情况评价方法

家畜发情情况通常采用发情率进行评价。发情率是指一定时期内发情母畜数占应发情的可繁母畜数的百分比，具体用以下公式表示：

$$发情率 = \frac{发情母畜数}{应发情的可繁母畜数} \times 100\%$$

任务五　母畜禽的输精

知识链接

微课：受精生理

一、受　精

受精是指雌、雄动物交配（或人工授精）以后，雄性配子（精子）与雌性配子（卵子）两个细胞融合形成一个新的细胞（即合子）的过程。受精的实质是把父本精子的遗传物质引入母本的卵子内，使双方的遗传性状在新的生命中得以表现，促进物种的进化和家畜品质的提高。

（一）配子的运行

配子的运行是指精子由射精部位（或输精部位）、卵子由排出的部位到达受精部位的过程。

1. 精子的运行

因公畜的射精部位不同，精子的运行有所差别。

牛、羊为阴道射精型，即公畜只能将精液射入发情母畜的阴道内。因为母畜子宫颈较粗硬，子宫颈内壁上有许多皱襞，发情时子宫颈开张较小，交配时公畜的阴茎无法插入子宫颈内，只能将精液射至子宫颈外口附近。猪和马属动物为子宫射精型，即公畜能将精液直接射入发情母畜的子宫颈和子宫体内。马的子宫颈比较柔软松弛，猪没有子宫颈阴道部，交配时公马龟头膨大，尿道突可直接插入子宫颈，将精液射入子宫内。而公猪在交配时，螺旋状的阴茎可直接深入子宫颈或子宫内，将精液射入子宫。

1）精子在母畜生殖道内的运行

以牛、羊为例，射精后精子在母畜生殖道的运行要依次通过子宫颈、子宫和输卵管3个部分，最后到达受精部位（输卵管壶腹部）。

① 精子在子宫颈内的运行。处于发情阶段的牛、羊子宫颈黏膜上皮细胞具有旺盛的分泌作用，射精后，一部分精子借助自身运动和黏液向前流动进入子宫；另一部分随黏液的流动进入子宫颈黏膜形成腺窝，暂时储存起来，储存的活精子随子宫颈的收缩相继被拥入子宫或进入下一个腺窝，而死精子被排出或被白细胞吞噬而清除。子宫颈对精子的第一次筛选，既保证了运动和受精能力强的精子进入子宫，又防止过多的精子同时进入子宫。因此，子宫颈称为精子运行中的第一道栅栏。

② 精子在子宫内的运行。穿过子宫颈的精子在阴道和子宫肌收缩活动的作用下进入子宫。大部分精子进入子宫内膜腺，形成精子储库。精子在子宫肌和输卵管系膜的收缩、子宫液的流动以及精子自身运动综合作用下通过子宫和宫管连接部，进入输卵管。在这个过程中，一些死精子和活动能力差的精子被白细胞吞噬，使精子又一次得到筛选。精子自子宫角尖端进入输卵管时，由于输卵管平滑肌的收缩和管腔的狭窄，使大量精子滞留于该部，并不断向输

卵管释放。因此，宫管连接部称为精子运行的第二道栅栏。

③精子在输卵管中的运行。进入输卵管的精子，靠输卵管的收缩、黏膜皱襞及输卵管系膜的复合收缩，以及管壁上皮纤毛摆动引起的液流的运动继续前行。在壶峡连接部精子因峡部括约肌的有力收缩被暂时阻挡，防止过多的精子进入输卵管腹壶。所以，壶峡连接部称为精子运行的第三道栅栏，在一定程度上防止卵子发生多精受精。

2）精子在母畜生殖道内的运行时间

精子自射精（输精）运行到受精部位（输卵管壶腹）的时间与母畜的生理状况有关，少则几分钟，多则数小时。一般，猪为 15~30 min、牛为 2~13 min、绵羊为 2~30 min、马为 4~60 min。

3）精子在母畜生殖道内存活的时间和维持受精能力的时间

精子在母畜生殖道内存活的时间比其维持受精能力的时间稍长，一般为 1~2 d。如牛为 15~56 h、羊为 48 h、猪为 50 h，马的较长，可达 6 d。而精子维持受精能力的时间则短于存活时间，如牛为 28 h、绵羊为 30~36 h、猪为 24 h、犬为 2 d，马的较长，为 5~6 d。精子在母畜生殖道内存活和维持受精能力时间的长短，不仅与精子本身的生存能力有关，也与母畜生殖道的生理状况有关。在确定配种时间、配种间隔时都具有重要的参考意义。

4）精子的损耗

各种家畜在交配时射入母畜阴道或子宫的精子常达几十亿，但只有极少数的精子到达输卵管壶腹部，一般不超过 1 000 个，大多数的精子在运行的途中死于子宫颈、宫管连接部和壶峡连接部。

精子在母畜生殖道内运行及保持受精能力的时间如表 4-15 所示。

表 4-15 精子在母畜生殖道内运行及保持受精能力的时间

种别	平均射精量 /mL	平均射出精子数/10^8	到达输卵管腹部的时间	到达受精部位的精子数	在生殖道内存活的时间/h	保持受精能力的时间/h
牛	5	50	2~13 min	很少	96	24~48
猪	250	400	15~30 min	1 000	50	24~48
绵羊	1	30	2~30 min	600~700	30~48	24~48
马	80	100	40~60 min	很少	144~164	144
兔	1	7	3~6 min	250~500	—	30~32
犬	10	15	2 min~数小时	50~100	—	168
猫	0.1~0.3	0.5	—	40~120	—	—
豚鼠	0.15	0.8	15 min	25~50	41	22

2. 卵子的运行

1）卵子的接纳

母畜临近排卵时，在雌激素的作用下，输卵管伞充血而撑开呈伞状，并靠输卵管系膜肌肉的收缩作用紧贴于卵巢的表面。同时，卵巢固有韧带的收缩使卵巢围绕自身纵轴缓慢旋转，从而便于输卵管接纳排出的卵子。输卵管伞黏膜上摆动的纤毛形成液流，使卵子进入输卵管伞的喇叭口。

猪、马和狗等家畜的伞部发达，卵子易被接受；但牛、羊因伞部不能完全包围卵巢，借助纤毛向输卵管摆动而形成的液流将落入腹腔的卵子吸入输卵管。

2）向腹壶部的运行

卵子在输卵管的运行是在管壁平滑肌和纤毛的协同作用下实现的。被输卵管伞接纳的卵子，借助输卵管管壁纤毛摆动和肌肉活动进入壶腹的下端。在这里和已运行到此处的精子相遇完成受精过程。排出的卵子被卵泡细胞形成的放射冠所包围，在运行的过程中，某些畜种的放射冠会逐渐脱落或退化，使卵子（卵母细胞）裸露。牛和绵羊的放射冠一般在排卵后几个小时退化，而猪、马和兔则晚些。

多数家畜的受精卵在壶峡连接部停留的时间较长，可达 2 d 左右。这可能是防止受精卵过早进入子宫的一种生理保护作用。

随着输卵管逆向蠕动的减弱和正向蠕动的加强，以及肌肉的放松，受精卵运行至宫管连接部并在此短暂滞留。当该部的括约肌放松时，受精卵和输卵管分泌液迅速流入子宫。

卵子在输卵管全程的运行时间因不同家畜而异，一般为 3～6 d，如牛约为 90 h、绵羊约为 72 h、猪约为 50 h、马约为 120 h。

3）卵子保持受精能力的时间

排出的卵子保持受精能力的时间比精子要短，其受精能力的消失有一个过程。各种家畜的卵子在输卵管内保持受精能力的时间如表 4-16 所示。

表 4-16　卵子在输卵管内保持受精能力的时间

种别	在输卵管内保持受精能力的时间/h	种别	在输卵管内保持受精能力的时间/h
牛	18～20	兔	6～8
猪	8～12	犬	108
绵羊	12～16	豚鼠	20
马	4～20		

卵子在壶腹部才有正常的受精能力，如果卵子排出后进入受精部位但未能及时与精子相遇并受精，那么卵子将很快会老化，其表现为细胞核的固缩，细胞变形，最后被白细胞吞噬。因此，配种或人工授精一定要在排卵前的适宜时间进行。因某些特殊情况落入腹腔的卵子多数退化，极少数造成子宫外孕的现象。

（二）配子在受精前的准备

1. 精子在受精前的准备

受精前，精子和卵子都要经历一个进一步生理成熟的阶段，才能顺利完成受精过程，并为受精卵的发育奠定基础，这就是配子在受精前的准备。

1）精子获能

精子在受精之前必须先在子宫或输卵管内经历一段时间，并发生一系列生理性、机能性变化，才具有与卵母细胞受精的能力，这种现象称为精子获能。经过获能，精子的游动能力和呼吸强度都提高，这是受精所必需的。一般认为，精子获能的主要意义在于使精子为顶体反应做好准备，促进精子穿越透明带。

2）精子获能的部位及时间

精子获能部位主要是子宫和输卵管，不同动物精子在雌性生殖道内开始和完成获能过程的部位不同。子宫型射精的动物，精子获能开始于子宫，但在输卵管最后完成；阴道型射精的动物，精子获能始于阴道，当子宫颈开放时，流入阴道的子宫液可使精子获能，但获能最有效的部位是子宫和输卵管。各种动物精子获能所需的时间有明显的差别，如表 4-17 所示。

表 4-17 不同动物精子获能的时间

种别	获能时间/h	种别	获能时间/h
牛	3~4（20）	兔	5
猪	3~6	犬	7
绵羊	1.5	豚鼠	4~6

3）精子的顶体反应

精子获能后头部顶体帽部分的质膜和顶体外膜在多处融合，产生小泡，形成许多小孔，使原来封存于顶体中的酶从小孔中释放出来，以溶解卵丘、放射冠和透明带。顶体结构的小孔形成以及顶体内酶的激活和释放的过程称为精子的顶体反应。这种作用是精子穿过透明带所必需的，也是精子和卵子融合所不可缺少的条件。未发生顶体反应的精子几乎不能与裸卵的质膜融合；在与透明带接触之前就发生顶体反应的精子，因不能与透明带结合而失去受精能力。

2. 卵子在受精前的准备

未通过输卵管的卵子即使与获能精子相遇也不能受精。卵母细胞在运行到输卵管受精部位的过程中，可能发生了某种类似精子获能的生理变化而获得与精子结合的能力。对于家畜来说，猪和羊排出的卵子为刚刚完成第一次成熟分裂的次级卵母细胞；马和狗排出的卵子仅为初级卵母细胞，尚未完成第一次成熟分裂。它们都需要在输卵管内进一步成熟，达到第二次成熟分裂的中期，才具备被精子穿透的能力。卵子在第二次减数分裂中期，等待精子入卵，入卵后激活卵子完成第二次成熟分裂，放出第二极体。

（三）受精过程

受精过程主要包括以下几个主要步骤：精子穿越放射冠（卵丘细胞）、精子接触并穿越透明带、精子与卵子质膜的融合、雌雄原核的形成、配子配合和合子的形成等，如图 4-23 所示。

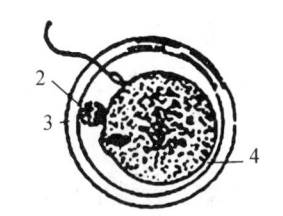

（a）精子接触到透明带的表面　（b）精子头部穿过透明带而附着在卵黄表面　（c）精子进入卵黄内

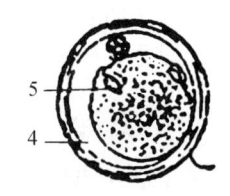

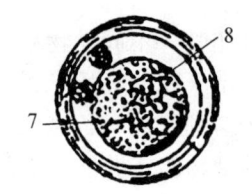

（d）分离出第二极体　　　　（e）形成雌雄原核并开始接触　　　　（f）两个原核合二为一

1—精子；2—第一极体；3—透明带；4—卵黄周隙；5—第二次成熟分裂的纺锤丝；6—第二极体；
7—雌原核；8—雄原核；9—配子配合后的染色体组。

图4-23　哺乳动物卵子受精过程示意图

1. 精子穿越放射冠

卵子周围被放射冠细胞包围，这些细胞以胶样基质粘连。精子发生顶体反应后，可释放透明质酸酶，溶解胶样基质，使精子顺利地通过放射冠细胞而到达透明带的表面。此时卵子对精子没有严格的选择性，即使不同种家畜的精子，也能溶解分离不同种卵子的放射冠。

对于大多数家畜（特别是牛）来说，放射冠在排卵后3~4 h，即被顶体释放的酶解散、消失；而马的卵排出后即无放射冠，称为裸卵。因此，在这种情况下，精子可与透明带直接接触。

2. 精子穿越透明带

穿过放射冠的精子靠顶体酶的作用穿过透明带而触及卵黄膜，使卵子激活，同时卵黄膜发生收缩，由卵黄释放某种物质传播到卵黄膜表面以及卵黄周隙，引起透明带阻止后来的精子再进入透明带，这一变化称为透明带反应。

迅速而有效的透明带反应是防止多个精子进入透明带，是防止多精子入卵的屏障之一。兔的卵子无透明带反应，可在透明带内发现许多精子，称为补充精子。猪的透明带反应不迅速，有补充精子进入透明带。其他家畜的透明带内极少见到补充精子，这反映了透明带反应的种间差异。此外，卵子的透明带内对精子有着严格的选择性，通常只有同种的精子才能进入透明带内。

3. 精子穿过卵黄膜

穿过透明带的精子，在卵黄膜外稍停之后，带着尾部一起进入卵黄内。此时，卵子对精子选择性是非常严格的，通常只有一个精子进入卵黄内。精子一旦进入卵黄，卵黄膜立即发生一种变化，具体表现为卵黄紧缩、卵黄膜增厚，并排出部分液体进入卵黄周隙，这种变化称为卵黄膜反应。卵黄膜反应具有阻止多精子入卵的作用，又称为卵黄封闭作用，可看作在受精过程中防止多精入卵的第二道屏障，对于某些动物（如兔）来说是十分重要的。鸟类的多精入卵是比较普遍的，而哺乳动物只占1%~2%。

4. 原核形成

精子进入卵黄后，引起卵黄膜紧缩，并排出少量液体至卵黄周隙。精子头部膨大，尾部脱落，细胞核出现核仁，核仁增大，并相互融合，最后形成一个比原精细胞核大的雄原核。

由于精子入卵刺激，使卵子恢复第二次成熟分裂，排出第二极体，卵子核膜、核仁出现，形成雌原核。雌、雄原核同时发育，数小时内体积增大约 20 倍。除猪外，其他家畜的雌原核都略小于雄原核。

5. 配子配合

两原核形成后，雌、雄原核相向往中心移动，彼此靠近，原核相接触部位相互交错，松散的染色质高度卷曲成致密染色体。两核膜破裂，染色体合并形成二倍体的核，随后染色体对等排列在赤道部，出现纺锤体，达到第一次卵裂的中期。受精至此结束，受精卵的性别由参与受精的精子性染色体决定。

二、母畜的输精

（一）输精前的准备

1. 输精器材的准备

各种输精器械和接触精液的器皿，在使用前都必须彻底清洗、消毒，再用稀释液冲洗。

2. 母畜的准备

经过发情鉴定已确定要配种的母畜，在输精前应将其保定在输精栏内或六柱保定架内。母猪一般不需保定，只在圈内就地站立输精。母畜保定后，将尾巴拉向一侧，清洗阴门及会阴部，再用消毒液进行消毒，然后用灭菌的生理盐水冲洗，用灭菌布擦干。

3. 精液的准备

低温和冷冻保存的精液要进行升温或解冻，精液要经活力检查，符合输精质量要求者（液态保存精液活力不低于 0.6，冷冻保存精液活力不低于 0.3）才能使用。然后按各种家畜的输精剂量标准，装入输精器中，用毛巾纱布盖好，以待使用。

常温或低温保存的精液要求缓慢升温到 35 ℃左右。夏天可采取自然升温法，即将精液置于室内 20~30 min 即可；冬季要采取先用冷水浸泡低温保存的精液，然后逐渐加入温水，使之缓慢升温到所需温度。

4. 输精员的准备

授精人员的手掌和手臂、输精用的器械和用具、母畜的外阴部及其周围，都必须洗涤和消毒，以防母畜生殖道感染。

（二）输精的基本技术要求

1. 输精量和输入的有效精子数

输精量和输入的有效精子数与母畜的种类、母畜状况（体型大小、胎次、生理状态等）、精液保存方法、精液品质的好坏、输精部位以及输精人员技术水平高低等都有一定的关系。

如猪、马、驴的输精数量大于牛、羊等其他家畜。体型大、经产、产后配种和子宫松弛或屡配不孕的母畜，应适当增加输精量；相反，对于体型小、初次配种和当年空怀的母畜，可适当减少输精量。液态保存精液其输入有效精子数一般比冷冻精液多，而细管冷冻精液则又比安瓿或颗粒冷冻精液少一些。精液品质较差时，输精量应适当增加，以保证输入的有效精子数达到规定标准。输精技术熟练者，往往可以使用较少的精液使母畜达到正常的受胎率。

2. 适宜的输精时间

适宜的输精时间是根据各种母畜的排卵时间、精子和卵子的运行速度和到达受精部位（输卵管壶腹部）的时间以及它们可能保持受精能力的时间和精子在母畜生殖道内完成获能的时间等综合决定的。总的来说，各种母畜都适宜在排卵前的 4~6 h 进行输精。以便刚刚完成获能并已到达受精部位、生命力强的精子恰恰和排出不久的卵子相遇而受精。如果输精太早，等卵子到达受精部位时，精子已衰老或丧失受精能力甚至已死亡，从而降低受精能力；输精过迟时，即使精子具有很强的受精能力，但卵子排出时间已久而衰老，同样不能受精。尤其是使用冷冻精液输精更应注意适时授精，因为家畜精液经过冷冻后，其精子在母畜生殖道内的可能存活时间，无疑会比液态保存精液特别是比新鲜精液短。

在生产实践中，常用发情鉴定来判定输精适宜时间。同时，根据配种繁殖档案分析和向饲养员（畜主）调查询问，来具体摸索和掌握各头母畜发情排卵规律，成功输精受胎的经验也是十分重要的。一般的经验是发现母牛早晨发情，当天下午或傍晚输精；下午发情的特别是傍晚发情的于次日早晨输精。母马多根据卵泡发育程度，采取"三期"酌配，"四期"和"五期"必输，排卵后灵活追补的办法；或者采用自发情后 2~3 d，隔日输精一次，直至发情结束。母猪是在发情高潮过后而仍接受"压背"试验时，或在发情开始后的第二天输精为宜。母羊可根据试情制度来解决输精适期，即每天试情一次，于发现发情当天和经半天各输精一次；每天试情两次时，可在发情开始后过半天输精一次，间隔半天再输精一次。

3. 输精次数和间隔时间

输精次数和间隔时间是依据输精时间与母畜排卵时间的间隔、精子在母畜生殖道内保持受精能力的时间长短而决定的。牛、羊、猪、兔等家畜常以外部观察法（牛、猪）或试情法（羊、兔）来进行发情鉴定，不易确定排卵时间。因此，在一个发情期内采用两次输精为宜，以增加精卵相遇机会，提高受胎率，两次输精间隔 8~10 h（猪间隔 12~18 h）。马、驴输精次数，在判断排卵时间准确的情况下，即使输精一次亦可；否则就要增加输精次数，其间隔时间为 1~2 d。但过多次数的输精是不必要的甚至是有害的，以致不仅本发情期内不易受胎，而且影响下次发情。

4. 输精部位

输精部位与受胎率有关。牛的子宫颈浅部输精比子宫颈深部输精受胎率低；猪、马、驴以子宫内输精为好，但采取子宫角内输精并不能提高受胎率；羊、兔只需在子宫颈内浅部输精（羊一般为 0.5~1.0 cm）一般即可达到受胎目的。但绵羊冻精输精应尽量深些，如用手术子宫内输精或借助腹腔镜子宫角内输精，就可大大地提高冻精受胎率（与新鲜精液无显著差异），而且一次输入活精子数可以减少到 1 000 万个。此外，绵羊如果能利用螺旋式输精器输精，输入子宫颈深度在 2 cm 以上，受胎率亦可显著提高，但事实上只有部分母绵羊可以做到子宫颈深度输精。山羊的子宫颈结构不像绵羊那么多皱，因此可以实行深度输精。

（三）输精方法

1. 母牛的输精

母牛的输精方法有如下三种：

1）阴道开张器输精法

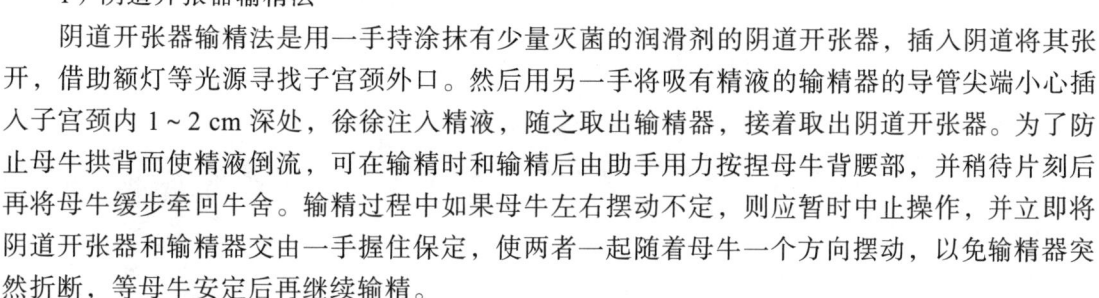

阴道开张器输精法是用一手持涂抹有少量灭菌的润滑剂的阴道开张器，插入阴道将其张开，借助额灯等光源寻找子宫颈外口。然后用另一手将吸有精液的输精器的导管尖端小心插入子宫颈内 1~2 cm 深处，徐徐注入精液，随之取出输精器，接着取出阴道开张器。为了防止母牛拱背而使精液倒流，可在输精时和输精后由助手用力按捏母牛背腰部，并稍待片刻后再将母牛缓步牵回牛舍。输精过程中如果母牛左右摆动不定，则应暂时中止操作，并立即将阴道开张器和输精器交由一手握住保定，使两者一起随着母牛一个方向摆动，以免输精器突然折断，等母牛安定后再继续输精。

该方法能直接看到输精管插入子宫颈口内，适应于初学者。但操作烦琐，容易引起母牛骚动，易使阴道黏膜受伤。该方法因输精部位浅，精液容易倒流，故受胎率较低。因此，目前已很少采用。

2）直肠把握子宫颈输精法

直肠把握子宫颈输精法简称直把输精法，亦称深部输精法。右手将阴门撑开，左手将吸有精液的输精器，从阴门先倾斜向上插入阴道 5~10 cm 处，即通过阴道前庭避开尿道口后，再向前水平插入直抵子宫颈外口。随后右手伸入直肠，隔着直肠壁探明子宫颈位置，并将子宫颈半捏于手中，使子宫颈下部紧贴固定在骨盆腔底上。然后在两手协同配合下，使输精管导管尖端对准子宫颈外口，并边活动边向前插，当感觉穿过 2~3 个子宫颈内横行的月牙形皱褶时，即可缓缓注入精液。输精完毕后，先抽出输精器，然后抽出手臂。输精过程中，输精器不可握得太死，应随牛的后躯摆动而摆动，以防折断输精器的导管。输精器插入阴道和子宫颈时，要小心谨慎，不可用力过猛，以防黏膜损伤或穿孔。

由于此法将精液注入子宫颈深部，受胎率较高，且用具较少，操作安全，阴道不易感染，母牛无痛感刺激，处女牛也好使用。但此法初学者较难掌握，在操作时要特别注意把握子宫颈的手掌位置，不能太靠前，也不能太靠后，否则都不易将输精管插入子宫颈的深部。

3）可视化输精

传统的直肠把握牛子宫颈输精，整个过程需要 2~3 人才能完成，耗时需要 10 min 左右，并且还要进行牛直肠掏粪，既不卫生，也会引起牛的不适。牛用可视输精枪，整体采用人性化设计，主要由金属探杆、显示器和枪型手柄几部分构成（见图 4-24），摄像头安装在金属探杆前段管体内，具有防水功能；探杆前段设计透明的视角扩张头，更便于观察周边和前端的情况，枪型手柄方便抓握，手柄上的开关控制电动气泵，气泵喷气口吹向摄像头镜面，吹走操作中摄像头所接触的黏液，使摄像头所拍画面清晰可见；显示器安装在顶部，可以 360°旋转，设置有拍照和摄像功能，通过亮度调整，可以清晰观察内部情况。

可视化输精使母牛更舒适，输精更轻松，一人独立完成操作，还可加温至 37 ℃左右，更加接近于牛体温度,避免冬季枪体温度低,引起母牛不适。

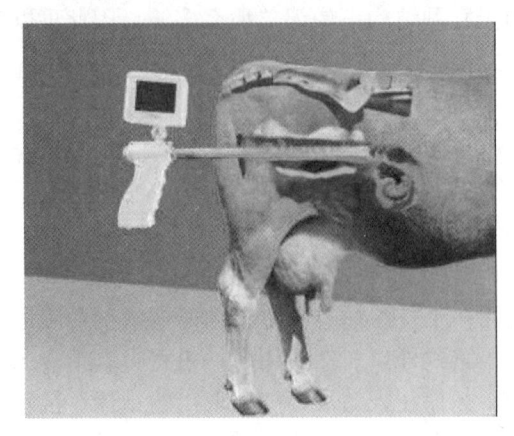

图 4-24 母牛可视化输精示意图

2. 母猪的输精

母猪的输精方法有如下两种:

1)子宫颈输精法

由于母猪阴道和子宫颈接合处无明显界限,因此一般都采用输精管插入法(见图 4-25)。猪的输精器种类较多,一般包括 1 个输精管(橡皮胶管或塑料管)和 1 个注入器(注射器和塑料瓶)。为了防止输精时精液的倒流,有些输精管的尖端,模仿公猪的阴茎头设计成螺旋状,有的则在输精管尖端带有一个充气环。

先用干净的毛巾将母猪阴唇、阴户周围擦拭干净,在输精导管头部涂抹上少量的灭菌润滑剂(或注入少量精液于母猪阴门处作润滑剂亦可)。轻轻摇动输精瓶(袋)2~3 次,使沉淀的精子与上清液混合,用剪刀剪去瓶嘴(袋装精液有连接管或接口),接到输精管上,准备开始输精。输精员一只手用拇指和食指将外阴分开,另一只手手持输精管向上呈 45°角向左旋转沿阴道上壁插入,避开尿道口后即以水平方向,边左右旋转边向前推进,经抽送 2~3 次后,直至不能继续再前进为止,此时即已插入子宫内,然后向外拉出一点,缓缓注入精液。与此同时,如果轻轻捏摸母猪阴蒂,则可增加母猪快感,从而保持母猪安定,促使输精顺利进行。还可由畜主或饲养员按压母猪背腰部,以免母猪拱背,防止精液倒流。精液温度不要低于 20~25 ℃,否则可能刺激子宫收缩造成精液倒流。若母猪走动,应暂停注入,待安抚母猪站稳后再继续输精;如遇精液倒流,也应暂停注入,并稍微挪动一下输精管位置以排除障碍,然后再继续输精。输精完毕后慢慢抽出输精管,按压母猪腰臀部并使母猪静待片刻,不可马上驱赶急行或引诱母猪前肢悬跨栏上,否则都易引起精液倒流。

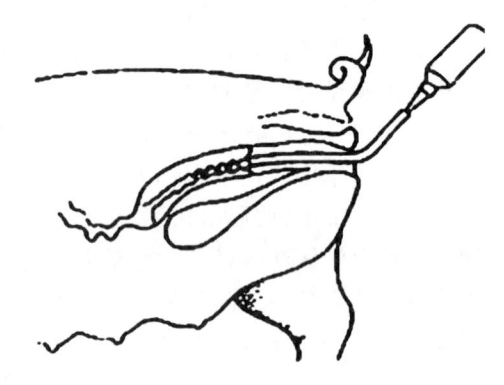

图 4-25 母猪的输精

2)子宫深部输精法

子宫深部输精也称为子宫内授精,输精管采用套管式设计,由内管和外管组成,先将外管插入子宫颈皱褶后，再插入细的输精内管（比普通输精管长15～20 cm），通过子宫颈皱褶进入子宫内输精（见图4-26）。与传统子宫颈授精技术相比，深部输精技术更接近母猪卵子受精的位置，缩短精子与卵子结合的距离和时间，增加到达受精部位的有效精子数，防止精液倒流，提高受胎率。

输精前对待配母猪进行阴部清洗消毒，通常用0.1%高锰酸钾溶液洗净并用干燥毛巾或纸巾擦拭干净，保证外阴及外阴周围擦干无残留溶液。输精时先用手抚摸母猪外阴部，左手拇指和食指轻轻扒开母猪阴唇，右手持输精管，按照常规输精的操作方式将带有海绵头的输精管倾斜向上45°角逆时针旋转

图4-26 母猪深部输精示意图

插入阴道内，当向前插不动向后拽有阻力时，即达到子宫颈皱褶处。向前缓慢推送内管，如果遇到阻力时可等待20～30 s再继续向前推送（子宫颈未完全松弛时会遇到阻力），通过3～5个皱褶，感觉前方空旷即可。内管插入深度：经产母猪10～15 cm，初产母猪10～12 cm。输精前需要把精液瓶轻轻摇晃，使精子在精液瓶内分布均匀。将精液瓶接到输精管上，一只手推住外管，另一只手轻轻挤压输精瓶，使精液填充内管道。精液可以靠母猪子宫收缩自动吸收或直接把精液挤入子宫。在输精过程中要检查有无回流现象，如无回流，握住输精管把剩下精液继续挤压完；如发生回流，可能输精管不在正确位置，需要轻轻抽出内管重新插入。输精完毕后把内管和输精瓶一同抽出，内管抽出后需要把外管抬高30 s左右，再顺时针轻轻拔出外输精管。深部输精结束后，需要将公猪放入配种母猪前面进行刺激，保证每头母猪都能接触到公猪。公猪刺激主要是为了让母猪兴奋，让子宫收缩、蠕动，产生负压减少精液倒流。

3. 母羊的输精

母羊输精常用阴道开膣器输精法和输精管阴道插入法两种。

1）阴道开膣器输精法

阴道开膣器输精法的操作与母牛相似，只是输精用具短而小。

微课：母羊的人工输精

由于羊体形小，往往需蹲下输精（见图4-27），或在输精架后挖一个凹坑方便输精员操作。也有采用转盘式或输精台输精，可提高效率。对于体形小的母羊，在助手配合下也可采用倒立式输精方法，即保定员两腿夹住母羊头颈，抓住并抬起母羊两后腿，输精员借助开膣器将精液输入子宫颈内。

把发情母羊牵入输精架保定好，然后用清水洗净外阴部。输精员左手持用生理盐水湿润过的开膣器插入母羊阴道内，转变开膣器角度，使开膣器手把和地面垂直，然后打开开膣器，借助光源找到子宫颈口。右手将输精器插入到母羊子宫颈0.5～1.0 cm处，缓慢注入精液。最后抽出输精器和开膣器。输精完毕后，让羊保持原姿势片刻，放开母羊，原地站立5～10 min，再将羊赶走。

2）输精管阴道插入法

对于阴道比较狭小，使用阴道开膣器比较困难的母羊，可将精液用输精管输入到阴道的底部输精，效果较好。

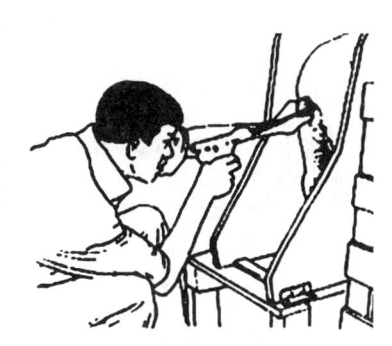

图4-27 羊的输精

4. 兔的输精

兔的输精多采用直接插入法。将母兔仰卧或伏卧保定,将输精管沿背线缓慢插入阴道内7~10 cm,然后慢慢注入精液。输精后将母兔后躯抬高片刻,以防止精液倒流。

三、母禽的输精

(一)输精前的准备

1. 母禽的准备

输精母禽应营养中等,泄殖腔没有炎症。输精前 2~3 h 禁食、禁水。

2. 器材的准备

输精器械(如移液器等)和接触精液的器皿(见图 4-28),在使用前都必须彻底清洗、消毒,再用稀释液冲洗。

1—有刻度的玻璃滴管;2—1 mL 注射器;3—可调连续输精器。

图 4-28　家禽输精器

3. 精液的准备

将上午采好公鸡的精液,集于精杯中,立即进行稀释。精液的保存要按照液态精液的操作规程进行。

(二)输精的基本技术要求

1. 输精量和有效精子数

使用新鲜的未经稀释的精液输精,鸡通常用量为 0.025~0.05 mL,鸭和鹅为 0.05~0.08 mL,或用 1∶1 稀释的稀释精液 0.1 mL。输精量应根据精子活率、密度而定。通常每次输精应输入有效精子数至少 5 000 万~7 000 万个,最好为 1 亿个。

2. 输精时间与间隔

母鸡应在下午 16:00 以后输精较为适宜，一般间隔 5~7 d 输精 1 次。输精时间不是固定不变的，要根据品种、年龄、季节、输精量和受精率及时调整；鸭一般在早上或夜间产蛋，适宜的输精时间应安排在上午，但番鸭在午后 2 时输精也能收到较好的效果；鹅一般在中午产蛋，故应在下午输精，但有人认为鹅上午输精也有较高的受精率。

（三）输精方法

1. 鸡的输精

鸡的输精方法有阴道输精法和子宫输精法两种。

1）阴道输精法

输精时，助手用左手握住母鸡双翅，提起母鸡，令鸡头朝上，肛门朝下。右手掌置于母鸡耻骨下，在腹部柔软处施以一定的压力，泄殖腔便张开，输卵管口翻出。此时母鸡如有粪便，即排在地上，然后将母鸡泄殖腔朝向输精员，母鸡输卵管开口位于泄殖腔（见图 4-29）内左侧上方。输精员将吸取备用精液的输精器插入泄殖腔外露的左侧口，即阴道口内 1.5~3 cm 处，将精液注入阴道，抽出输精器，擦拭消毒后晾干备用。

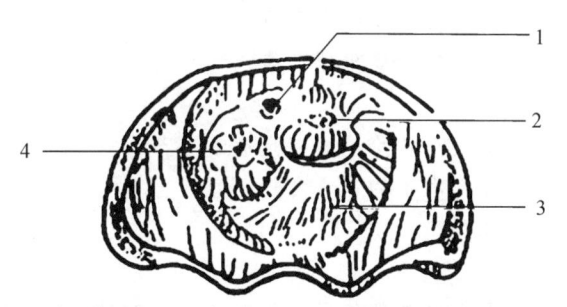

1—输尿管开口；2—直肠开口；3—粪窦；4—输卵管开口。

图 4-29　母鸡的泄殖腔（腹侧）

2）子宫输精法

保定母鸡，助手以右手食指隔直肠将子宫内硬壳蛋固定于靠近左侧腹壁。输精员将吸有精液的注射器从蛋前 1/3 处的腹壁进针，一次刺入子宫直抵蛋壳，再向头部水平方向推进 0.5~1 cm，注入精液。输精完成后抽出注射器，消毒针头。

给鸡输精需要注意的事项：① 首次输精应充分保证足够的有效精子数；② 抓捕母鸡和输精动作要轻缓；③ 注入精液同时应放松对母鸡腹部的压迫；④ 遵守无菌操作，严防病原传播。

2. 鸭和鹅的输精

鸭和鹅的输精方法有阴道输精法和手指引导输精法两种。

1）阴道输精法

助手将母鸭（鹅）固定于输精台上，用左右手的拇指和食指分别握住母鸭（鹅）的一只腿，其余三指伸至泄殖腔两侧，压迫母鸭（鹅）腹部（后腹用力要稍大）。输精员用右手以执笔式持拿输精器，左手在母鸭（鹅）泄殖腔尾侧向下稍加压力，泄殖腔即外翻，露出阴道口（左侧口）。输精员将输精器插入阴道口内，鸭插入 4~6 cm，鹅插入 5~7 cm，徐徐推注精液。推注精液时，助手慢慢松手以降低腹压，防止精液倒流，并使泄腔缩回。输精完成后抽出输精器，用酒精棉球擦拭消毒，晾干备用。

2）手指引导输精法

助手将母鸭（鹅）固定于输精台上，输精员用消毒过的输精器吸取精液备用。输精员右手食指插入母鸭（鹅）泄殖腔，寻找并插入阴道。左手持输精器沿右手食指腹侧插入输精器，推注精液的同时右手食指向外缓缓抽出，防止留有空气。输精完成后抽出输精器，用酒精棉球擦拭消毒，晾干备用。

实战练习

一、名词解释

副性腺　黄体　发情　初情期　性成熟期　初配适龄　发情周期　产后发情　精子活力　精子密度　受精　透明带反应　卵黄膜封闭作用　精子获能　冷休克　稀释打击　降温平衡

二、简答题

1. 简述牛卵巢的形态、位置及主要的生理机能。
2. 简述睾丸、附睾和副性腺的主要生理功能。
3. 简述精子的形态与结构。
4. 发情周期分为哪几个阶段？各阶段的特点有哪些？
5. 受精前精子和卵子是如何准备的？
6. 受精过程分为哪几个步骤？
7. 人工授精有何意义？
8. 家畜的假阴道由哪几个主要部件组成？经正确的安装调试后，具备哪些条件才符合采精要求？
9. 利用假台畜采精，如何调教公畜？
10. 怎样用估测法评定精子的"密""中""稀"？
11. 如何检查和评定精子的活力？
12. 精液稀释液的成分根据其作用和性质，一般分为哪几类？包括哪些药品？精液稀释的作用如何？
13. 简述精液液态保存和固态保存的原理。
14. 简述细管冻精的制作程序。
15. 母畜有哪些常见的异常发情现象？如何进行鉴别和处理？
16. 母畜发情鉴定的基本方法有哪些？各种家畜适宜用哪些鉴定方法？
17. 如何确定猪、牛、羊、鸡的输精时间？
18. 简述猪、牛、羊、鸡的输精操作要点。
19. 怎样输精才能提高母畜的受胎率？

三、综合练习题

有一头种公牛，一次采得鲜精 5 mL，经检查，精子活力为 0.8，精子密度是 12 亿/毫升。此精液处理后全部用于细管冻精。每只细管容量为 0.25 mL，其中有效精子要求不少于 1 000 万。问：（1）如冷冻精子失活率按 30%计，本次采得的精液能制作多少细管冻精？（2）说明稀释液中必加的 4 种主要成分及作用和用量。（3）此精液在输精前如何准备？（4）如一头经产母牛在下午 14:00 时左右开始发情，试确定合理的输精时间，一般采用什么方法？这种方法如何操作？

实训一　人工授精器材的识别、洗涤与消毒

实训目的

（1）熟悉人工授精所用采精和输精器材，了解其构造、用途和使用方法。
（2）掌握人工授精器材的洗涤与消毒方法。

实训准备

（1）采精器材：各种公畜采精用假阴道、刻度集精杯、温度计、长柄镊子、量杯、玻璃棒、漏斗等。
（2）输精器材：各种母畜禽输精器材、阴道开张器、细管剪、额灯和手电筒等。
（3）辅助器材：长臂手套、高压灭菌器、高温灭菌锅、干燥箱、消毒柜、三角烧瓶、量筒、量杯、玻璃漏斗、平皿、试管、水温计、酒精灯、剪刀、镊子、肥皂、毛巾、热水瓶、搪瓷盘、脱脂棉、毛刷、纱布等。
（4）药品：灭菌凡士林、75%和 95%酒精、滑石粉、甲酚皂溶液、洗衣粉（或洗洁精）。

方法步骤

（一）人工授精器材的识别

1. 采精器材的识别

各种家畜的采精器材主要是假阴道，由外壳、内胎、集精杯 3 部分组成。各种家畜的假阴道分别介绍如下：

马：其假阴道外壳是由镀锌铁皮制成的圆筒，外形似大暖瓶，筒体中部有把手，便于采精时把握，侧面有注水孔，可塞进带气嘴的橡皮塞子，由此灌水和充气；内胎是由优质橡胶制成的长筒，装于外壳内，两端翻卷固定在外壳内；集精杯为短圆状的黑色橡皮杯，套在外壳的小端。

牛：其假阴道有美式、苏式两种，外壳是由硬橡胶或塑料制成的圆筒，中部有注水孔，塞有带气嘴的橡皮塞，用于灌水和充气。内胎同马的假阴道。集精杯有两种：一种是棕色的双层集精杯,夹层可盛37 ℃以下温水以保护精液;另一种是在橡皮漏斗上接1个玻璃管或离心管。

羊:其假阴道构造基本与牛相同,只是较小,集精杯是棕色的双层杯。

猪:其假阴道构造基本与牛、羊相同,只是较牛的短,比羊的粗,集精杯为有色的广口玻璃瓶,容量为350~500 mL。在生产实践中,猪的采精通常用手握法,需医用乳胶手套和1个保温杯即可。

2. 输精器材的识别

(1)牛、羊用输精器。牛细管用输精器多为金属制,一般由金属管(主体部分)和一次性塑料硬外套、软外套及推杆组成。羊细管用输精器和牛的略有不同,但原理是相同的,总体上看要短于牛的;另外,也完全可以用牛的,只是给羊输精时,牛用输精器过长,给输精带来不便。颗粒冻精用输精器,有金属制、玻璃制两种,牛用的一般为胶球式,羊用的多为注射球式。

(2)马、猪用输精器。多次使用的马、猪用输精器均为1个硬的橡胶管。马用长输精器长为45~50 cm,前端较尖,后端可接1个注射器;猪用输精器长为40~45 cm,前端为螺旋状。目前,大型猪场一般多采用一次性输精器。一次性输精器有螺旋头和海绵头两种,长度为50~51 cm。一次性输精器使用方便,不用清洗,子宫炎的发生率低,且使用成本极低。

(3)家禽用输精器。容量1~5 mL的滴管,刻度为0.05~0.50 mL;也有用1 mL注射器,注射器头用塑料管接一细玻璃管。滴管及玻璃管口均应光滑。

(二)器械的洗涤

人工授精所用器械,在使用前、后必须彻底清洗,刷洗干净后再用清水冲洗数次,直至清洁为止。假阴道内胎可用洗衣粉水搓洗干净后,再用清水冲洗数次,悬挂晾干。

(三)器械的消毒

(1)蒸汽消毒:注射器、玻璃输精管、羊用输精橡胶管、毛巾等洗净后用纱布包紧,放在高压灭菌器中,蒸汽消毒30 min。消毒后放在消毒柜中保存备用。

(2)酒精消毒:卡苏枪、输精管、开张器、玻璃棒、内胎、温度计等可用75%酒精棉球擦拭消毒,待酒精挥发即可使用。

(3)火焰消毒:开张器、金属输精器等亦可采用酒精灯进行火焰消毒。

(4)煮沸消毒:注射器、针头、稀释液器等可用水煮消毒,时间为10~20 min。

(5)电热鼓风消毒:玻璃器皿如烧杯、三角烧瓶、漏斗、平皿等可洗净后,倒置于电热鼓风干燥箱内,1~2 h即可完成消毒。

(6)紫外线消毒:适用于橡胶、玻璃、塑料器材。

实训提示

(1)若校内实验室器材不全,也可到就近有人工授精任务的养殖场实训。

（2）应根据器材的种类和材质灵活选择消毒方法，切不可千篇一律。

（3）如用液体消毒，消毒液的浓度要足够；如用火焰消毒，必须确保烧灼时间和部位的全面。

（4）玻璃器材如注射器等采用蒸汽消毒时，应将活塞拉下，用纱布包裹，以免破碎。

（5）器材消毒后，放在消毒柜或干燥箱中备用。

实训报告

简述主要人工授精器材的名称、各类人工授精器材的洗涤与消毒方法。

实训二　假阴道的安装与采精

实训目的

（1）认识各种家畜的假阴道，熟练掌握假阴道的安装程序和调试过程。

（2）学习种公畜禽的采精操作方法和技术要领，初步掌握采精方法。

实训准备

（1）材料：调训好的种公畜禽（牛、羊、猪、鸡）、活台畜、假台畜。

（2）器具：各种公畜假阴道、集精瓶、储精瓶、刻度集精杯、长柄钳、温度计、玻璃棒、搪瓷盘、酒精棉球、乳胶手套、公羊电采精棒、无菌纱布等。

（3）药剂：凡士林、热水。

方法步骤

（一）假阴道的准备

1. 假阴道外壳及内胎的检查

（1）检查假阴道外壳两端是否光滑，外壳有无裂隙或开焊之处（特别是马用外壳）。

（2）检查内胎是否漏水。可将内胎注满水，用两手握紧两端，并扭转内胎施以压力，观察胎壁有无破损漏水之处，如发现应及时修补或更换。

2. 采精器材的清洗

（1）外壳、内胎、集精杯（管）等用具用后可用热的洗衣粉水清洗，内胎的油污必须洗净。

（2）用清水冲净洗衣粉，待自然干燥后使用。

3. 内胎的安装

将内胎放入外壳，内胎露出外壳两端的部分长短应相等。然后将其翻转在外壳外，内胎应平整，不应扭曲，再以橡皮圈加以固定。

4. 消　毒

先以长柄钳夹取 75%的酒精棉球擦拭内胎和集精杯，再以 95%的酒精棉球充分擦拭。采精前，最好用稀释液冲洗 1~2 次。

5. 集精杯（管）的安装

牛、羊、猪的集精杯（管）可借助特制的保定套或橡皮漏斗与假阴道连接。

6. 注　水

通过外壳的注水孔向假阴道内、外壁之间注入 45~55 ℃的温水，使采精时的温度为 38~42 ℃，注水总量为内、外壁间容积的 1/3~1/2。

7. 涂润滑剂

用消毒好的玻璃棒，取灭菌凡士林少许，均匀地涂于内胎的表面，涂抹深度为假阴道长度的 1/2 左右。

8. 调节假阴道内腔的压力

从注气孔吹入或打入（猪）空气，根据不同家畜和个体的要求调整内腔压力，使内胎呈"Y"形。

9. 假阴道内腔温度的测量

把消毒的温度计插入假阴道内腔，待温度不变时再读数，一般温度为 38~42 ℃。

10. 采　精

用一块褶成四折的消毒纱布盖住假阴道入口，以防灰尘落入，即可采精。

（二）台畜的准备

选择处于发情盛期、体格适中、健康的母畜作为采精用的台畜。最好调教公畜使用假台畜采精，这样既安全又方便。台畜的后躯须保持干净并经消毒，做好保定，将尾巴系于一侧等候采精。

（三）采精操作

1. 公牛的采精

1）假阴道法

① 将台牛固定于配种架内，缠尾并系于一侧，有时也可用公牛或不发情母牛。

② 清洗台牛的外阴部及臀部。

③ 检查假阴道内腔的温度，一般应为 40 ℃左右，压力适中，并在假阴道的入口盖上消毒纱布。

④ 采精员右手持假阴道，立于台牛臀部右侧，准备采精。

⑤ 采精前可让公牛观察其他公牛的采精或在采精时不使其立即爬跨，而作适当控制或空

爬几次，以加强采精前的性欲刺激。当公牛阴茎充分勃起并有少量分泌物排出时，再令其爬跨，可收到较好的效果。

⑥ 当公牛临近台牛时，应取下遮盖假阴道的纱布。公牛阴茎充分勃起爬跨时，以左手准确地托住包皮（切勿触及阴茎），迅速将阴茎导入假阴道入口（假阴道与阴茎的方向和角度一致）。当公牛阴茎导入假阴道并伴随后躯向前强烈地耸跳时，即完成射精。

⑦ 射精后，将假阴道集精杯端向下倾斜，同时随公牛跳下的动作顺势取下假阴道，并盖上纱布，以防灰尘污染。

⑧ 打开活塞放气，使精液完全流入集精杯。

⑨ 将假阴道送回室内取下集精杯，检查精液品质。

2）按摩法

公牛因各种原因不能爬跨或无法使用假阴道采精时，使用按摩法采精。

① 先令公牛观察其他公牛的交配或爬跨行为，增加公牛按摩采精的性刺激。

② 保定好公牛，清洗包皮及包皮口，剪短包皮口处的长毛。

③ 一人手臂涂上润滑剂或戴上长臂塑料手套，伸入公牛直肠，隔着直肠壁摸到精囊腺和输精管壶腹。先用拇指和其余四指轻轻按摩精囊腺和输精管壶腹，随后掌心向下，以四指按摩壶腹到尿道部分。如此反复按摩，其强度和频率不断增加，但用力不宜过猛。

④ 另一人手持一个置于水浴或恒温箱中平衡过的离心管，其上面加一个塑料漏斗接取精液。

⑤ 若经按摩一段时间后仍不射精者，应休息 5~10 min，再进行按摩。

2. 公马的采精

① 将台马固定于配种架内或用脚绊固定或直接使用假台畜。注意对台马后肢的保定，以防踢踢。用绷带缠尾并系于一侧。

② 公马在采精前，用温肥皂水清洗包皮和阴茎，并用消毒纱布擦干。

③ 调节好假阴道的温度（40 ℃左右）、压力及润滑剂的量。

④ 当公马阴茎充分勃起爬跨时，采精员左手握住龟头颈部，将阴茎导入假阴道。此时，采精员应以右臂部抵住假阴道的集精杯端，并用双手固定假阴道与台马的臀部，尤其公马的阴茎在假阴道内抽动时，应尽量使假阴道保持稳定。公马射精时，应将集精杯渐向下倾，并逐渐放气减小压力。当公马阴茎导入假阴道并伴随后躯向前强烈地耸跳时，即完成射精。射精结束，假阴道应同阴茎一起下降，随后轻轻取下，盖好纱布。

⑤ 在室内取下集精杯，测定射精量并做精液品质检查。

⑥ 公马射精前，后肢经常移动，此时采精员应注意防止被踩伤。

3. 公羊的采精

1）假阴道法

基本方法与牛相同，但公羊射精较牛快，所以动作更要迅速、敏捷。

① 做好采精场地、台羊和假阴道的准备。

② 将台羊放入配种架，做外阴部的清洗、消毒。

③ 擦洗公羊包皮及尿道口。

④ 采精员蹲于台羊右侧，右手持假阴道。当公羊阴茎勃起并爬跨时，左手迅速轻托包皮将阴茎导入假阴道，公羊向前耸身时即为射精，将假阴道集精杯向下并取下假阴道。

⑤ 以下操作同公牛采精。

2）电刺激法

① 将公羊采取侧卧或侧卧式固定在特定的保定架内，也可以站立保定。

② 洗净包皮口，用两手配合从阴鞘内将阴茎导出，然后用一块消毒纱布裹住阴茎前端，防止其缩回阴鞘内。

③ 将尿道突导入收集精液的带刻度的离心管中。

④ 将采精棒电极一端涂上润滑剂，插入肛门，调整好适当的位置。

⑤ 按动电开关通电 1~2 s，间隔 2 s 再进行第二次通电刺激。一般 2~3 次即可射精。注意通电时间不宜过长，电流强度不宜过强，以防引起排尿污染精液。当多次刺激还不射精时，应让公羊适当休息，并调整电极的位置，做下一次尝试。

4. 公猪的采精

目前多采取手握采精法，不用台猪而使用假台猪或采精台。

① 用温肥皂水清洗公猪的包皮和周围皮肤，并用纱布擦干。

② 采精员一手应戴乳胶手套，另一手持集精瓶。

③ 当公猪爬跨采精台时，采精员应蹲在采精台的右侧。戴乳胶手套的手待公猪阴茎伸出时，握住阴茎，并使其伸入空拳中。

④ 待公猪阴茎伸入空拳后，此时手要由松到紧有弹性、有节奏地握住螺旋状的龟头，使之不能转动。

⑤ 待阴茎勃起前伸时，顺势牵引向前，同时手指要继续有节奏地施以压力，即可引起射精。

⑥ 公猪俯伏不动时，表示开始射精，但开始一段射出的水状液体很稀薄，不收集。当浓份精液射出时再进行收集。最后一段射出的精液含有较多的胶状物，也不收集。

5. 公鸡的采精

根据项目四任务一中公鸡采精操作方法采精。

实训提示

采精操作前，教师必须熟悉公畜的习性，并向学生讲解公畜的射精特点、采精方法、操作要领和注意事项。

实训报告

简述各种公畜禽采精时应注意的问题。

实训三　精液品质检查

实训目的

（1）熟悉直观检查精液品质。

（2）掌握精子活率、密度的检查方法。

（3）掌握精子畸形率的测定方法。

实训准备

（1）材料：家畜新鲜精液。
（2）器材：恒温水浴锅、大烧杯、温度计、微量移液器、搪瓷盘、显微镜、载玻片、显微镜、恒温板、盖玻片、纸巾、擦镜纸、一次性小试管、试管架、滴管、废液缸、洗瓶。
（3）药剂：95%酒精、生理盐水、亚甲蓝或纯蓝墨水。

方法步骤

（1）精液的外观性状检查：主要检查畜禽的射精量、色泽、气味和云雾状，并做好记录。
（2）精子的活力检查：分别采用平板压片法和悬滴法进行精子活力的检查，并按"十级一分制"进行评分。
（3）精子的密度检查：分别采用估测法和血细胞计数法检查。
（4）精子畸形率测定：根据本项目中畸形精子检查方法进行检查测定。

实训准备

（1）实训前，要求学生熟悉本项目中介绍的有关精液品质检查的项目及方法。
（2）实训时，指导教师简要说明精子活率、密度、形态的检查方法和注意事项，并作示范性操作，然后学生分组练习。
（3）在精子计数中，精液稀释要准确，它直接影响检查结果是否符合实际。如稀释倍数是20倍，5个中方格的精子数误差为1个，则结果会偏差100万。吸取原精液时，一旦刻度超过"0.5"或"1.0"，应把精液扔掉，洗净吸管后重新吸取。吸取NaCl溶液时，先用酒精棉球消毒，再用口吸，要求液面只能缓慢上升，不能下降，一旦液面出现波动，应重新操作。
（4）检查至少要重复2次，取其平均值，如2次结果偏差10%以上，应做第三次，第三次结果与前两次接近的一次进行平均，作为最后结果。

实训报告

（1）将观察到的结果填入表4-18中。

表4-18 精液品质检查

品种	颜色	气味	云雾状	密度	活率	畸形率

（2）结果分析：测定的结果是否在正常值范围内，如不在正常值范围则分析原因。

实训四 精液稀释液的配制与精液稀释

实训目的

掌握常用精液稀释的配制方法，学会对精液进行稀释。

实训准备

（1）材料：鲜精液、鸡蛋。

（2）器材：量筒、量杯、烧杯、三角烧瓶、小试管、水温计、铁架台、漏斗、平皿、镊子、玻璃注射器、水浴锅、天平、显微镜、定性滤纸、脱脂棉等。

（3）药品：蔗糖、葡萄糖、奶粉、鲜鸡蛋、NaCl、二水柠檬酸钠、青霉素、链霉素、蒸馏水。

（一）各种家畜精液常用稀释液配制

1. 常用稀释液配方

（1）公羊精液稀释液。

① 生理盐水稀释液：

NaCl	0.85 g
青霉素	1 000 IU/mL
链霉素	1 000 μg/mL
蒸馏水	100 mL

② 奶粉卵黄稀释液：

奶粉	10 g
卵黄	10 mL
青霉素	1 000 IU/mL
链霉素	1 000 μg/mL
蒸馏水	100 mL

（2）猪精液稀释液。

① 葡萄糖-卵黄稀释液：

葡萄糖	5 g
卵黄	10 mL
青霉素	1 000 IU/mL
链霉素	1 000 μg/mL
蒸馏水	100 mL

② 葡萄糖-柠檬酸钠-卵黄稀释液：

葡萄糖	5 g

二水柠檬酸钠	1.4 g
乙二胺四乙酸	0.1 g
青霉素	1 000 IU/mL
链霉素	1 000 μg/mL
卵黄	8 mL
蒸馏水	100 mL

（3）马精液稀释液。

蔗糖奶粉稀释液：

11%蔗糖液	50 mL
10%~12%奶粉液	50 mL
青霉素	1 000 IU/mL
链霉素	1 000 μg/mL

2. 配制方法及要求

（1）NaCl与葡萄糖的称取。用天平准确称量后，放入烧杯中，加入蒸馏水溶解后，用三连漏斗过滤，用三角烧瓶承接滤液，放入水浴锅内，水浴消毒10~20 min备用。

（2）牛奶和奶粉的处理。把牛奶用5~6层干净的纱布过滤，然后水浴煮沸消毒冷却至20~30 ℃，用消毒过的玻璃棒挑去乳皮备用。奶粉颗粒较大，在溶解时先加等量蒸馏水调成糊状，然后加蒸馏水至需要量，待溶解后，用一层脱脂棉过滤，放入90~95 ℃的水浴中消毒10 min备用。

（3）卵黄的提取。卵黄取自新鲜鸡蛋，先将鸡蛋洗净，用75%酒精消毒后，用镊子在气端打一小孔，把蛋清倒净。然后把蛋壳扩开，取出蛋黄，用注射器小心抽取一定量，在稀释液消毒冷却到40 ℃以下时加入。

（4）抗生素的使用。抗生素用一定量的蒸馏水溶解，在稀释液冷却后加入。

（5）注意事项。稀释液应现用现配，确需储存的，经消毒、密封后放入冰箱中，最多保存2~3 d；所用器具必须洗净严格消毒，用稀释液冲洗后才能使用；所用蒸馏水要新鲜；药品要纯净，称量要准确。

（二）精液的稀释

选用与精液种类相应的稀释液，把精液的稀释液分别装入烧杯或三角烧瓶中，置于30 ℃的水浴锅中，用玻璃棒引流，把稀释液沿着器壁徐徐加入精液中，边加入边轻轻摇动。稀释结束后，镜检精子活力。不同动物的稀释方法不同。

1. 猪、马（驴）精液的稀释方法

（1）先用消毒过的4~6层纱布过滤精液中的胶质部分。

（2）进行精液品质检查，并确定稀释倍数。

（3）把配制好的稀释液加热至30 ℃左右，使稀释液温度与精液温度相同。

（4）取消毒过的玻璃棒，将稀释液沿着玻璃棒徐徐加入精液里（注意稀释液必须沿着杯壁流下），加完后轻轻晃动使精液和稀释液混匀。

（5）镜检。

2. 牛、羊精液的稀释方法

（1）把配制好的稀释液加热至 30 ℃左右，使稀释液温度与精液温度相同。
（2）计算稀释倍数，并确定稀释液用量。
（3）如做高倍稀释，应先按 2~3 倍稀释。取稀释液沿着杯壁徐徐倒入，并轻轻摇动，使精液和稀释液混匀。
（4）做第二次稀释，按照计算量把其余的稀释液按上述方法加入第一次稀释后的精液中。
（5）镜检。

实训提示

（1）配制稀释液的器具，在使用前必须将其洗净并严格消毒，用稀释液冲洗后才能使用。
（2）配制稀释液的蒸馏水要新鲜，最好现用现制。
（3）所有药品要纯净，一般使用分析纯制剂，药品称量要准确，经溶解、过滤、消毒后才能使用。

实训报告

（1）简述各种家畜的稀释液配制方法。
（2）简述卵黄、柠檬酸钠、奶粉在稀释液中各自的作用。

实训五　冷冻精液的制作与液氮罐的使用

实训目的

（1）了解精液冷冻保存技术的操作工艺流程，基本掌握冷冻精液的制作技术和解冻技术。
（2）学会液氮罐的使用和保养。

实训准备

（1）材料：新鲜猪、牛精液，鸡蛋。
（2）器具：液氮罐、铝饭盒、保温瓶、温度计、镊子、聚四氟乙烯板或铜纱网、滴管、封口粉、烧杯、量筒、三角烧瓶、纱布、棉花、显微镜、载玻片、盖玻片、天平。
（3）药品：葡萄糖、蔗糖、柠檬酸钠、甘油、青霉素、链霉素。

方法步骤

（一）猪精液的冷冻保存

1. 配制葡萄糖-卵黄-甘油稀释液

8%葡萄糖　　　　　　　　77 mL

卵黄	20 mL
甘油	3 mL
青霉素	500~1 000 IU/mL

2. 配制解冻液

| 葡萄糖 | 5 g |
| 蒸馏水 | 100 mL |

3. 稀释与冷冻

取活率在 0.7 以上的新鲜猪精液，用等温的稀释液以 1∶2 稀释后，包以 10~12 层纱布，放在 8 ℃条件下平衡 3.5~6 h，做一次稀释并进行颗粒冷冻。即用被隔热保温层包裹的金属容器或铝饭盒盛满液氮，用聚四氟乙烯塑料板作为冷冻板，固定在距液氮面 1~2 cm 处。待降温恒定后，以滴管将经平衡后的精液（其活率不低于 6）滴在冷冻板上。每个颗粒体积为 0.1 mL。当冷冻板上的精液颗粒由黄转白而有光泽、轻拨易脱离冷冻板时，即可收集起来，分装后做标记，保存在液氮罐内。

4. 解冻、镜检和保存

取 1~1.5 mL 解冻液，放入小试管内，在 40 ℃热水中经 2~3 min 后，投入颗粒冷冻精液一粒，待溶化 1/2 时取出精液试管。当精液全部溶化后，检查评定精子活率。凡解冻后活率不低于 0.3 者为合格，即可将收集于纱布袋内的颗粒冷冻精液，做好标记浸泡在液氮内保存。

（二）牛精液的冷冻保存

1. 配制葡萄糖（蔗糖）-卵黄-甘油稀释液

12%蔗糖液	75 mL
卵黄	20 mL
甘油	5 mL
青霉素	1 000 IU/mL
链霉素	1 000 IU/mL

2. 配制解冻液

| 柠檬酸钠 | 2.9 g |
| 蒸馏水 | 100 mL |

3. 颗粒冷冻

（1）采精。用假阴道采取公牛精液，保存在 30 ℃保温瓶中。

（2）镜检。在 37 ℃条件下检查原精液，精子活率不低于 0.7、密度为 8 亿/mL 以上、畸形率不超过 18%者方可冷冻。

（3）稀释。用与精液同温的稀释液做 2~5 倍稀释。

（4）平衡。将稀释后的精液用纱布包裹放入冰箱冷藏室内，缓慢降温至 0~5 ℃，在此温度下平衡 2~4 h。

（5）镜检。在 37 ℃条件下检查平衡后的精液，活率不低于 0.6 为宜。

（6）滴冻。用滴管吸收平衡后的精液，滴在用液氮冷却的聚四氟乙烯板上（或铜网或铝饭盒，距离液氮 2~3 cm 处），制成 0.1 mL 剂量的颗粒冷冻。滴冻要求快速、均匀，滴冻结束应使精液颗粒停留 3~5 min，待颗粒由黄变白，即可收集颗粒。

（7）储存。将颗粒冷冻精液收集到青霉素瓶或纱布袋内，做好标记，投入液氮罐中保存。

（8）解冻。在 1 mL 试管内装入 2.9%柠檬酸钠解冻液，放入 40 ℃温水浴中，随后取 1~2 粒颗粒冷冻精液投入试管中，立即轻摇动直至颗粒溶化再取出试管，取样检测其活率。解冻后精子活率不低于 0.3 为合格冻精。

4. 细管冷冻

采精至镜检过程同颗粒冷冻。

（1）装管。多用 0.25 mL 或 0.5 mL 塑料管，在 5 ℃下用精液分装机分装，用封口粉封口，平衡后冻结。

（2）冷冻。同上述颗粒冷冻法，将细管摆放在铜网上，停留 5 min 左右，即可收集。

（3）储存。将细管收集到纱布袋里，投入到液氮罐内。

（4）解冻。直接投入 35~40 ℃温水中，精液融化到一半时取出备用。

（三）液氮罐的使用

1. 液氮罐的结构

液氮罐是不锈钢制成的双层壁真空绝热容器，其罐壁为内、外两层，夹层抽成真空，并装有绝热材料和吸附剂。罐颈为高热阻材料，罐塞为绝热性能良好的塑料制成。提筒因罐形、规格、大小不同而不同，一般提筒的手柄挂于罐口的分度圈上。

2. 液氮罐的使用

（1）检查容器。使用液氮罐之前，必须细致检查有无破损和缺件，内部有无异物，是否干燥。然后装入液氮观察 24 h 确定液氮的损耗率，确保安全后方可使用。

（2）管理容器。液氮罐应放在干燥通风的室内，使用时避免振动，运输途中防止碰撞、翻倒。每 5~10 h 定期称重 1 次，了解液氮消耗率。

（3）保养容器。液氮罐每年应清洗 1~2 次，以免液氮罐污染或腐蚀内壁。

（4）使用液氮储精。尽量减少液氮罐的开启次数，开罐后应及时盖好。储存的冻精需要向另一容器转移时，在外面的停留时间不能超过 5 s。取放精液时，不要把盛冻精的提筒提到罐口之外，只能提到颈基部。若 15 s 还没取完，应把提筒放回，经液氮浸泡后再继续提取。

实训提示

（1）实训中要小心谨慎，避免出现冻伤。条件不足时，可采用颗粒法冷冻。

（2）稀释步骤可采用一步法，平衡时间不少于 2 h。

实训报告

（1）评定冷冻精液解冻后的活力。
（2）简述提高精液冷冻保存效果的措施。

实训六 母畜发情鉴定

实训目的

（1）掌握母畜发情鉴定的各种方法，判断输精或配种时间。
（2）基本掌握牛直肠检查的基本操作方法。

实训准备

（1）动物：母畜（牛、羊、猪、马、兔）、试情公畜。
（2）场所：校内实训基地、家畜改良站、畜牧场等。
（3）器材：保定栏或保定架、保定绳、开膣器、手电筒、脸盆、毛巾、长臂手套、肥皂、75%酒精棉球、液状石蜡油棉球等。
（4）药品：1%～2%甲酚皂溶液、0.1%新洁尔灭溶液、诱导发情药剂等。

方法步骤

1. 用外部观察法进行发情鉴定

（1）通过对母畜发情鉴定的理论讲授，要求学生熟记各种母畜发情时的外表症状。
（2）组织学生到校内牧场或附近养殖场现场观察母畜发情时的外表症状，并做好记录，让学生熟悉如何区分发情母畜与非发情母畜。

2. 试情法

（1）先由教师讲解母畜的试情方法及试情表现。
（2）利用实训母畜与试情公畜进行现场试情，让学生进行实际观察，并判断母畜是否发情。

3. 阴道检查法

（1）先由教师讲解阴道检查前的各项准备工作、具体操作方法及注意事项，然后在现场进行示范性操作。
（2）组织学生亲自进行阴道检查的操作训练，教师进行指导。

4. 用直肠检查法进行牛的发情鉴定

（1）在实训现场先由教师讲解检查前的各项工作准备，然后进行牛的直肠检查示范性操作，边操作边讲解动作要领及注意事项。
（2）组织学生或学生代表进行直肠检查的实际操作。

实训提示

（1）事先准备好实习母畜若干头，教师预先检查，了解每头母畜的生理状况，是否发情，尽量选择发情明显的母畜作实训动物。

（2）直肠检查和阴道检查之前，应重点讲解和示范操作，并要求学生按操作规程进行操作，在实训过程中应防止事故发生，确保人畜安全。

（3）由于受条件的限制，实训母畜的数量可能不足，一个教学班应根据实习母畜的多少，分成若干小组，轮流进行练习。

（4）充分利用各种实训场所和条件，经常性地组织学生在课余期间参与母畜的发情鉴定实践，以弥补课内实训时间的不足。

（5）鉴定母牛的发情应根据多方表现综合判定，以卵泡发育为最可靠证据。因此，条件许可的情况下，可以实施B超卵巢诊断。

实训报告

（1）根据观察和检查结果，分析发情症状，确定输精配种适期。

（2）简述母畜发情时，有哪些特殊症状和表现。

实训七 母畜禽的输精

实训目的

掌握各种畜禽的输精方法，熟悉畜禽的输精过程。

实训准备

（1）材料：牛、羊、猪、马的精液。

（2）用具：阴道开张器、输精管、保定架、卡苏枪、注射器、水盆、毛巾、肥皂、纱布、稀释液等。

（3）药品：75%酒精棉球、液状石蜡。

方法步骤

（一）输精前的准备

1. 输精器械的洗涤与消毒

输精前，所有器械必须彻底洗净并严格消毒。金属开膣器可用火焰消毒，再用75%酒精棉球擦拭；塑料及橡胶器械可用75%酒精棉球消毒，使用前用稀释液冲洗1遍；玻璃注射器、输精胶管可用蒸汽法消毒。

2. 母畜的准备

经发情鉴定确定可以输精的母畜，将其牵入保底栏内保定，将尾巴拉向一侧，用温水清洗外阴，再用75%酒精棉球擦拭消毒。

3. 精液准备

新鲜精液输精时，精子活力不低于0.6；液态保存的精液，需升温至30 ℃，镜检精子活力不低于0.5；冷冻精液需用38 ℃温水解冻，解冻后精子活率不低于0.3。将精液吸入输精器或输精管中，细管冻精装入输精枪中，外层装上一次性塑料外套拧紧备用。

4. 输精员的准备

输精员穿好工作服，指甲剪短磨光，手臂清洗并消毒。

（二）输精操作

1. 母牛的输精

采用直肠把握输精法。母牛保定后，输精员将左手手臂清洗并用肥皂润滑，五指并拢呈锥状，伸入直肠排出蓄粪，在骨盆腔找到并把握住子宫颈。右手持装有精液的输精枪（管），先斜上方插入阴道5~10 cm处，然后平直送到子宫颈口。两手协同配合，将输精枪伸入到子宫颈3~5个皱褶处或子宫体内，慢慢注入精液，输精完毕。

2. 母猪的输精

采用子宫灌注法。先将输精管用少许稀释液润滑，用一手撑开阴门，另一手将输精管先斜上方插入阴道，进入阴道1/3深度后，平直伸入并左右旋转。装上吸有精液的注射器，慢慢推入精液。输精完毕后，轻轻抽出输精管，在母猪背部用力压一下即可。

3. 母羊的输精

采用阴道开张器法。羊的输精保定最好采用升降的输精架或在输精台后设置凹坑，如无条件可让助手保定，助手可倒骑跨在母羊的背部，使羊头朝后，进行保定，将羊尾向上掀起，用75%酒精棉球消毒外阴。输精员将精液装到输精器上，用开张器打开母羊阴道，借助光源子宫颈口，将输精器插入子宫0.5~1 cm处，缓缓注入精液。输精完毕后将输精器和阴道开张器小心取出。

4. 母马的输精

首先将母马保定，用绷带缠裹尾部并拉向一侧固定。清洗母马外阴部，输精员清洗消毒手臂，涂抹润滑剂的手握住橡胶输精管前端伸入阴道，用食指找到子宫颈外口，然后将输精管前端插入子宫颈内10~15 cm处。另一只手举高输精管另一端的精液瓶，使精液徐徐注入子宫，输精完毕，缓缓取出输精管，可用拇指和食指按摩子宫颈外口。母马的输精量为10~30 mL。

5. 母鸡的输精

助手左手握住母鸡的双翅并提起，令母鸡头朝上，肛门朝下，右手掌置于母鸡耻骨下，在腹部柔软处施以一定压力，泄殖腔内的输卵管开口便翻出，位于泄殖腔内左侧上方。然后将母鸡泄殖腔朝向输精员，输精员便可将输精器插入输卵管开口中央注入精液。同时，助手立刻解除对母鸡腹部的压力，防止精液流出。

实训提示

练习时，应在教师示范和指导下操作。教师预先讲解输精操作要领及注意事项。

实训报告

（1）输精完成后，将有关数据填入输精记录表（见表4-19）。

表4-19 输精记录表

母畜											公畜		授精员
户主	品种	耳号	胎次	发情日期				输精日期				品种	耳号	
^	^	^	^	年	月	日	时	年	月	日	时	^	^	^

（2）写出直肠把握子宫颈输精的体会。

项目五 妊娠与分娩

学习目标

（1）能根据母畜的变化特征进行妊娠的初步识别。
（2）能够借助有效方法准确判断母畜的早期妊娠。
（3）能正确判断难产的原因并采用有效的方法实施助产。
（4）掌握新生仔畜和产后母畜的护理常识。
（5）培养学生热爱生命的职业情感，激发学生的感恩之心。

项目说明

1. 项目概述

母畜在妊娠的各个阶段都会发生生理上的变化，准确识别这些变化特征是进行妊娠诊断的重要依据。特别是母畜妊娠的早期诊断，对于减少空怀、增加畜产品和有效实施动物生产都是相当重要的。分娩是在激素、神经和机械等多种因素的协同、配合，以及母体和胎儿共同参与下完成的，其中一方面出现问题就会造成难产，这就需要采取有效的方法实施助产。

2. 项目分解

序 号	学 习 内 容	实 训 内 容
任务一	妊娠诊断	母畜妊娠诊断
任务二	分娩助产	母畜分娩助产

3. 技术路线

早期妊娠诊断 → 分娩助产 → 产后护理

任务一 妊娠诊断

知识链接

妊娠又叫怀孕，是指受精卵第一次卵裂到胎儿成熟娩出的时期。整个过程，可分为胚胎早期发育期，胚胎附植期和胎膜、胎盘期。在妊娠早期对母畜进行妊娠诊断，对保胎防流、减少空怀、提高母畜繁殖力具有重要意义。

一、胚胎的早期发育和附植

1. 胚胎的早期发育

微课：妊娠生理

从受精卵第一次卵裂直至发育成原肠胚的过程，称为胚胎的早期发育。根据早期胚胎发育的形态特征，可将胚胎的早期发育过程分为桑葚胚、囊胚、原肠胚3个阶段（见图5-1）。胚胎的早期发育在输卵管内就开始了，受精卵的发育及其进入子宫的时间有明显的种间差异。

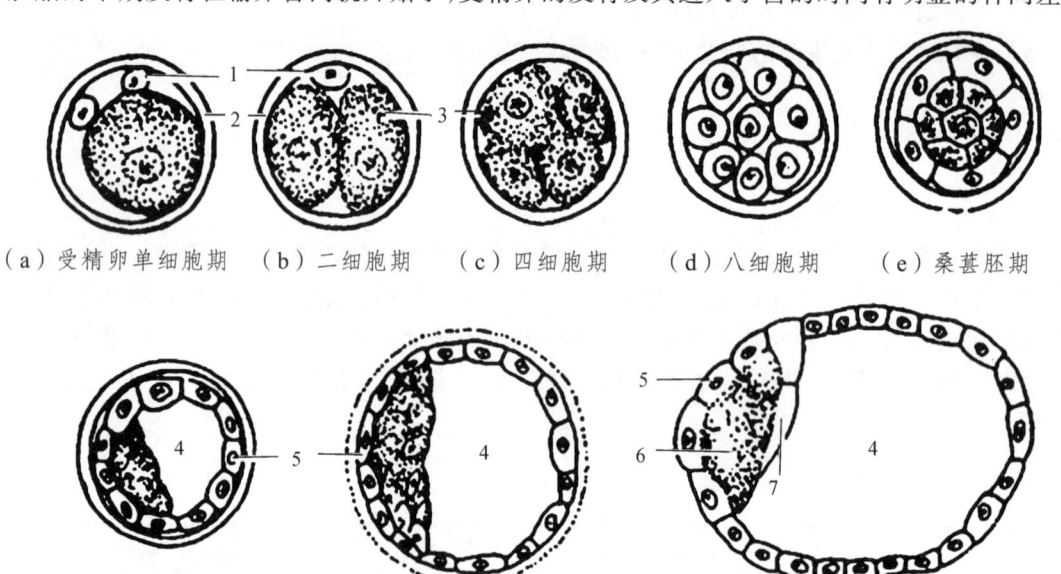

（a）受精卵单细胞期　（b）二细胞期　（c）四细胞期　（d）八细胞期　（e）桑葚胚期

（f）囊胚期　　　　　（g）囊胚期　　　　　　（h）囊胚期

1—极体；2—透明带；3—卵裂球；4—囊胚腔；5—滋养层；6—内细胞团；7—内胚层。

图5-1　卵裂及胚泡的形成

1）桑葚胚

卵子受精后，受精卵在透明带内开始进行细胞分裂，称为卵裂。当卵裂细胞数达到16~32个细胞时，卵裂球在透明带内形成致密的细胞团，形似桑葚，故称桑葚胚。

2）囊　胚

桑葚胚形成后，卵裂球分泌的液体在细胞间隙积聚，最后在胚胎的中央形成一充满液体的腔——囊胚腔。随着囊胚腔的扩大，多数细胞被挤在腔的一端，称为内细胞团，将来发育成胎儿；而另一部分细胞构成囊胚腔的壁，称为滋养层，以后发育为胎膜和胎盘。在滋养层和内细胞团之间出现囊胚腔。这一发育阶段叫囊胚。

3）原肠胚

囊胚进一步发育，出现两种变化：

① 内细胞团外面的滋养层退化，内细胞团裸露，成为胚盘。

② 在胚盘的下方衍生出内胚层，它沿着滋养层的内壁延伸、扩展，衬附在滋养层的内壁上，这时的胚胎称为原肠胚。在内胚层的发生中，除绵羊是由内细胞团分离出来外，其他家畜均由滋养层发育而来。

原肠胚进一步发育，在滋养层（也即外胚层）和内胚层之间出现中胚层。中胚层进一步分化为体壁中胚层和脏壁中胚层，两个中胚层之间的腔隙，构成以后的体腔。

三个胚层的建立和形成，为胎膜和胎体各类器官的分化奠定了基础。

2. 胚胎附植

早期胚胎在子宫内游离一段时间后，由于体积逐渐增大和胚胎内液体的逐渐增加，使胚胎在子宫内的位置逐步固定下来。同时，胚胎的滋养层逐渐和子宫内膜产生组织和生理联系的过程，称为胚胎附植。

1）附植部位

胚胎在子宫内的附植部位是最有利于胚胎发育的地方，一般选择在子宫血管稠密、营养供应充足的地方。马产单胎时，胚胎常在对侧子宫角的基部附植，产后发情配种受胎时，胚胎常在上次妊娠空角的基部附植；牛、羊怀单胎时，常在排卵侧子宫角的下 1/3 处附植，如果有 2 个胚胎，则每侧子宫角各附植 1 个；猪等多胎动物，会平均等距离分布于两侧子宫角内。

2）附植时间

胚胎在子宫内的附植是一个渐进的过程，与子宫内膜发生紧密联系的时间差异很大，大体为牛受精后 45～60 d、马受精后 90～105 d、猪受精后 20～30 d、绵羊受精后 10～20 d。胚胎附植后，便形成了胎盘系统，胎儿与母体之间即靠胎盘进行营养及代谢产物的交换。

二、胎膜和胎盘

1. 胎　膜

胎膜是位于胎儿与母体子宫内膜之间的卵黄囊、羊膜、尿膜和绒毛膜的总称。胎膜是胎儿和子宫黏膜之间交换气体、养分和代谢产物的临时性器官（见图 5-2、图 5-3），对胚胎和胎儿发育极为重要。其作用是通过与母体子宫黏膜交换养分、气体和代谢产物，满足胎儿的生长发育。

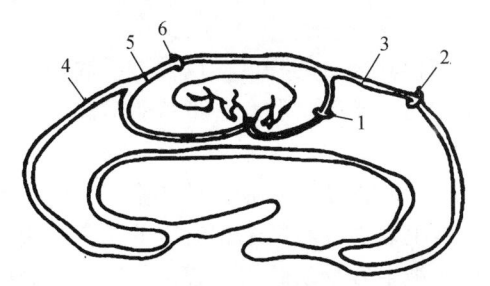

1—尿膜羊膜；2—尿膜绒毛膜；3—尿膜外层；4—绒毛膜；
5—羊膜；6—羊毛绒。

图 5-2　猪的胎膜切面

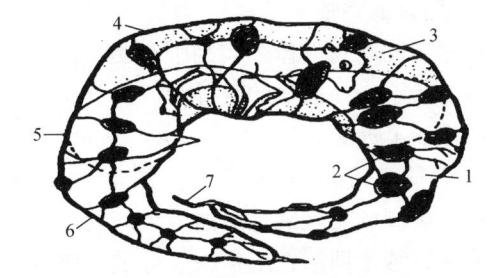

1—尿膜腔；2—子叶；3—羊膜腔；4—羊膜绒毛膜；5—绒毛膜；
6—尿膜绒毛膜；7—绒毛膜坏死端。

图 5-3　牛的胎膜和胎囊

1）卵黄囊

哺乳动物的卵黄囊由胚胎发育早期的囊胚腔形成，是胚胎发育初期从子宫中吸收养分和排出废物的原始胎盘，一旦尿膜出现其功能即为后者替代。随着胚胎的发育，卵黄囊逐渐萎缩，最后埋藏在脐带里，成为无机能的残留组织，称为脐囊，马中较为明显。

2）羊膜

羊膜是包裹在胎儿外的最内一层膜，由胚胎外胚层和无血管的中胚层形成。在胚胎和羊膜之间有一充满液体的腔，叫作羊膜腔。羊膜腔内充满羊水，能保护胚胎免受震荡和压力的损伤，同时，还为胚胎提供了向各方面自由生长的条件。羊膜能自动收缩，使处于羊水中的胚胎呈摇动状态，从而促进胚胎的血液循环。

3）尿膜

尿膜是构成尿囊的薄膜。尿囊通过脐带中的脐尿管与胎儿膀胱相连。尿囊中存有尿水，其功能相当于胚体外临时膀胱，并对胎儿的发育起缓冲保护作用。当卵黄囊失去功能后，尿膜上的血管分布于绒毛膜，成为胎盘的内层组织。随着尿液的增加，尿囊亦增大。奇蹄类尿膜分为内、外两层。内层与羊膜黏合在一起，称为尿膜羊膜；外层与绒毛膜黏合在一起，称为尿膜绒毛膜。牛、羊、猪的尿囊在胎儿的腹侧和两侧包围羊膜囊；马、驴、兔的尿囊则包围整个羊膜囊。

4）绒毛膜

绒毛膜是胚胎的最外层膜，它包围尿囊、羊膜囊和胎儿。绒毛膜表面分布有大量弥散型（马、驴、猪）或子叶型（牛、羊）的绒毛，富含血管网，并与母体子宫内膜相结合，构成胎儿胎盘。除马的绒毛膜不和羊膜接触外，其他家畜的绒毛膜均有部分与羊膜接触。绒毛膜表面绒毛分布，家畜间不同。绒毛膜的整个形状，家畜间也不同。马的绒毛膜填充整个子宫腔，因而发育成两角一体；反刍动物形成双角的盲囊，孕角较为发达；猪的绒毛膜呈圆筒状，两端萎缩成为憩室。

5）脐带

脐带是胎儿和胎盘联系的纽带，被覆羊膜和尿膜，其中有两支脐动脉，一支脐静脉（反刍动物有两支），有卵黄囊的残迹和脐尿管。脐动脉含胎儿的静脉血，而脐静脉则来自胎盘，富含氧和其他成分。脐带随胚胎的发育逐渐变长，使胚体可在羊膜腔中自由移动。

2. 胎盘

胎盘通常指由尿膜绒毛膜和子宫黏膜发生联系所形成的一种暂时性的"组织器官"。其中尿膜绒毛膜的绒毛部分为胎儿胎盘，而子宫黏膜部分为母体胎盘。胎儿胎盘和母体胎盘都有各自的血管系统，并通过胎盘进行物质交换。

1）胎盘的类型

根据不同动物母体子宫黏膜和胎儿尿膜绒毛膜的结构和融合的程度，以及绒毛膜表面绒毛的分布状态，一般将胎盘分为4种类型，即弥散型胎盘、子叶型胎盘、带状胎盘和盘状胎盘，如图5-4所示。

① 弥散型胎盘。弥散型胎盘是动物中比较广泛的一种胎盘类型，猪、马和骆驼为此类胎盘。这种类型的胎盘绒毛膜的绒毛均匀地分布在整个绒毛表面，与绒毛相对应的子宫黏膜上形成陷窝，绒毛即插在陷窝中。弥散型胎盘结构简单，绒毛容易从陷窝中脱出。因此，分娩时，胎儿胎盘和母体胎盘分离较快，很少出现胎衣不下现象。但胎儿胎盘和母体胎盘结合不甚牢固，易发生流产。

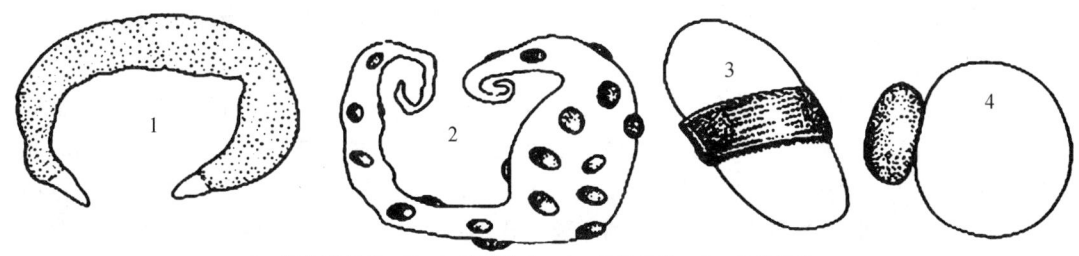

1—弥散型胎盘；2—子叶型胎盘；3—带状胎盘；4—盘状胎盘。
图 5-4　哺乳动物的 4 种主要胎盘

②子叶型胎盘。子叶型胎盘以牛、羊等反刍动物为代表。胎儿尿膜绒毛膜的绒毛集中形成许多绒毛丛，呈盘状或杯状凸起，称为胎儿子叶。母体子宫内膜上对应分布有子宫阜（母体子叶）。胎儿子叶上的许多绒毛，嵌入母体子叶的许多凹下的腺窝中，称为子叶型胎盘。

这种胎盘结构复杂，母仔联系紧密，分娩时不易发生窒息。牛的子宫阜是凸出的饼状，分娩时胎儿胎盘和母体胎盘分离较慢，多出现胎衣不下现象；而绵羊和山羊的子宫阜是凹陷的，分娩时胎衣容易排出。牛、羊的绒毛和子宫结缔组织相结合，因此，在分娩过程中，当胎儿胎盘脱落时常会带下少量子宫黏膜结缔组织，并有出血现象，又称半蜕膜胎盘。

③带状胎盘。带状胎盘以狗、猫等肉食类为代表，其特征是绒毛膜上的绒毛聚集在一起形成一宽带（宽 2.5~7.5 cm），环绕在卵圆形的尿膜绒毛膜囊的中部，子宫内膜也形成相应的母体带状胎盘。由于绒毛膜上的绒毛直接与母体胎盘的结缔组织相接触，因此在分娩过程中，会造成母体胎盘组织脱落，血管破裂出血，又称半蜕膜胎盘。

④盘状胎盘。盘状胎盘以啮齿类和灵长类（包括人）为代表，胎盘呈圆形或椭圆形。绒毛膜上的绒毛在发育过程中逐渐集中，局限于一圆形区域，绒毛直接侵入子宫黏膜下方血窦内，因此，又称血绒毛型胎盘。其分娩时，会造成子宫黏膜脱落、出血，也称蜕膜胎盘。

2）胎盘的功能

胎盘是一个功能复杂的器官，具有物质运输、合成分解代谢及分泌激素等多种功能，是胎儿防御的屏障。

①胎盘的运输功能。根据物质的性质及胎儿的需要，胎盘采取不同的运输方式。

a. 单纯弥散：物质自高分子浓度区移向低浓度区，直到两方取得平衡。如二氧化碳、氧、水、电解质等都是以此方式运输的。

b. 加速弥散：某些物质的运输率，如以分子量计算，超过单纯弥散所能达到的速度。细胞膜上特异性的载体，与一定的物质结合，以极快的速度，将结合物从膜的一侧带到另一侧。如葡萄糖、氨基酸及大部分水溶性维生素以加速弥散的方式运输。

c. 主动运输：胎儿方面的某些物质浓度较母体高，该物质仍能由母体运向胎儿方面，是因为胎盘细胞内酶的功能作用，才能使该物质穿越胎盘膜。如氨基酸、无机磷酸盐、血清铁钙及维生素等就是这样运输的。

d. 胞饮作用：极少量的大分子物质，如免疫活性物质及免疫过程中极为重要的球蛋白质借这一作用通过胎盘。

②胎盘的代谢功能。胎盘组织内酶系统极为丰富，所有已知的酶类，在胎盘中均有发现。因此，胎盘组织具有高度生化活性，具有广泛的合成及分解代谢功能。胎盘能以醋酸或丙酮酸合成脂肪酸，以醋酸盐合成胆固醇，亦能从简单的基础物质合成核酸及蛋白质，并具有葡

萄糖、戊糖磷酸盐、三羧酸循环及电子转移系统。所有这些功能对胎盘的物质交换及激素合成功能无疑都很重要。

③ 胎盘的内分泌功能。胎盘像黄体一样也是一种暂时性的内分泌器官，既能合成蛋白质激素如孕马血清促性腺激素、胎盘促乳素，又能合成甾体激素。这些激素合成释放到胎儿和母体循环中，其中一些进入羊水被母体或胎儿重吸收，在维持妊娠和胚胎发育中起调节作用。

④ 胎盘屏障。胎儿为自身生长发育的需要，既要同母体进行物质交换，又要保持自身内环境同母体内环境的差异，胎盘的特殊结构是实现这种矛盾对立生理作用的保障，称为胎盘屏障。在这一屏障的作用下，尽管许多物质可以进入和通过胎盘，但是具有严格的选择性。有些物质不经改变就可经过胎盘，在母体血液和胎儿血液之间进行物质交换；有些则必须在胎盘分解成比较简单的物质才能进入胎儿血液；还有一些物质，尤其是有害物质，通常不能通过胎盘。

三、妊娠的维持和妊娠期

1. 妊娠的维持

在维持母畜妊娠的过程中，孕酮和雌激素起着重要的作用。排卵前后，雌激素和孕酮含量的变化，是子宫内膜增生、胚泡附植的主要动因。而在整个妊娠期内，孕酮对妊娠的维持则体现了多方面的作用：

① 抑制雌激素和催产素对子宫肌的收缩作用，使胎儿的发育处于平静而稳定的环境；
② 促进子宫颈栓体的形成，防止妊娠期间异物和病原微生物侵入子宫，危及胎儿；
③ 抑制垂体 FSH 的分泌和释放，抑制卵巢上卵泡发育和母畜发情；
④ 妊娠后期孕酮水平的下降有利于分娩的发动。

雌激素和孕激素的协同作用可改变子宫基质，增强子宫的弹性，促进子宫肌和胶原纤维的增长，以适应胎儿、胎膜和胎水增长对空间扩张的需求；还可刺激和维持子宫内膜血管的发育，为子宫和胎儿的发育提供营养来源。

2. 母畜的妊娠期及预产期推算

1）妊娠期

妊娠期是母畜妊娠全过程所经历的时间。妊娠期的长短因畜种、品种、胎儿因素、环境条件等的不同有所差异。各种动物的妊娠期如表 5-1 所示。

表 5-1　各种母畜的妊娠期

种类	平均/d	范围/d	种类	平均/d	范围/d
牛	282	276~290	马	340	320~350
水牛	307	295~315	驴	360	350~370
猪	114	102~140	骆驼	389	370~390
绵羊	150	146~161	狗	62	59~65
山羊	152	146~161	家兔	30	28~33

一般早熟品种妊娠期较短。初产母畜、单胎动物怀双胎、怀雌性胎儿以及胎儿个体较大

等情况，会使妊娠期相对缩短。多胎动物怀胎数更多时，会缩短妊娠期。家猪的妊娠期比野猪短，马怀骡时妊娠期延长，小型犬的妊娠期比大型犬短。

2）妊娠期的推算

在生产实践中，母畜配种妊娠后，快速准确推断其预产期，有助于合理安排饲养管理程序，避免由于预产期推算不准而导致母畜临产期的饲养管理错位，减少经济损失。各种母畜预产期的推算方法如下：

牛：配种月份减3，配种日数加6。

羊：配种月份加5，配种日数减2。

猪：配种月份加4，配种日数减6；也可按"3、3、3"法，即3月加3周加3 d来推算。

马：配种月份减1，配种日数加1。

以奶牛为例，计算方法是月份减3，日五加4，三、四加5，七、十二加6，余加7。即配种月份减3，为预产月份。配种日是五月份加4 d，三、四月份加5 d，七、十二月份加6 d，其余月份（一、二、六、八、九、十、十一）加7 d，所得即为预产日。

四、妊娠母畜的生理变化

1. 生殖器官的变化

1）卵 巢

有妊娠黄体存在，其体积比周期黄体略大，质地较硬。妊娠黄体持续存在于整个妊娠期分泌孕酮，维持妊娠。妊娠早期，卵巢偶有卵泡发育，致使孕后发情，但多不能排卵而退化、闭锁。马属动物的妊娠黄体在妊娠的160 d左右便开始退化，到7个月时仅留痕迹，以后靠胎盘分泌的孕酮维持妊娠。

2）子 宫

随着妊娠期的进展，胎儿逐渐增大，子宫也通过增生、生长和扩展的方式以适应胎儿生长的需要，同时子宫肌层保持着相对静止和平稳的状态，以防胎儿过早排出。

附植前，在孕酮的作用下子宫内膜增生，血管增加，子宫腺增长、卷曲，白细胞浸润；附植后，子宫肌层肥大，结缔组织基质广泛增生，纤维和胶原含量增加；子宫扩展期间，自身生长减慢，胎儿迅速生长，子宫肌层变薄，纤维拉长。

家畜怀单胎时，孕角和空角始终不对称。妊娠的前半期，子宫体积的增大主要是子宫肌纤维的增长；后半期由于胎儿的增大使子宫扩张，子宫壁变薄；妊娠末期，牛、羊扩大的子宫占据腹腔的右半部，致使右侧腹壁在妊娠末期明显突出。马扩大的子宫多偏于左侧。猪在妊娠时扩大的子宫角最长可达1.5~3 m，曲折位于腹腔的底部。

3）子宫颈

子宫颈在妊娠期间收缩紧闭，几乎无缝隙。子宫颈内腺体数目增加并分泌浓稠黏液形成栓塞，称为子宫栓，这有利于保胎。牛的子宫颈分泌物较多，妊娠期间有子宫栓更新现象；马、驴的子宫栓较少，子宫栓在分娩前液化排出。

4）阴道和阴门

妊娠初期，阴门收缩，阴门裂紧闭，阴道干涩；妊娠后期，阴道黏膜苍白，阴唇收缩；妊娠末期，阴唇、阴道水肿柔软，有利于胎儿产出，在猪、牛中表现尤为突出。妊娠中、后期阴道长度有所增加，临近分娩时变得粗短，黏膜充血并微有肿胀。

2. 母体的变化

妊娠期间，由于胎儿的发育及母体新陈代谢的加强，孕畜体重增加，被毛光亮，性情温驯，行动谨慎。妊娠后期，胎儿迅速生长发育，母体常不能消化足够的营养物质满足胎儿的需求，需消耗前期存储的营养物质，供应胎儿，往往会造成母畜体内钙、磷含量降低。若不能从饲料中得到补充，则易造成母畜脱钙，出现后肢跛行、牙齿磨损快、产后瘫痪等表现。妊娠末期，母畜血流量明显增加，心脏负担加重，同时由于腹压增大，致使静脉血回流不畅，常出现四肢下部及腹下水肿。

五、妊娠诊断

妊娠诊断的方法很多，采用一定的方法检查母畜是否妊娠的过程称为妊娠诊断。

（一）早期妊娠诊断的意义

母畜的早期妊娠诊断是提高家畜繁殖效率和提高畜牧业的重要技术措施。母畜配种后，尽早进行妊娠诊断，对于减少空怀、增加畜产品和有效实施动物生产都是相当重要的。妊娠过程中，母体生殖器官、全身新陈代谢和内分泌都发生变化，且在妊娠的各个阶段具有不同特点。妊娠诊断的目的就是借助母体妊娠后所表现出的各种变化来判断是否妊娠以及妊娠进展情况。确定已妊娠的母畜，要加强饲养管理，维持母畜健康，保证胎儿正常发育，防止胚胎早期死亡或流产。确定没有妊娠的母畜，应密切注意下次发情，抓好配种工作，并及时找出其未孕的原因，以便做必要的改进或及时治疗。因此，简便而有效的妊娠诊断方法，尤其是早期妊娠诊断，一向被畜牧兽医工作者所重视。

（二）妊娠诊断的基本方法

1. 外部检查法

主要根据母畜妊娠后的行为变化和外部表现来判断是否妊娠。母畜妊娠以后，一般表现为发情周期停止，食欲增进，营养状况改善，毛色润泽光亮，性情变得温顺，行为谨慎安稳；妊娠中期或后期，腹围增大，向一侧突出（牛、羊为右侧，马为左侧，猪为下腹部），乳房胀大，有时牛、马腹下及后肢可出现水肿。牛8个月以后、马驴6个月以后可以看到胎动，即胎儿活动所造成的母畜腹壁的颤动。在一定时期（牛7个月后，马、驴8个月后，猪2.5个月以后），隔着右侧（牛、羊）或左侧（马、驴）或最后两对乳房的上方（猪）的腹壁可以触诊到胎儿。在胎儿胸壁紧贴母体腹壁时，可以听到胎儿的心音，可根据这些外部表现诊断是否妊娠。

外部检查法对牛、马等大家畜来说并不重要，因为有更可靠的直肠检查法。对于猪、羊等中等体型动物,在妊娠中期后,可隔着腹壁直接触及胎儿,较为实用可靠。猪触诊时,可抓痒令母猪卧下,然后再用一只手或两只手在最后两对乳房上壁处前后滑动,触摸是否有硬物而判断;羊检查时,操作者两腿夹住颈部(或前躯)保定,用双手紧贴下腹壁,以左手在右侧腹壁前后滑动,触摸是否有硬块,有时可以摸到子叶,给予确诊。

上述方法的最大缺点是不能早期进行诊断,同时,没有某一现象时也不能肯定是否未孕。此外,不少马、牛妊娠后,亦有再出现发情的,依此做出未孕的结论将会判断错误。还有的在配种后没有怀孕,但由于饲养管理、利用不当、生殖器官炎症,以及其他疾病而不复发情,据此作出怀孕的结论也是不合适的。因此,外部观察法并非一种早期、准确和有效的妊娠诊断方法,常作为早期妊娠诊断的辅助或参考。

2. 直肠检查法

直肠检查是隔着直肠壁触诊卵巢、子宫和胚泡的形态、大小和变化。此法普遍应用于大家畜的妊娠诊断,而且是最经济可靠的方法。其优点是在整个妊娠期间均可应用,也是早期妊娠诊断的可靠方法;诊断结果准确,并可大致确定妊娠时间;可发现假妊娠、假发情(妊后发情)、生殖器官一些疾病及胎儿死活等情况;所需设备简单,操作简便。

判定母畜是否妊娠的重要依据是怀孕后生殖器官的变化,在具体操作时要随妊娠的时间阶段有不同的侧重。妊娠初期,主要以卵巢上黄体的状态、子宫角的形状和质地的变化为主;胚泡形成后,要以胚泡的存在和大小为主;胚泡下沉入腹时,则以卵巢的位置、子宫颈的紧张度和子宫动脉妊娠脉搏为主。

1)牛的直肠检查

① 检查步骤及方法。首先将牛放在牛栏或诊疗架内保定,使其不能跳跃、蹄蹴。检查前操作者应戴上乳胶或塑料薄膜长筒手套。检查时用一只手握住尾巴并将它拉向一侧,另一只手并拢成为楔形插入肛门,然后缓缓进入直肠,再将手向直肠深部伸入。向直肠深部深入时,可将手握成拳头,这样可以防止损伤肠壁。手臂伸到一定深度时,就可感到活动的空间增大,这时就可触摸直肠下壁,检查其下面的生殖器官。检查时,遇到肠管蠕动收缩,应停止活动,待肠壁收缩波越过手背、肠道松弛时再进行触摸,必要时还要随着收缩波后退,待蠕动停止时再向前伸检查,如图5-5所示。

② 妊娠期间生殖器官的变化。母牛未妊娠时,子宫角位于骨盆腔内,经产牛的子宫角有时位于耻骨前缘或稍垂入腹腔。角间沟清楚,子宫角质地柔软,触之有时有收缩反应,呈卷曲状态。

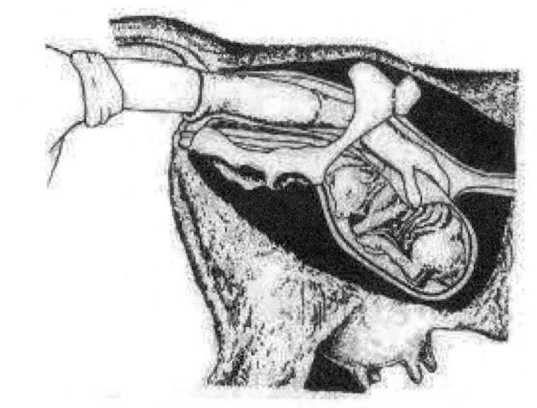

图5-5 牛的妊娠诊断

配种后约一个情期(19~22 d),如果母牛仍未出现发情,可进行第一次直肠检查,但此时子宫角的变化不明显。如卵巢上没有正在发育的卵泡,而在排卵侧有妊娠黄体存在,可初步诊断为妊娠。

妊娠1个月时,两侧子宫角已不对称,妊娠侧子宫角比空角略粗大、柔软、壁薄,卷曲状态不明显。稍用力触压，感觉子宫内有波动，收缩反应不敏感，空角较厚且有弹性。

妊娠2个月时，角间沟不易辨清，两角大小明显不同，孕角比空角大1~2倍。孕角壁薄而软，波动明显，可摸到整个子宫。

妊娠3个月时，角间沟消失，孕角显著粗大，内有明显波动。子宫开始沉入腹腔，子宫颈前移至耻骨前缘之上，孕角侧子宫动脉增粗，根部出现妊娠脉搏。

妊娠4个月时，子宫全部沉入腹腔，子宫颈越过耻骨前缘，一般只能摸到子宫背侧的子叶，偶尔可摸到胎儿漂浮于胎水中，孕侧子宫动脉妊娠脉搏明显。

此后到分娩，子宫进一步扩张，手已无法触到子宫的全部，子叶逐渐增大至胡桃或鸡蛋大小，子宫动脉粗如拇指，双侧都有明显的妊娠脉搏。妊娠后期可触到胎儿肢体。

2）直肠检查诊断妊娠时可能造成误诊的一些情况

① 干尸化胎儿。有些胎儿死亡后不排出体外，亦不被吸收，而是脱水干尸化。胎儿已干尸化的母畜，妊娠足月时亦看不出任何外部变化。直肠检查时，可感到子宫质地及其内容物硬实，其中没有液体，有时可摸到子宫动脉搏动。月份较大的干尸化的胎儿很难自行排出，长时间停留在子宫内会使子宫受到损害。

② 子宫内膜炎和子宫积脓（水）。子宫发炎，白细胞增多，大量积聚可引起子宫肿胀，子宫体积增大，子宫有弹性并有可塑性，子宫壁增厚。触诊前可见到阴门流出炎性排泄物，触诊时压迫子宫流出的分泌物会更多。

③ 粗大的子宫颈。有些品种的子宫颈本来就比其他品种粗大，初学者可能将其误认为胎儿。

④ 品种。有些品种牛直肠触摸生殖系统比较容易，如奶牛比较容易触诊。但体型大者较困难，触诊肉牛最为困难，如婆罗门肉牛肠臂特别厚，活动性很小，很难触诊。

⑤ 肥胖家畜。过肥的家畜，即使有经验的检查者，也很难触诊清楚，因为手在直肠内活动很困难，而且检查时间稍长，使得无力再继续检查。

3. 阴道检查法

阴道检查判定母畜是否怀孕的主要依据是由于胚胎的存在，阴道的黏膜、黏液、子宫颈发生了某些变化。这种方法只适用于牛、马等大动物。主要观察阴道黏膜的色泽、干湿状况，黏液性状（黏稠度、透明度及黏液量），子宫颈形状位置。这些性状的表现，各种家畜基本相同，只是稍有差异。一般于配种后经过一个发情周期以后进行检查，这时如果未妊娠，周期黄体作用已消失，所以阴道不会出现妊娠时的症状。如果已妊娠，由于妊娠黄体分泌孕酮的作用一般出现以下变化：

1）阴道黏膜

一般妊娠3周以后，阴道黏膜由粉红变为苍白色，表面干涩无光泽，阴道收缩变紧。

2）阴道黏液

马、牛妊娠1.5~2月，子宫颈口处有浓稠的黏液；3~4月后，阴道黏液量增多，为灰白色或灰黄色糊状黏液，马的糊状黏液带有芳香味；6个月后，变得稀薄而透明。羊妊娠后20 d后，阴道黏液由原来的稀薄、透明变得黏稠，可拉成丝状；若稀薄而量大，颜色呈灰白色脓样为未孕。

3）子宫颈

妊娠后子宫颈紧闭，有黏液塞于子宫颈口形成子宫栓。随着妊娠的进展，子宫增重向腹腔下沉，子宫颈的位置发生相应的变化。牛妊娠过程中子宫栓有更替现象，被更替的黏液排出时，常黏附于阴门下角，并有粪土黏着，是妊娠的表现之一。马妊娠3周后，子宫颈即收缩紧闭，开始子宫栓较少，3~4月以后逐渐增多，子宫颈阴道部变得细而尖。

阴道检查时，术前准备及消毒工作和发情鉴定的阴道检查法相同，必须认真对待。如果消毒不严，会引起阴道感染；如果操作粗鲁，还会引起孕畜流产，故务必谨慎。

阴道检查所提各项，因个体间差异颇大，所以难免造成误诊，如被检查的母畜有异常的持久黄体或有干尸化胎儿存在时，极易和妊娠症状混淆，而误判为妊娠。当子宫颈及阴道有病理过程时，孕畜又往往表现不出怀孕症状而判为空怀。阴道检查不能确定怀孕日期，特别是它对于早期妊娠诊断不能做出肯定的结论，所以阴道检查法只可作为判断妊娠的参考。

4. 免疫学诊断法

免疫学诊断法是指根据免疫化学和免疫生物学的原理所进行的妊娠免疫学诊断。对家畜妊娠免疫学诊断的方法研究虽然较多，但真正在实践中应用得很少。

免疫学妊娠诊断主要依据是母畜妊娠后，胚胎、胎盘及母体组织产生某些化学物质、激素或酶类，其含量在妊娠的过程中具有规律性的变化；同时，其中某些物质可能具有很好的抗原性，能刺激动物产生免疫反应。如果用这些具有抗原性的物质去免疫家畜，会在体内产生很强的抗体，制成抗血清后，只能和其诱导的抗原相同或相近的物质进行特异结合。抗原和抗体的这种结合可以通过两种方法在体外被测定出来。其一是荧光染料和同位素标记，然后在显微镜下定位；其二是利用抗体和抗原结合产生的某些物理性状，如凝集反应、沉淀反应的有无来作为妊娠诊断的依据。

目前，研究较多的有红细胞凝集抑制试验、红细胞凝集试验和沉淀反应等方法。这种方法早期妊娠诊断的准确性和稳定性还有待进一步研究。

5. 血或乳中孕酮水平测定法

母畜妊娠后，由于妊娠黄体的存在，在相当于下一个情期到来的时间阶段，其血清和乳中孕酮含量要明显高于未孕母畜。采用放射免疫、蛋白质竞争结合法等测定妊娠母畜血清或乳中孕酮含量，与未妊母畜对比做出妊娠判断。根据被测母畜孕酮水平的实测值很容易做出妊娠或未妊娠的判断。这种方法适于进行早期妊娠诊断，一般其判断妊娠的准确率在80%~95%不等，而对未妊娠判断的准确率常可达到100%。这主要是由于造成被测母畜孕酮水平高的原因很多，诸如持久黄体、黄体囊肿、胚胎死亡或其他卵巢、子宫疾病等，往往造成一定比例的误诊；此外，孕酮测定的药盒标准误差、测定仪器和技术水平等都可能影响诊断的准确性。

一些研究的结果还表明，采用孕酮测定法还可以有效地进行母畜的发情鉴定持久黄体、胚胎死亡等多项监测。

孕酮测定法所需仪器昂贵，技术和试剂要求精确，适合大批量测定。孕酮测定法从采样到得到结果的时间需要几天，又由于对妊娠诊断的准确率不甚高，推广应用较困难。

6. 超声波诊断法

超声波诊断法是采用超声波妊娠诊断仪对母畜腹部进行扫描，观察胚胞液或心动的变化。超声诊断的种类主要有3种，即A型超声诊断法、多普勒超声诊断法和B型超声诊断法。

A型超声诊断仪可对妊娠20 d以后的母猪进行探测；30 d以后的准确率可达93%~100%；绵羊最早在妊娠40 d才能测出，60 d以上的准确率可达100%；牛、马妊娠60 d以上才能做出准确判断。可见该型仪器的诊断时间在妊娠中、后期才能确诊。

多普勒超声诊断仪又称D型超声诊断仪，在妊娠诊断中，检测的多普勒信号主要有子宫动脉血流音、胎儿心搏音、脐带血流音、胎儿活动音和胎盘血流音等，适用于妊娠的早期诊断。但是，由于操作技术和个体差异常造成诊断时间偏长、准确率不高等问题，尚待进一步研究。

B型超声断层扫描简称B超，是根据超声波在家畜体内传播时，由于脏器或组织的声阻抗不同，界面形态不同，以及脏器间密度较低的间隙，造成各脏器不同的反射规律，形成各脏器各具特点的声像图。用B超可通过探查胎水、胎体或胎心搏动以及胎盘来判断母畜妊娠阶段、胎儿数、胎儿性别及胎儿的状态等。但早期诊断的准确率仍然偏低，对绵羊所做的妊娠检查的结果表明，0~25 d的准确率只有12.8%，25 d以后准确率增加到80%，50 d以上可达100%。

7. 智能诊断法

猪场内布置有多个自动巡逻摄像头，观测配种后母猪的行为习惯，通过睡姿、站姿、进食等数据，加上人工智能的独特算法从而得出结论。譬如，睡觉喜欢四脚朝天、站着不乱跑、吃东西食量稳定的母猪就大概率出现了"孕相"。算法的价值在于能及时发现母猪假妊娠的情况，提醒饲养员再次配种，从而提高产仔数。

从上述诸多方法可知，进行妊娠诊断是以配种后一定时间作为检查依据的，因此，对于一个现代化的规模养殖场，做好配种及繁殖情况记录是极为重要的，它们是繁殖管理科学化的重要依据，必须做好原始资料的记录、保存和整理工作。

任务二 分娩助产

知识链接

所谓分娩就是指妊娠子宫将胎儿和胎衣排出的过程。

一、分娩机理

胎儿发育成熟，分娩自然进行。分娩的发动是由激素、神经和机械性扩张等因素相互配合，共同完成的。目前认为，胎儿下丘脑—垂体—肾上腺轴（系统）对触发分娩具有重要的作用。

试验证明，切除妊娠期间羊的下丘脑、垂体和肾上腺后，可导致妊娠的无限延长。而采用肾上腺皮质素或糖皮质类固醇处理胎羔，可诱发早产。研究证明，由于胎儿垂体分泌促肾上腺皮质素的增加，引起胎儿肾上腺分泌肾上腺皮质素的增加。肾上腺皮质素可促进胎盘雌激素和子宫前列腺素的分泌，从而抑制胎盘孕激素的产生。前列腺素的分泌又促进了卵巢黄体的溶解，并促进子宫平滑肌的收缩。雌激素分泌的增加不仅增强了子宫对刺激的敏感性，同时促进催产素的释放，如图5-6所示。

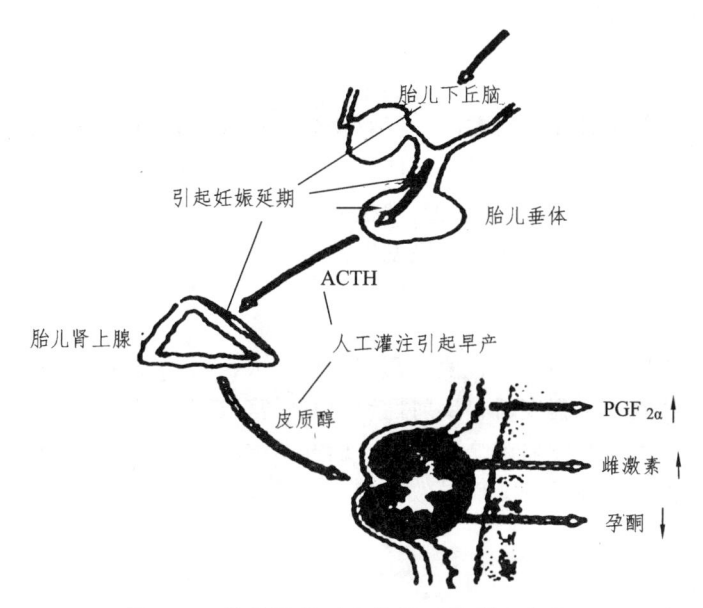

图 5-6　绵羊胎儿对分娩发动控制示意图

由于激素、肾上腺素等的分泌和调节，结束了子宫的抑制状态，引起子宫的收缩，于是，分娩发动开始。

1. 分娩时母体激素的变化

1）雌激素

雌激素在妊娠时血液中的量少，但是，绵羊和山羊在妊娠期间，雌激素逐渐增至高峰；牛到分娩发动时才达到高峰。由于雌激素逐渐增至高峰，增强了子宫肌对催产素的敏感性，从而增强了子宫肌自发性收缩作用，克服了孕酮的抑制作用，刺激前列腺素的合成和释放。

2）孕　酮

胎盘及黄体产生的孕酮，对维持怀孕起着极其重要的作用。孕酮通过降低子宫对催产素、乙酰胆碱等催产物质的敏感性，抗衡雌激素，抑制子宫收缩。这种抑制作用一旦被消除，就成为启动分娩的重要诱因。母体（除母马外）血液中孕酮浓度的下降恰巧发生在分娩之前，这是由于胎儿糖皮质类固醇刺激子宫合成前列腺素，抑制孕酮的产生所致。

3）催产素

催产素能使子宫发生强烈的阵缩。它是由垂体后叶释放的。开始时，分泌量不大，但胎儿排出时达到高峰，然后又下降。催产素的释放有两个方面的原因：一方面是由于妊娠后期，雌激素升高孕酮下降，而激发垂体后叶释放；另一方面是由于子宫颈或阴道受到刺激，反射性地引起垂体后叶分泌催产素。

4）前列腺素

主要是指来自子宫静脉的前列腺素。子宫静脉前列腺素在产前 24 h 达到高峰。其作用是：

① 直接刺激子宫肌，引起子宫肌收缩；
② 某些 PG 溶解黄体，使孕酮量下降，从而减弱对子宫肌收缩的抑制作用；
③ 促进垂体后叶释放催产素。

2. 神经因素

神经系统对分娩并不是完全必需的，但对于分娩过程具有调节作用，如胎儿的前置部分对子宫颈及阴道产生刺激，通过神经传导使垂体后叶释放催产素。此外很多家畜的分娩多半发生在晚间，这时外界的光线及干扰减少，中枢神经易于接收来自子宫及软产道的冲动信号。这说明外界因素可以通过神经系统对分娩发生作用。

3. 机械作用

妊娠后期，由于胎儿逐渐增大，使子宫容积也增大，张力提高，子宫内压也升高，子宫肌纤维高度伸张。达到一定程度时，反射性地引起子宫收缩，产生分娩这种刺激作用。

由于子宫壁扩张后，胎盘血液循环受阻，胎儿所需氧气及营养得不到满足，产生窒息性刺激，引起胎儿强烈反射性活动，而导致分娩。一般双胎比单胎怀孕期较短，如胎儿发育不良，则妊娠期延长。

二、决定分娩过程的因素

胎儿分娩正常与否，主要取决于产力、产道及胎儿3个方面。

1. 产　力

将胎儿从子宫中排出的力量叫作产力。它是由子宫肌和腹肌的有节律地收缩共同构成的，包括阵缩和努责。

1）阵　缩

子宫肌的收缩称为阵缩，是分娩过程中的主要动力。它的收缩是由子宫底部开始向子宫颈方向进行，呈波浪式，每两次收缩之间出现一定的间隙，收缩和间隙交替进行。这是由于乙酰胆碱及催产素的作用时强时弱造成的，这对胎儿的安全非常有利。子宫壁收缩时，血管受到压迫，胎盘上的血液循环及氧的供给发生障碍；间隙时，子宫肌松弛，血管所受压迫解除，血液循环及氧的供给得以恢复。如果子宫持续收缩而没有间隙，胎儿在排出过程中就会因为缺氧而死亡。

2）努　责

腹壁肌和膈肌收缩产生的力量称为努责，是胎儿产出的辅助动力。努责是伴随阵缩随意性进行的，阵缩与努责同间隙定期反复地出现，并随产程进展收缩加强，间隙时间缩短。

2. 产　道

1）产道的构成

产道是分娩时，胎儿由子宫内排出所经过的道路。它分为软产道和硬产道。

① 软产道，包括子宫颈、阴道、阴道前庭和阴门。在分娩时，子宫颈逐渐松弛，直至完全开张。阴道、阴道前庭和阴门也能充分松弛扩张。

② 硬产道，指骨盆，主要由荐骨和 3 个尾椎、髋骨（包括髂骨、坐骨、耻骨）及荐坐韧带构成骨盆腔。母畜骨盆和公畜骨盆相比，母畜骨盆的特点是入口大而圆，倾斜度大，耻骨前缘薄；坐骨上棘低，荐坐韧带宽；骨盆腔的横径大；骨盆底前部凹，后部平坦宽敞；坐骨弓宽，因而出口大。所有这些变化都是母畜对于分娩的适应。骨盆分为以下 4 个部分：

　　a. 入口，是骨盆的腹腔面，斜向前下方。它是由上方的荐骨基部、两侧的髂骨及下方自耻骨前缘所围成。骨盆入口的形状大小和倾斜度对分娩时胎儿通过的难易程度有很大的关系，入口较大而倾斜，形状圆而宽阔，胎儿易通过。

　　b. 骨盆腔，是骨盆入口至出口之间的腔体。骨盆腔的大小取决于骨盆腔的垂直径及横径，垂直径是由骨盆联合前端向骨盆顶所做的垂线，横径是两侧坐骨上棘之间的距离。

　　c. 出口，是由第 1 尾椎、第 2 尾椎、第 3 尾椎和两侧荐坐韧带后缘以及下方的坐骨弓围成。

　　d. 骨盆轴，是通过骨盆腔正中心的一条假想线，它代表胎儿通过骨盆腔时所走的路线，骨盆轴越短越直，胎儿通过越容易。分娩时，胎儿即沿骨盆轴移引。马的骨盆轴是 3 条线的中点连线，即耻骨联合前端至岬部的连线、骨盆腔的垂直径、骨盆联合后端向荐骨后端所做的连线。马的骨盆轴稍向上凸，接近水平，有利于分娩。牛的骨盆轴，先向上，然后水平，再向上，成一条曲折线，因此，牛分娩较困难。各种母畜骨盆轴如图 5-7 所示。

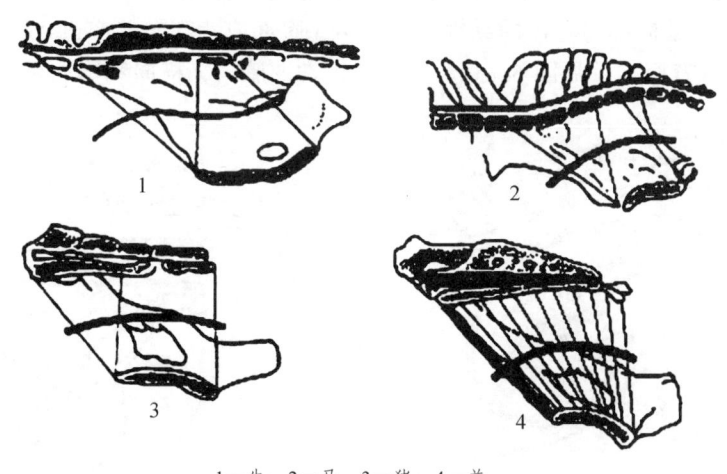

1—牛；2—马；3—猪；4—羊。
图 5-7　各种母畜骨盆轴

2）各种母畜的骨盆特点

①牛。骨盆入口呈竖椭圆形，倾斜度小，骨盆底下凹，荐骨突出于骨盆腔内，骨盆侧壁的坐骨上棘很高而且斜向骨盆腔。因此，横径小，荐坐韧带窄，坐骨粗隆很大，妨碍胎儿通过。牛的骨盆轴是先向上再水平然后又向上，形成一条曲折的弧线。因此，胎儿通过较难。

②马。入口圆而斜，底平坦，轴短而直。坐骨上棘小，荐骨韧带宽阔，骨盆横径大。出口坐骨粗隆较低，胎儿易通过。

③猪。坐骨粗隆发达，且后部较宽，入口大，髂骨斜，骨盆轴向后下倾斜，近于直线，胎儿易通过。

④羊。与牛相似，但入口倾斜度比牛大，荐骨不向骨盆腔突出，坐骨粗隆较小，骨盆底平坦，骨盆轴与马相似，呈直线或缓曲线，胎儿易通过。

3）分娩姿势对骨盆腔的影响

分娩时母畜多采取侧卧姿势，这样使胎儿更接近并容易进入骨盆腔。腹壁不负担内脏器官及胎儿的质量，使腹壁的收缩更有力，增大对胎儿的压力。

分娩顺利与否和骨盆腔的扩张关系很大，而骨盆腔的扩张除受骨盆韧带，特别是荐坐韧带的松弛程度影响外，还与母畜立卧姿势有关。因为荐骨尾椎及骨盆部的韧带是臀中肌、股二头肌（马牛）、半腱肌和半膜肌（马）的附着点。母畜站立时，这些肌肉紧张，将荐骨后部及尾椎向下拉紧，使骨盆腔及出口的扩张受到限制；而母畜侧卧便于两腿向后挺直，这些肌肉则松弛，荐骨和尾椎向上活动，骨盆腔及其出口就能开张。

3. 分娩时胎儿与母体的关系

分娩过程正常与否，和胎儿与骨盆之间以及胎儿本身各部位之间的相互关系密切。

1）胎　向

胎向指胎儿的方向，就是胎儿纵轴与母体纵轴的关系。胎向有3种。① 纵向：胎儿纵轴与母体纵轴相互平行。纵向又分为纵头向和纵尾向，纵头向是正生，胎儿的前肢和头部先进入产道（见图5-8、图5-10）；纵尾向是倒生，胎儿的后肢和尾部先进入产道（见图5-9、图5-11）。② 横向：胎儿横卧于子宫内，就是胎儿的纵轴与母体纵轴是水平的垂直（见图5-12）。③ 竖向：胎儿的纵轴向上与母体的纵轴垂直，胎儿腹部或背部向着产道，称为腹竖向（见图5-13、图5-14）或背竖向（见图5-15）。纵向是正常的胎向，横向和竖向是反常的。

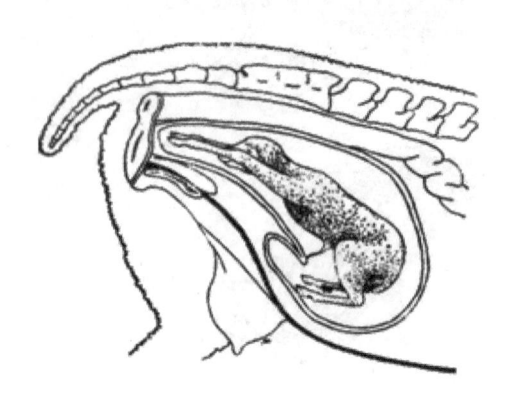

图5-8　纵头向上位（正生）　　　　图5-9　纵尾向上位（倒生）

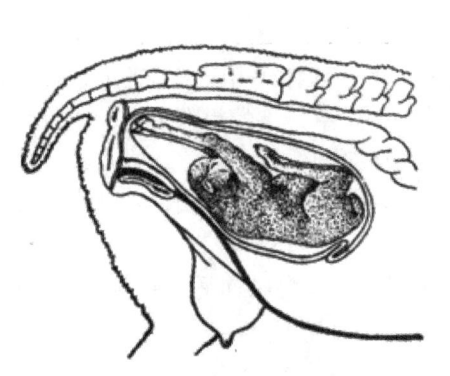

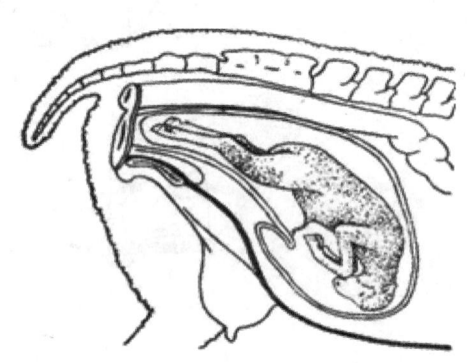

图5-10　纵头向下位（正生）　　　图5-11　纵尾向下位（倒生）

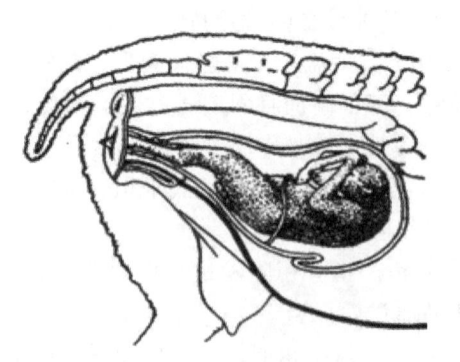

图 5-12　胎儿横向 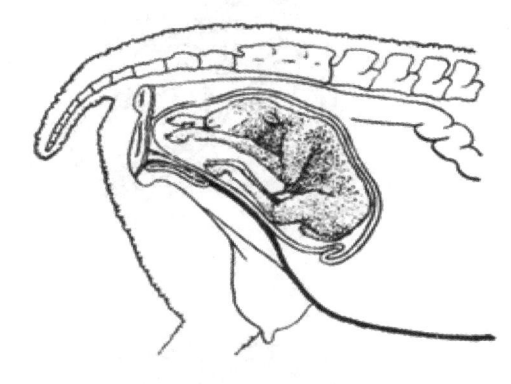　　　　　　　图 5-13　腹部前置的竖向（头向上）

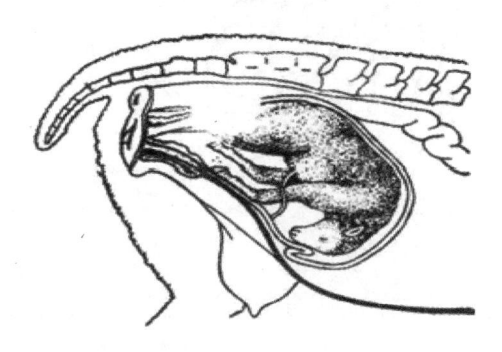

图 5-14　腹部前置的竖向（头向下） 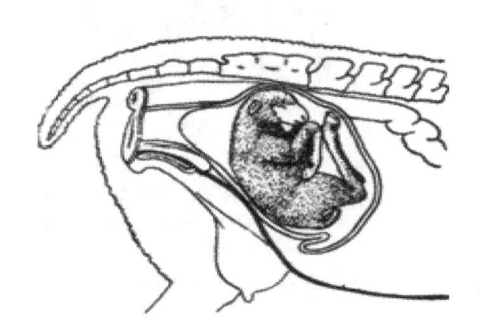　　图 5-15　背部前置的竖向（头向上）

2）胎　位

胎位指胎儿的背部和母体的背部的关系。胎位有 3 种。① 上位：胎儿俯卧在子宫内，背部朝上，靠近母体的背部及荐部；② 下位：胎儿仰卧在子宫内，背部朝下，靠近母体的腹部及耻骨；③ 侧位：胎儿侧卧于子宫内，背部位于一侧，靠近母体左或右侧腹壁及髂骨。上位是正常的，下位和侧位都是不正常的。侧位如果倾斜不大，称为轻度侧位，仍可正常。胎位因家畜种类不同而有差异，并与子宫的解剖特点有关。马的子宫角大弯向下，胎位一般为下位；牛、羊的子宫角大弯向上，胎位以侧位为主，有的为上位；猪的胎位也以侧位为主。

3）胎　势

胎势指胎儿在母体内的姿势，即各部位之间的关系是伸直的或屈曲的。胎儿正常的姿势在正生时是两前腿伸直，头也伸直，并且放在两条前腿的上面；侧生时两后腿伸直。

4）前置（先露）

前置（先露）指胎儿的某些部分和产道的关系，哪一部分向着产道，就叫哪一部分前置。如正生可以叫作前躯前置，倒生可以叫作后躯前置。

5）分娩时胎位和胎势的变化

分娩时，胎向不发生变化，但胎位和胎势则必须改变，使其纵轴成为细长，并适应骨盆腔的情况，有利于分娩。这种改变主要是靠阵缩压迫胎盘血管，胎儿处于供氧不足状态，发生反射性挣扎所致。分娩前多数为下位或侧位，分娩时变为上位，头腿的姿势由屈曲变为伸直，如图 5-16 所示。

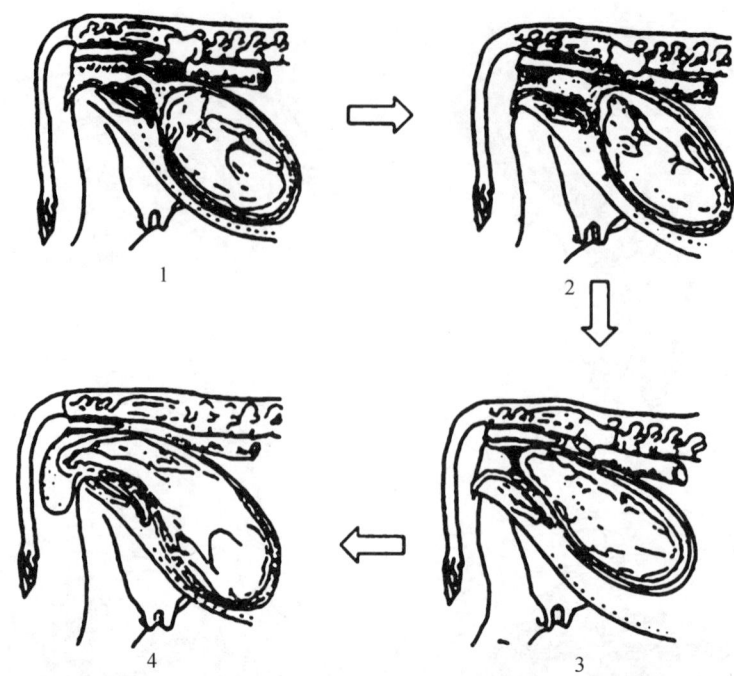

1—纵向下位；2—头、前肢后伸；3—纵向侧位；4—纵向上位。
图 5-16 正常分娩时胎位、胎势示意图

一般家畜分娩时，胎儿多是纵向，头部前置，马占 98%～99%、牛约占 95%、羊约占 70%、猪约占 54%。牛、羊双胎时，多为一个正生，一个倒生；猪常常是正、倒交替产出。

6）分娩时母畜采取的最佳姿势

母畜站立时，荐坐韧带不能放松，对开放产道不利。因而母畜在分娩的最紧要关头（即排出胎儿膨大部时），往往自动蹲下或侧卧，减少对荐坐韧带压力的同时，增加对产道的排出推力，因而侧卧对母畜来说是最有利的。

但在难产时，如发生胎儿姿势异常时，为使胎儿能被推回腹腔矫正，一般使母畜呈站立姿势。如果母畜由于疲劳而不能站立时，常用垫草抬高后躯。

微课：母牛的接产与助产　　微课：母羊的接产与助产　　微课：母猪的接产与助产

三、分娩过程

1. 分娩预兆

母畜分娩前，在生理和形态上发生一系列变化，对这些变化进行全面观察，可以预测分娩时间，做好助产准备。

（1）精神状态。母畜在产前有精神抑郁及徘徊不安、时起时卧等现象。

产畜都有离群寻找安静地方分娩的情况，猪在产前 6～12 h（有时数天）有衔草做窝现象，

尤其是地方品种猪。母兔在产前则拉毛做窝。奶牛产前 7~8 d，体温可缓慢增高到 39~39.5 ℃；产前 12 h 左右（有时 3 d），则下降 0.4~1.2 ℃，分娩过程中或产后又恢复到分娩前的体温。另外母畜临产前食欲不振，排泄量少且次数增多。

（2）乳房复化。产前乳房膨胀增大，皮肤发红，奶牛、猪在产前几天可挤出少量清亮胶样液体。

（3）子宫颈。子宫颈在分娩前 1~2 d 开始肿大、松软。原来封闭子宫颈管的黏液软化，从阴门中流出，呈透明、拉长的线状。

（4）阴道。阴道黏膜潮红，黏液由浓度黏稠变为稀薄滑润。阴唇逐渐柔软、肿胀、增大，阴唇皮肤上的皱襞展平，皮肤稍变红。

（5）骨盆韧带，柔软松弛。

2. 分娩过程

整个分娩期是从子宫开始出现阵缩起，至胎衣排出为止。人为地将分娩期分为 3 个时期，即开口期、产出期和胎衣出期。

1）开口期

开口期指从子宫开始间歇性收缩起，到子宫颈口完全开口，与阴道之间的界限完全消失为止。特点是只有阵缩而不出现努责。初产孕畜表现：食欲不振、轻度不安、时起时卧、徘徊运动、尾根翘起、常作排尿姿势、呼吸脉搏加快，但经产孕畜一般表现不安。持续时间：牛 0.5~24 h，绵羊 3~7 h，猪 2~12 h。

2）胎儿产出期

胎儿产出期指从子宫完全开张至胎儿排出为止。其特点是阵缩和努责共同作用，而努责是排出胎儿的主要力量，它比阵缩出现得晚，停止得早。临床表现：高度不安、时起时卧、前肢着地后肢踢腹、回顾腹部、呼吸和脉搏加快，最后侧卧，四肢伸直，强烈努责。持续时间：牛 3~4 h，绵羊 1 h，猪产出期的持续时间根据胎儿数目及其间隔时间而定，第一个胎儿排出较慢，从母猪停止起卧到排出第一个胎儿为 10~60 min，以后间隔时间，我国品种为 2~3 min，引进品种较长平均为 11~17 min。

牛、羊和猪的脐带一般都是在胎儿排出时就从皮肤脐环之下被扯断；马卧下分娩时则不断，等母马站起幼驹挣扎时，才被扯断。

3）胎衣排出期

胎衣排出期指从胎儿排出后起，到胎衣完全排出为止。胎衣是胎膜的总称，其特点是当胎儿排出后，母畜即安静下来，经过几分钟后子宫主动收缩，有时还配合轻度努责而使胎衣排出。持续时间：牛、马 2~8 h，最长不超过 12 h，绵羊 0.5~4 h，猪 30 min，马 5~90 min。

四、正常分娩的助产

（一）助产前的准备

提前对产房进行卫生消毒。根据配种卡片和分娩征兆，分娩前一周转入产房。铺垫柔软干草，消毒外阴部，尾巴拉向一侧。准备必要的药品及用具：肥皂、毛巾、刷子、绷带、消毒液（新洁尔灭、甲酚皂溶液、酒精和碘酒）、产科绳、镊子、剪子、脸盆、诊疗器械及手术助产器械。母畜多在夜间分娩，应做好夜间值班，遵守卫生操作规程。

（二）正常分娩的助产

一般情况下，正常分娩无须人为干预。助产人员的主要任务在于监视分娩情况和护理仔畜。助产人员要清洗母畜的外阴部及其周围，并用消毒药水擦洗。马、牛需用绷带缠好尾根，拉向一侧系于颈部。在产出期开始时，穿好工作服及胶围裙、胶靴，消毒手臂，准备做必要的检查工作。若是胎膜未破、姿势正常、母力尚可，则应稍加等待；若是胎膜已破、姿势异常、母力不佳，均应尽快助产。

助产时应注意检查母畜全身情况，尤其是眼结膜、可视黏膜、体温、呼吸、脉搏等。

为了防治难产，当胎儿前置部分进入产道时，可将手臂消毒后伸入产道，进行检查，确定胎儿的方向、位置及姿势是否正常。如果胎儿正常，正生时三件（唇、二蹄）俱全，可自然排出。此外，还可检查母畜骨盆有无变形，阴门、阴道及子宫颈的松软程度，以判断有无产道反常而发生难产的可能。

当胎儿唇部或头部露出阴门外时，如果上面盖有羊膜，可帮助撕破，并把胎儿鼻腔内的黏液擦净，以便于呼吸。但不要过早撕破，以免胎水过早流失。

阵缩和努责是仔畜顺利分娩的必要条件，应注意观察。胎头通过阴门困难时，尤其当母畜反复努责时，可沿骨盆轴方向帮助慢慢拉出，但要防止会阴撕裂。

猪在分娩时，有时两胎儿的产出时间拖长。这时如无强烈努责，虽产出较慢，但对胎儿的生命没有影响；如曾强烈努责，但下一个胎儿并不立即产出，则有可能窒息死亡。这时可将手臂及外阴消毒后，把胎儿掏出来；也可注射催产药物，促使胎儿早排出来。

（三）对新生仔畜的处理

（1）断脐。胎儿产出后，将其鼻孔、口腔肉质羊水擦净，并观察其呼吸是否正常，然后断脐。

（2）处理脐带。胎儿产出后，脐血管由于前列腺素的作用而迅速封闭。所以处理脐带的目的并不在于防止出血，而是希望断端及早干燥，避免细菌侵入。结扎和包扎会妨碍断端中液体的渗出及蒸发，而且包扎物浸上污水后反而容易感染断端，不宜采用。只要在脐带上充分涂以碘酒或最好在碘酒内浸泡，每天一次，即能很快干燥。碘酒除有杀菌作用外，对断端也有鞣化作用。

（3）擦干身体。将幼畜身上的羊水擦干，天冷时尤需注意。牛羊可由母畜自然舔干，这样母畜可以吃入羊水，增强子宫的收缩，加速胎衣的脱落。对头胎羊需注意，不要擦羔羊的头颈和背部，否则母羊可能不认羔羊。

（4）扶助仔畜站立，帮助吃初乳。新生仔畜产出不久即试图站起，但是最初一般站不起来，宜加以扶助。在仔畜接近母畜乳房以前，最好先挤出 2~3 把初乳，然后挤净乳头，让它吮吸。

（5）检查胎衣是否完整和正常，以便确定是否有部分胎衣不下和子宫内是否有病理变化。

胎衣排出后，应立即取走，以免母畜吞食后引起消化紊乱。特别要防止母猪吞食胎衣，否则会养成母食仔猪的恶癖。

（6）供给母畜足够的温水或温麸皮水。产后数小时，要观察母畜有无强烈努责，强烈努责可引起子宫脱出，要注意看护防治。

五、难产及其救助

（一）难产的分类

在母畜分娩过程中，如果母畜产程过长或胎儿排不出体外，称为难产。根据引起难产的原因不同，可将难产分为产力性难产、产道性难产、胎儿性难产。

1. 产力性难产

阵缩及努责微弱；阵缩及破水过早及子宫疝气。

2. 产道性难产

子宫位置不正；子宫颈、阴道及骨盆狭窄；产道肿瘤。

3. 胎儿性难产

胎儿过大、过多；胎儿姿势不正（头、前后肢不正）；胎儿位置不正（侧位、下位）；胎儿方向不正（竖向、横向）。

在以上3种难产中，以胎儿性难产最为多见，在牛的难产中约占3/4；在马、驴难产中可达80%；而在猪中，以胎儿过大引起的难产较多。在临床中，往往难产的出现并不是由单一因素引起的，如子宫颈狭窄伴以胎儿姿势反常、前肢和头部姿势可能同时发生不正等。在各种家畜中，由于牛的骨盆比较狭窄，骨盆轴不像马那么直而短，分娩时不利于胎儿通过，所以难产要比马、羊多见。

（二）难产的检查

为了判明难产的原因，除了检查母畜全身状况外，必须重点对产道及胎儿进行检查。

1. 产道检查

主要检查是否干燥，有无损伤、水肿或狭窄，子宫颈开张程度（母、牛子宫颈开张不全较多见），硬产道有无畸形、肿瘤，并注意流出的液体和气味。

2. 胎儿检查

不仅了解其进入产道的程度、正生或倒生以及姿势、胎位、胎向的变化，而且要判定胎儿是否存活。

检查的要领是正生时，将手指伸入胎儿口腔，或轻拉舌头，或按压眼球，或牵拉刺激前肢，注意有无生理反应，如口吸吮、舌收缩、眼转动、肢伸缩等；也可触诊颌下动脉或心区，有无搏动。到生时最好触到脐带查明有无搏动，或将手指伸入肛门，或牵拉后肢，注意有无收缩或反应。如胎儿已死亡，助产时可不顾忌胎儿的损伤。

(三) 难产的救助原则和方法

1. 难产的救助原则

难产的种类复杂，助产的方法也较多。但不管是哪一种难产的助产，都必须遵守一定的操作原则。助产的目的不仅是保住母畜的性命、救出活的胎儿，还要尽量避免产道的感染和损伤，尽量保证母子平安，必要时可舍子保母。

2. 难产救助的方法

发现母畜难产，首先查明难产的原因及种类，对症助产。

（1）产力性难产，可用催产素或拽住胎儿的前置部分，将胎儿拉出体外。

（2）产道性难产，硬产道狭窄及子宫颈有瘢痕，可实行剖宫产；软产道轻度狭窄造成的难产，可向产道内灌注石蜡油，然后缓慢地强行拉出胎儿，并注意保护会阴，防止撕裂。

（3）胎儿性难产，胎儿过大单独引起的难产，可用强行拉出胎儿的办法救助，如拉不出则实行剖宫产；如胎儿死亡，可实行截胎手术；对胎势、胎向、胎位异常引起的难产，应先加以矫正，然后拉出胎儿；矫正有困难时，可实行剖宫产或截胎手术。

3. 实施难产救助时应注意的问题

（1）助产时，尽量避免产道的感染和损伤，注意器械的使用和消毒。

（2）母畜横卧保定时，尽量将胎儿的异常部分向上，以利于操作。

（3）为了便于推回或拉出胎儿，尤其是产道干燥，应向产道内灌注润滑剂，如肥皂水或油类。

（4）矫正胎儿反常姿势，应尽量将胎儿推回到子宫内，否则产道容积有限不易操作，推回的时机应在阵缩的间歇期。前置部分最好拴上产科绳。

（5）拉出胎儿时，应随母畜的努责而用力，对大家畜人数不宜过多，并在操作者统一指挥下试探进行。注意保护会阴，特别是初产母牛胎头通过阴门时，会阴容易撕裂。

(四) 难产预防

难产虽不是十分常见的疾病，但极易引起仔畜死亡，若处理不当，容易使母畜子宫及软产道受到损伤或感染。轻者影响生育，重者危及生命。一般预防措施如下：

（1）切忌母畜过早配种。否则由于母畜尚未发育成熟，分娩时容易发生骨盆狭窄，造成难产。

（2）妊娠期间合理饲养。对母畜进行合理饲养，给予完善营养以保证胎儿的生长和维持母畜的健康，减少分娩时发生难产的可能性。怀孕末期，适当减少蛋白质饲料，以免胎儿过大。

（3）安排适当的使役和运动，提高母畜对营养物质的利用，使全身及子宫肌的紧张性提高。这样分娩时有利于胎儿的转位，防止胎衣不下及子宫复位不全等。

（4）做好临产检查。对分娩正常与否做出早期诊断。检查时间：牛从开始努责到胎膜露出或排出胎水这一段时间；马、驴是尿膜囊破裂，尿水排出之后，胎儿的前置部分进入骨盆腔的时间。检查方法：将手臂及母畜的外阴消毒后，手伸入阴门，隔着羊膜（不要过早撕破，以免胎水流失，影响胎儿的排出）或伸入羊膜（羊膜已破时）触诊胎儿。如果摸到胎儿是正生，前置部分（头及两前肢）正常，可任其自然排出；如有异常应及时矫正，此时胎儿的躯体尚未楔入骨盆腔，难产的程度不大，胎水尚未流尽，子宫内滑润，矫正容易。如马、牛的胎头侧弯较常见，在产出期，这种反常只是头稍微偏斜，稍加扳动，即可拉直。

六、产后母畜及新生仔畜的护理

（一）产后恢复

产后恢复指胎盘排出，母体生殖器官恢复到正常未孕的阶段，此阶段是子宫内膜再生、子宫复原和重新开始发情周期的关键时期。

1. 子宫内膜再生

分娩后，子宫黏膜表层发生变性、脱落，由新生的黏膜代替曾作为母体胎盘的黏膜。在再生过程中，变性的母体胎盘、白细胞、部分血液及残留在子宫内的胎水、子宫腺分泌物等被排出，这种混合液体称为恶露。产后头几天，恶露量多，因含血液而呈红褐色，以后变为黄褐色，最后变为无色透明，停止排出。正常恶露有血腥味，但不臭。恶露排尽时间：马为 2~3 d、牛为 10~12 d、绵羊为 5~6 d、山羊为 14 d 左右、猪为 2~3 d。恶露排出时间延长，且色泽气味反常或呈脓样，表示子宫内有病理变化。

牛子宫阜表面上皮，在产后 12~14 d 通过周围组织增殖开始再生，一般在产后 30 d 内才全部完成；马产后第一次发情时，子宫内膜高度瓦解并含有大量白细胞，一般产后 13~25 d 子宫内膜完成再生；猪子宫上皮的再生在产后第一周开始，第三周完成。

2. 子宫复原

子宫复原指胎儿、胎盘排出后，子宫恢复到未孕时的大小。子宫复原时间：牛为 30~45 d、马为产驹 1 个月之后、绵羊为 24 d、猪为 28 d。

3. 发情周期的恢复

（1）牛。卵巢黄体在分娩后才被吸收，因此产后第一次发情较晚。若产后哺乳或增加挤奶次数，发情周期的恢复就更长。一般产犊后，卵泡发育及排卵常发生于前次未孕角一侧的卵巢。

（2）猪。分娩后黄体很快退化，产后 3~5 d 便可出现发情，但因此时正值哺乳期，卵泡发育受到抑制，所以不排卵。

（二）新生仔畜的护理

新生仔畜出生以后由母体进入外界环境，生活条件骤然发生改变，由通过胎盘进行气体交换转变为自行呼吸，由原来通过胎盘获得营养物质和排泄物变为自行摄食、消化及排泄。此前胎儿在母体子宫内时，环境的温度相当稳定，不受外界有氧条件的影响。更重要的是，新生仔畜的各部分生理机能还很不完全。为了使其逐渐适应外界环境，必须做好护理工作。

1. 防止脐带感染

脐带感染后，出血脓肿，严重时产生脓性败血症而死亡。新生仔畜的脐带断端，一般产后一周左右便自然干燥脱落，但仔猪产后 24 h 即干燥脱落。为防止脐带感染，首先应避免新生仔畜间互相吸吮，其次垫草要干燥清洁。

2. 保 温

新生仔畜体温调节能力差，体内能源物质储备少，对极端温度反应敏感。尤其是在冬季，应密切注意防寒保温。例如，采用红外线保育箱（伞）、火坑（墙、炉）、暖气片或空调等，确保产房温度适宜。

3. 早吃和吃足初乳

母畜产后头几天排出的乳汁称为初乳，初乳中会有大量的抗体，可以增强机体的抵抗力。初乳中镁盐含量较多，可以软化和促进胎粪排出。初乳营养完善，含有丰富的营养物质。如含有大量的维生素 A，有助于防止下痢；含有大量的蛋白质，无须经过消化可直接被吸收。

4. 预防疾病

由于遗传、免疫、营养、环境等因素以及分娩的影响，仔畜常在生后不久多发疾病，如脐带闭合不全、白肌病、溶血病、仔猪低血糖、先天性震颤等。因此，应积极采取预防措施：一是做好配种时的种畜选择；二是加强妊娠期间的饲养管理；三是注意环境卫生。对于发病者针对其特征及时进行抢救。

（三）母畜产后护理

母畜在分娩和产后期，生殖器官发生了很大变化。分娩时，子宫收缩，子宫颈开张松弛，在胎儿排出的过程中产道黏膜表层有可能受损伤；分娩后，子宫内沉积大量恶露，为病原微生物的侵入和繁衍创造了条件，降低了母畜机体的抵抗力。因此，对产后期的母畜要加强护理，以使其尽快恢复正常，提高抵抗力。

母畜产后最初几天要给予品质好、易消化的饲料，约 1 周后即可转为正常饲养。在产后如发现尾根、外阴周围黏附恶露时，要清洗和消毒，并防止蚊、蝇叮咬，垫草要经常更换。

分娩后要随时观察母畜是否有胎衣不下、阴道或子宫脱出、产后瘫痪和乳房炎等病理现象，一旦出现异常现象，要及时诊治。

分娩后的母畜会有口渴现象，在产后要准备好新鲜清洁的温水，以便在母畜产后及时给予补水。饮水中最好加入少量食盐和麸皮，以增强母畜体质，促进母畜健康恢复。

实战练习

一、名词解释

妊娠　胚胎附植　胎膜　脐带　胎盘　胎盘屏障　胎向　胎位　胎势　努责　阵缩

二、简述题

1. 胚胎早期发育分为哪几个阶段？简述各阶段的主要特点。
2. 各种家畜胚胎附植的时间和部位如何？
3. 胎膜包含哪几部分？
4. 简述胎盘的类型及功能。
5. 在妊娠期间，牛的生殖器官有哪些变化？
6. 母畜常用妊娠诊断方法有哪些？各有什么特点？
7. 试述助产前都要做哪些准备工作。
8. 如何预防难产？
9. 牛、猪、羊的妊娠期平均为多少天？如何推算其预产期？
10. 母畜分娩有哪些预兆？母畜分娩分哪几个阶段？
11. 试述如何护理新生的仔畜。
12. 哪些因素可能会影响母畜的正常分娩？
13. 简述胎儿在母体内的状态及其与分娩的关系。

三、讨论题

在你所见到的养殖场分娩助产过程中存在什么问题？有哪些好的方法？

实训一 母畜妊娠诊断

实训目的

掌握母畜妊娠诊断的常用方法及其操作要领。

实训准备

（1）动物：妊娠后期的母马、母牛，妊娠两个半月以上的母羊、母猪，未孕母羊、母猪、母马、母牛若干头。

（2）器材：保定器材、听诊器、绳索、鼻捻棒、尾绷带、开膣器、额灯或手电筒、热水、脸盆、肥皂、液状石蜡油、酒精棉球、细竹棒（长约40 cm）、消毒棉花、滴管、显微镜、载玻片、毛巾、多普勒妊娠诊断仪等。

（3）药品：95%酒精、姬姆萨染液。

方法步骤

（一）外部检查

1. 视　诊

妊娠家畜腹围增大，膁部凹陷，乳房增大，出现胎动。但不到妊娠末期，通常难以得到确诊。

（1）马。由后侧观看时，已妊娠母马的左侧腹壁较右侧腹壁膨大，髋窝亦较充满。在妊娠末期，其左下腹壁较右侧下垂。

（2）牛。由于母牛左后腹腔为瘤胃所占据，检查者站于妊娠母牛后侧观察时，可以发现右腹壁突出。

（3）羊。同牛，在妊娠后半期右腹壁表现下垂而突出。

（4）猪。妊娠后半期，腹部显著增大下垂（在胎儿很小时，则不明显），乳房皮肤发红，逐渐增大，乳头也随之增大。临床表现：安静、疲倦、贪睡，吃食香，食量逐渐增加。

2. 触　诊

在怀孕后期，可以从外部触知胎儿。

（1）马。在乳房稍前方的腹壁上，用手掌多次抵压来进行触摸。能触到胎儿的时间在瘦马是7个月以后，肥马是8个月以后。

（2）牛。早晨喂饲之前，用手掌在右膝襞前方，髋部下方，压触以诱发胎儿运动，亦可用拳头在髋部往返抵动，以触知胎儿。但此方法不可过于猛烈，以免引起流产。能触知的时间一般需在怀孕6个月以后。如果从右侧触诊不到，可在左侧试验。

（3）羊。检查者在羊体右侧并列而立，或两腿夹于羊的颈部，以左手从左侧围住腹部，而右手从右侧抱住，如此用两手在腰椎下方压缩腹壁，然后用力压左侧腹壁，即可将子宫转向右腹壁而右手则施以微弱压力进行触摸。此时胎儿是硬的，好像漂浮于腹腔中。营养较差、被毛较少的母羊有时可以摸到子宫，甚至可以摸到胎盘。

（4）猪。触诊时，使母猪向左侧卧下，然后细心地触摸腹壁，在妊娠3个月时，在乳腺的上方与最后两乳头平行处触摸可发现胎儿，有坚硬的质地，消瘦的母猪在后期比较容易摸到。

3. 听　诊

听取胎儿的心音。

（1）方法。

① 马。可在乳房与脐之间或后腹部下方听取，能听到的时间在怀孕第8个月以后，但往往由于受肠蠕动音的影响而不易听到。

② 牛。在怀孕第6个月以后，可在安静场所由右髋腹下方或膝襞内侧听取。

（2）心音数。无论马和牛，胎儿心音均比母畜多达2倍以上。

（3）价值。诊断价值和触诊相同，不同之处是可以断定胎儿的生死，但在应用上比触诊困难。

（二）阴道检查法

1. 准备工作

（1）保定。母畜保定在保定架内，用绷带缠尾后扎于一侧。如无保定架也可用三角绊。母畜阴唇及肛门附近先用温水洗净，最后用酒精棉花涂擦。如需将手伸入阴道进行检查时，消毒手的方法与手术前手的准备相同，但最后必须用温开水或蒸馏水将残留于手上的消毒液冲净。

（2）消毒。金属用具先用清水洗净后，再以火焰消毒或用消毒液浸泡消毒。但其后必须再用开水或蒸馏水，将消毒液冲净。

2. 检查阴道的变化

1）检查方法

① 给已消毒过的开膣器前端约 5 cm 处向后涂以滑润剂（液状石蜡油等），在检查之前用消毒纱布覆盖，以免灰尘沾污。

② 检查者站于母畜左、右侧，右手持开膣器，左手拇、食二指将阴唇分开，将开膣合拢呈侧向，并使其前端略微向上缓缓送入，待完全进入后，轻轻转动开膣器，使其两片呈扁平状态，最后压紧两柄使其完全张开进行观察。

③ 检查完毕，将开膣器恢复如送入时状态，然后再缓慢抽出，抽出时切忌将开膣器闭合，否则易于损伤阴道黏膜。

④ 检查完毕后，将开膣器进行消毒。

2）阴道黏膜及子宫颈变化

① 妊娠时阴道黏膜变得苍白、干燥、无光泽（妊娠末期除外），至妊娠后半期，感觉阴道肥厚。

② 子宫颈的位置改变，向前移（随时间不同而有差异），而且往往偏于一侧，子宫颈口紧闭，外有浓稠黏液。在妊娠后半期黏液量逐渐增加，非常黏稠（牛在妊娠末期则变为滑润）。

③ 附着于开膣器上的黏液呈条纹状或块状，灰白色，在马妊娠后半期稍带红色，以石蕊试纸检查呈酸性反应。

阴道检查时的注意事项：对于妊娠母畜开张阴道是一种不良刺激，因此，阴道检查动作要轻缓，以免造成妊娠中断。

（三）直肠检查法

1. 准备工作

检查前的准备工作与发情鉴定的直肠检查准备相同。

2. 检查步骤和方法

（1）手臂伸入直肠。

（2）一般，当手腕伸入肛门，手向下轻压直肠肠壁，即可触摸到棒状坚实的纵向子宫颈。

（3）将食指、中指、无名指分开沿着子宫向前摸索，在子宫体前，中指可摸到一纵行子宫角间沟，再向前探摸，食指和无名指可摸到类似圆柱状的两侧子宫角。

（4）沿子宫角的大弯向外侧下行，即可触到呈扁卵圆形、柔软、有弹性的卵巢。

（5）触摸过程中如摸不到子宫角和卵巢时，应再从子宫颈开始向前逐渐触摸。

（6）母牛妊娠诊断时需触摸以下几个方面：

① 子宫角的大小、形状、对称程度、质地、位置及角间沟是否消失。

② 在子宫体、子宫角可否摸到胚泡并判断其大小、子宫颈粗细、位置及牵拉感觉。

③ 有无漂浮的胎儿及胎儿活动状况。

④ 子宫内液体性状。

⑤ 子宫动脉粗细及妊娠脉搏的有无，子叶大小。

(四) 超声波检查

1. 猪

(1) 不需保定待查母猪,令其安静侧卧、爬卧或站立均可。

(2) 先清洗刷净欲探测部位,涂抹液状石蜡油,由母猪下腹部左右胁部前的乳房两侧探查。从最后一对乳房后上方开始,随着妊娠日龄的增长逐渐前移,直抵胸骨后端进行探查,亦可沿两侧乳房中间腹白线探查。使多普勒妊娠诊断仪的探头紧贴腹壁,对妊娠初期母猪应将探头朝向耻骨前缘方向或呈 45°角斜向对侧上方,要上下前后移动探头,并不断变换探测方法,以便探测胎动、胎心搏动等。

(3) 判定标准。母体动脉的血流音是呈现有节律的"啪嗒"声或蝉鸣声,其频率与母体心音一致。胎儿心音为有节律的"咚、咚"声或"扑通"声,其频率约每分钟 200 次,胎儿心音一般比母体心音快 1 倍多。胎儿的动脉血流音和脐带脉管血流音似高调蝉鸣声,其频率与胎儿心音相同。胎动音好似无规律的犬吠声,妊娠中期母猪的胎动音最为明显。

2. 羊

(1) 待查母羊自然站立或侧卧。

(2) 探查部位在左、右乳房基部外侧的无毛区。

(3) 探查时,使多普勒妊娠诊断仪的探头紧贴母羊腹壁,方法和探查母猪相同。

(4) 判定标准。探查母羊妊娠时有加快的"扑通"声,其心率可参照表 5-2。

表 5-2 不同孕期胎儿心率和母羊心率对照表

孕期/d	21~25	26~35	36~45	46~60	61~75	76~90	91~105	106~120	121~135	136~145
胎儿心率/ (次/分钟)	186	200	216	216	199	190	180	175	164	154
母羊心率/ (次/分钟)	126	98	102	102	98	109	122	129	133	127

实训提示

(1) 在诊断过程中保持安静,勿惊动受检母畜,动作要轻缓,以防流产。

(2) 整个操作过程要严格消毒,以防感染。

(3) 不以母畜某一方面的症状轻易下结论,要根据不同诊断方法来综合判定,以触摸到胎儿或胎囊为准。

(4) 本实训在课堂实习和教学实习中都可进行。如时间充足且条件允许,可开展实验室的一系列诊断法,如超声波诊断等。

实训报告

(1) 根据检查结果写出实训报告,指出该母畜是否妊娠及妊娠时间。

(2) 比较 4 种妊娠检查方法的适用时间、准确性和优缺点。

实训二 母畜分娩助产

实训目的

观察分娩预兆及分娩过程，了解助产的一般方法及要领。

实训准备

临产母畜、毛巾、剪刀、产科绳、肥皂、缠尾绷带、药品、酒精、碘酒、甲酚皂溶液、液状石蜡油。

方法步骤

（一）分娩预兆的观察

观察时主要注意以下几点：

（1）乳房胀大，乳头肿胀变粗，可挤出初乳，某些经产母牛和母马产前常有漏奶现象。

（2）荐坐韧带松弛，触诊尾根两旁即可感觉到荐坐韧带的后缘极为松软，牛、羊表现较明显，荐骨后端的活动性增大。

（3）阴唇肿胀，前庭黏膜潮红、滑润，阴道检查可发现子宫颈口开张、松弛。

（4）母牛产前几小时体温下降 0.4~1.2 ℃。

（5）临产母畜表现不安、常起卧、徘徊、前肢刨地、回顾腹部、拱腰举尾、频频排便。母马常出汗，母猪常有衔草做窝的表现。

（二）产前的准备工作

（1）对母马和母牛应用缠尾绷带缠尾系于一侧。

（2）用温洗衣粉水彻底清洗母畜的外阴部及肛门周围，最后用甲酚皂溶液消毒并擦干。

（3）助产者要将手臂清洗并以酒精消毒。

（三）分娩过程的观察及助产

（1）当母畜开始分娩时，要密切注意其努责的频率、强度、时间及母畜的姿态。其次，要检查母畜的脉搏，注意记录分娩开始的时间。

（2）母马和母牛的胎囊露出阴门或排出胎水后，可将手臂消毒后伸入产道，检查胎向、胎位和胎势是否正常。对不正常者应根据情况采取适当的矫正措施，防止难产的发生。当发现倒生时，应及早撕破胎膜拉出胎儿。

（3）马的尿囊先露出阴门，破水后流出棕黄色的尿囊液。随后出现的是羊膜囊，胎儿的先露部位随之排出，羊膜囊破后流出白色浓稠的羊水。牛和羊在分娩时，一般先露出羊膜囊，有时也先露出尿囊。

（4）当胎儿的嘴露出阴门后，要注意胎儿头部和前肢的关系。若发现前肢仍未伸出或屈曲应及时矫正。

（5）胎儿通过阴门时，应注意阴门的紧张度。如过度紧张，应以两手顶住阴门的上角及两侧加以保护，防止撕裂。发现胎头较大难以通过阴门时，应将胎膜撕破，用产科绳系住胎儿的两前肢球节，由操作者按住下颌，一两名助手牵引产科绳，配合母畜的努责，顺势拉出胎儿。牵引方向应与母畜骨盆轴的方向一致，用力不可过猛，以防止子宫外翻。

（6）当牛、羊胎儿腹部通过阴门时，要注意保护脐带的根部，防止脐血管断于脐孔内引起炎症。

（7）胎儿排出后，应将胎膜除掉。个别情况下，马的尿膜、羊膜与胎儿完整排出，应立即撕破，取出胎儿，并防止胎儿吸入羊水造成窒息或感染。当胎儿排出，但脐带未断时，可将脐带内的血液尽量捋向胎儿，待脐动脉搏动停止后，用碘酒消毒，结扎后断脐。对自动断脐的幼畜脐带也应用碘酒消毒。

猪的胎儿排出常在母猪强烈努责数次之后，但应注意排出胎儿的间隔时间。羊产双羔或三羔时也应注意其间隔的时间，以便采取相应的助产措施。

（四）新生仔畜的护理

（1）擦去仔畜鼻口中的黏液，并注意有无呼吸。若无呼吸可有节律地轻按腹部，进行人工呼吸。对新生仔猪和羔羊还可将其倒提起来轻抖，以促进其恢复呼吸。

（2）用干布擦去（马、猪）或令母畜舔干（牛、羊）仔畜身上的羊水。

（3）注意仔畜保温。

（4）尽早给仔畜吃到初乳。对于仔猪和羔羊，要防止其走失和被母畜压死。

（五）母畜的护理

（1）擦净外阴部、臀部和后腿上黏附的血液、胎水及黏液。

（2）更换褥草。

（3）及时饮水并给予疏松易消化的饲料。

（4）注意胎衣排出的时间和排出的胎衣是否完整，如发现胎衣不下或部分胎衣滞留的情况，应及早剥离或请兽医处理。

实训提示

（1）联系好实习牧场，确保有临产母畜。

（2）充分做好接产和助产的准备工作，在教师指导下进行实训。

（3）根据分娩母畜的种类和数量，将学生分为若干小组，由教师带领，边讲解、边观察、边操作。

（4）由于母畜分娩时间不定，本实训可机动进行。

实训报告

记录所观察到的分娩预兆和分娩过程。

项目六 繁殖调节与控制

学习目标

（1）掌握畜禽主要生殖激素的功能与应用。
（2）能够针对不同家畜品种乏情母畜实施发情控制。
（3）熟悉家畜胚胎移植的操作程序。
（4）了解母畜分娩控制的常用方法。
（5）培养学生动物福利意识和探究创新精神。

项目说明

1. 项目概述

家畜禽从精（卵）子产生、初情期、性成熟、配种、受精、妊娠直到分娩，所有的生殖活动都是在生殖激素的调节下进行的。当母畜因生理或病理原因引起乏情时，可以利用外源激素、药物或通过改进饲养管理措施，人为干预母畜个体或群体的发情排卵过程，即可通过诱导发情、同期发情或超数排卵等技术途径进行调控。为了提高母畜繁殖效率，根据妊娠发生的生理基础，可以实施妊娠控制，目前较为成熟的妊娠控制技术是胚胎移植，俗称"借腹怀胎"。根据分娩发动的机理，可以通过直接补充外源激素或其他方法模拟孕畜分娩发动时的激素变化，终止妊娠或者提前启动分娩，从而达到为实现某种特殊情况而实施诱导分娩的目的。

2. 项目分解

序 号	学习内容	实训内容
任务一	生殖激素的应用	常用生殖激素制剂识别及其作用实验
任务二	母畜发情控制	同期发情、超数排卵与胚胎移植
任务三	胚胎移植	
任务四	诱导分娩	

3. 技术路线

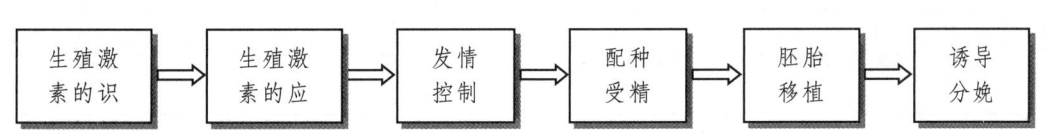

生殖激素的识 → 生殖激素的应 → 发情控制 → 配种受精 → 胚胎移植 → 诱导分娩

任务一 生殖激素的应用

知识链接

一、生殖激素概述

(一) 生殖激素的概念

激素是由动物机体产生，经体液循环或空气传播等途径作用于靶器官或靶细胞，具有调节机体生理机能的一系列的微量生物活性物质。它是细胞与细胞之间相互交流、传递信息的一种工具。其中与动物性器官、性细胞、性行为等的发生和发育以及发情、排卵、妊娠、分娩和泌乳等生殖活动有直接关系的激素，统称为生殖激素。

(二) 生殖激素与动物繁殖的关系

畜禽生殖活动是一个极为复杂的过程，如公畜精子的发生及交配活动，母畜卵子的发生、成熟和排出，生殖细胞的运行，发情的周期性变化，母畜的妊娠、分娩及泌乳等，所有这些生殖活动都与生殖激素有着密切的关系。一旦生殖激素分泌作用失调，必将导致畜禽繁殖机能的紊乱，出现繁殖障碍，甚至不育。近年来，许多提纯及人工合成的生殖激素在畜牧生产中已得到广泛应用，如发情控制、胚胎移植等技术都离不开生殖激素，妊娠诊断、分娩控制、某些不孕症的治疗也往往借助于生殖激素。

(三) 生殖激素的种类

生殖激素按来源可分为丘脑释放激素、垂体促性腺激素、胎盘促性腺激素、性腺激素 4 类（见表 6-1）；按化学性质可分为含氮激素（蛋白质多肽类激素）、类固醇类激素和脂肪酸类激素 3 类；按功能可分为释放激素、促性腺激素和性腺激素 3 类。

表 6-1 生殖激素的种类、来源和主要生理功能

种 类	名 称	简 称	来 源	化学结构	主要生理作用
释放激素	促性腺激素释放激素	GnRH	下丘脑	十肽	促进垂体前叶合成，释放促黄体素和促卵泡素
	促乳素释放因子	PRF	下丘脑	多肽	促进垂体前叶，释放促乳素
	促乳素抑制因子	PIF	下丘脑	多肽	抑制垂体前叶，释放促乳素
	促甲状腺素释放激素	TRH	下丘脑	三肽	促进垂体前叶，释放促乳素和甲状腺素

续表

种类	名称	简称	来源	化学结构	主要生理作用
垂体促性腺激素	促卵泡素	FSH	垂体前叶	糖蛋白质	促进卵泡发育和精子发生
	促黄体素	LH	垂体前叶	糖蛋白质	促使排卵、形成黄体并分泌孕酮，促使精子成熟
	促乳素	PRL或LTH	垂体前叶	糖蛋白质	促进黄体分泌孕酮，刺激乳腺发育，促进睾酮分泌
胎盘促性腺激素	孕马血清促性腺激素	PMSG	马属动物尿囊绒毛膜	糖蛋白质	与促卵泡素作用相似
	人绒毛膜促性腺激素	HCG	灵长类胎盘绒毛膜	糖蛋白质	与促黄体素作用相似
性腺激素	雌激素	E	卵巢	类固醇	促进母畜的发情行为、第二性征和雌性动物的乳腺发育，刺激生殖器官的发育
	孕激素	P_4	卵巢	类固醇	维持妊娠，维持子宫腺体及乳腺泡发育，对促性腺激素的分泌有抑制作用
	雄激素	A	睾丸	类固醇	促进精子发生、第二性征的表现，维持性欲，促进副性腺的发育等
	松弛素	RX	卵巢、子宫	蛋白质	促进雌性哺乳动物子宫颈开张，使坐骨韧带和耻骨联合松弛，有利于分娩
其他激素	前列腺素	PG	子宫及其他	脂肪酸	溶解黄体，促进子宫收缩等
	外激素	PHE	外分泌器官	脂肪酸、萜烯类等	影响动物的性行为和性活动
	催产素	OXT	垂体后叶	九肽	促进子宫收缩和乳汁排出

（四）生殖激素的运转

1. 含氮激素

由腺体内产生后，常常暂时储存于分泌腺体中，当机体需要时，再从腺体静脉输出管释放到邻近的毛细血管中。

2. 类固醇类激素

此激素边分泌边释放至血液中，但此类激素多数与血浆中的特异载体蛋白结合。如雌二醇或睾酮都和某种球蛋白质相结合，这种球蛋白质存在于雌雄个体的血浆中。

3. 脂肪酸类激素

脂肪酸类激素一般是在机体需要时才分泌出来，随时分泌随时利用，并不储存。这类激素主要是在局部发挥作用，进入血液循环中则很少，只有个别的如前列腺素能对全身起作用。

（五）生殖激素的作用特点

生殖激素在动物体内的作用归纳起来有如下特点：

1. 在血液中其活性丧失很快

生殖激素通过血液作用于一定的组织和器官，在血液中消失很快，但作用持续、缓慢，具有积累作用。例如，孕酮注射到家畜体内，在 10~20 min 就有 90% 从血液中消失。但其作用要在若干小时甚至数天内才能显示出来。

2. 量小作用大

微量的生殖激素就可以引起很大的生理变化。如 1 pg（10^{-12} g）的雌二醇，直接作用到阴道黏膜或子宫内膜上就可以引发明显的变化。母牛在妊娠时每毫升血液中只含有 6~7 ng（1 ng=10^{-9} g）的孕酮，而产后含有 1 ng，两者只有 5~6 ng 的含量差异，就可以导致母牛的妊娠和非妊娠之间的明显生理变化。

3. 具有明显的选择性

各种生殖激素均有其一定的靶组织或靶器官，靶器官或靶细胞中的特异性受体（内分泌激素）或感受器（外激素）结合后才能产生生物学效应。如促性腺激素作用于性腺（睾丸和卵巢）、雌激素作用于乳腺管道、孕激素作用于乳腺腺泡等。

4. 具有协同和抗衡作用

某些生殖激素间对某种生理现象有协同作用，如子宫的发育要求雌激素和孕酮的共同作用，母畜的排卵现象就是促卵泡素和促黄体素协同作用的结果。又如，雌激素能引起子宫兴奋，增加蠕动，而孕酮可以抵消这种兴奋作用，减少孕酮或增加雌激素都可能引起家畜流产，这说明了两者之间存在着抗衡作用。

5. 无种间特异性

即生物界的生殖激素的功能都是一致的。

二、生殖激素的功能与应用

动物的生殖活动是一个复杂的过程，所有生殖活动都与生殖激素的功能和作用有着密切的关系。随着生殖科学的迅速发展，人类利用生殖激素控制动物繁殖过程，消除繁殖障碍，进一步促进动物繁殖潜力开发，促进规模化养殖，加快品种改良，提高了畜牧业生产水平。

(一) 促性腺激素释放激素 (GnRH)

1. 来源与特性

（1）来源：GnRH 主要由下丘脑某些神经细胞所分泌，松果体、胎盘也有少量分泌。

（2）特性：从猪、牛、羊的下丘脑提纯的促性腺激素释放激素由 10 个氨基酸组成，人工合成的比天然的少 1 个氨基酸，但其活性大，有的比天然的高出 140 倍左右。

2. 生理功能

（1）合成与释放促性腺激素。GnRH 的主要功能是促使垂体前叶合成和释放促性腺激素，其中主要以释放促黄体素（LH）为主，也有释放促卵泡素（FSH）的作用。由于释放 LH 的作用比 FSH 快，而且变化幅度大，有明显的分泌高峰，所以又称其为促黄体素释放激素（LHRH）。

（2）刺激排卵。GnRH 能刺激各种动物排卵。用电刺激兔丘脑下部的腹侧可激发 GnRH 的释放，从而引起大量 LH 和少量 FSH 的分泌，使卵巢上的卵泡进一步发育、排卵。

（3）促进精子生成。GnRH 可促使雄性动物精液中的精子数增加，使精子的活动能力和精子的形态有所改善。

（4）抑制生殖系统机能。当长期大量应用 GnRH 时，具有抑制生殖机能甚至抗生育作用，如抑制排卵、延缓胚胎附植、阻碍妊娠、引起睾丸卵巢萎缩以及阻碍精子生成等。

（5）有垂体外作用。促性腺激素可以在垂体外的一些组织中直接发生作用，而不经过垂体的促性腺激素途径。如直接作用于卵巢影响性激素的合成，或直接作用于子宫、胎盘等。

3. 应　用

促性腺激素释放激素分子结构简单，易于大量合成。目前，人工合成的高活性类似物已广泛用于调整家畜生殖机能紊乱和诱发排卵。如牛卵巢囊肿时，每天用 100 μg，可使前叶分泌 LH，促使卵泡囊肿破裂，使牛正常发情而繁殖；用促性腺激素释放激素 2～4 mg 静脉注射或肌内注射，能使 4～6 d 不排卵的母马在注射后 24～28 h 内排卵；用 150～300 μg GnRH 静脉注射可使母羊排卵。此外，GnRH 类似物可提高家禽的产蛋率和受精率，还可诱发鱼类排卵。

(二) 促卵泡素 (FSH)

1. 来源与化学特性

（1）来源：促卵泡素又称卵泡刺激素或促卵泡成熟素，简称 FSH。其在下丘脑促性腺激素释放激素的作用下，由垂体前叶促性腺激素腺体细胞产生。

（2）化学特性：促卵泡素是一种糖蛋白质激素，分子量大，猪约为 29 000 u，绵羊为 25 000～30 000 u，溶于水。其分子由 α 亚基和 β 亚基组成，并且只有在两者结合的情况下才有活性。

2. 生理功能

（1）对母畜可刺激卵泡的生长发育。促卵泡素能提高卵泡壁细胞的摄氧量，增加蛋白质的合成；促进卵泡内膜细胞分化，促进颗粒细胞增生和卵泡液的分泌。一般来说，促卵泡素主要影响生长卵泡的数量。在促黄体素的协同下，促使卵泡内膜细胞分泌雌激素，激发卵泡的最后成熟，诱发排卵并使颗粒细胞变成黄体细胞。

（2）对公畜可促进生精上皮细胞发育和精子形成。促卵泡素能促进曲精细管的增大，促进生殖上皮细胞分裂，刺激精原细胞增殖，而且在睾酮的协同作用下促进精子形成。

3. 应　用

（1）提早动物的性成熟。对接近性成熟的雌性动物和孕激素配合应用，可提早发情配种。

（2）诱发泌乳乏情的母畜发情。对产后4周的泌乳母猪及60 d以后的母牛，应用FSH可提高发情率和排卵率，缩短其产犊间隔。

（3）超数排卵。为了获得大量的卵子和胚胎，应用FSH可使卵泡大量发育和成熟排卵。牛、羊应用FSH和LH，平均排卵数可达10枚。

（4）治疗卵巢疾病，FSH对卵巢机能不全或静止、卵泡发育停滞或交替发育及多卵泡发育均有较好疗效，如母畜不发情、安静发情、卵巢发育不全、卵巢萎缩、卵巢硬化、持久黄体等（对幼稚型卵巢无反应）。其用量为：牛、马为200～450 IU（国产制剂，下同）；猪为50～100 IU，肌注，每日或隔日一次，连用2～3次。若与LH合用，效果更好。

（5）治疗公畜精液品质不良。当公畜精子密度不足或精子活率低时，应用FSH和LH可提高精液品质。

（三）促黄体素（LH）

1. 来源与化学特性

（1）来源：促黄体素又称黄体生成素，简称LH，是由垂体前叶促黄体素细胞产生的。

（2）化学特性：促黄体素也是一种糖蛋白质激素，其分子量：牛、绵羊为30 000 u，而猪为100 000 u。其分子由α亚基和β亚基组成。促黄体素的提纯品化学性质比较稳定，在冻干时不易失活。

2. 生理功能

（1）对母畜的作用。和FSH协同，促进卵泡的成熟和排卵，刺激卵泡内膜细胞产生雄性激素，可促进卵巢血流加速；在FSH作用的基础上，LH突发性分泌能引起排卵和促进黄体的形成，并能促进牛、猪等动物的黄体释放孕酮。

（2）对公畜的作用。可刺激睾丸间质细胞合成和分泌睾酮，促进副性腺和精子的最后成熟。

各种家畜垂体中，FSH和LH的含量比例不同，与家畜生殖活动的特点有密切的关系。如母牛垂体中FSH最低，母马的最高，猪和绵羊介于两者之间。就两种激素的比例来说，牛、羊的FSH显著低于LH，而马的恰恰相反，母猪的介于中间。这种差别关系影响不同家畜发情期的长短、排卵时间的早晚、发情表现的强弱以及安静发情出现的多少等。

3. 应　用

促黄体素主要用于诱导排卵和治疗排卵障碍、卵巢囊肿、早期胚胎死亡或早期习惯性流产等症，如母畜发情期过短、久配不孕，公畜性欲不强、精液和精子量少等。在临床上常以人绒毛膜促性腺激素代替促黄体素，因其成本低，且效果较好。

近年来，我国已有了垂体促性腺激素 FSH 和 LH 商品制剂，并在生产中使用，取得了一定效果。在治疗马、驴和牛卵巢机能异常方面，一般用 FSH 治疗多卵泡发育，卵泡发育停滞，持久黄体；用 LH 治疗卵巢囊肿，排卵迟缓，黄体发育不全；用两种激素（FSH+LH）治疗卵巢静止或卵泡中途萎缩。所用剂量：牛每次肌内注射 100~200 IU，马为 200~300 IU，驴为 100~200 IU。一般 2~3 次为一疗程，每次间隔时间马、驴为 1~2 d，牛为 3~4 d。

此外，这两种激素制剂还可用于诱发季节性繁殖的母畜在非繁殖季节发情和排卵。在同期发情处理过程中，配合使用这两种激素，可增进群体母畜发情和排卵的同期率。

（四）促乳素（PRL）

1. 来源与特性

（1）来源：促乳素又称催乳素和促黄体分泌素，简称 PRL，由垂体前叶嗜酸性细胞产生。

（2）特性：促乳素是一种蛋白质激素，其分子量：羊为 23 300 u，猪为 25 000 u。不同家畜促乳素的分子结构、生物活性和免疫活性都十分相似。

2. 生理功能

促乳素的生理作用，因动物种类不同而有显著区别。从家畜生理的角度看，它的主要生理作用如下：

（1）促进乳腺的机能。它与雌激素协同作用于乳腺导管系统，与孕酮共同作用于腺泡系统，刺激乳腺的发育，与皮质类固醇激素一起激发和维持泌乳活动。

（2）促使黄体分泌孕酮。

（3）对公畜具有维持睾丸分泌睾酮的作用，并与雌激素协同，刺激副性腺的发育。

3. 应 用

目前，较多使用于促进某些母性行为，如鸟类的就巢性和鸟类的反哺行为等。

（五）催产素（OXT）

1. 来源与特性

（1）来源：催产素是在下丘脑视上核和室旁核内合成的，并由垂体后叶储存和释放的物质。

（2）特性：由 9 个氨基酸组成的多肽类激素。

2. 生理功能

（1）能强烈地刺激子宫平滑肌收缩，促进分娩完成。

（2）能使输卵管收缩频率增加，有利于两性配子运行。

（3）它是排乳反射的重要环节，能引起排乳。

3. 应 用

催产素在临床上常用于促进分娩机能，治疗胎衣不下和产后子宫出血，以及促进子宫排出其他异物。在人工授精的精液中加入催产素，可加速精子运行，提高受胎率。

(六) 孕马血清促性腺激素 (PMSG)

1. 来源与特性

(1) 来源: 孕马血清促性腺激素主要存在于孕马的血清中, 它是由马、驴或斑马子宫内膜的"杯状"组织分泌的。一般妊娠后 40 d 左右开始出现, 60 d 时达到高峰, 此后可维持至第 120 d, 然后逐渐下降, 至第 170 d 时几乎完全消失。血清中 PMSG 的含量因品种不同而不同, 轻型马最高(每毫升血液中含 100 IU), 重型马最低(每毫升血液中含 20 IU), 兼用品种马居中(每毫升血液中含 50 IU)。在同一品种中, 也存在个体间的差异。此外, 胎儿的基因型对其分泌量影响最大, 如驴怀骡分泌量最高, 马怀马次之, 马怀骡再次之, 驴怀驴最低。

(2) 特性: PMSG 是一种糖蛋白质激素, 含糖量很高, 达 41%~45%, 其分子量为 53 000 u。PMSG 的分子不稳定, 高温、酸、碱等都能引起失活, 分离提纯也比较困难。

2. 生理功能

PMSG 具有类似 FSH 和 LH 的双重活性, 但以 FSH 的作用为主, 故它的主要功能表现在以下几个方面:

(1) 有明显促进卵泡发育的作用。
(2) 有一定的促排卵和黄体形成的功能。
(3) 促使公畜精细管发育和性细胞分化。

3. 应用

(1) 催情。PMSG 对于各种动物均有促进卵泡发育, 引起正常发情的效果。

(2) 刺激超数排卵、增加排卵数。PMSG 来源广, 成本低, 作用缓慢, 半衰期较 FSH 长, 故应用广泛。但因系糖蛋白质激素, 多次持续使用易产生抗体而降低超排效果。在生产中常与 HCG 配合使用。

(3) 促进排卵, 治疗排卵迟滞。在临床上对卵巢发育不全、卵巢机能衰退、长期不发情、持久黄体以及公畜性欲不强和生精机能减退等, 疗效显著。

(七) 人绒毛膜促性腺激素 (HCG)

1. 来源与特性

(1) 来源: 人绒毛膜促性腺激素由孕妇胎盘绒毛的合胞体层产生, 约在受孕第 8 天开始分泌, 妊娠第 60 天左右时升至最高, 至第 150 天左右时降至最低。

(2) 特性: HCG 是一种糖蛋白激素, 分子量为 36 700 u, 其化学结构与 LH 相似。

2. 生理功能

HCG 的功能与 LH 很相似, 可促进母畜性腺发育, 促进卵泡成熟、排卵和形成黄体; 对公畜能刺激睾丸曲精细管精子的发生和间质细胞的发育。

3. 应用

目前应用的 HCG 商品制剂由孕妇尿液或流产刮宫液中提取, 是一种经济的 LH 代用品。

在生产上主要用于防治母畜排卵迟缓及卵泡囊肿,增强超数排卵和同期发情时的同期排卵效果。对公畜睾丸发育不良和阳痿也有较显著的治疗效果。常用的剂量:猪为 500~1 000 IU,牛为 500~1 500 IU,马为 1 000~2 000 IU。

(八)雄激素

1. 来源与特性

(1)来源:在雄激素中最主要的形式为睾酮,由睾丸间质细胞所分泌。肾上腺皮质部、卵巢、胎盘也能分泌少量雄激素,但其量甚微。公畜摘除睾丸后,不能获得足够的雄激素以维持雄性机能。睾酮一般不在体内存留,很快被利用或分解,并通过尿液或胆汁、粪便排出体外。

(2)特性:属于类固醇激素,基本化学结构式为"环戊烷多氢菲"。

2. 生理功能

(1)刺激精子发生,延长附睾中精子的寿命。

(2)促进雄性副性器官的发育和分泌机能,如前列腺、精囊腺、尿道球腺、输精管、阴茎和阴囊等。

(3)促进雄性第二性征的表现,如骨骼粗大、肌肉发达、外表雄壮等。

(4)促进公畜的性行为和性欲表现。

(5)雄激素量过多时,通过负反馈作用抑制下丘脑或垂体分泌 GnRH 和 LH,结果雄激素分泌减少,以保持体内激素的平衡状态。

3. 应 用

在临床上主要用于治疗公畜性欲不强和性机能减退。常用制剂为丙酸睾酮,其使用方法及使用剂量如下:皮下埋藏,牛 0.5~1.0 g,猪、羊 0.1~0.25 g;皮下或肌内注射,牛 0.1~0.3 g,猪、羊 0.1 g。

(九)雌激素(E_2)

1. 来源与特性

(1)来源:雌激素主要产生于卵巢,在卵泡发育过程中,由卵泡内膜和颗粒细胞分泌。此外,胎盘、肾上腺和睾丸(尤其是公马)也可产生一定量的雌激素。卵巢分泌的雌激素主要是雌二醇和雌酮,而雌三酮为前两者的转化产物。雌激素与雄激素一样,不在体内存留,而经降解后从尿、粪排出体外。

(2)特性:一种类固醇,雌激素可由雄激素衍生而成。

2. 生理功能

雌激素是促使母畜性器官正常发育和维持母畜正常性机能的主要激素。其中最主要的雌二醇有以下生理功能:

(1)在发情时促使母畜表现发情和生殖道的一系列生理变化,如促使阴道上皮增生和角质化,以利交配;促使子宫颈管道松弛,并使其黏液变稀,以利交配时精子通过;促使子宫内膜及肌层增长,刺激子宫肌层收缩,以利精子运行和妊娠;促进输卵管增长和刺激其肌层活动,以利于精子和卵子运行。

（2）促进尚未成熟的母畜生殖器官的生长发育,促进乳腺管状系统的生长发育。

（3）促使长骨骺部骨化,抑制长骨生长,因此,一般成熟母畜的个体较公畜小。

（4）促使公畜睾丸萎缩,副性器官退化,最后造成不育。

（5）雌激素对下丘脑或垂体分泌 GnRH、FSH 和 LH,具有反馈调节作用,以保持体内激素处于平衡状态。

3. 应　用

近年来,合成类雌激素很多,主要有己烯雌酚、丙酸己烯雌酚、二丙酸雌二醇、乙烯酸、双烯雌酚等。它们具有成本低、使用方便、吸收排泄快、生理活性强等特点,因此成为非常经济的天然雌激素的代用品,在畜牧生产和兽医临床上广泛应用。其主要用于促进产后胎衣或木乃伊化胎儿的排出,诱导发情;与孕激素配合可用于牛、羊的人工诱导泌乳,还可用于公畜的"化学去势",以提高肥育性能和改善肉质。合成类雌激素的剂量,因家畜种类和使用方法及目的不同而不同。以己烯雌酚为例,肌内注射时,猪为 3～10 mg,马、牛为 5～25 mg,羊为 1～3 mg;皮下埋藏时,牛为 1～2 g,羊为 30～60 mg。

（十）孕激素（P）

1. 来　源

孕酮为最主要的孕激素,主要由卵巢中黄体细胞分泌。多数家畜,尤其是绵羊和马,妊娠后期的胎盘为孕酮更重要的来源。此外,睾丸、肾上腺、卵泡颗粒层细胞也有少量分泌。在代谢过程中,孕酮最后降解为孕二醇,排出体外。

2. 生理功能

在自然情况下孕酮和雌激素共同作用于母畜的生殖活动,通过协同和抗衡进行着复杂的调节作用。若单独使用孕酮,有以下特异效应：

（1）促进子宫黏膜层加厚,子宫腺增大,分泌功能增强,有利于胚泡附植。

（2）抑制子宫的自发性活动,降低子宫肌层的兴奋作用,可促使胎盘发育,维持正常妊娠。

（3）促使子宫颈口和阴道收缩,子宫颈黏液变稠,以防异物侵入,有利于保胎。

（4）大量孕酮对雌激素有抗衡作用,可抑制发情活动,少量则与雌激素有协同作用,促进发情表现。

3. 应　用

孕激素多用于防止功能性流产,治疗卵巢囊肿、卵泡囊肿等,也可用于控制发情。孕酮本身口服无效,但现已有若干种具有口服、注射效能的合成孕激素物质,其效果远远大于孕酮。如甲羟孕酮（MAP）、甲地孕酮（MA）、氯地孕酮（CAP）、氟孕酮（FGA）、炔诺酮、16-次甲基甲地孕酮（MGA）、18-甲基炔诺酮等。生产中常制成油剂用于肌内注射,也可制成丸剂用于皮下埋藏或制成乳剂用于阴道栓。其剂量一般为：肌内注射,马和牛 100～150 mg,绵羊 10～15 mg,猪 15～25 mg;皮下埋藏,马和牛 1～2 g,分若干小丸分散埋藏。

（十一）松弛素（RLX）

1. 来源

松弛素主要产生于妊娠期的黄体，但子宫和胎盘也可以产生。猪的松弛素主要来源于黄体，而兔主要来源于胎盘。松弛素是一种水溶性多肽类，其分泌量随妊娠时间而逐渐增长，在妊娠末期含量达到高峰，分娩后从血液中消失。

2. 生理功能

松弛素是协助家畜分娩的一种激素。但它必须在雌激素和孕激素预先作用下，促使骨盆韧带、耻骨联合松弛，子宫颈口开张，子宫肌肉舒张，增加子宫水分含量，以利于分娩时胎儿的产出。

在生理条件下，由于松弛素必须在雌激素和孕激素预先作用后才能发挥显著作用，而单独的作用较小，在使用时应注意这一点。

3. 应用

由于松弛素能使子宫肌纤维松弛，宫颈扩张，可用于诱导分娩等。

（十二）前列腺素（PG）

1. 来源与特性

（1）来源：1934年，有人分别在人、猴、山羊和绵羊的精液中发现了前列腺素。当时设想此类物质可能由前列腺分泌，故命名为前列腺素（PG）。后来发现 PG 是一组具有生物活性的类脂物质，而且几乎存在于身体各种组织中，并非由专一的内分泌腺产生，其主要来源于精液、子宫内膜、母体胎盘和下丘脑。

（2）特性：前列腺素在血液循环中消失很快，其作用主要限于邻近组织，故被认为是一种局部激素。

2. 结构与种类

（1）结构：前列腺素的基本结构式为含有 20 个碳原子的不饱和脂肪酸。

（2）种类：根据其化学结构和生物学活性的不同，可分为 A、B、C、D、E、F、G、H、I 等型和 PG_1、PG_2、PG_3 三类。在动物繁殖过程中有调节作用的主要是 PGE 和 PGF 两类，目前用得最多的是 PGE_2 和 $PGF_{2\alpha}$。

3. 生理功能

不同类型的前列腺素具有不同的生理功能。在调节家畜繁殖机能方面，最重要的是 PGF，其主要功能如下：

（1）溶解黄体。PGF 型对动物（包括灵长类）的黄体具有明显的溶解作用，E 型次之。由子宫内膜产生的 $PGF_{2\alpha}$ 通过逆流传递机制，由子宫静脉透入卵巢动脉而作用于黄体，促使黄体溶解，使孕酮分泌减少或停止，从而促进发情。

（2）促进排卵。$PGF_{2\alpha}$ 可触发卵泡壁降解酶的合成，同时也由于刺激卵泡外膜组织的平滑肌纤维收缩增加了卵泡内压力，导致卵泡破裂和卵子排出。

（3）与子宫收缩和分娩活动有关。PGE 和 PGF 对子宫肌都有强烈的收缩作用，子宫收缩（如分娩时），血浆 $PGF_{2\alpha}$ 的水平立即上升。PG 可促进催产素的分泌，并提高怀孕子宫对催产素的敏感性。PGE 可使子宫颈松弛，有利于分娩。

（4）提高精液品质。精液中的精子数和 PG 的含量成正比，并能够影响精子的运行和获能。PGE 能够使精囊腺平滑肌收缩，引起射精。PG 可以通过精子体内的腺苷酸环化酶使精子完全成熟，获得穿过卵子透明带使卵子受精的能力。

（5）有利于受精。PG 在精液中含量最多，对子宫肌肉有局部刺激作用，使子宫颈舒张，有利于精子的运行通过。$PGF_{2\alpha}$ 能够增加精子的穿透力和驱使精子通过子宫颈黏液。

4. 应用

天然前列腺素提取较困难，价格昂贵，而且在体内的半衰期很短。如以静脉注射体内，1 min 内就可被代谢 95%，生物活性范围广，使用时容易产生副作用；而合成的前列腺素则具有作用时间长、活性较高、副作用小、成本低等优点，所以目前广泛应用其类似物，主要应用于以下几个方面：

（1）调节发情周期。$PGF_{2\alpha}$ 及其类似物，能显著缩短黄体的存在时间，控制各种家畜的发情周期，促进同期发情，促进排卵。$PGF_{2\alpha}$ 的剂量：肌内注射或子宫内灌注，牛为 2~8 mg，猪、羊为 1~2 mg。

（2）人工引产。由于 $PGF_{2\alpha}$ 的溶黄体作用，对各种家畜的引产有显著的效果，用于催产和同期分娩。$PGF_{2\alpha}$ 的用量：牛为 15~30 mg，猪为 2.5~10 mg，绵羊为 25 mg，山羊为 20 mg。

（3）治疗母畜卵巢囊肿与子宫疾病，如子宫积脓、干尸化胎儿、无乳症等。剂量：牛为 15~30 mg，猪为 2.5~10 mg。

（4）可以增加公畜的射精量，提高受胎率。

（十三）外激素

1. 来源与特性

外激素是由外激素腺体释放的。外激素腺体在动物体内分布很广泛，主要有皮脂腺、汗腺、唾液腺、下颌腺、泪腺、耳下腺、包皮腺等。有些家畜的尿液和粪便中亦含有外激素。

外激素的性质因分泌动物的种类不同而不同。如公猪的外激素有两种：一种是由睾丸合成的有特殊气味的类固醇物质，储存于脂肪中，由包皮腺和唾液腺排出体外；第二种是由颌下腺合成的有麝香气味的物质，经由唾液中排出。羚羊的外激素含有戊酸，具有挥发性；昆虫的外激素有 40 多种，多为乙酸化合物。各种外激素都含有挥发性物质。

2. 应用

哺乳动物的外激素，大致可分为信号外激素、诱导外激素、行为激素等。对家畜繁殖来说，性行为外激素（简称性外激素）比较重要，主要应用于以下几方面：

（1）母猪催情。据试验，给断奶后第 2 天、第 4 天的母猪鼻子上喷洒合成外激素 2 次，能促进其卵巢机能的恢复。青年母猪给予公猪刺激，则能使初情期提前到来。

（2）母猪的试情。母猪对公猪的性外激素反应非常明显。如利用雄烯酮等合成的公猪性外激素，发情母猪则表现静立反应，发情母猪的检出率在90%以上，而且受胎率和产仔率均比对照组要高。

（3）公畜采精。使用性外激素，可加速公畜采精训练。

（4）其他。性外激素可以促进牛、羊的性成熟，提高母牛的发情率和受胎率。外激素还可以解决猪群的母性行为和识别行为，为寄养提供方便。

三、生殖激素的分泌与调节

家畜的生殖活动是在神经系统、内分泌系统与生殖系统之间形成的一条中枢神经—下丘脑—垂体—性腺调节轴的调节下有规律地进行着。下丘脑周围的一部分中枢神经系统将接收的外界信号，如光照、温度、异性刺激等传递到下丘脑，使之分泌GnRH。GnRH经下丘脑—垂体门脉系统作用于垂体前叶，促使垂体前叶分泌促性腺激素。促性腺激素作用于性腺（卵巢和睾丸），使之产生性腺激素。性腺激素作用于生殖器官，促进生殖器官的生长发育，使家畜表现生殖活动。另外，垂体激素可以通过反馈作用调节下丘脑释放激素的分泌。同样，性腺激素也可通过反馈作用调节下丘脑和垂体相应激素的释放，这样就在中枢神经、下丘脑、脑垂体和性腺之间形成了一条密切相连的轴线系统，即中枢神经—下丘脑—垂体—性腺调节轴，如图6-1所示。

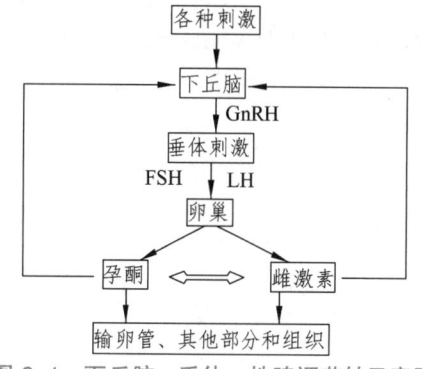

图6-1　下丘脑—垂体—性腺调节轴示意图

任务二　母畜发情控制

知识链接

通过某些外源激素或药物人为地控制和调整母畜的个体或群体发情并排卵的技术，称为发情控制技术。发情控制的目的是缩短母畜繁殖周期，提高母畜产仔能力（如使牛由产单胎变双胎等），从而提高养殖者的生产效益。发情控制分为诱导发情、同期发情和超数排卵等。

微课：诱导发情

一、诱导发情

诱导发情是指通过人工方法使母畜发情并排卵的技术，主要用于乏情母畜的发情和配种，如季节性发情的绵羊、哺乳期的母猪以及产后长期不发情的奶牛等。利用诱导发情技术，可以缩短产仔间隔，增加产仔数和胎次；可以调整产仔季节，使奶畜在一年内均衡产奶；对于季节性发情的动物，可使其在全年的任何季节都可发情；可以降低卵巢囊肿、持久黄体等病理性乏情所带来的繁殖损失，从而提高家畜的繁殖力。

(一) 诱导发情技术的原理

母畜乏情可分为生理性和病理性两种。生理性乏情表现为卵巢上既无卵泡发育,也没有黄体存在,卵巢处于静止状态,如初情期前的母畜、在非发情季节的季节性发情动物;病理性乏情主要由卵巢机能紊乱引起的,如卵巢囊肿、持久黄体等原因使母畜不能表现出正常的性周期。

诱导发情就是根据生殖激素对母畜发情调控的基础上,利用外源性生殖激素或环境条件的刺激,通过内分泌和神经作用,激发卵巢活动,促使卵巢从相对静止状态转变为机能性活跃状态,从而促使卵泡的正常生长发育,以恢复母畜正常发情与排卵。

(二) 诱导发情常用的激素

诱导发情所涉及的激素主要有促卵泡素(FSH)、促黄体素(LH)、孕马血清促性腺激素(PMSG)、人绒毛膜促性腺激素(HCG)、促性腺激素释放激素(GnRH)、催产素(OXT)、雌激素(E_2)及其类似物、孕激素(P_4)及其类似物、前列腺素(PG)及其类似物和性外激素等。

(三) 各种家畜的诱导发情技术

1. 母牛的诱导发情

在畜牧生产实践中,牛的诱导发情主要采用激素处理方法。

(1) 孕激素处理法

青年母牛初情期后长时间不发情和母牛产后长期不发情或暗发情主要是由于缺乏孕激素所致。经过孕激素长期处理后,可以增强卵泡对促性腺激素的敏感性。同时孕激素对下丘脑、垂体促性腺激素有抑制作用,解除孕激素后,这种抑制消除,下丘脑和垂体促性腺激素分泌恢复正常,从而诱导发情。如果在孕激素处理结束时,给予一定量的 PMSG 或 FSH,效果更明显。

生产实践中常用的给药方式有以下两种:

① 放置阴道栓。目前广泛使用的阴道栓有 3 种类型:一种为螺旋状,称为孕酮阴道释放装置(PRID)(见图 6-2);另一种为发泡硅橡胶的棒状 Y 形装置,即孕酮阴道硅胶栓,商品为 CIDR(见图 6-3);还有一种为阴道海绵栓(见图 6-4)。孕激素阴道栓处理的时间多是 9~12 d,孕激素处理结束后,大多母牛可在第 2~4 d 发情。

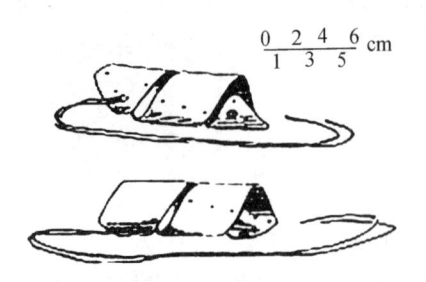

图 6-2 孕激素阴道释放装置　　图 6-3 孕激素阴道硅胶栓　　图 6-4 孕激素阴道海绵栓

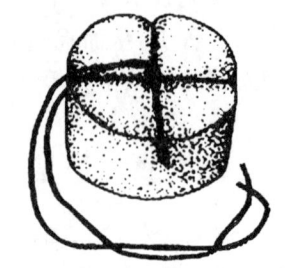

② 皮下埋植。孕激素也可以通过耳背皮下植埋的方式给药,埋植期间,孕激素从细管中缓慢地释放出来而被吸收,从而发挥作用,如图 6-5 所示。

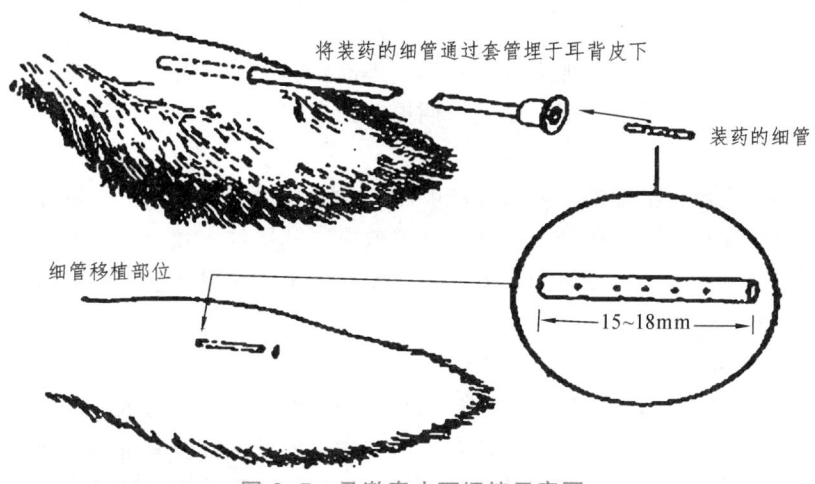

图 6-5 孕激素皮下埋植示意图

(2) PMSG 处理法

当乏情母牛卵巢上无黄体存在时,给予一定量的 PMSG(750~1 500 IU 或促性腺激素 3~3.5 IU/kg),可促进卵子泡发育和发情。5 天内仍未发情的可再次处理。

(3) GnRH 及其类似物。

乏情母牛卵巢上无黄体存在时,可用 GnRH 类似物 LRH-A2 或 LRH-A3,剂量为 50~100 μg 的 GnRH 肌注,处理 2~3 次。

(4) 前列腺素法

利用前列腺素的溶黄体作用治疗家畜持久黄体引起的乏情和暗发情。用氯前列烯醇 0.5 mg 肌内注射或 0.1 mg 子宫注入,母牛一般在给药 3~5 d 发情,注射后 80 h 人工授精或者分别在 72 h 和 96 h 两次人工授精,妊娠率可达 60%。

(5) 催产素法

催产素可溶解黄体,在青年母牛发情周期的第 3~6 天,每天皮下注射 100 IU;对于成年泌乳牛,在发情周期的第 1~6 天,每天上、下午各肌内注射 200 IU,可使 80% 以上的母牛在 10 天内发情。

(6) 初乳诱导

初乳中含有大量的生物活性物质,以及包括雌激素在内的各种激素,例如,利用产后 1 h 的初乳诱导奶牛的发情效果与"三合激素"(每毫升含睾丸素 25 mg、黄体酮 12.5 mg、苯甲酸雌二醇 1.25 mg)的效果基本相同,且无副作用,成本低廉。

2. 母羊的诱导发情

大多数羊属于季节性发情,在休情期内或产羔不久进行诱导发情处理,可获得明显的效果。

(1) PMSG 单独处理法

给母羊肌内注射 500~1 000 IU 的 PMSG,只需注射 1 次即可。

(2) 孕激素联合 PMSG 处理法

用孕激素制剂连续处理 9~12 d,用量为 12 mg/d,在用药结束前 1~2 d 或停药当天,注射孕马血清促性腺激素 500~1 000 IU,即可引起发情、排卵。

（3）补饲催情

在母羊发情季节到来之际，加强饲养管理，提高营养水平，补充优质蛋白质饲料和维生素饲料添加剂，可以促进母羊发情，使发情期提前到来，还可增加排卵数。

（4）公羊效应

公羊头颈部被毛释放出来的性外激素能够刺激母羊促性腺激素（FSH和LH）的释放，进而促进母羊卵泡发育和排卵，即产生所谓的公羊效应。利用这个效应，在发情季节到来之前的数周，在母羊群中放入一定数量的公羊，可以刺激母羊的卵巢活动，使非繁殖季节的乏情母羊提早6周进入发情周期。

（5）控制日照时间

在温带地区，母绵羊在日照时间开始缩短的季节发情，所以可通过人为地控制日照时间，逐渐缩短日照时间，使母羊提早进入发情期。山羊发情的季节性没有绵羊明显，一般不需要在非繁殖季节进行诱导发情。对于产羔后长时间不发情的，可采用上述诱导绵羊发情的方法处理。

（6）初乳诱导

初乳诱导羊发情原理同牛。

3. 母猪的诱导发情

（1）PMSG联合PG处理法

断奶后长期不发情的母猪，肌内注射750~1 000 IU的PMSG，2 d后肌内注射200 μg的PG，处理后一般7 d内发情。

（2）提前断奶

对哺乳母猪，提前断奶可诱导发情。母猪一般在分娩后28 d左右断奶，断奶后7 d左右即可表现发情。断奶的同时肌注PMSG，效果更好。

（3）催情补饲

在配种前第14天开始增加营养，饲喂量增加40%~50%，达到日喂饲料量3.8~4.0 kg，在短期内改善膘情，提高繁殖效果。催情补饲可增加排卵量，每窝产仔数可增加2头。

（4）初乳诱导

原理同牛、羊。

二、同期发情

（一）同期发情的概念与意义

1. 同期发情的概念

利用某些激素等使一群母畜在同一时间内集中发情、排卵的技术称为同期发情，也叫发情同期化。同期发情是表面现象，而同期排卵则是同期发情的内在表现和本质。在畜牧生产中，诱导一批母畜在同一周或数天内同时发情，也可称为同期发情。在胚胎移植过程中，使用冷冻精液配种和新鲜精液胚胎移植时，一般要求发情差异时间不超过1 d。因此，必须严格控制同期发情的效果和准确性。

2. 同期发情的意义

（1）提高劳动生产效率，增加经济效益。利用同期发情技术，可以实现同期配种、妊娠、分娩、育肥、出栏，从而有利于管理，便于组织大规模生产。同时，使仔畜出生时间接近，初生重接近，家畜以后的生长发育也较快，为家畜规模化生产提供了有力的保障，有利于降低生产成本，节省劳动力，增加养殖场的经济效益。

（2）有利于推广人工授精技术。常规的人工授精需要对每头母畜进行发情鉴定，对于群体规模较大的规模化养殖场来说费时费力，不利于推广。而利用同期发情技术结合定时输精技术，就可以省去发情鉴定这一中间步骤，减少因暗发情造成的误配，提高畜牧生产效率。

（3）提高低繁殖率畜群的繁殖率。对于低繁殖率的畜群，如我国南方地区的水牛、黄牛，其繁殖率一般低于50%，这些畜群中的部分个体因饲养水平低、使役过度等原因往往在分娩后一段时间内不能恢复正常的发情周期，因而对其进行诱导同期发情、配种、受孕，可以提高繁殖率。

（4）同期发情是胚胎移植技术的基础。采用新鲜胚胎移植时，一个供体可以获得十多枚胚胎，这就需要一定数量与供体母畜同期发情的受体母畜。此外，有时胚胎的生产和移植不在同一个地点进行，也需要异地受体与供体发情同期化，从而保证胚胎移植的成功进行。

（二）同期发情的机理

在母畜的一个发情周期中，根据卵巢的机能和形态变化可分为卵泡期和黄体期两个阶段。卵泡期是在周期性黄体退化继而血液中孕酮水平显著下降后，卵巢中卵泡迅速生长发育，最后成熟并导致排卵的时期；卵泡期之后，卵泡破裂并发育成黄体，随即进入黄体期。黄体期内，在黄体分泌的孕激素的作用下，卵泡发育受到抑制，母畜不表现发情，在未受精的情况下，黄体即行退化，随后进入另一个卵泡期。相对高的孕激素水平可抑制卵泡发育和发情，由此可见，黄体期的结束是卵泡期到来的前提条件。因此，控制母畜黄体期的消长，是控制母畜同期发情的关键。人工延长黄体期或缩短黄体期是目前进行同期发情所采用的两种技术途径，如图6-6所示。

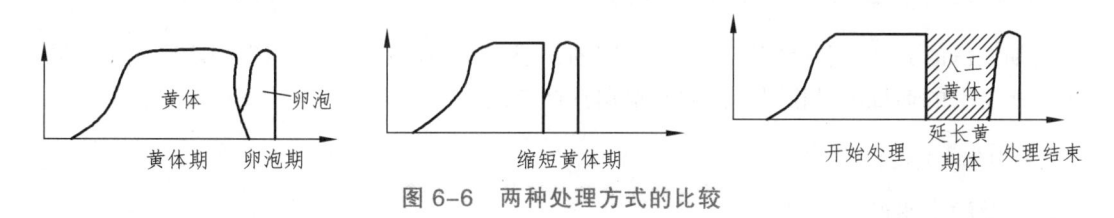

图6-6 两种处理方式的比较

1. 延长黄体期的同期发情方法

对一个群体中的母畜同时施用孕激素处理，处理期间母畜卵巢上的周期性黄体退化。由于外源激素的作用，卵泡发育受到抑制而不能成熟。如果外源孕激素处理的时间过长，则处理期间所有母畜的黄体都会消退并且无卵泡发育至成熟。所有母畜同时解除孕激素的抑制，则可在同一时期发情。

2. 缩短黄体期的同期发情方法

消除母畜卵巢上黄体最有效的方法是利用前列腺素及其类似物（PGs）。母畜用PGs处理后，黄体消退，卵泡发育成熟，从而发情。

各种家畜对 PG 的敏感程度不一样，羊的黄体必须在上次排卵后第 4 天才能对 PG 敏感，牛的黄体必须在上次排卵后第 5 天才能对 PG 敏感，猪的黄体必须在上次排卵后第 10 天以上才对 PG 敏感。故一次 PG 处理后，绵羊、山羊、牛、猪的理论发情率分别为 13/17、13/21、16/21、11/21。

使用 PG 两次处理法，可以克服一次处理中有部分母畜不能同期发情的不足，通常在第一次处理后 9~12 d 再做第二次处理，用于牛和羊的同期发情，可以获得较高的同期发情率和配种受胎率。

（三）同期发情所用激素

1. 抑制卵泡发育的激素

抑制卵泡发育的激素有孕酮、甲羟孕酮、氟孕酮、氯地孕酮、甲地孕酮及 18-甲基炔诺酮等。这类药物的用药期可分为长期（14~21 d）和短期（8~12 d）两种，一般不超过一个正常发情周期。

2. 溶解黄体的激素

前列腺素 $F_{2\alpha}$（$PGF_{2\alpha}$）及其类似物（如氯前列烯醇）均具有显著的溶解黄体作用，在用于同期发情处理时，只对处在黄体期的母畜有效。

3. 促进卵泡发育、排卵的激素

在使用同期发情药物的同时，如果配合使用促性腺激素，则可以增强发情同期化和提高发情率，并促使卵泡更好地成熟和排卵。这类药物常用的有 PMSG、HCG、FSH、LH、GnRH 和氯地酚等。

（四）各种家畜的同期发情与定时输精

同期发情的原理在各种家畜中都是通用的，但是不同畜种间、不同生理阶段使用不同激素处理所要求的剂量不尽相同，因此应根据具体情况加以分析。

1. 牛的同期发情

（1）孕激素阴道栓

使用 PRID 或 CIDR 放置阴道栓，9~12 d 后撤栓。大多数母畜在撤栓后第 2~4 d 内发情，可以在撤栓后第 56 h 定时输精；也可以在撤栓后第 2~4 d 内加强发情观察，对发情者进行适时输精，提高受胎率。利用兽医 B 超，实时检测卵泡发育，当有大卵泡发育时，肌注 GnRH，2 h 后人工授精。

（2）PG 处理法

① PG 一次处理法。肌内注射 6 mg 的 $PGF_{2\alpha}$，大多数在处理后第 2~5 d 内发情，然后进行发情鉴定，适时输精。

② PG 二次处理——定时输精法。由于一次处理后，仅有 70% 左右的母牛有反应，因此可

以在第一次处理后间隔 7 d 再用同样的剂量处理一次，80～82 h 后定时输精，可获得 54%的情期受胎率。

（3）孕激素-PG 法

先用孕激素通过阴道栓处理 7 d，处理结束时注射 PG，母牛一般可在处理结束后 2～3 d 内发情并排卵。其理论依据是经过孕激素处理 7 d 后，处理排卵后 5 d 内的母牛其黄体已经至少发展了 5 d，这时对 PG 已经敏感，此时再用 PG 处理后可以获得较高的发情率和受胎率。

（4）PRID-$PGF_{2\alpha}$-PMSG 法

第 1 d 用 PRID 处理，第 4 d 注射 25 mg $PGF_{2\alpha}$，第 6 d 撤除阴道栓，撤栓的同时肌内注射 500 IU 的 PMSG，撤栓后 56 h 定时输精。

（5）PRID-$PGF_{2\alpha}$-GnRH 法

第 1 d 用 PRID 处理，同时注射 100 μg GnRH；第 7 d 撤除阴道栓，撤栓的同时注射 500 μg $PGF_{2\alpha}$；第 9 d 注射 100 μg GnRH，16～24 h 后定时输精。

（6）CIDR-E_2-$PGF_{2\alpha}$ 法

为了防止 CIDR 处理时间缩短而造成受胎率和同期发情率降低，在 CIDR-E_2 处理 7 d 后，用 $PGF_{2\alpha}$ 处理以确保黄体退化，提高发情效果，并在撤除 CIDR 后次日，再注射少量的雌激素（E_2），以通过下丘脑—垂体的反馈调节，促使垂体释放 LH，诱发排卵，从而实现 24 h 后定时输精。

（7）GnRH-PG-GnRH 定时输精法

此法又叫 Ovsynch（OVS）。在第 0 d 注射 100 μg GnRH，第 7 d 注射 25 μg $PGF_{2\alpha}$，第 9 d 注射同样剂量的 GnRH，然后 16～18 h 后定时输精，受胎率可达 50%左右。

2. 羊的同期发情

羊同期发情与牛相似，常用的方案有：

（1）孕激素-PMSG 法

先用阴道栓 CIDR 处理 12～14 d，然后撤栓，同时注射 PMSG 500～800 IU，母羊一般在处理后 2～3 d 内发情并排卵。

（2）孕激素-$PGF_{2\alpha}$ 法

先用阴道栓 CIDR 处理 12 d，然后注射 0.1 mg $PGF_{2\alpha}$，第 13 d 撤栓。撤栓后 36 h 内的同期发情率可达 90%以上。

（3）PG 处理法

利用 PG 处理与牛相似，但剂量为牛的 1/3～1/4，并且只能在发情季节使用，在发情周期第 4～16 d 有效。PG 处理后，母羊一般在 4 d 内发情，在观察到发情后 12 h 配种或输精。

3. 猪的同期发情

因为猪的生理特点的特殊性，与牛和羊的同期发情处理方法不同，若采用相同的方法，易引起卵巢囊肿，导致发情率和受胎率下降。在生产实践中，哺乳母猪一般采用同期断奶的方法诱导同期发情，一般在断奶后 3～9 d 内发情。断奶时配合注射 750～1 000 IU PMSG，可提高同期发情效果。

(五) 影响同期发情效果的因素

1. 母畜生殖生理状况

母畜的年龄、体质、膘情、生殖系统健康状况都会影响同期发情的效果。如对于青年母水牛，无论是用孕激素还是 PG 法处理，效果都很差。可能的原因是青年母水牛的卵巢幼稚型比例较高，对处理反应低。

2. 激素的质量

保证激素类药物的质量是提高同期发情效果的关键。进口孕激素往往价格昂贵，难以推广使用；国内 PGs 可能在不同批次之间存在质量不稳定的情况。因此，应加强激素效果的检测。处理时，最好选择同一厂家同一批次的产品。

3. 操作人员的素质

在进行同期发情给药时，往往由于时间紧、工作量大、人员少、大家畜不易保定等原因，极容易造成药物遗漏、流失，而又没有及时补给，以至于部分畜群因为药量不够而没有发情或发情不好，从而影响整个畜群同期发情率，影响同期发情效果，给生产实践造成损失。

4. 精液质量与发情鉴定及人工授精技术水平

精液质量是影响受胎率的重要因素之一。我国规定的公牛冷冻精液的活率标准是 0.4，水牛是 0.3。但在生产实践中一些精液生产单位不能达到此标准，因此，建议选用知名的国家级种公牛站的冻精。输精人员的素质和水平也会影响人工授精的质量，尤其是同期发情后的输精，往往多头母畜同期发情、输精，输精人员体力不支，会影响人工授精的准确性和效果。

5. 配种后的饲养管理

人工授精后的一段时间内，应提供优质的饲料，提高营养水平，特别是与繁殖有关的营养物质，如维生素 E、维生素 A、维生素 D_3 以及亚硒酸钠等，以免发生胚胎的早期死亡和流产。特别要注意不应喂食霉变的饲料或使役，以免造成流产。

三、超数排卵

(一) 超数排卵概念

在母畜发情周期的适当时间，注射外源促性腺激素，使卵巢比自然发情时有更多的卵泡发育并排卵，这种方法称为超数排卵，简称超排。超数排卵技术既是重要的发情调控技术，又是胚胎移植的重要组成部分，其目的是获得更多的胚胎。诱使单胎家畜产双胎也是超数排卵的目的之一。

(二) 超数排卵原理

其原理是通过在母畜发情周期的适当时间，注射 FSH、LH、HCG 等激素，使卵巢比自然发情时有更多的卵泡发育并排卵。母畜卵巢上约有 99% 的有腔卵泡发生闭锁而退化，只有 1% 能发育成熟而排卵。在排卵之前再注射 LH 或 HCG 补充内源性 LH 的不足，可保证多数卵泡成熟、排卵。

（三）超数排卵方法

主要利用缩短黄体期的前列腺素或延长黄体期的孕酮，结合促性腺激素进行家畜的超数排卵。

1. 母牛的超排

（1）FSH + PG 法

在发情周期（发情当天为 0 d）的第 9~13 d 中的任意一天开始肌内注射 FSH。可选用国产纯化 FSH 7~10 mg，其他厂家 FSH 320~400 IU，连续 4 天分 8 次（每天 2 次，间隔 12 h）用减量法或等量法肌内注射。通常在注射后第 3 d 早、晚各肌内注射一次前列腺素（氯前列烯醇剂量为每次 0.4 mg），也可仅注射一次前列腺素。约 48 h 后供体母牛发情，按常规输精对超排供体牛输精 2~3 次，每次间隔 12 h，仅 1 次输精在发情静止后 18~24 h。

（2）PMSG 超排法

在发情周期的第 11~13 d 中的任意一天开始肌内注射 1 次 PMSG 即可，总量为 2 000~3 000 IU 或按千克体重 5 IU 左右确定 PMSG 总剂量。在 PMSG 后 48 h 及 60 h，分别肌内注射 $PGF_{2\alpha}$ 1 次，剂量为每次 0.4 mg。

（3）CIDR+FSH+PG 法

在供体母牛阴道内放入第 1 个 CIDR，10 d 后取出，同时放入第 2 个 CIDR，5 d 后开始注射 FSH。或给供体放入第 1 个 CIDR 后 9~10 d 开始注射 FSH，连续递减剂量注射 4 d（8 次），在第 7 次注射 FSH 时取出 CIDR，同时注射 PG，一般在取出 CIDR 后 24~48 h 发情。

2. 母羊的超排

（1）FSH 减量注射法

供体母羊在发情后第 12~13 d 开始肌内注射 FSH，每天早、晚各一次，间隔 12 h，分 3 d 减量注射。使用国产总剂量为 200~300 IU。供体羊一般在开始注射后第 4 d 表现发情，发情后静脉注射（或肌注）LH 75~100 IU，或促性腺激素释放激素类似物 25~50 μg。

（2）PMSG 法

在发情周期第 11~13 d，一次肌注 PMSG 1 000~2 000 IU，发情后 18~24 h 肌注等量的抗 PMSG 或配种当天肌注 HCG 500~750 IU；也可用 PMSG 与 FSH 结合用药进行超排处理。

（3）FSH+PG 法

在发情周期第 12 d 或第 13 d 开始肌注（或皮下注射）FSH，以递减量连续注射 3 d（6 次），每次间隔 12 h，第 5 次注射 FSH 的同时肌注 PG。FSH 总剂量国产为 150~300 IU，FSH 注射结束后上、下午进行试情。超排处理母羊发情后立即静脉注射 LH 100~150 IU。有时用 60 μg LRH 代替 LH，也可获得同样的效果。山羊的超排用 FSH 处理可在发情周期的第 17 d 开始，FSH 剂量为 150~250 IU。用 PMSG 超排可在发情周期的第 16~18 d 开始，剂量为 750~1 500 IU。

（4）CIDR+FSH+PG 法

在供体母羊发情周期的任意一天，在其阴道内放入第 1 个 CIDR，第 10 d 取出，并放入第 2 个 CIDR。于放入第 2 个 CIDR 第 5 d 开始，连续 4 d 注射 FSH（每天 2 次），并于放入第 2 个 CIDR 第 8 d 取出 CIDR，同时注射 PG 0.1 mg。

3. 母兔的超排

（1）FSH 减量注射法

供体母兔皮下注射 FSH 3 d（6 次），每次 10～12 IU。在开始处理后第 4 d 上午，静脉注射 HCG 或 LH，并进行输精。如用国产纯化 FSH，其注射总量为 0.76 mg，依次为 0.18 mg×2、0.12 mg×2、0.08 mg×2。

（2）PMSG 一次注射法

一次注射 PMSG 50～60 IU，在处理后第 4 d 上午输精，并结合静脉注射 HCG 或 LH。

（3）PMSG 结合 FSH 一次注射法

在注射 PMSG 的同时，皮下注射 FSH 10～12 IU，以提高 PMSG 的超排效果。

4. 母猪的超排

猪是多胎动物，其超排的意义远没有单胎动物大。但随着高新繁殖技术如显微注射转基因、细胞核移植等在养猪科研和生产中的应用，猪超数排卵处理技术受到了一定程度的重视。目前，母猪超排所用的激素主要是 PMSG，有 3 种给药方式：（1）只肌注 PMSG；（2）肌注 PMSG（500～2 000 IU）后 72～96 h 再肌注 HCG（500～750 IU）；（3）同时肌注 PMSG 和 HCG。

任务三　胚胎移植

知识链接

胚胎移植又称受精卵移植，俗称人工授胎或借腹怀胎，是指将雌性动物的早期胚胎，或者通过体外受精及其他方式得到的胚胎，移植到同种的、生理状态相同的其他雌性动物体内，使之继续发育为新个体的技术。提供胚胎的个体称为供体，而接受胚胎的个体称为受体。国外将常规的胚胎移植常称为 MOET，即超数排卵胚胎移植或多排卵胚胎移植。

胚胎移植是畜牧业生产中正在发展的一项新技术，利用胚胎移植，可以开发遗传特性优良的母畜的繁殖潜力，较快地扩大良种畜群。另外，由于胚胎可长期保存和远距离运输，还为家畜基因库的建立、品种资源的引进和交换以及减少疾病传播等提供了更好的条件。随着现代生物工程技术的发展，胚胎移植作为应用基础技术在国内外畜牧业生产中得到了广泛的应用，特别是牛的胚胎移植技术已日趋成熟，并取得了巨大的社会经济效应。

一、胚胎移植的生理学基础和操作原则

（一）胚胎移植的生理学基础

1. 母畜发情后生殖器官的孕向发育

母畜在发情后的一段时期（周期性黄体期），生殖系统的变化相同，即在相同的时期，生

理状态一致,子宫内的环境相同。所以,发情后母畜的生殖器官的孕向变化,进行胚胎移植时,未配种的受体母畜可以接受胚胎,并为胚胎发育提供各种条件。

2. 胚胎的游离状态

胚胎发育早期有相当一段时间(附植之前)游离于输卵管和子宫腔内,其发育靠本身卵胞质提供营养。再者,早期胚胎有透明带的保护,可以机械性地移位而不受损害。所以,在离体条件下可以存活,当移植回与供体相同的环境中时,又会继续发育。

3. 胚胎移植不存在免疫问题

胚胎必须和受体的子宫内膜建立起生理上和组织上的联系才能保证其以后的发育。一般认为,在同一物种之间移植的胚胎没有免疫排斥现象,所以当胚胎由供体转移到受体时可以存活下来。然而,在实际生产中,移植的胚胎有时不能存活,这除了其他因素之外,可能还涉及复杂的妊娠免疫问题,仍然需继续进行研究。

4. 胚胎的遗传特性不受受体母畜的影响

胚胎的遗传特性和性别在母畜体内受精时就已经决定了,受体母畜只是给移入的胚胎提供了一个孕育的环境,胚胎的遗传特性不受受体母畜的影响。

(二)胚胎移植的操作原则

1. 胚胎移植环境的同一性

胚胎移植同一性是指胚胎移植后的生活环境和胚胎发育阶段相适应,主要包括下述两方面内容:

(1)供体和受体在分类学上的相同属性。即二者属于同一个物种,但并不排除不同种(动物进化史上,血缘关系较近,生理和解剖特点相似)间胚胎移植有成功的可能性。一般来讲,分类上关系较远的不同种动物,由于胚胎的组织结构、发育所需条件(营养、环境)和发育速度(附植的时间和妊娠期)差异太大,它们之间的胚胎移植不能存活或只能存活很短时间,如绵羊、山羊、牛的幼龄胚胎移植到兔输卵管内,可以存活数日并能够发育,但最终不能发育为个体。异种之间移植日龄较大的胚胎不易存活。

(2)供体和受体生理及解剖部位的一致性。即受体和供体在发情时间上的同期性,保证受体和供体生理上的一致性。移植后的胚胎应与其在供体所处的空间环境相似,因为发育着的胚胎对母体生殖道的环境变化非常敏感,而生殖道又在卵巢类固醇激素等多种因素的作用下,处于时刻变化的动态之中。受精后胚胎和子宫内膜的发育是同期的、相适应的,随着胚胎发育的进行,其在生殖器官的位置也发生着相应的变化。胚胎发育的各个阶段需要相应的特异性生理环境和生存条件,与此相适应,生殖道的不同部位(输卵管和子宫角的各个部位)就具有不同的生理生化特点,以符合胚胎发育的需要。胚胎发育与生殖道环境的协调一致性如果发生脱节和错乱,就意味着相互关系的破坏,从而导致胚胎的死亡。

2. 胚胎发育的期限

从生理学上讲,胚胎采集和移植的期限(胚胎的日龄)不能超过母畜发情周期黄体的寿命,最迟要在受体周期黄体退化之前数日进行移植,不能在胚胎开始附植之时进行。因此,通常是在供体发情配种后 3~8 d 内收集胚胎,受体也在相同时间接受胚胎移植。如果超过周期的黄体期进行胚胎移植,受体的子宫内环境发生未孕的退行性变化(发情的准备),胚胎是不能存活的。

3. 胚胎的质量

整个胚胎移植操作中,胚胎不应受到任何不良因素(物理、化学、微生物)的影响而危及生命力,移植的胚胎必须经过鉴定确认是发育正常者。

二、胚胎移植的基本程序

胚胎移植的基本程序主要包括供、受体畜的选择,供体的超数排卵,受体同期发情处理,供体的配种,胚胎的收集、检查与评定及胚胎移植等(见图 6-7)。下面主要以应用较为广泛的牛胚胎移植技术程序作详细介绍。

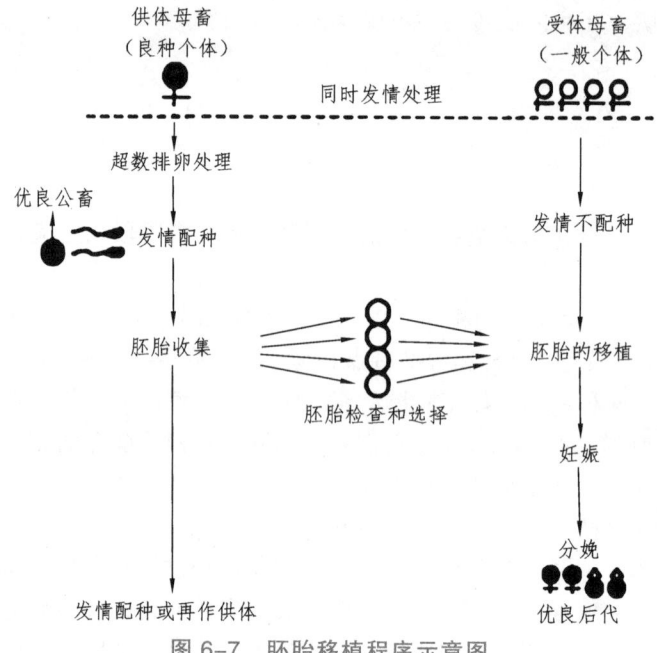

图 6-7 胚胎移植程序示意图

(一) 供、受体母畜的选择

1. 供体母畜

选择的供体母畜要具有较高的种用价值、遗传性能好、身体健康、无生殖器官疾病、发情周期正常、生殖机能处于较高水平。

在实施牛的胚胎移植时,供体牛的选择标准大致如下:

（1）供体牛应符合品种标准，生产性能高，经济价值大，具备遗传优势，具有较高种用价值。一般选择经产母牛，配种不超过两个情期即可妊娠；而且没有发生过难产，没有遗传缺陷。

（2）供体牛的年龄一般为3~8岁，青年牛在18月龄左右。同时，应选择性情温顺的母牛作为供体，以便于操作。

（3）供体牛的健康状况是胚胎移植成功与否的关键。供体牛必须反复检查确认无传染性疾病，同时，还应对某些传染病进行预防注射。

（4）供体母牛生殖器官正常，不得患有子宫内膜炎、卵巢囊肿、卵巢炎和子宫过度弛缓、下垂等产科疾病。同时，母牛的既往繁殖史正常，无遗传缺陷，具有良好的繁殖能力，且分娩顺利。

（5）在超排处理中，母牛发情及发情周期规律是极为重要的。如果母牛的发情及发情周期不正常，那么就会影响给药时间，影响激素的作用，造成超排失败。对超排母牛至少应预先连续观察两个发情周期。如果还有环境和饲养管理条件的变化，更应长期观察。

（6）供体牛的膘情要适中，体质健壮，过肥和过瘦都会降低受胎率。根据母牛的膘情，适当调整饲料的营养成分，保持供体群的适宜体况。另外，供体母牛的适当运动也很重要。在某些特殊地区，还应注意青绿饲料、维生素A和微量元素的补充。

（7）母畜对超排处理的反应个体间差异也很大，因此应预先测知母牛卵巢对激素的反应状况，以便选择反应敏感的母牛作为供体。尽量使用代谢正常和发情症状良好的母牛。

2. 受体母畜

受体母畜仅作为借腹怀胎，虽不要求具有优良的遗传品质，但应该具有良好的繁殖性能和健康体态，体型中上等。

在选择受体牛时，除具有良好的繁殖机能和健康体质外，还可参考以下标准：

（1）体型一般选择体型较大的当地母牛。在选用黄牛作受体牛时，体高应在112 cm以上，体斜长140 cm以上，骨盆腔宽大。可依十字部宽45 cm、坐骨结节宽13 cm、尻长45 cm以上作为间接判断骨盆大小的标准。

（2）营养状况（膘情）中上等，以保证母牛能够正常发情。

3. 供、受体母畜的同期发情

鲜胚移植时，供体和受体必须发情同期化，这样，两种母体的生殖器官就能处于相同的生理状态，移植的胚胎才能正常发育。受体母牛的同期发情处理，往往与供体母牛的超数排卵处理同期进行。在大的牛群中，可以挑选出相当数量的和供体同期自然发情的受体，但是在小群范围并在限定的时间内进行胚胎移植，必须首先要求受体和供体同期发情和排卵。

实践证明，受体和供体发情开始的时间越接近，移植的受胎率就越高；相差的时间越长，则受胎率越低。因为妊娠初期的子宫环境在不断地发生变化，一定时间的子宫环境只适合于相应发育阶段的胚胎。一般认为，受体和供体的发情时间差不得超过24 h。当前比较理想的同期发情药物是前列腺素和孕激素。

（二）供体的超数排卵

在母畜发情周期的适当时间，注射促性腺激素，使卵巢中比自然情况下有较多的卵泡发育并排卵，这种方法称为超数排卵，简称超排。母牛的超数排卵在发情周期 9~13 d 肌内或皮下注射促性腺素。

1. 用 FSH 超排

在发情周期（发情当天记为 0 d）的第 9~13 d 中的任何一天开始肌注 FSH。可选用国产纯化 FSH 7~10 mg，其他厂家的 FSH 产品 320~400 IU，分 8 次用减量法或等量法肌内注射 FSH。常规在注射开始后第 3 d 早、晚各肌注一次前列腺素（氯前列烯醇每次 0.4 mg），也可仅注射一次前列腺素，约 48 h 后供体母牛发情。

2. 用 PMSG 超排

在发情周期的第 11~13 d 中的任意一天肌注 1 次即可，总量为 2 000~3 000 IU。按每千克体重 5 IU 左右确定 PMSG 的总剂量，在注射 PMSG 后 48 h 及 60 h 分别肌注 $PGF_{2\alpha}$ 1 次，剂量为每次 0.4 mg。由于 PMSG 分子量较大，在体内半衰期长，而且易使母畜体内产生抗体，影响卵泡的发育。故不少人在使用 PMSG 后 2~3 d 再注射 PMSG 抗体（Anti-PMSG）。以缩短其起作用的时间（母牛出现发情后 12 h 再肌注抗 PMSG，剂量以能中和残留的 PMSG 的活性为准）。

（三）受体同期发情处理

根据受体牛的选择条件，对符合要求的备用受体进行同期发情处理，常用前列腺素处理和孕激素处理两种方法。

1. 前列腺素处理法

用 $PGF_{2\alpha}$ 或氯前列烯醇肌注使用 2~3 支。为了节省药物和防止流产，仅处理一侧卵巢有功能性周期黄体的牛。在供体母牛注射前列腺素类药物前 1 d 处理。为了将全部受体牛的周期调到一起，可用间隔约 12 d、2 次前列腺素注射的方法。

2. 孕激素处理法

现有的国产孕激素及制剂一般都有副作用，影响胚胎着床，使用较少。进口的 SYNCRO-MATE-B 耳部埋植被认为是理想的孕激素处理方法。用专用注射器耳部埋植，第 9~12 d 后取管。取管后约 48 h 表现发情。但是药品价格高，货源有限。孕激素虽有诱发发情作用，但对无发情周期牛受胎效果差，胚胎成本高，因此不提倡用来处理无发情周期牛。准确的发情观察对移植结果至关重要，应及时记录发情牛号及表现，直肠检查发情牛卵泡并记录卵泡发育情况。

（四）供体的配种

供体母牛超排处理后，正常情况下，大多在超排处理结束后 12~48 h 发情。发情鉴定以接受爬跨、站立不动为主要判定标准。在观察到第一次接受爬跨站立不动后 8~12 h 第一次输精，以 8~12 h 间隔再输精 1~2 次，每次输入符合国家标准的冷冻精液 2 个剂量（即为正常人工授精量的 2 倍），每次输精有效精子数，颗粒：2 400 万以上，细管：2 000 万以上。鲜精用 $10×10^6 \sim 50×10^6$ 个活精子。

（五）胚胎的收集

胚胎收集指的是利用冲卵液将早期胚胎从供体母畜的生殖道（输卵管或子宫）内冲出来，并收集于一定的器皿中。胚胎收集方法有手术法和非手术法两种，前者适用于各种家畜或动物，后者适用于牛、马等大家畜，且只能在胚胎进入子宫角以后进行。

1. 胚胎收集的时间

胚胎采集的时间，要考虑配种时间、发生排卵的大致时间、胚胎的运行速度和胚胎在生殖道内的发育速度等因素来确定（见表 6-2）。一般在配种后 3~8 d，发育至 4~8 个细胞以上为宜。牛手术法采卵不能晚于配种后 3 d，非手术法采卵不能早于配种后 4 d，通常牛非手术取卵大都在发情后 7 d（6~8 d）进行，此时牛胚胎大部分处于晚期桑葚或囊胚阶段，受精卵大都在子宫角内。

表 6-2　各种家畜的排卵时间和胚胎的发育速度

畜别	排卵时间	发育速度（排卵后天数）							
		2 细胞	4 细胞	8 细胞	16 细胞	进入子宫	胚泡形成	脱离透明带	附植开始
牛	发情结束后 10~11 h	1~1.5	2~3	3	4	3~4	7~8	9~11	22
绵羊	发情结束后 24~30 h	1.5	1.5~2	2.5	3	2~4	6~7	7~8	15
猪	发情结束后 35~45 h	1~2	1~3	2~3	3.5~5	2~2.5	5~6	6	13
马	发情结束前 1~2 d	1	1.5	3	4~4.5	4~6	6	8	37
兔	交配后 10~11 h	1	1~1.5	2	2.5~4	3~4			

2. 牛的非手术法常规采胚

（1）供体牛的保定

在采胚前供体牛要禁水禁食 10~24 h（泌乳牛除外），将供体牛在保定架内呈前高后低的姿势进行保定。

（2）麻　醉

采胚前 10 min 进行麻醉，在第一、二尾椎骨之间硬膜外腔麻醉，麻醉剂用 2%盐酸普鲁卡因 2~10 mL，也可在颈部或臀部肌注 2%静松灵 1~1.5 mL，使牛镇静，子宫松弛，以利采胚。同时对外阴部进行冲洗和消毒。

（3）常规采胚法

为了有利于采胚管通过子宫颈，在采胚管插入前，先用扩张棒对子宫颈进行扩张，这对青年牛尤为必要。将采胚管消毒后，用冲洗液冲洗并检查气囊是否完好，然后将无菌不锈钢导杆插入采胚管内。同直肠把握输精法一样，操作者将手伸入直肠，清除粪便，检查两侧卵巢的黄体数目。采胚时，将采胚管经子宫颈缓慢导入一侧子宫角基部，由助手抽出部分不锈钢导杆，操作者继续向前推进采胚管。当达到子宫角大弯附近时，助手从进气口注入 12～25 mL 气体，一般充气量的多少依子宫角粗细及导管插入子宫角的深浅而定。当气囊位置和充气量合适时，全部抽出不锈钢导杆。助手用注射器吸取事先加温至 37 ℃的冲胚液（杜氏磷酸盐缓冲液-PBS），从采胚管的进水口推进子宫角内，反复按摩冲洗后，再将冲胚液连同胚胎抽回注射器内，如此反复冲洗和回收 5～6 次。冲胚液的注入量由刚开始的 20～30 mL 逐渐加大到 50 mL，将每次回收的冲胚液收入集胚器内，并置于 37 ℃的恒温箱或无菌检胚室内等待检胚。一侧子宫角冲胚结束后，按上述方法再冲洗另一侧子宫角，如图 6-8 所示。

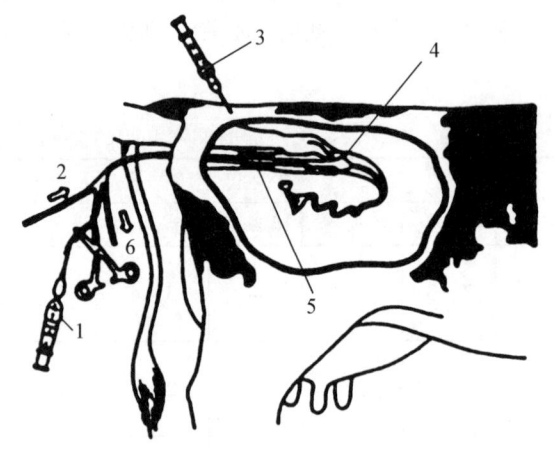

1—气囊充气；2—注入充卵液；3—硬膜麻醉；4—子宫内的冲卵管；5—子宫颈；6—回液。

图 6-8　牛的非手术法常规采胚示意图

（4）子宫体采胚法

子宫体采胚速度快、方便、容易，但回收率低。子宫较小的牛可用，老龄子宫下垂的牛冲胚效果差。操作方法是冲胚管通过子宫颈后，充气把冲胚管拉紧，固定在宫体和子宫颈内。子宫充满液体后回收，按摩子宫角前端，两角同时回收，反复 5～6 次即可。

（5）供体采胚后的处理

全部采胚工作结束后，为促使供体正常发情，可向子宫内注入或肌注前列腺素类药物；为预防子宫感染，可向子宫内注入适量抗生素或四环素。

(六) 胚胎检查

1. 胚胎的检查项目

（1）受精卵整体的形态和体积大小；

（2）透明带形状、厚度及损伤程度；

（3）发育正常胚胎的卵裂球应具有整齐的外形、大小一致、分布均匀、紧密，发育速度与胚龄一致；

（4）卵细胞表面颗粒的状态和数量等。

2. 胚胎检查方法

（1）静置沉降法

此方法适用于大器皿收集回收液的检胚。将双侧子宫角回收的冲卵液分别放入漏斗状的集卵瓶中，在无菌室内静置 20~30 min，使胚胎下沉到容器底部。为防止胚胎黏于瓶壁上，可轻轻转动集卵瓶，促进胚胎与瓶壁的脱离。下沉完成后，从漏斗下部的乳胶管收集冲卵液，并置于平皿中。

（2）胚胎过滤法

采用带有网格（直径小于胚胎直径）的过滤器放入冲卵液中，由上往下吸出冲卵液，最后剩下几十毫升即可。为防止胚胎吸附于过滤杯上，用冲卵液反复冲洗过滤器。或将双侧子宫角回收的冲卵液用特制的纱网过滤，纱网的网眼为 100~120 目。用带细针头注射器吸取磷酸盐缓冲液（PBS，不带血清）反复冲洗纱网，将冲胚液集中于平皿中备检。

（3）虹吸法

将双侧子宫角回收的冲卵液放入量筒中，静止 30 min，使胚胎充分沉降。用乳胶管虹吸的办法除去上层液，把沉降到底部的冲卵液装入 2~3 个平皿中进行检查。然后用一个聚乙烯软管插入回收液的中层，将上层回收液虹吸至另一个器具，留下底层 100 mL 左右，轻轻摇晃几下，使浮在表面的胚胎下沉，再分别倒入平面玻璃皿中镜检。

（4）检　卵

用 10~20 倍连续变倍体视显微镜寻找，用 300~400 μm 内径的玻璃吸管吸卵，用含 10%血清的杜氏磷酸盐缓冲液保存。

（七）胚胎评定

1. 胚胎的发育期

母牛第 6~8 d 非手术法采集的胚胎发育为桑葚胚至扩张囊胚（见图 6-9），发育期的划分和特征如下：

（1）桑葚胚。卵裂球隐约可见，细胞团的体积几乎占满卵周隙。

（2）致密桑葚胚。卵裂球进一步分裂，分不清卵裂球的界线，细胞团收缩，占透明带内间隙的 60%~70%。

（3）早期囊胚。细胞团内出现透亮的囊胚腔，但难以分清内细胞团的滋养层，细胞团占到 70%~80%。

（4）囊胚。囊腔增大明显，滋养层细胞分离，细胞团充满卵周间隙。

（5）扩张囊胚。囊腔充分扩张，体积增至原来的 1.2~1.5 倍，透明带变薄，相当于原厚度的 1/3。

（6）孵化胚胎。透明带破裂，内细胞团孵出透明带。此时回收的 16 细胞以下受精卵为发育停滞卵，不能用于移植和冷冻保存。

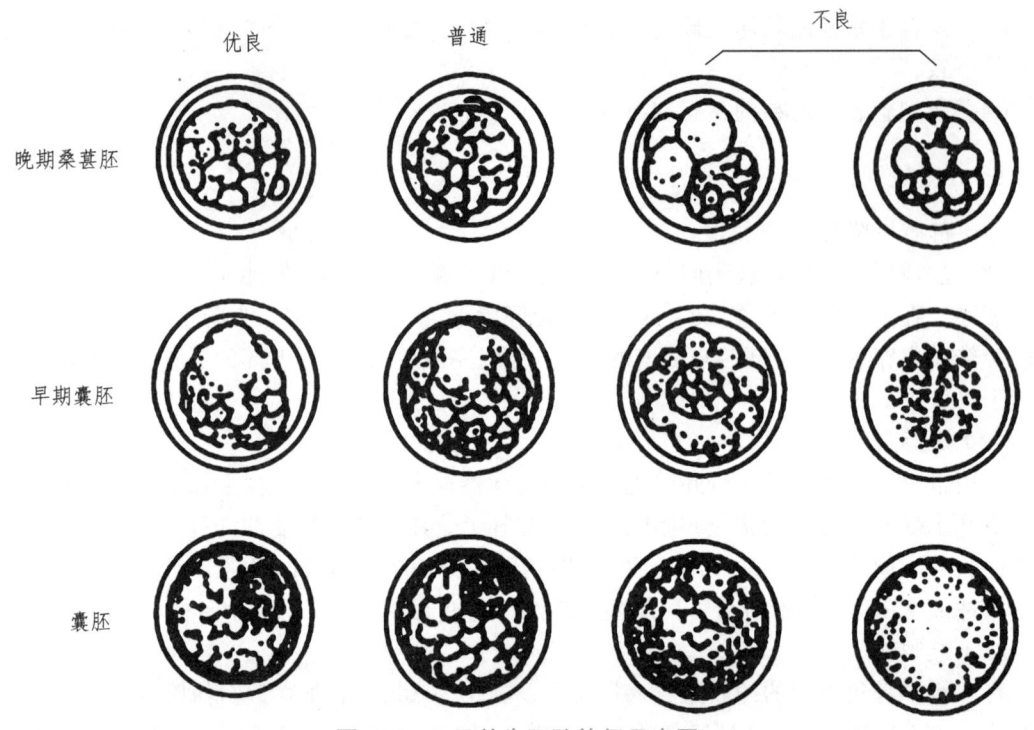

图 6-9　7日龄牛胚胎等级示意图

2. 胚胎的分级

目前，对胚胎的质量鉴定基本上采用形态学的方法，将胚胎分为 A 级（优秀胚）、B 级（良好胚）、C 级（一般胚）、D 级（不良胚）4 个级别。其中 A 级和 B 级胚胎为移植可利用胚胎。

A 级：发育速度与日龄一致，胚胎形态完整，轮廓清晰，呈球形，分裂球大小均匀，结构紧凑，色调和透明度适中，无游离的细胞和液泡或很少，变性细胞比例<10%。

B 级：发育速度与日龄基本一致，轮廓清晰，分裂球大小基本一致，色调和透明度及细胞密度良好，可见到一些游离的细胞和液泡，变性细胞占 10%～30%。

C 级：发育速度与日龄不太一致，轮廓不清晰，色调变暗，结构较松散，游离的细胞或液泡较多，变性细胞占 30%～50%。

D 级：有碎片的卵、细胞无组织结构，变性细胞占胚胎大部分，约 75%。

3. 胚胎质量评定

胚胎发育阶段与胚龄相一致，与正常发育阶段比较，胚胎发育迟于 24 h，则质量不佳。正常胚胎的透明带为圆形，未受精或退化的胚胎常呈椭圆形，有子宫内膜炎或其他原因造成子宫内环境不好，透明带外形可能不规则。优良胚胎总体结构好，细胞均匀一致，轮廓清晰规则，随发育阶段而有所不同。退化卵、未受精卵、细胞破碎，大小不一致。若许多内细胞死亡，则细胞数少，受胎率也低。胚胎中若有液泡、碎细胞，也可能影响胚胎发育。胚胎质量的优劣与移植或冷冻后的妊娠有直接关系。

(八) 非手术移植

与采胚方法相似，对受体移植胚胎也分为手术法和非手术法两种，前者适用于不能直肠操作的中、小型动物，后者适用于大家畜。

1. 胚胎装管

一般用 0.25 mL 塑料细管，三段液体夹两段空气，中段放胚胎（见图 6-10）。胚胎的位置可稍靠近出口端，以便于推出。胚胎装管后分别移入受体的输卵管或直接移入子宫角。在移植时，经子宫回收的胚胎应移入子宫角前 1/3；经输卵管回收的胚胎必须移入输卵管壶腹部。牛一般少于 8 细胞的受精卵应移入输卵管，因为早期受精卵在子宫内易受到子宫分泌物的伤害，而多于 8 细胞的受精卵应移入子宫角。

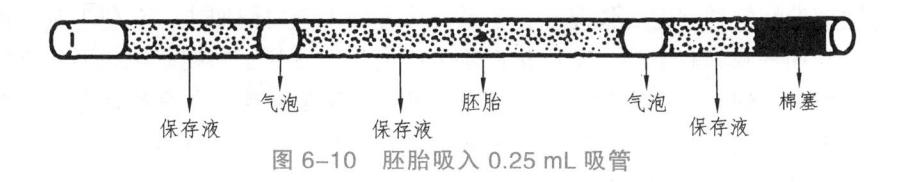

图 6-10　胚胎吸入 0.25 mL 吸管

2. 移植操作

将受体母牛保定好，进行硬膜外麻醉，由直肠触摸黄体位于哪侧。将人工授精移植枪通过子宫颈，同时将胚胎送到黄体同侧的子宫角中部。对于牛来说，移胚与采胚方法相似，先将母牛保定麻醉后，再移胚。首先将胚胎吸入塑料细管中，并使含胚管穿过输精细管，然后于受体牛发情后第 6~12 d，将人工授精移植枪经过子宫颈，把胚胎注入子宫角内，或者绕过子宫颈而通过阴道穹窿将胚胎注入子宫角内。

（九）受体母牛的妊娠诊断

受体母牛移植后应保证科学、正常的饲养管理。移植约 2 周后注意观察是否返情，2 个月后可用直肠检查法确定妊娠。如果条件许可，约在 30 d 可用 B 型超声波仪检查确定妊娠。怀孕母牛要注意做好妊娠期的管理及接产工作，保证胚胎移植犊牛出生健康。

任务四　诱导分娩

知识链接

诱导分娩亦称引产，是在认识分娩机理的基础上，利用外源激素模拟发动分娩的激素变化，调整分娩进程，促使其提前到来，产出正常的仔畜。这是人为控制分娩过程和时间的一项繁殖新技术。

一、诱导分娩的意义

1. 控制分娩时间

目前，根据配种日期和临产表现，很难准确预测孕畜分娩发动的准确时间。采用诱导分娩技术可以使绝大多数分娩发生在预定的日期和工作上班时间。这样既避免了在预产期前后日夜观察、护理，以节省人力；同时，又便于对临产孕畜和新生仔畜进行集中和分批护理，以减少甚至避免伤亡事故，从而提高仔畜成活率；而且，还能合理安排产房，在各批孕畜分娩之前能对产房进行彻底消毒，以保证产房的清洁卫生，降低孕畜和新生仔畜感染病毒和细菌的可能性。

2. 控制分娩群

在实行同期发情配种制度的情况下，孕畜群体分娩也趋向同期化，有利于对孕畜群体诱发同期分娩。同期分娩有利于建立工厂化畜牧生产模式，有利于同期断奶和下一个繁殖周期进行同期发情配种。同时，也有利于分娩孕畜间新生仔畜的调换、并窝和寄养。例如，在窝产仔数太多和太少之间，可以进行仔畜并窝或为孤儿仔畜寻找代养母猪等。同期分娩还可使放牧羊群泌乳高峰期与牧草的生长旺季相一致。

3. 终止妊娠

当发生胎水过多、胎儿死亡以及胎儿干尸化等情况时，应及时终止妊娠。当妊娠母畜受伤、产道异常或患有不宜继续妊娠的疾病（如骨盆狭窄或畸形、腹部疝气或水肿、关节炎、阴道炎、妊娠毒血症、骨软症等）时，可通过终止妊娠来缓解孕畜的病情，或通过诱导分娩在屠宰孕畜之前获得可以成活的仔畜。

当母畜不到配种年龄偷配或因工作疏忽而使母畜被劣种公畜或近亲公畜交配时，可通过人工流产使母畜尽早排出不需要的胎儿。由于马怀双胎后，在绝大多数情况下得不到能够独立成活的后代，所以一旦发现这种情况，应当立即终止其妊娠。

终止妊娠进行得越早越容易，对母畜繁殖年龄的影响越小，流产后母畜子宫的恢复就越快。考虑到终止妊娠不易实现，也易出问题，而且术后母畜需要照料，应尽量避免在妊娠中后期终止妊娠。

4. 控制顺产

孕畜体内的胎儿在妊娠末期生长发育迅速，若有孕畜骨盆发育不充分或妊娠期延长，诱导分娩则可以减轻新生仔畜的初生重，降低因胎儿过大而造成难产的可能性。

二、诱导分娩的适用范围

一般正常分娩的孕畜，没有必要在足月前采取这种繁殖技术。诱导分娩可作为特殊情况下应用的技术，而作为普及性技术在生产中广泛应用是否可取，还要看其发展情况。总体来说，诱导分娩可在下列情况下使用。

1. 避免难产

母畜个体小，胎儿生长快，以免足月时发生难产；或在妊娠晚期孕畜因病或受伤不能负担胎儿时。

2. 挽救胎儿生命

孕畜不得已而屠宰之前，为拯救产出活胎儿；或经诊断患有胎液过多症，而胎儿生长正常时。

3. 满足某种特殊畜牧生产需要

专为取得花纹更美观的羔羊裘皮，提早在 10 d 以内诱导分娩，湖羊即有过试验，但尚有争论；或为研究胎儿后期生长而采集标本，避免杀母取胎。

4. 方便助产

畜群较大，要求在白天分娩，便于助产，减少死亡率；临产时母畜阵缩微弱，防止胎儿不产出造成其死亡；防止孕畜超过预产期，分娩延时。

三、诱导分娩机理

诱导分娩是在认识分娩发动机理的基础上，通过直接补充外源激素或其他方法模拟孕畜分娩发动的激素变化，终止妊娠或提前启动分娩，从而达到人工流产或诱导分娩的目的。目前，诱导分娩主要采用外源激素法，常用的外源激素有前列腺素（$PGF_{2\alpha}$）或类似物、ACTH、雌激素、催产素等。$PGF_{2\alpha}$能有效地收缩平滑肌并溶解黄体，具有安全、方便、有效的特点。使用 ACTH 进行诱导分娩时应注意孕畜所处的妊娠阶段，过早或过晚都不能引起胎儿的肾上腺皮质应答，达不到诱导分娩的目的；为避免增加难产发生的机会，雌二醇一般与 ACTH 配合使用，而不单独或大量使用；对于牛和羊，由于其子宫颈很发达，一般不单独使用 OXT 进行诱导分娩，以避免造成子宫破裂。

四、各种母畜诱导分娩方法

目前，诱导分娩使用的激素有皮质激素或其合成制剂、前列腺素 $F_{2\alpha}$ 及其类似物、雌激素、催产素等多种。

（一）牛的诱导分娩

诱导牛分娩使用的药物主要有糖皮质激素、前列腺素，也可配合使用雌激素、催产素等。糖皮质激素类药物包括地塞米松、氟米松和贝塔米松。

1. 糖皮质激素法

糖皮质类激素有长效和短效两种。长效型糖皮质激素可在预计分娩前 1 个月左右注射，用药后 2～3 周激发分娩，该法能促进未成熟胎衣与子宫内膜分离，有利于母牛产后胎衣的排出,但所生犊牛死亡率高;在母牛妊娠 265~270 d,可使用短效型糖皮质激素。如一次性肌注地塞米松 20~30 mg 或氟米松 5~10 mg,能诱导母牛在 2~4 d 内产犊,但常伴有胎衣不下、产奶量降低等现象。

2. 氯前列烯醇法

在母牛妊娠 200 d 内,体内孕酮的主要来源为黄体。若在此阶段注射前列腺素 5~30 mg 或氯前列烯醇 0.5 mg,母牛很快发生流产。特别是在妊娠 65~95 d 时,由于绒毛膜与子宫内膜之间的组织联系不够紧密,此时更容易流产成功。在母牛妊娠 150~250 d,母牛对 $PGF_{2\alpha}$ 相对不敏感,应用此方法不一定能成功。以后,随着分娩期的临近,母牛对 $PGF_{2\alpha}$ 的敏感性逐渐增加。到 275 d 时采用此法,注射后 2 d,母牛即可分娩。

3. 多激素配合使用法

在母牛妊娠 265~270 d,先使用长效型糖皮质激素可使大部分母畜分娩,对尚未分娩者再使用短效型糖皮质激素,可得到理想的引产效果;或对妊娠后期母牛利用地塞米松磷酸钠 50~70 mg 静脉注射,配合 50~100 IU 肌内注射催产素。此方法使用 1 d 或者 1 d 内上、下午各使用一次后,24~48 h 内胎儿可排出。

需要说明的是,使用糖皮质类激素诱导分娩的副作用较大,如新生犊牛死亡和胎衣停滞等问题。而单独使用前列腺素出现难产情况较多。使用催产素诱导母牛分娩,效果也很不理想,只有当母牛体内催产素的受体发育起来后,用催产素才有效,而且只有子宫颈变松软之后才安全。诱导母牛分娩对肉牛生产意义较大,可调节产犊季节,让犊牛充分利用草场提高生产效益。但诱导分娩若缩短正常妊娠期一周以上,则犊牛成活率降低。因此,防止犊牛死亡与胎衣停滞,仍是解决诱导分娩技术应用的关键技术。

(二)猪的诱导分娩

1. 糖皮质激素单独使用

猪要妊娠到 110 d 才能对糖皮质激素敏感并发生反应,而且只能采用较大剂量连续注射才能成功诱导分娩。对于妊娠 109~110 d 的母猪,连续 3 天注射地塞米松,每天注射 75 mg;妊娠 110~111 d 的母猪,连续 2 天注射地塞米松,每天注射 100 mg;妊娠 112 d 的母猪,一次性注射地塞米松 200 mg 即可。

2. 前列腺素及其类似物单独使用

母猪注射前列腺素($PGF_{2\alpha}$)后能引起血中孕酮浓度立即下降,导致黄体溶解。研究表明,在母猪妊娠 108~113 d 注射氯前列烯醇效果最好,而在预产期前 2~3 d 处理效果不佳。通常,一次性给母猪注射 510 mg $PGF_{2\alpha}$,母猪在处理后 24~28 h 开始产仔。

3. 前列腺素与催产素配合使用

催产素常用来辅助子宫收缩滞缓的患猪进行分娩,并能缩短 $PGF_{2\alpha}$ 处理到产仔的间隔时间,使产仔更加集中。通常在处理后 20~24 h 注射催产素。

4. 前列腺素与雌二醇配合使用

在母猪妊娠第 112 d 时注射 3 mg 17β-雌二醇，113 d 时注射 PGF$_{2α}$，则有 38%的母猪在妊娠第 114 d 的 8：00 之前产仔。

（三）羊的诱导分娩

1. 糖皮质激素或前列腺素单独使用

在母羊妊娠 141 d 时，注射 12~16 mg 地塞米松，大部分母羊在 3~4 d 内产羔。或母羊妊娠 141~144 d 时，肌内注射 PGF$_{2α}$15 mg 或氯前列烯醇 0.1~0.2 mg，可有效诱导母羊在处理后 3~5 d 产羔。

2. 催产素与雌激素配合使用

在山羊妊娠 130~140 d 时，注射苯甲酸雌二醇 8 mg 和催产素 40 IU，苯甲酸雌二醇总量分两次注射，两次间隔 5 h，再间隔 10~12 h 注射催产素一次。若 8 h 内母羊未产，再补注一次。

（四）兔的诱导分娩

1. 糖皮质激素法

在母兔妊娠 30 d 时，肌注地塞米松 2~3 mg，绝大部分母兔可在 12 h 内分娩。对于没有按时分娩的母兔，可再注射一次地塞米松。

2. 催产素法

在母兔妊娠 30 d 时，注射催产素 2~5 IU，通常在几小时内便可以引起分娩。若配合使用少量的苯甲酸雌二醇，效果更好。

3. 前列腺素及其类似物法

在临近分娩时，肌内注射氯前列烯醇 10~15 μg，可使母兔在 3 h 后分娩。若配合使用少量催产素，效果更好。

4. 拔毛吸乳法

在母兔妊娠 30 d 时，拔掉母兔乳头周围的被毛，并选择产后 5~8 d 的仔兔 5~6 只吮吸母兔乳汁 3~5 min，然后用手轻轻按摩母兔腹部 0.5~1 min。此法较正常分娩活仔率有所提高。

实战练习

一、名词解释

生殖激素　诱导发情　同期发情　超数排卵　胚胎移植　供体　受体　采胚

二、简述题

1. 生殖激素有何作用特点？根据生殖激素分泌器官的不同，生殖激素可分为哪些类型？

2. 简述 GnRH、FSH、LH、PMSG、HCG、雌激素、孕激素、PG 的主要作用和临床应用范围。

3. 母畜诱导发情的原理是什么？分别列举一种牛、猪、羊实施诱导发情的主要方法，并写出操作步骤。

4. 同期发情有什么意义？实施同期发情的原理是什么？分别列举一种牛和羊实施同期发情的主要方法，并写出操作步骤。

5. 超数排卵有何意义？实施超排的原理是什么？分别列举一种牛、羊、兔超排处理常用方法，并写出操作步骤。

6. 胚胎移植的基本原理是什么？

7. 胚胎移植技术的基本程序有哪些？

8. 供体母畜与受体母畜选择有什么不同？

9. 受体移植要遵循哪些原则？

10. 比较手术采胚与非手术法采胚的方法与应用范围。

11. 胚胎鉴定分级的依据是什么？

12. 诱导分娩有何意义？分别列举一种牛、猪、羊、兔诱导分娩常用方法，并写出操作步骤。

三、论述题

查找资料，从经济、引种扩群和育种等方面阐述胚胎移植的应用价值。

实训一 常用生殖激素制剂识别及其作用实验

实训目的

（1）了解常用生殖激素制剂的作用。

（2）熟悉不同生殖激素制剂对卵泡发育和排卵的影响。

实训准备

（1）各种生殖激素制剂。

（2）选择健康、成年、未孕、发情的母兔或其他动物，每组 2~4 只。

（3）准备好供实验用的促卵泡素（FSH）、促黄体素（LH）、孕马血清促性腺激素（PMSG）、人绒毛膜促性腺激素（HCG）、生理盐水等。

方法步骤

（一）常用生殖激素制剂的识别

（1）讲解每一种生殖激素制剂的品名、规格、型号、作用与用途、用法与用量、储存条件与要求等。

（2）学生分组观察讨论。

(二)生殖激素作用动物实验

(1)诱发发情注射。给3只母兔连续注射2 d,每天一次皮下分别注射孕马血清促性腺激素60、120、360 IU。再以同样的方法给另外一只母兔注射促卵泡素25 IU。

(2)促排卵注射。在诱发发情的第3 d配种,3只用人绒毛膜促性腺激素100 IU及孕马血清促性腺激素60 IU;另外1只用促黄体素20 IU和促卵泡素20 IU,耳静脉注射。

(3)剖解观察。排卵注射24 h或36 h后,剖检母兔,观察卵巢的变化,统计卵巢上排卵点及未排卵卵泡数。

实训提示

(1)事先一定要准备好各种常用生殖激素制剂及实验动物,进行检查、编号,做好记录。
(2)实训时,由学生进行药物注射,观察实验效果。
(3)生殖激素制剂的识别也可以在教室或实训室结合理论授课同时进行。

实训报告

(1)把观察到的常用生殖激素制剂的有关项目填入表6-3。

表6-3 常用生殖激素制剂

品名	规格	型号	作用与用途	用法与用量	贮存条件与要求	生产厂家及批号	有效期

(2)写出生殖激素作用于母兔发情、排卵实验的效果。

实训二 同期发情、超数排卵与胚胎移植

实训目的

(1)了解胚胎移植的主要技术环节及操作要领。
(2)进一步熟悉掌握同期发情、超数排卵技术和冲卵方法。
(3)初步学会胚胎的检查和移植过程。

实训准备

(1)实验动物:健康、营养良好、无繁殖疾病、生殖功能正常的母牛(羊),或母牛(羊)作供体牛(羊)和受体牛(羊),牛、羊冷冻精液。

(2)器械:子宫扩张棒、双目实体显微镜、牛用冲胚及移胚器械、冲胚管、移胚管、拨胚针、手术台、剪毛剪子、止血钳、镊子、手术刀、创巾、缝合针、缝合线、表面皿、凹玻片等。

(3)药品:PMSG、FSH、LH、PGF$_{2\alpha}$、2%普鲁卡因注射液、静松灵注射液、PBS、生理盐水、75%酒精、2%碘酒、青霉素等。

方法步骤

(一) 牛的非手术法胚胎移植

1. 同期发情及超数排卵处理

受体牛胚胎移植前第 6 d 注射 PMSG 500~8 000 IU,前 3~4 d 注射 $PGF_{2\alpha}$ 1~2 mg(子宫灌注法)。

供体母牛性周期的第 11 d,肌注 PMSG 3 000~4 000 IU,第 13 d 肌注 $PGF_{2\alpha}$ 20~30 mg,促使黄体退化,第 15 d 供体牛发情(发情第一天为 0 d)。间隔 8~12 h 输精 2~3 次,第 7 d 收集胚胎。或用 FSH 在供体发情周期的第 11~14 d 每日上午 8 时、下午 5 时各肌内注射 FSH 50 IU,总剂量 400 IU,第 13 d 注射 $PGF_{2\alpha}$ 20~30 mg,第 15 d 供体牛发情。以后处理同第 1 种方法,在第 1 次输精同时注射 LH 160 IU,共输精 3 次。

2. 胚胎的采集(采卵)

(1)采卵时间和部位。常规冲卵多在人工授精的第 7 d,一般在第 6~8 d,此时受精卵在子宫角上端。

(2)供体牛在直检架内保定,用绳缠尾拉向一侧,排出直肠内的宿粪,清洗阴户周围。

(3)肌内注射静松灵 3~5 mL,使牛镇静。

(4)用 2%普鲁卡因 2~10 mL 在第一、第二尾荐骨之间作硬膜外腔麻醉,以松弛子宫颈环肌。

(5)组装冲卵集卵的装置,准备 1 000 mL 冲卵液加温到 38 ℃备用。

(6)使用子宫扩张棒扩张子宫颈口。

(7)将带有通心钢丝的冲卵软管先插入排卵较多一侧的子宫角,钢芯反复引导至大弯前充满气球,使其堵塞子宫角基部并固定冲卵管。根据子宫大小及冲卵管在子宫内位置的深浅,注入 8~20 mL 空气。

(8)用 100 mL 注射器吸取冲卵液 80~100 mL 灌入子宫角,同时隔着直肠轻轻按摩子宫角,使冲卵液能回收彻底。注入子宫的液体应回收 90%~100%,一侧冲洗 5~6 次,总计用冲卵液 500 mL 左右,将冲卵液回流至集卵皿中。然后用同样的方法冲洗另一侧子宫角,两侧冲完,向子宫内注入抗菌药物。

3. 胚胎的检查(检卵)

(1)将盛有冲卵回收液的集卵管静置 10~20 min,使其自然沉降。用塑料管虹吸抽取上清液,置另一量筒中,留底部约 100 mL 倒入检卵皿内,用少量冲卵液刷洗量筒 2~3 次,将双目实体显微镜放大 16 倍寻找胚胎,仔细观察胚胎的形态和发育情况。用 300~400 μm 内径的玻璃吸管吸卵,用含 10%血清的 D-PBS 液保存,检出后至少清洗 3 次。胚胎可划分为 A、B、C 3 个等级。

(2)收集外形整齐、大小一致、卵裂球分裂均匀、外膜完整的清晰明亮的桑葚胚或适宜胚期的胚胎,吸入 0.25 mL 塑料细管内,通过 TB 型注射器插入吸管末端,将胚胎吸入细管。按以下方式把液体和空气分别装入细管中:2 cm 培养液、5 cm 空气、5 cm 培养液、5 cm 空气，2 cm 含胚胎的培养液、5 cm 空气、5 cm 培养液、5 cm 空气。细管中第一段液体必须接触棉塞，以防止液体泄漏。

4. 胚胎移植（授卵）

（1）选择同期发情处理的与供体牛相一致的母牛作受体。

（2）装入胚胎的细管插入灭菌的移植枪中，如同细管冷冻精液人工授精一样。胚胎通过子宫颈轻轻地推入 10~20 cm 深达黄体侧子宫角。在移植前检查黄体，受体母牛用利多卡因 2~5 mL 硬膜外鞘麻醉，并肌内注射静松灵 0.3~1 mL。操作时，对外阴应彻底消毒，右手持移植器并插入子宫颈外口，同时左手伸入母牛直肠，顶开阴道保护鞘或保护膜，轻缓地通过子宫颈进入移植侧（黄体侧），移植器行至大弯或更深部位时，缓慢推钢芯将胚胎注入。

5. 术后护理

对受体母牛加强饲养管理，保证胚胎正常发育。

（二）羊的手术法胚胎移植

1. 同期发情与超排处理

受体母羊于胚胎移植前 7 d 注射 $PGF_{2\alpha}$ 2 mg，移植前 6 d 注射 FSH 50 IU，每天试情，并记载发情开始及结束时间。

供体羊在发情周期第 16 d 开始注射 FSH 100 IU，每天 1 次，共 3 次。并在第 17 d 注射 $PGF_{2\alpha}$ 2 mg，供体羊发情结束配种，并注射 LH 150 IU，配种 2~3 次，每天上午、下午试情配种，配种开始后第 4 d 手术胚胎移植。

2. 胚胎的采集

（1）采卵时间和部位。供体母羊在发情结束后 2~3 d 内，从输卵管回收卵或在 6~7.5 d 从子宫角冲卵。

（2）麻醉、保定。供体母羊肌内注射静松灵约 0.5 mL，用 2% 普鲁卡因 6~8 mL 在第一、第二尾椎间作硬膜外腔麻醉，并将其保定仰卧于手术台上，将后侧腹部手术部位剪毛消毒。

（3）手术冲洗胚胎。手术部位一般选择乳房左侧腹壁作切口，术部切口长约 5 cm，术者将食指及中指由切口伸入腹腔，依次将子宫角、输卵管及卵巢拉出，注意保护卵巢和输卵管。观察并记录卵巢表面上的排卵点。将冲卵管（内径为 2 mm 的塑料导管）一端由输卵管伞部的腹腔口插入 2~3 cm 深，另一端接集卵皿。用带有钝性针头的注射器吸取冲卵液 5~10 mL，在宫管结合部将针头朝输卵管方向扎入，缓慢注入冲卵液，经输卵管流至集卵皿；也可由子宫角尖端注入冲卵液，从子宫角基部接取。

3. 检查胚胎

将回收的冲卵液用滴管吸至表面皿中，置于双目实体显微镜下，一般放大 10 倍左右寻找胚胎，再将胚胎移至凹玻片上，放大 40 倍检查胚胎发育情况。整个操作动作要迅速、准确，对检查合格的胚胎准备用于移植。

4. 胚胎移植

选择与供体母羊发情时间一致或最多不差 24 h 的受体母羊。用含 0.3%～0.5%BSA 的 D-PBS 液或 10%血清的 D-PBS 液移植。受体母羊肌内注射 2%的静松灵 0.5 mL，发情后 2～3 d 从输卵管冲洗的胚胎经伞部移入输卵管，在发情后 6～7.5 d 从子宫冲洗的胚胎移入子宫角。

5. 术后护理

移植胚胎后，对供体、受体母羊的腹部切口立即缝合，防止感染。受体母羊术后 1～2 情期观察返情情况，对没有返情的母羊应加强饲养管理。

实训提示

（1）胚胎体积很小，在检查完胚胎进行分装、移植操作过程中，极容易丢失。因此，在向胚移管或塑料细管内分装胚胎时应特别注意。

（2）吸入胚胎的细管需在实体显微镜下检查是否确实有胚胎装入，胚胎注出时，也需经实体显微镜检验。

（3）牛的非手术法胚胎移植如无条件可不做。

（4）本实验可在教学实习中穿插进行。

（5）如校内条件不足，可到校外实训基地，结合生产完成实训。

实训报告

总结手术法和非手术法移植的程序、主要技术环节及注意事项。

项目七 繁殖管理

学习目标

（1）掌握家畜正常繁殖力及其评价方法。
（2）能正确分析常见家畜繁殖障碍病症状，并掌握其防治方法。
（3）熟悉从管理层面提高家畜繁殖力的措施。
（4）培养学生关爱动物健康的人文意识，增强畜牧强国的责任感和使命感。

项目说明

1. 项目概述

家畜繁殖的最终目的是扩大数量和提高质量，各种家畜具有自身正常的繁殖力及其评价指标，家畜繁殖力涉及家畜繁殖活动的各个环节，而在实际生产中往往会出现繁殖力低下的现象，造成这一现象的原因是繁殖障碍。引起繁殖障碍的原因包括疾病、营养和管理等多个方面，但繁殖疾病是最重要的因素。因此，在畜牧业生产实际中应采取综合措施，最大限度地消除引起繁殖障碍的各种因素，从而发挥家畜的最大繁殖能力。

2. 项目分解

序　号	学习内容	实训内容
任务一	家畜繁殖障碍及其防治	母牛不孕症的诊治
任务二	家畜繁殖力的评价与提高	牧场繁殖管理调查

3. 技术路线

繁殖障碍诊断 → 繁殖障碍防治 → 繁殖力评价 → 繁殖力提

任务一　家畜繁殖障碍及其防治

知识链接

家畜的繁殖活动是按一定秩序协调进行的过程，其中任何一个环节遭到破坏，都会引起繁殖障碍，使繁殖力降低，甚至出现不育或不孕。

繁殖障碍是指畜禽生殖机能紊乱或生殖器官畸形以及由此引起的生殖活动异常的现象。如公畜性欲低下、精液品质降低、死精或无精；母畜乏情、不排卵、胚胎死亡、流产和难产等。一些繁殖障碍是可逆的，通过改善饲养管理条件后可以恢复；一些繁殖障碍是不可逆的，即一旦失去繁殖能力，就无法治愈或恢复。

不育和不孕都是指不能自然繁殖的现象，前者是指公畜，而后者一般用于描述母畜的不可繁殖状态。

一、引起繁殖障碍的原因

（一）遗传因素

由于父母自身的遗传缺陷或近亲交配，或者胚胎发育过程中受到毒物、辐射等有害理化因子的影响而导致染色体异常，致使后代繁殖力降低甚至彻底丧失。常见公畜的隐睾症、睾丸发育不良、阴囊疝和母畜的生殖器官先天性畸形以及雄性和雌性动物的染色体嵌合等疾病，均可引起雄性不育和雌性不孕。

（二）饲养因素

1. 营养水平

营养水平对畜禽的生殖活动有直接作用和间接作用。直接作用可引起生殖细胞发育受阻和胚胎死亡等；间接作用是通过影响畜禽的生殖内分泌而影响生殖活动。营养水平过低会引起性成熟延迟和性欲减退，成年雄性动物长期饲养在低营养水平下，精液性状不良，精囊腺分泌机能减弱，雌性动物出现乏情或配种后胚胎死亡；营养水平过高，特别是能量水平过高，会使成年雄性动物过于肥胖，也会使性欲减退，雌性动物胚胎死亡率增高、护仔性减弱及仔畜成活率降低。

热量摄取不足，可造成幼龄动物的生殖器官发育不全和初情期延迟，对已经成熟的动物可造成不发情；缺乏蛋白质会引起青年母牛不发情、卵巢和子宫幼稚型；缺乏矿物质会引起卵巢机能紊乱、发情不规律、安静发情等；维生素不足会引起多胎动物排卵数减少。饲料中的维生素和矿物质对生殖活动的影响如表7-1所示。

表 7-1 维生素和矿物质对繁殖机能的影响

维生素或矿物质异常	出现症状
维生素 A 缺乏	猪、鼠胚胎发育受阻,产仔数降低,阴道上皮角质化,胎衣不下,子宫炎;精子生成受阻,精子密度下降,异常精子增多
维生素 E 缺乏	受胎率降低,死胎,胚胎发育受阻,产蛋量和孵化率降低;精液品质下降
维生素 D 缺乏	母畜繁殖力降低,公畜受精力降低,严重者永久不育
核黄素缺乏	鸡孵化率降低,胚胎畸形
生物素缺乏	猪繁殖性能受影响
钙缺乏	子宫复原推迟,黄体小,卵巢囊肿,胎衣不下
钙过量	繁殖力降低,睾丸变性
钙磷比例失调	卵巢萎缩,性周期异常、乏情或屡配不孕,胚胎发育停滞、畸形、流产,子宫内膜炎,子宫脱垂,乳房炎等
碘缺乏	繁殖力降低,睾丸变性,初情期推迟,黄体小,乏情,受胎率低
钠缺乏	生殖道黏膜炎症,卵巢囊肿,性周期异常,胎衣不下等
锰缺乏	乏情,不孕,流产,卵巢萎缩,难产
钼过量	初情期推迟,乏情
铜缺乏	乏情,性欲低下,睾丸变小
钴缺乏	公畜性欲低下,母畜初情期推迟、卵巢静止、流产、胎儿生活力降低、死亡率增加,胎衣不下
硒缺乏	胎衣不下,流产,胎儿生活力降低或死亡
锌缺乏	卵巢囊肿,发情异常,睾丸发育迟缓或萎缩
镉中毒	精子发生受影响

2. 饲料中的有毒、有害物质

某些饲料本身含有生殖毒性的物质,如大部分豆科植物和部分葛科植物中存在植物激素,主要为植物雌激素,对公畜的性欲和精液品质都有不良影响,造成配种受胎率下降,对母畜引起卵泡囊肿、异常发情和流产等。

此外,饲料生产、加工、运输和储存过程中也可能混入对动物生殖有害的物质。例如,饲料原料中残存的农药和除草剂、加工不当导致毒物(如亚硝酸盐)混入、储藏过程中发生霉变等,均对精液品质和胚胎发育有不利影响。

(三) 环境因素

高温和高湿环境不利于精子发生和卵泡、胚胎的发育,对公、母畜的繁殖力均有影响。研究表明,夏季高温期,体温升高 1 ℃,公畜阴囊皮温和睾丸温度上升 3~4 ℃。阴囊调节温度的机能较差,如若遇到持续高温会引起局部循环障碍和睾丸变性,精子的成熟和储存受到影响。高温也会导致雌性动物发情症状不明显、受胎率低,同时还能对胚胎死亡、胚胎发育等产生显著影响。

(四）管理因素

家畜的繁殖活动受到人类的控制，良好的管理制度，如合理的饲喂、放牧、使役和卫生管理等，会使家畜的繁殖力得到充分发挥；相反，管理不善会使其繁殖力降低。如开展人工授精时，不适合的假阴道、台畜、不适合的采精方法、场地、鞭打、威吓等都会引起公畜的不良反应，影响精液质量，并缩短使用年限。当雌性动物饲养在寒冷、潮湿、阴暗、通风不良或高温的舍厩内时，可使动物机体长时间处在紧张状态，不但造成机体的抵抗力下降，而且导致生殖系统机能发生改变，造成性周期不正常、不发情等。

（五）传染病

生殖器官感染病原微生物是引起动物繁殖障碍的重要原因之一。母畜的生殖道可成为某些病原微生物生长繁殖的场所，进而通过交配传染给公畜，或通过间接途径传染给其他个体。公畜的包皮也可携带各种病原菌，自然交配时可直接传染给母畜，若开展人工授精则通过污染的精液传染给母畜。某些传染病还存在垂直感染的现象，导致弱胎或胎儿死亡。此外，被感染的孕畜流产或分娩时，病原微生物可通过胎儿、羊水、胎衣和阴道分泌物扩散到周围环境，导致大范围传播。

二、公畜繁殖障碍及其防治

在自然交配的情况下，公、母畜配对比例大致是马1∶30，牛1∶40~1∶80，羊1∶40~1∶70，猪1∶30~1∶50。由于家畜人工授精技术的兴起，种公畜的作用被显著放大，配对比例是自然交配的数十倍，由此可见种公畜在繁殖群体中的重要性。但由于各种不良因素的影响，每年都有大量的雄性动物因繁殖力低而被淘汰，造成遗传上和经济上的重大损失。

（一）遗传性繁殖疾病

1. 隐睾症

隐睾症发病率以猪最高，可达1%~2%，牛为0.7%，狗为0.05%~0.1%。各种动物的睾丸，应在出生前后的一定时间内降入阴囊。正常情况下，牛在妊娠期的100~105 d，猪在妊娠期的100~110 d，羊在妊娠期的100 d左右，马在出生后1周，犬在出生后8~10 d，睾丸就会下降到阴囊内。解剖腹腔内睾丸发现，虽然间质细胞数量增加，但曲精细管上皮只有一层精原细胞和支持细胞。两侧隐睾的精液中，只有副性腺分泌的精清而无精子，单侧隐睾的精液中可见到精子，但是精子密度较低。

隐睾症为隐性遗传病，为了防止隐睾症的发生，在一个群体中一旦发现隐睾症，就必须淘汰所有与之有亲缘关系的个体。

2. 睾丸发育不全

睾丸发育不全是指曲精细管生殖层的发育不全。所有家畜均可发生，发病率较隐睾症高，在一些牛群中可达20%,在一些猪群中可达60%,分为一侧睾丸发育不全和两侧睾丸发育不全。

睾丸发育不全较轻的病例用手直接触诊时往往不易发现,目前尚无一种简易、准确的检查方法。但对睾丸发育不全的公牛进行白细胞培养后做染色体组型分析时,可见其染色体发生变化。

引起睾丸发育不全的因素包括遗传、生殖内分泌失调和饲养管理不当等,隐睾和染色体畸形(组型为XXY)是引起睾丸发育不全的遗传因素。此病发生时,睾丸的质量和体积只有正常情况的1/3~1/2,附睾也小,精液呈水样,精子数量少,精子活力差,畸形率高,没有受精能力。因此,睾丸发育不全的公畜应及时淘汰,如果是遗传原因引起的睾丸发育不全,还应淘汰其同胞甚至其父母。

3. 染色体畸变

染色体畸变中最常见的是1/29罗伯逊易位,可引起公畜无精。此外,染色体嵌合、镶嵌,常染色体继发性收缩等,均可引起公畜不育,如表7-2所示。

表7-2　染色体畸变对雄性动物生殖力的影响

染色体畸变类型	动物种类	染色体组型	临床表现
克氏综合征	绵羊、猪牛、马	XXY	睾丸萎缩或机能低下,精子活力降低或无精子
嵌合体	牛	XX/YY	受精率降低
罗伯逊易位	牛	1/29易位	引起某些品种不育
相互易位	猪	$(13p^-;14q^+)(11p^-;15q^+)$ $(13p^-;14q^+)(13p^-;14q^+)$ $(9p^+;11q^-)(6p^+;15q^-)$ $(1p^-;6q^+)(6p^+;14q^-)$ $(4p^+;14q^-)(1p^-;16q^+)$	精液品质下降
常染色体继发性收缩	牛	XY	睾丸机能衰退
镶嵌体	马	XX/XXY/和XX/XY/XQ/XXY	无精子,假两性公畜

(二)免疫性繁殖障碍

哺乳动物的精子至少含有3种或4种与精子特异性有关的抗原。正常情况下,雄性动物对自身精子并不产生抗精子作用,因为血睾屏障可有效地将精液与抗体生成组织隔离;但在血睾屏障出现损伤时(如炎症),抗体生成组织就容易接触并识别精子,即可产生抗自身精子抗体。对于雌性动物,精子作为外源性物质,在一定条件下(各种原因引起的生殖道受损),可引起免疫学反应,产生抗精子抗体,影响雌性动物的繁殖力,甚至导致免疫性不孕。

(三)机能性繁殖障碍

1. 性欲缺乏

性欲缺乏又称阳痿,是指公畜在交配时欲望不强,以致阴茎不能勃起、勃起不坚或不愿意与母畜接触的现象。公马和公猪较多见,其他家畜也常发生。

阳痿发生的原因为外伤或者生殖内分泌机能失调，生殖内分泌机能失调引起的阳痿，主要是因为雄激素分泌不足或畜体内雌激素含量过高，可肌内注射雄激素、HCG 或 GnRH 类似物进行治疗。雄激素（丙酸睾丸素或苯乙酸睾丸素）的用量为：马和牛 100～300 mg，羊和猪 10～25 mg，隔日 1 次，连续使用 2～3 次。HCG 的用量为：牛和马 3 000～5 000 IU。促排 2 号的用量为 100～300 μg。值得注意的是，激素用量不宜过大，使用时间不宜过长，以免因负反馈调节而抑制自身激素的分泌。

2. 交配困难

交配困难主要表现为公畜爬跨、插入和射精等交配行为异常，可造成配种失败。爬跨无力是老龄公牛和公猪常发生的交配障碍，关节脱位、骨折、四肢无力、脊椎疾病和关节炎等引起的行动困难，均能阻碍正常爬跨，造成不能交配；插入困难多见于阴茎先天性畸形、短小或系带短缩等导致的外伸困难，也见于四肢及荐区损伤、乙状弯曲粘连、包茎及包皮阴茎粘连等引起的阴茎外伸困难；射精困难多由于神经功能失调、环境变更、管理不良、使役过度、采精技术不当，假阴道的温度或压力不适合等原因，神经过度亢奋的公马，虽然性欲十分旺盛，阴茎勃起充分，迫切需要交配，但由于生殖道痉挛性收缩，往往经过多次交配仍然不能射精。此外，假阴道如果压力不够、温度过高或过低、采精时操作错误或粗暴等，均可直接影响公马的正常射精。

3. 精液品质不良

精液品质不良是指精液达不到使母畜受精所要求的标准，主要表现为少精、无精、死精、精子畸形和活力不强等。此外，精液中带有脓液、血液和尿液等，也是精液品质不良的表现。

引起精液品质不良的因素包括气候恶劣（高温、高湿）、饲养管理不当、遗传病变、生殖内分泌机能紊乱、感染病原微生物以及精液采集、稀释、运输和保存过程中操作失误等。例如，环境温度对精液品质和配种受胎率有影响。通常，公畜在高温季节的精子密度和活力降低，畸形精子和顶体变化精子比例增高。采精频率影响精液产量和质量，采精间隔时间愈长，每次射精总量、精子密度、原精活力和有效精子数愈高，但每周生产的有效精子总数降低。

总之，引起精液品质不良的因素十分复杂，所以在治疗时首先必须找到发病原因，然后针对不同原因采取相应措施。如饲养管理不当所引起的，应及时改进饲养管理方式，如提高日粮营养标准、增加饲喂量、增加运动量等；如饲料品质不良应及时停喂，暂停配种或采精等。由于其他疾病是继发的，应针对原发病进行治疗，属于遗传性原因时，应立即淘汰。

（四）生殖器官炎症

1. 睾丸炎及附睾炎

睾丸炎多是由布氏杆菌、放线菌等传染及侵袭引起的，还可能因外伤、出血等机械因素引起，或由外围的炎症继发。患睾丸炎的睾丸通常发生肿胀、发热、充血。睾丸炎会影响精子的生成，使精液精子数减少，活力下降及畸形率增加，严重的甚至完全不能生成精子。发现雄性动物患睾丸炎时，应及时查明发病原因，采用冷敷、封闭疗法、注射抗生素或磺胺药及减少患病动物活动等综合措施进行治疗。

睾丸炎或阴囊疾病以及副性腺炎等可以引起附睾炎。急性附睾炎临床检查表现为发热、肿胀；慢性附睾炎表现为附睾尾增大而变硬，睾丸在鞘膜腔内活动性减小。精液中常出现较多的没有成熟的精子，畸形精子数增加，影响精液的活力和受精率。

2. 其他部位炎症

其他部位炎症主要包括阴囊炎、阴囊积水、前列腺炎、精囊腺炎、尿道球腺炎和包皮炎等。阴囊炎多由于外伤和睾丸炎引起，可导致不育。阴囊积水多发生于年龄较大的公马和公驴，外观上可见阴囊肿大、紧张、发亮，但无炎性症状，触诊时可明显地感到有液体波动，随时间的延长往往伴有睾丸萎缩、精液品质下降。前列腺炎在农畜中发病率较低，但在犬中常见，易引起排尿困难，会引起阴疝痛等症状。精囊腺炎多继发于尿道感染，较常见于公马和公牛，急性的可出现全身性症状，如走动时步履谨慎，排粪时有疼痛感并频繁作排尿姿势，直肠检查可发现精囊腺显著增大，有波动感。慢性的则腺壁变厚，其炎性分泌物在射精时混入精液内，使精液的颜色呈现浑浊黄色，可导致精子死亡。包皮炎可发生于各种动物，多由于分泌物和尿液等形成的包皮垢引起，其临床表现为包皮及阴茎的游离端水肿、疼痛、溃疡甚至坏死，虽然对精液品质无影响，但严重影响交配行为及采精。

三、母畜繁殖障碍及其防治

雌性动物繁殖障碍在实际生产中更为复杂多见，包括发情、排卵、受精、妊娠、分娩和哺乳等生殖活动的异常，以及在这些生殖活动过程中由于管理不当所造成的繁殖机能丧失，是使雌性动物繁殖率下降的主要原因之一。引起母畜繁殖障碍的因素主要有遗传、后天机能障碍、生殖道疾病和产科疾病等。

微课：母畜繁殖障碍及其防治

（一）遗传性繁殖障碍

1. 生殖器官幼稚型和畸形

母畜生殖器官幼稚型主要表现为卵巢和生殖道体积较小，机能较弱或无生殖机能。如卵巢的体积和质量过小，即使有卵泡存在，其直径也不超过 2~3 mm，这样的母畜即使到达配种年龄也无发情表现，偶有发情，但屡配不孕。

各种家畜均有可能发生不同程度的生殖器官畸形，尤其是猪的畸形率较高，约有一半的不孕猪为生殖器官畸形。虽然生殖道畸形动物有正常的发情周期和发情表现，但配种后不易受孕。生殖器官畸形常见以下几种情况：

（1）子宫角异常：缺乏一侧子宫角，或者只有一条稍厚组织，没有管腔。

（2）子宫颈畸形：常见缺乏子宫颈或子宫颈不通，也有的具有双子宫颈或 2 个子宫颈外口。

（3）阴道畸形：有的母牛阴瓣发育过度，致使阴茎不能插入阴道。

（4）输卵管不通或输卵管与子宫角连接不通，多见于牛，这种牛发情正常，但屡配不孕，应予以淘汰。

2. 雌雄间性

雌雄间性又称两性畸形，即从解剖学上来看，该个体同时具有雌、雄两性的生殖器官，但都不完全。其中又分为真两性畸形和假两性畸形。如果某个体的生殖腺一侧为睾丸，另一侧为卵巢，或者两侧均为卵巢和睾丸的混合体即卵睾体，称为真两性畸形。真两性畸形在猪和山羊中比较多见，而牛和马极少发生。性腺为某一性别，而生殖道属于另一种性别的两性畸形，称为假两性畸形。如雄性假两性畸形的性腺均为睾丸，但生殖道无阴茎而有阴门；雌性假两性畸形有卵巢和输卵管以及肥大的阴茎，但无阴门。

3. 异性孪生母犊不育

异性孪生母犊中约有95%患不育症，主要表现为不发情、体型较大。外部检查发现阴门狭小，且位置较低，子宫角细小，卵巢小如西瓜籽。阴道短小看不到子宫颈阴道部，摸不到子宫颈，乳房极不发达。

4. 种间杂交后代不育

种间杂交后代（如骡）往往无繁殖能力，这种杂种雌性个体虽然有时有性机能和排卵，但由于生物学上的某些缺陷，卵子不易受精，即使卵子受精，合子也不能发育。细胞遗传学研究发现，骡的染色体数目为单数（63条），而且染色体在第一次成熟分裂时不能产生联合，可能是引起杂种不育的遗传基础。也有一些种间杂种后代具有繁殖力，如牦牛和黄牛杂交后代及单峰驼和双峰驼杂交后代都是具有繁殖力的。

（二）卵巢机能性障碍

1. 卵巢静止和萎缩

卵巢静止是由于卵巢机能受到扰乱而出现机能减退。直肠检查无卵泡发育，也无黄体存在，动物表现不发情，如果长期得不到治疗则可发展成卵巢萎缩。卵巢萎缩除衰老时出现外，母畜瘦弱、生殖内分泌机能紊乱、使役过重等也能引起，另常继发于卵巢炎和卵巢囊肿。卵巢体积缩小而质地硬化，无活性，性机能减退，发情周期停止，长期不孕。

治疗此病常用的药物是FSH、HCG、PMSG和雌激素等。用量可根据体重和病情按照制剂使用说明而定。

2. 持久黄体

家畜在发情或分娩后，卵巢上长期不消退的黄体，称为持久黄体。持久黄体在组织结构和对机体的影响方面，与妊娠黄体或周期黄体没有区别，同样可以分泌孕酮，抑制垂体促性腺激素的分泌，引起不育。此病常见于母牛，约占20%以上。母牛的持久黄体，呈蘑菇状突出于卵巢表面，质地比卵巢实质稍硬。母马发生持久黄体时，有时伴有子宫疾病。母猪持久黄体与正常黄体相似，但发生黄体囊肿时，则体积增大。

前列腺素及其合成类似物对治疗持久黄体有显著的疗效，90%以上的母牛在注射后3~5d发情，如15-甲基前列腺素牛肌注2~4 mg就可治愈。此外，FSH、PMSG和GnRH类似物等，也可用于治疗持久黄体。

3. 卵巢囊肿

卵巢囊肿可分为卵泡囊肿和黄体囊肿两种。卵泡囊肿是由于发育中的卵泡上皮变性，卵泡壁变薄，或因结缔组织增生而变厚，卵细胞死亡，卵泡液增多，卵泡体积比正常成熟卵泡增大而形成肿胀的囊泡；黄体囊肿是由于成熟的卵泡未排卵，卵泡壁上皮发生黄体化，或者排卵后由于某些原因而黄体化不足，在黄体内形成空腔并蓄积液体而形成。

患卵泡囊肿的母畜，由于垂体大量持续地分泌FSH，促使卵泡过度发育，分泌大量雌激素，使母畜发情症状强烈，表现为不安、哞叫、拒食、追逐、爬跨其他母畜，被称为"慕雄狂"。卵泡囊肿多发生于奶牛，尤其是高产奶牛泌乳量最高的时期，猪、马、驴也有发生。

黄体囊肿由于分泌孕酮，抑制垂体分泌促性腺激素，所以卵巢中无卵泡发育，因此母畜表现为长期乏情。直肠检查时，黄体囊肿大（7~15 cm），壁厚而软，感觉有明显的波动。临床上往往将成熟卵泡、卵泡囊肿及黄体囊肿相混淆，根据表7-3可以区分。

表7-3 马和驴正常卵泡与卵泡囊肿及黄体囊肿的鉴别诊断

指 标	正常卵泡	卵泡囊肿	黄体囊肿
卵巢大小/cm	3~7	6~10（单卵泡性） 0.5~3（多卵泡性）	7~18
对疼痛敏感性	有时有	无	有时有
发展过程	为期3~12 d	数十天至数月	出现快（数十小时）而消退慢（数十天至数年）
波动感	明显	不明显	较明显
壁的厚度	适中	薄，结缔组织增生时变厚	更厚
临近区域质地	柔软	坚硬	较硬

治疗卵泡囊肿可用促排2号或促排3号（LRH-A2，LRH-A3），牛和马肌内注射300~500 μg。治疗黄体囊肿牛和马肌注卵泡刺激素（FSH）6~7.5 mg，或肌注氯前列烯醇0.3~0.6 mg，宫内注射量为0.15~0.3 mg。

（三）生殖道疾病

1. 子宫内膜炎

子宫内膜炎是发生于子宫黏膜的炎症，发生于各种家畜，常见于奶牛、猪和羊，在生殖器官的疾病中所占的比例最大。它可直接危害精子的生存，影响受精以及胚胎的生长发育和着床，甚至引起胎儿死亡而发生流产。

根据炎症的性质，可将子宫内膜炎分为急性子宫内膜炎、慢性子宫内膜炎和隐形子宫内膜炎3种，慢性又分为隐性、卡他性、卡他性脓性和脓性4种。

急性子宫内膜炎：主要发生在产后，由于分娩或助产过程中产道受到损伤，或因胎衣不下、子宫脱出及流产等，都会使子宫受到感染，引起内膜的急性炎症。患畜表现为体温升高、食欲不振、精神萎靡，排出的恶露呈暗红色，有臭味，甚至呈脓性分泌物。直肠检查可感到子宫角粗大，收缩反应弱或消失，严重时有疼痛感。

慢性子宫内膜炎：往往由急性炎症转化而来，主要是因感染链球菌、葡萄球菌、大肠杆菌、单孢菌和霉形体等非组织特异性病原。在一些组织特异性病原感染时，也可并发子宫内膜的慢性炎症，如布氏杆菌、结核分枝杆菌、牛病毒性腹泻病毒等。

慢性卡他性子宫内膜炎：直检感到子宫角变粗，子宫壁增厚，弹性减弱，收缩反应微弱。患畜一般不表现全身症状，有时体温略升高，食欲及泌乳量略有降低；发情周期正常，但屡配不孕，或者发生胚胎早期死亡；阴道内积有絮状的黏液，偶有透明或浑浊黏液流出，尤其是卧下时或发情时流出较多，冲洗子宫的回流液略显浑浊，含有絮状物。

慢性卡他性脓性子宫内膜炎：子宫黏膜肿胀、充血、有脓性浸润，上皮组织变性、坏死、脱落，甚至形成肉芽组织斑痕，部分子宫腺可形成囊肿。患畜有轻度全身反应，如精神不振、食欲减退、体温略高。发情周期异常，从阴门排出灰白色或黄褐色稀薄分泌物，并污染尾根、肛周和后肢下部。直检发现子宫角增大，壁的厚薄和软硬程度不一，脓性分泌物多时出现波动感，卵巢上有黄体存在。

慢性脓性子宫内膜炎：多由胎衣不下感染，腐败化脓引起。主要症状是从阴门流出灰白色、黄褐色浓稠的脓性分泌物，在尾根或阴门形成干痂。直检子宫肥大而软，甚至无收缩反应。子宫冲洗回流液浑浊，像面糊，带有脓液。

隐性子宫内膜炎：其特征是子宫不发生器质性变化，直肠检查和阴道检查也无明显变化，发情周期正常，但是屡配不孕。发情时子宫分泌物较多，有时分泌物略显浑浊。主要是根据子宫冲洗回流液的性状进行诊断，如果回流液中有蛋白样或絮状浮游物即可确诊。

2. 子宫积水

慢性卡他性子宫炎发生后，如果子宫颈管因黏膜肿胀而阻塞不通，以致子宫腔内炎症产物不能排出，使子宫内积有大量液体，称为子宫积水。

患有子宫积水的母畜往往长期不发情，不定期从阴道中排出棕黄色、红褐色、灰白色稀薄或稍稠的分泌物。直肠检查触诊子宫时感到壁薄，有明显的波动感，两子宫角大小相等或者一端膨大，有时子宫角下垂无收缩反应。阴道检查时，有时可见到子宫颈膣部轻度发炎。

3. 子宫蓄脓

子宫蓄脓主要由化脓性子宫内膜炎引起，又称子宫积脓。因子宫颈管黏膜肿胀，或黏膜粘连形成隔膜，使脓液不能排出，脓性分泌物积蓄在子宫内形成。

患子宫蓄脓的母畜，因黄体持续存在，所以发情周期终止，但没有明显的全身变化。如果患畜发情或者子宫颈管疏通时，则可排出脓性分泌物。阴道检查往往发现阴道和子宫颈膣部黏膜充血、肿胀，子宫颈外口可能附有少量黏稠脓液。直肠检查时，发现子宫显著增大，与妊娠2~3个月的子宫相似。子宫壁各处厚薄及软硬程度不一致，整个子宫紧张，触诊有硬的波动或面团样感觉。当蓄积的液体量多，子宫显著增大且两侧对称时，子宫中动脉因供血压力增大出现类似妊娠的脉搏。

子宫疾病的治疗原则是恢复子宫张力和血液供应，促进子宫内积液的排出，抑制和消除炎症。冲洗子宫是治疗本病的有效方法。临床上一般采用先冲洗子宫，然后灌注抗生素的方法。冲洗液有高渗盐水（1%~10%氯化钠溶液）、0.02%~0.05%高锰酸钾液、0.05%呋喃西林、复方碘溶液（每100 mL溶液中含复方碘溶液2~10 mL）、0.01%~0.05%新洁尔灭溶液、0.1%雷佛奴尔等。常用的抗生素有青霉素（40万~80万IU）、链霉素（0.5~1 g）、氯霉素（1~2 g）或四环素（1~2 g）等。值得注意的是，由于大部分冲洗液对子宫内膜有刺激性或腐蚀性作用，残留后不利于子宫的恢复，所以每次冲洗时应通过直肠辅助方法尽量将冲洗液排出体外。冲洗子宫可每天或隔日进行，用 35~45 ℃的冲洗液效果较好。

4. 子宫颈炎

子宫颈炎是黏膜及深层的炎症，多数是子宫内膜炎和阴道炎的并发症，在分娩、自然交配和人工授精的过程中感染所致。炎性分泌物直接危害精子的通过和生命，所以往往造成不孕。阴道检查时，可发现子宫颈阴道部松软、水肿、肥大呈菜花状，子宫颈变得粗大、坚实。继发子宫内膜炎、阴道炎的病例，应参考治疗原发病的方案和方法。如果是单纯子宫颈炎，可采用将药物栓剂放入子宫颈口的方法。

5. 输卵管炎

输卵管炎多继发子宫或腹腔的炎症，可直接危害精子、卵子和受精卵，从而引起不孕。治疗多采用 1%~2%氯化钠溶液冲洗子宫，然后注入抗生素及雌激素以促进子宫和输卵管收缩，排出炎性分泌物，使输卵管、子宫得到净化，恢复生育能力。在输卵管发生轻度粘连时，采取输卵管通气法，有时也能奏效。

6. 阴道炎

阴道炎是阴道黏膜、阴道前庭及阴门的炎症。多因胎衣不下、子宫内膜炎及子宫或阴道脱出引起。发生阴道炎的母畜，黏膜充血肿胀，甚至是不同程度的糜烂或溃疡，从阴门流出浆液性或脓性分泌物，在尾部形成脓痂，个别严重的病畜往往伴有轻度的全身症状。治疗本病一般采用收敛药或消毒药冲洗阴道。

(四) 产科疾病

1. 流 产

母畜在妊娠期满之前排出胚胎或胎儿的病理现象称为流产，表现形式有早产和死产两种。早产是指产出不到妊娠期满的胎儿，虽然胎儿出生时存活，但因发育不完全，生活力低下，死亡率很高；死产是指在流产时从子宫中排出已死亡的胚胎或胎儿，一般发生在妊娠的中期和后期。

在妊娠早期，由于胎盘尚未形成，胚胎悬浮于子宫液中，死亡后发生组织液化，被母体吸收或者在母畜再发情时随尿排出而未被发现，此种流产称为隐性流产。隐性流产的发病率很高，猪、马、牛、羊均易发生，在马有时可达 20%~30%，在牛有时可达 40%~50%。

引起流产的原因很多，生殖内分泌机能紊乱和感染某些病原微生物，是引起早期流产的主要原因；管理不当，如过度拥挤、跌倒和外伤等，是引起后期流产的主要原因。通常，人们按照流产的发生原因将其分别称为传染性流产、寄生虫性流产和普通流产。每类流产又可分为自发性流产和症状性流产两种。

2. 胎盘滞留

各种家畜在分娩后，如果胎衣在以下时间内不排出体外（马 1.5 h、猪 1 h、羊 4 h、牛 12 h），则可认为发生胎盘滞留，也称为胎衣不下。各种家畜都可能发生胎衣不下，相比之下以牛最多，尤其在饲养水平较低或生双胎的情况下，奶牛胎衣不下的发病率，一般在 10%左右，个别牧场可高达 40%。猪和马的胎盘为上皮绒毛膜型胎盘，胎儿胎盘与母体胎盘连接不如牛、羊的子叶型胎盘紧密，所以胎衣不下发生率较低。

除了饲养水平低和生双胎可引起胎衣不下外，流产、早产、难产、子宫扭转都能在产出或取出胎儿后因子宫收缩无力而引起胎衣不下。此外，胎盘发生炎症、结缔组织增生，使胎儿胎盘与母体胎盘发生粘连，也容易引起产后胎衣不下。

胎衣不下包括部分不下和全部不下。发生胎衣全部不下时，胎儿胎盘的大部分仍与子宫黏膜连接，仅见一部分胎膜悬挂于阴门之外，易于判断。胎衣部分不下时，胎衣的大部分已经排出体外，只有一部分胎衣残留在子宫内，从外部不易发现。牛胎衣部分不下诊断的主要依据是恶露的排出时间延长，有臭味，并含有腐败胎盘碎片。马在胎衣排出后，可在体外检查胎衣是否完整。猪的胎衣不下多为部分滞留，病猪常表现精神不安，体温升高，食欲减退，泌乳减少，喜喝水；阴门内流出红褐色液体，内含胎盘碎片。检查排出的胎盘上脐带断端的数目是否与胎儿数目相符，可判断猪的胎盘是否完全排出。

对于胎衣不下的治疗主要采取注射催产素、手术剥离以及抗生素预防感染等手段，应加强处理后的饲养管理，以最大限度地恢复母畜的繁殖力。

任务二　畜禽繁殖力的评价与提高

知识链接

一、繁殖力的概念

繁殖力是指动物维持正常生殖机能、繁衍后代的能力，是评定种用动物生产力的主要指标。动物繁殖力是个综合性状，涉及动物生殖活动的各个环节。动物繁殖力的高低受多种因素的影响，除了繁殖方法和技术水平以外，公母畜本身的生理状态也起着决定性作用。

微课：牛的繁殖管理　　微课：羊的繁殖管理

微课：猪的繁殖管理　　微课：家禽的繁殖管理

对公畜来说，繁殖力反映在性成熟早晚、性欲强弱、交配能力、精液质量和数量等；对母畜而言，繁殖力体现在性成熟的迟早、发情表现的强弱和次数、排卵的多少、配种受胎、胚胎发育、泌乳和哺乳等生殖活动。就整个畜群来说，繁殖力是综合个体的上述指标，以平均数或百分数表示，如总受胎率、繁殖率、成活率和平均产仔间隔等。

通过繁殖力的测定，可以随时掌握畜群的繁殖水平，验证某些技术措施的实施效果及管理方式的合理性，并及时发现畜群的繁殖障碍，以便采取相应的手段，不断提高畜群的品质和数量。

测定繁殖力一般采用将过去的繁殖成绩进行统计和比较的方法。如测定种公牛繁殖力，需对公牛的精液进行大群的受胎试验，了解与配母牛的受胎率；测定个别母牛的繁殖力，可根据每次受胎的配种情期数、配种期的长短和产犊间隔来比较。

其他家畜繁殖力的测定大致与牛相同。为了使畜群保持较高的繁殖力，必须经常整理、统计和分析有关资料（如配种、妊娠、分娩和产仔记录等），以便及时发现问题并做出改进方案。

二、畜禽的正常繁殖力

在正常的饲养管理、正常的环境条件、正常的繁殖机能下表现出的繁殖力称为正常繁殖力。一个实际的繁殖群体几乎不能达到100%的繁殖率，因为任何一种环境因素波动，都会使个体的生理机能发生某些变异，这些变异常常会暂时地、较长期地甚至永久地影响群体的繁殖力。因此，对不同家畜、不同品种和品系以及不同饲养管理环境条件，必须分别制定正常繁殖力的标准。决定繁殖力的主要生理因素为排卵数目、受精卵数和产仔数。排卵数因品种而异，也受环境条件的影响；受精卵数除取决于正常排卵数外，还取决于正常精子的数量、获能与受精以及配种的技术条件等。另外，生殖机能异常和某些病理因素也会影响繁殖力。

1. 牛的正常繁殖力

通常情况下，每头母牛每年可产犊1头，所以母牛的繁殖力常用一次受精后受胎效果来表示。这一数值随着妊娠天数的增加，至分娩前达到最低数值，这说明在妊娠过程中，由于早期胚胎的丢失、死亡和早期流产而降低了最终受胎率。

我国奶牛的成年母牛的情期受胎率一般为40%~60%，年总受胎率为75%~95%，分娩率为93%~97%，年繁殖率为70%~90%。母牛年产犊间隔为13~14月，双胎率为3%~4%，繁殖年限在4个泌乳期左右。其他牛的繁殖率较低，黄牛受配率一般在60%左右，受胎率为70%左右，母牛分娩及犊牛成活率均在90%左右，因此年繁殖率为35%~45%。

每头受胎母牛需要配种的情期数越多，则实际受胎率就越低。因此，在由于繁殖原因淘汰的母牛中，配种次数越多，淘汰比例也应越大，如表7-4所示。

表7-4 母牛不同配种情期数的受胎率

配种情期数	受精头数	受胎率/%	配种情期数	受精头数	受胎率/%
1	5 744	60.6	5	191	40.3
2	2 146	54.6	5以上	200	22.5
3	890	46.2	合计	9 582	56.0
4	411	43.3			

公牛在合理的饲养管理条件下，提供大量有受精能力的精子，同时还要保持旺盛的性欲和较高的交配能力，以保证通过自然交配或人工授精的方法得到较高的妊娠率。与其他家畜相比，公牛的精液耐冻性强，冷冻精液和人工授精技术的推广应用较其他畜种普及，因此种公牛的利用率较高，平均每头公牛每年可配种1万~2万头母牛。所以，要想获得具有繁殖潜力的公牛，必须认真检查其生殖器官的形态和生理功能，测定性欲和交配能力。具有较高繁殖力公牛的主要指标为：膘度适中、体格健壮、性欲旺盛、睾丸大而有弹性、精液量大、精子活率高且密度大、畸形精子的比例低等。

2. 马的正常繁殖力

马的繁殖力因遗传、环境、使役的不同而有很大差异，但总体来说，马的繁殖力比其他家畜低，这与其本身的生殖生理特点和明显的季节性发情有关。目前，公马通常以性反射强弱，以及在一个配种期内所交配的母马数、采精次数、精液质量、与配母马的情期受胎率、配种年限和幼驹的品质等反映其繁殖力水平。繁殖力高的公马，年平均采精可达148次，平均射精量94~116 mL，精子密度1.05~1.41亿/毫升，受精率可达68%~86%。虽然公马在自然情况下最大配种能力可超过公牛，而且精子在母马阴道内维持受精能力的时间也较长，但是由于马精子耐冻性较差，用冷冻精液进行人工授精的受胎率较低，以致马冷冻精液人工授精技术的推广应用不普及。

母马的繁殖力多以受胎率、产驹率、幼驹成活率、终生产驹数和产驹间隔等指标来表示。国内应用新鲜精液进行人工授精的情期受胎率一般为50%~60%，高的可达65%~70%，全年受胎率为80%左右，由于流产率较高，实际繁殖率只有50%左右。国外饲养管理水平较高的马场，受胎率可达80%~85%，而一般马场只有60%~75%，产驹率只有50%以上。

3. 羊的正常繁殖力

对于进行自然交配的种公羊来说，正常情况下交配而未孕的母羊百分数，可反映出不同公羊的繁殖力。对于各品种的公羊来说，这一指标的范围一般在0%~30%，高繁殖力的公羊可低于5%。除此之外，目前把睾丸的大小、质地，精液品质和性欲等作为公羊繁殖力综合评定的主要依据。

母羊的正常繁殖力因品种、饲养管理和环境的不同而有所差异。绵羊多为一年一胎，两年可达3胎。山羊一般年产1~2胎，每胎1~3羔。在环境和饲养管理条件不良的地区，母羊一般产单羔；但在环境和饲养管理条件较好的地区，如兰德瑞斯羊、小尾寒羊和湖羊等品种大多产双羔，有时产3羔以上。表示母羊繁殖力的方法，常用每100头配种母羊的产羔数来表示。由于有些母羊产双羔或多羔，所以上述指标不能正确地反映产羔母羊的百分数。表7-5为主要绵羊品种的产羔率，它们的双羔率有着明显的差异，结果产羔率也有很大的差异。羊的受胎率均在90%以上，情期受胎率为70%，繁殖年限为8~10年。

表7-5 多个绵羊品种的产羔率

品 种	头 数	双羔率/%	产羔率/%
湖羊	721		212
小尾寒羊	431	56.4	229
大尾寒羊		44.6	167
藏羊		少	70~80（103）
蒙古羊		少	94
东北细毛羊	8 132		130
新疆细毛羊	7 700		127~142
美利奴羊	19 000	2.8	103
南丘羊	4 989	23.0	124
多赛特羊	13 053	25.3	127
雪福特羊	25 779	43.60	146
兰德瑞斯羊	7 277	54.80	166
罗姆尼羊			105~145

4. 猪的正常繁殖力

在家畜中猪的繁殖力较强，一年可产 2 胎。公猪的繁殖力高低对母猪的受胎率、产仔数等有重要影响。要求公猪有旺盛的性欲和强壮的体格，保证其能够顺利地完成爬跨、交配或采精；其次，公猪的射精量和精液品质是影响其繁殖力的重要因素。正常公猪精液的相关参数如表 7-6 所示。

表 7-6　正常公猪精液的相关参数

有关参数	青年公猪（8~12 个月）	成年公猪（12 个月以上）
射精量/mL	100~300	100~500
总精子数	$\geqslant 10\times 10^9$	$10\times 10^9 \sim 40\times 10^9$
活精子	>85%	>85%
直线前进运动精子	>70%	>70%
初级畸形精子①	<10%	<15%
次级畸形精子②	>10%	<15%
无血脓和异物	+	+

注：① 初级畸形精子指发生在睾丸实质部的畸形，包括头部和中段的畸形。
　　② 次级畸形精子主要指发生在附睾部位的畸形，以尾部的畸形为主。
　　"+"表示无血脓和异物。

母猪的正常情期受胎率一般为 75%~80%，总受胎率为 85%~90%，平均每窝产仔数 8~10 头，但品种间、胎次间差异很大（见表 7-7）。同一品种不同类群之间产仔数也有差异。一般情况下，我国地方品种产仔数多，繁殖力强，引进的一些外来品种繁殖力较低，可通过与本地猪杂交从而提高其繁殖能力。

表 7-7　我国主要猪种的产仔数

品种	每窝产仔数 平均	每窝产仔数 最多	品种	每窝产仔数 平均	每窝产仔数 最多
定州猪	7.27	13	文昌猪	11.42	18
项城猪	10~12	25	中山猪	11.67	20
金华猪	13.84	20~28	陆川猪	12	20
太湖猪	14~17	25~30			

5. 家禽的正常繁殖力

家禽因种或品种的不同，产蛋量差异很大。如浦东鸡平均年产蛋 100 枚，而星杂鸡 288 产蛋可达 260~295 枚。受精率与种禽的品质、健康、年龄、季节、饲料和饲养管理等因素有关，正常情况下，鸡蛋的受精率为 90% 左右。孵化率和种禽的体质、饲养管理、种蛋的生物学品质和孵化制度密切相关，鸡蛋的孵化率，如按出雏数与入孵受精蛋的比例计算，一般为 80% 以上，如按出雏数与入孵种蛋数的比例计算，一般为 65% 以上。

三、畜禽繁殖力的评价方法

(一) 评定家畜繁殖力的指标与方法

家畜是两性生殖动物，繁殖的过程主要靠母畜来完成，通常用母畜的繁殖力指标来反映家畜的繁殖力指标。

母畜从适配年龄开始到丧失繁殖力为止，称为适繁母畜。在一定时间范围内，如繁殖季节或自然年度内，母畜要经历发情、配种、妊娠、分娩、哺乳直至仔畜断奶，即完成了母畜繁殖的全过程。

母畜繁殖力是以繁殖率来表示的，畜群繁殖率是指本年度断奶成活的仔畜数占本年度畜群适繁母畜数的百分比，主要反映畜群增殖效率。可用下列公式表示：

$$繁殖率=（断奶成活仔畜数/适繁母畜数）×100\%$$

繁殖率是一个综合指标，是受配率、受胎率、母畜分娩率、产仔率及成活率5个内容的综合反映。因此，繁殖率又可用下列公式表示：

$$繁殖率=受配率×受胎率×分娩率×产仔率×仔畜成活率$$

1. 受配率

受配率是指本年度参加配种的母畜占畜群内适繁母畜数的百分比，主要反映畜群内适繁母畜发情配种情况。

$$受配率=（配种母畜数/适繁母畜数）×100\%$$

2. 受胎率

受胎率是指在本年度内配种后妊娠母畜数占参加配种母畜数的百分比，反映母畜群中受胎母畜头数比例。受胎率是用以比较不同繁殖措施或不同畜群受胎能力的繁殖力指标，包括情期受胎率、总受胎率和不返情率3个方面。

1) 情期受胎率

情期受胎率表示妊娠母畜头数占情期配种母畜头数的百分比，包括第一情期受胎率和总情期受胎率。

$$情期受胎率=（妊娠母畜数/情期配种母畜头数）×100\%$$

在生产中情期受胎率可以按年度进行统计，科研中也可以按特定的阶段进行统计，它能较快地反映出畜群的繁殖问题，同时也可反映出人工授精员的技术水平。

① 第一情期受胎率，指第一情期配种后，妊娠的母畜数占配种母畜数的百分比（只计算初配后妊娠母畜和所占比例）。

$$第一情期受胎率=（妊娠母畜数/第一个情期配种母畜数）×100\%$$

此指标可以反映出公畜精液的受精力及对母畜的繁殖管理水平。公畜精液质量好，产后子宫复旧好，生殖道产后处理干净的第一情期受胎率就高。

② 总情期受胎率，配种后妊娠母畜数占情期配种总母畜数（包括历次复配情期数）的百分比。

$$总情期受胎率=（妊娠母畜数/情期配种总母畜数）\times 100\%$$

2）总受胎率

总受胎率指最终妊娠母畜数占配种母畜数的百分比。一般在每年配种结束后进行统计，在计算配种头数时应把有严重生殖系统疾病（如子宫内膜炎等）和中途失配的个体排除。此项指标可以衡量年度内的配种计划完成情况。

$$总受胎率=（妊娠母畜数/配种母畜数）\times 100\%$$

3）不返情率

不返情率指在一定期限内，经配种后未再出现发情的母畜数占本期内参加配种的母畜数的百分比。不返情率又可分为 30 d、60 d、90 d、120 d 不返情率，随着配种后时期的延长，不返情率就越接近实际受胎率。

$$x\text{ 天不返情率}=（配种\ x\ 天后未返情母畜数/\ 配种母畜数）\times 100\%$$

4）配种指数

配种指数指参加配种母畜每次妊娠的平均配种情期数，是衡量受胎力的一种指标。在相同的条件下，则可反映出不同个体和群体间的配种难易程度。

$$配种指数=配种情期数/妊娠母畜数$$

3. 分娩率

分娩率是指本年度内分娩的母畜数占妊娠母畜数的百分比。它反映母畜维持妊娠的质量。

$$分娩率=（分娩母畜数/妊娠母畜数）\times 100\%$$

4. 产仔率

产仔率是指分娩母畜的产仔数占分娩母畜数的百分比。

$$产仔率=（分娩母畜的产仔数/分娩母畜数）\times 100\%$$

单胎家畜如牛、绵羊、马、驴等因一头母体一般只产出一头仔畜，产仔率一般不会超出100%；多胎动物如猪、山羊、犬、兔等一胎可产出多头仔畜，产仔率会超出100%。

5. 成活率

成活率是指本年度内，断奶成活的仔畜数占本年度产出仔畜数的百分比。

$$成活率=（断奶时成活仔畜数/产出仔畜数）\times 100\%$$

另外，除上述指标外，还有产犊指数、产仔窝数、窝产仔数、产羔率等。

1）产犊指数

产犊指数即指母牛两次产犊所间隔的天数，也称产犊间隔、胎间距，常用平均天数表示。奶牛正常产犊指数约为 365 d，肉牛为 400 d 以上。

$$平均胎间距=\sum 胎间距/n$$

式中，n 为头数；胎间距为当胎产犊日距上胎产犊日的间隔天数；$\sum$ 胎间距为 n 个胎间距的合计天数。

2）产仔窝数

产仔窝数一般指猪或兔在一年之内产仔的窝数。

$$产仔窝数＝年内分娩总窝数/年内繁殖母畜数$$

3）窝产仔数

窝产仔数指猪或兔每胎产仔的总数（包括死胎和死产），是衡量多胎动物繁殖性能的一项主要指标。一般用平均数来比较个体和群体的产仔能力。

$$平均窝产仔数（头）＝产仔总数/产仔窝数$$

4）产羔率

产羔率主要用于评定羊的繁殖力，即产活羔羊数占参加配种母羊数的百分率。

$$产羔率＝（产活羔羊数/参加配种母羊数）×100\%$$

（二）评定家禽繁殖力的指标与方法

1. 种蛋合格率

种蛋合格率指种母禽在规定的产蛋期内（鸡、鸭在72周龄内，鹅在70周龄内或利用多年的鹅以生物学产蛋年计）所产符合本品种、品系标准要求的种蛋数占产蛋数的百分比。

2. 受精率

受精率指受精蛋占入孵蛋的百分比。

$$受精率＝（受精蛋数/入孵蛋数）×100\%$$

3. 孵化率

孵化率分受精蛋孵化率和入孵蛋孵化率两种，分别指出雏数占受精蛋数或入孵蛋数的百分比。

$$受精蛋孵化率＝（出雏数/受精蛋数）×100\%$$
$$入孵蛋孵化率＝（出雏数/入孵蛋数）×100\%$$

4. 育雏率

育雏率指育雏期末成活雏禽数占入舍雏禽数的百分比。

$$育雏率＝（育雏期末活雏禽数/入舍雏禽数）×100\%$$

5. 平均产蛋量

平均产蛋量指家禽在一年内平均产蛋数。

$$全年平均产蛋量（枚）＝全年总产蛋数/（总饲养日/365）$$

6. 产蛋率

产蛋率指母禽在统计期内的产蛋百分率。

饲养日产蛋率=（统计期内产蛋数/实际饲养日母禽只数的累加数）×100%

入舍母禽产蛋率=[统计期内的总产蛋数/（入舍母禽数×统计日期）]×100%

四、提高家畜繁殖力的综合措施

动物的繁殖力首先取决于它本身的繁殖特性，其次是人类采用有效的措施充分发挥其繁殖潜力。我们只有正确掌握其繁殖规律，采取先进的技术措施，才能提高其繁殖力。

（一）提高种畜的繁殖性能

1. 加强选育工作

在新品种或新品系培育过程中，应重视繁殖特性，繁殖性状的遗传力虽然较低，但也是影响畜牧业经济的重要内容。而且从长远的角度分析，繁殖力是种群特性稳定延续的基础，所以一直受到发达国家的重视。选育过程中应侧重公畜的精液品质和受精能力，母畜的排卵率和胚胎存活率等，及时发现并淘汰有遗传缺陷以及老、弱、病、残等生殖缺陷的个体，确保繁殖群的活力。

2. 加强母畜的繁育管理

1）提高适繁母畜在群体中的比例

母畜是繁殖的基础，母畜的数量越大，畜群的增殖速度就越快，一般适繁母畜应占群体的50%~70%。

2）做好发情鉴定和适时配种

准确的发情鉴定是掌握适时配种的前提，是提高繁殖力的重要环节。各种家畜有各自的发情特点，通过发情鉴定可以推测它们的排卵时间，然后决定配种时间，以保证已获能的精子与受精力强的卵子相遇、结合完成受精。家畜的发情鉴定中，目前准确性最高的方法是通过直肠触摸卵巢上卵泡发育情况，在小家畜中则用公畜结扎输精管的方法进行试情效果最佳。此外，同时结合应用酶免疫测定技术测定乳汁、血液或尿液中的雌激素或孕酮水平，进行发情鉴定的准确性也很高，而且操作方便，结果判断客观。目前，国外已有十余种发情鉴定试剂盒供应市场。输精部位对母畜的受精率有较大影响，大家畜（如牛、马、驴、猪等）的输精部位以子宫体内为宜，较小家畜（如绵羊、山羊、兔等）的输精部位以子宫颈内为宜。输精时的动作不可粗暴，避免损伤母畜的生殖器官引起出血感染，进而引起配种失败。

3）减少胚胎死亡和防止流产

胚胎死亡是影响产仔数等繁殖力指标的一个重要因素。据研究认为，牛一次配种后的受精率在70%~80%，但最后产犊的只有50%，其原因是早期胚胎死亡。猪和羊的早期胚胎死亡率也非常高，达到20%~40%。马的胚胎死亡率为10%~20%。胚胎死亡的原因比较复杂，有可能是精子异常、卵子异常、激素失调、子宫疾患及饲养管理不当等引起。对于妊娠后期的母畜，相互挤斗、滑倒、使役过度和管理不当等是流产的主要原因。因此，必须规范操作技术、加强饲养管理，以减少胚胎的死亡和防止流产。

3. 提高种公畜的配种机能

1）提高种公畜的交配能力

将公畜与母畜分开饲养，注意维护其健康的体质，采用正确的调教方法和异性刺激等手段，增强种公畜的性欲，提高交配能力。对于性机能障碍的公畜可用雄激素进行调整，对于长时间调整得不到恢复和提高的公畜必须淘汰。

2）提高精液品质

加强饲养和合理使用种公畜，是提高公畜精液品质的重要措施。在平时的饲养过程中，要注意公畜的营养需求，长期缺乏维生素和微量元素而引起公畜精液品质降低的现象在生产中常有发生。配种季节到来之前，应对种公畜进行检查，发现有繁殖障碍或精液质量差的个体应及时治疗或淘汰，用性欲旺盛、精液质量好的种公畜进行配种。还要注意可用公畜在群体中的比例，比例过低或者母畜发情过分集中，易引起种公畜使用过频，从而降低精液品质。对人工授精使用的精液，要严格进行质量检查，不合格的精液禁止用于配种。精液进行稀释前后不宜在室温下久置，而应避光、防振，在较低温度下保存。

（二）加强饲养管理

1. 确保营养全面

饲料搭配不合理致使营养障碍是造成母畜不育的重要原因之一。饲料过多且营养成分单一、缺乏运动，可使母畜过肥，也不易受孕。如长期饲喂高蛋白质、脂肪或碳水化合物饲料时，可使卵巢内脂肪沉积，卵泡发生脂肪变性。

如果营养不良，加上使役过度，生殖机能就受到抑制。饲料中的维生素和矿物质对家畜的繁殖机能有重要影响。饲料中维生素 A、维生素 B 和维生素 E 等缺乏时，母畜的卵巢、子宫和胎盘等会出现各种病变，引起不孕不育。

2. 加强环境控制

母畜的生殖机能与光照、温度和湿度等外界因素的变化有密切关系。如天气过于寒冷或炎热会影响其正常发情，受胎率也会下降。长途运输、环境骤变等应激反应，使生殖机能受到抑制，造成暂时性不孕。所以场址的选择和畜舍建筑除应充分考虑环境控制问题，还应注意夏季防暑降温、冬季防寒保暖。场址周边多栽种一些落叶乔木，除了美化环境外，还具有遮阴降温和减轻风沙的作用。

适量的运动对提高公畜的精液品质、维持公畜旺盛的性欲有较大的作用，应给公畜以一定的运动场地。

饲养管理人员还要注意动物福利问题，不能粗暴地对待动物，疼痛、惊恐等因素均可引起动物肾上腺素分泌增加，LH 分泌减少，催产素释放和转运受阻，进而影响动物的正常繁殖。

（三）推广应用繁殖新技术

1. 推广人工授精及冷冻精液技术

人工授精的推广，使种公畜的繁殖效率大大提高。随着超低温生物技术的发展，该技术在提高种公畜利用率方面发挥的作用更大。目前，人工授精技术在牛、猪、羊的生产中应用比较普及，尤其是在奶牛和黄牛的生产中。今后研究的重点应放在：① 进一步提高牛、羊冷冻精液输精后的受胎率；② 改进和提高马、驴和猪的精液冷冻效率，大力推广应用冷冻精液授精技术；③ 推广应用国外先进的精液品质评定标准、检测方法和精液保存技术。

2. 提高母畜繁殖利用率的新技术

目前，用于提高母畜繁殖利用率的新技术主要有同期发情技术、超数排卵和胚胎移植技术、胚胎分割技术、显微注射技术、卵母细胞体外培养及体外成熟技术和体外授精技术等。这些技术已经研究成功，并在一定范围内得到推广应用。但值得注意的是，与常规繁殖技术相比，推广应用这些新技术的成本偏高，所以应用这些繁殖新技术时最好与育种结合起来。即应用这些繁殖新技术提高优秀种母畜的繁殖效率，以提高畜牧业生产的经济效益。只有这样，才能进一步推动这些繁殖新技术在生产中的推广应用。

（四）控制繁殖疾病

1. 控制与繁殖相关的普通病

与畜禽繁殖相关的普通病（营养代谢病、内科病、外科病和产科病等），如之前所述睾丸炎、卵巢囊肿、生殖道炎和胎衣不下等，多发生于饲养管理不当、技术操作不规范和环境不适等情况。由于影响因素复杂，涉及繁殖过程的各个环节，所以解决的办法也是多角度的。① 畜舍的选址、结构和设施搭配合理，最大限度满足畜禽的生理需求；② 制定科学的饲养管理制度，不但要总结自身的管理经验，还要吸收国外先进的管理模式；③ 提高管理人员和技术人员的素质，使繁育控制科学化，减少不必要的失误；④ 发病的动物经过治疗后要重新评价其繁殖力。

2. 控制与繁殖相关的常见传染病与寄生虫病

一些传染病与寄生虫病发生时会累及生殖器官，导致生殖障碍，如布氏杆菌病、钩端螺旋体、弧菌病及毛滴虫病等，引起妊娠母畜早期胚胎的丢失、死亡及不同阶段胎儿的流产。解决此类现象应注意平时的卫生管理，定期消毒，切断病原传播途径，还要制定合理的免疫程序，按照实际需要进行预防接种，提高群体免疫力。疾病一旦发生要及时隔离治疗，若不能有效控制则彻底淘汰，不能留为种用。

实战练习

1. 什么是家畜的繁殖力？正常情况下，家畜的繁殖力是否能充分发挥？
2. 简要说明牛、羊、猪、马的正常繁殖力。
3. 母畜的繁殖障碍有哪些类型？
4. 叙述卵泡囊肿、持久黄体的临床症状和诊断方法，如何防治？
5. 怎样计算猪的窝产仔数和产仔窝数？我国种猪的繁殖能力如何？
6. 有 1 头母牛发情周期正常，每次发情持续 3~5 d，可见外阴肿胀明显，黏液流出量大，并混有白色结节状物质。直肠检查感到子宫角略肥大、松软，收缩反应减弱，屡配不孕。试判断该牛患何种疾病？拟定较合理的治疗方案。

7. 有一奶牛场，第一、第二季共有 278 头母牛发情配种，其中 154 头一次发情配种受胎，73 头第二次发情配种受胎，36 头第三个情期受胎，其他一直未孕，试计算该牛场母牛的情期受胎率、第一情期受胎率、配种指数。

8. 搜集有关资料，以"提高家畜繁殖力的措施"中某一单项或综合问题，撰写一篇论文。要求论点明确，论证有力，条理清晰，语言流畅，字数要求 2 000～3 000 字。

实训一 母牛不孕症的诊治

实训目的

了解奶牛不孕的原因，掌握卵巢囊肿、持久黄体、子宫内膜炎的临床表现及诊断方法，能制订治疗方案，熟悉治疗措施。

实训准备

（1）实训动物：各类不孕母牛若干头。

（2）实训器材：阴道开膣器、手电筒、手术剪子、镊子、输精枪及外套、乳胶管、子宫冲洗器、注射器等。

（3）药品：各类外用消毒药、子宫冲洗液、抗生素、碘甘油、相关生殖激素等。

方法步骤

对所选实习牛进行全面系统的检查，确定不孕的类别，根据病因、临床症状等进行综合防治。

（一）母牛不孕的治疗方法

1. 阴道洗涤及投药

保定好母牛，以绷带缠尾并系于一侧，外阴部进行常规消毒。用吊桶装满洗液，将吊桶的导管插入阴道进行冲洗，使洗液自行排出。排不尽时，可借开张器扩张阴道使其排出。当前庭、阴道黏膜或子宫颈发炎时，也可将软膏或药液直接涂于患处。即先用开张器打开阴道，再用子宫腔部钳夹取纱布块蘸取药液或软膏于患处涂抹；也可制成拳头大的棉球，外面包以纱布，棉球上浸以药液或撒上粉剂。最后在纱布外面系一条线，使线端留于阴门之外，以便取出。一般将此棉球送入阴道，保持 3～5 h。

2. 子宫冲洗及注药

对有炎症的母牛子宫，在发情期内或配种前可采用冲洗子宫的方法清除子宫内容物和注药治疗。子宫冲洗液种类很多，可根据子宫炎症的具体情况，进行配制和使用。

可用一导管插入子宫，另一端与装有洗液的吊桶相接，使洗液自动流入子宫，大动物一次可注入洗液 1 000~2 000 mL，洗前对外阴部应常规消毒。注入洗液后可根据洗液种类、炎症的情况等让洗液自行排出，或通过直肠按摩子宫，促其蠕动加速残留洗液的排出。对某些子宫下垂洗液难于自行排出者，可用导管插入子宫将洗液导出。当子宫内冲洗液排净后，可注入适量的抗生素或其他消炎药物。

（二）卵巢疾病的诊治

1. 卵泡囊肿

（1）诊断依据。母牛患卵泡囊肿时，表现为长期发情，出现"慕雄狂"现象。患牛精神极度不安，大声咆哮，食欲明显减退或废绝，爬跨或追逐其他母牛。病程长时，母牛明显消瘦，体力严重下降，常在尾根与肛门之间出现明显塌陷，久而不治可衰竭致死。直肠检查时，可感到母牛卵巢明显增大，囊肿直径较大（如乒乓球大小），用指肚稍用力触压，紧张而有波动。稍用力按压囊肿部位，母牛回头观望，并用蹄子踏地，发出长叫即可初步判定。隔 2~3 d 检查，症状如初，可确诊为卵泡囊肿。

（2）治疗。治疗卵泡囊肿除加强饲养管理外，主要采用激素治疗，若再配合激光照射效果会更好。

① 促黄体素：取 LH 约 200 IU 肌内注射，隔日 1 次，连用两次即可。

② 孕激素：每天肌注黄体酮 100~150 mg，隔日 1 次，连用 7~8 d 为一疗程。同时配合氦氖激光治疗仪进行地户穴（阴蒂中点）或交巢穴（会阴部中心）照射，根据治疗仪的功能和型号调整光斑直径和照射距离，每次照射 10~30 min，每天 1 次，连续 7~10 次为一疗程。

2. 持久黄体

（1）诊断依据。将母牛牵入保定栏内保定。通过直检找到牛的卵巢，如卵巢单侧或双侧有黄体存在，黄体较大且突出于卵巢表面，呈蘑菇状，触之粗糙而坚硬，触摸子宫角无妊娠变化，即可判定为持久黄体。

（2）治疗。多采用前列腺素溶解黄体。取前列腺素（15-甲基 $PGF_{2\alpha}$）3~5 mg，肌内注射，隔日再注射 1 次。在注射药物后，可用生理盐水 500~1 000 mL，加温至 40 ℃左右冲洗子宫。

（三）子宫内膜炎的诊治

1. 卡他性子宫内膜炎

（1）诊断依据。母牛发情周期基本正常，发情持续期延长。发情时外部表现较明显，黏液流出量较正常多，常混有絮状物，特别是在趴卧时流出量更大。直检感觉子宫角的变化，如子宫角肥厚、松软，收缩反应减弱，屡配不孕，可判定为卡他性子宫内膜炎。

（2）治疗。取生理盐水或 5%葡萄糖溶液 1 000 mL，加温至 40 ℃左右，装入吊桶中，连接子宫冲洗器。母牛保定后，外阴清洗消毒，按直肠把握输精的方法，把冲洗器插入子宫颈深部或子宫体内，边注入边排出。冲洗液排净后，向子宫注入抗生素。

2. 脓性子宫内膜炎

（1）诊断依据。母牛有轻度的全身反应，如体温升高、精神不振、食欲减退等。母牛发情周期紊乱，有时从阴门流出灰白色或黄褐色絮状物。把开张器洗净，用酒精棉球消毒后，加热至40 ℃，打开母牛阴道，阴道黏膜充血，子宫颈口开张情况下有脓汁附着或流出。直肠检查可见子宫角肥大、增粗、有波动，收缩反应消失，即可判定为囊性子宫内膜炎。

（2）治疗。首先用0.1%高锰酸钾或5%盐水等，用量1 500~2 000 mL，加温至45 ℃左右，进行子宫冲洗。待回流无絮状物后再用生理盐水冲洗排尽。用30 mL生理盐水溶解青、链霉素注入子宫内保留。

实训提示

（1）如没有典型的患牛，可深入养牛场进行实训。
（2）诊断要根据临床症状综合进行，切忌凭一两个典型症状轻易下结论。
（3）对牛进行子宫冲洗时，要注意进入子宫药液的量和温度，防止子宫受伤。

实训报告

（1）简述怎样进行子宫冲洗及注药。
（2）简述如何诊断和治疗母牛的持久黄体、卵泡囊肿和子宫内膜炎。
（3）根据临床上病牛检查结果，提出治疗方案。

实训二 牧场繁殖管理调查

实训目的

通过对某一猪场或牛场的繁殖管理调查，掌握影响家畜繁殖效率的各种因素及应采取的措施，增加学生对牧场繁殖管理的感性认识；了解当前牧场繁殖率的现状与潜力，为在生产和科研中的应用打下基础。

实训准备

（1）猪场或牛场。
（2）牧场历年畜群配种繁殖记录。

方法步骤

1. 调查了解牧场饲养管理情况

通过观察牧场生产情况和询问牧场技术人员，了解牧场饲养管理，包括精饲料的组成、青粗饲料的供应以及饲喂制度情况，分析各项管理措施是否完善。

2. 调查牧场繁殖管理情况

调查统计可繁殖母畜发情、输精、妊娠、分娩、产仔情况，计算相关繁殖率统计指标。主要内容包括：

（1）调查后备母畜初次发情及初次输精，经产母畜产后发情时间及产后输精情况，了解输精受胎率情况。

（2）调查了解妊娠与分娩情况，分析存在的问题。

（3）调查统计繁殖率情况，分析影响该牧场繁殖率的主要因素与应采取的措施。

实训提示

（1）联系好实习牧场，确保配种繁殖数据齐全。

（2）实训在教师讲解后分组进行，确定各组的调查任务。

实训报告

（1）计算调查牧场的受胎率和繁殖率。

（2）该牧场在繁殖管理中存在哪些不足？该如何加以改进？

附 录
家畜繁殖员国家职业技能标准
（2020年版）

1. 职业概况

1.1 职业名称
家畜繁殖员。

1.2 职业编码
5-03-01-01

1.3 职业定义
使用家畜繁殖工具、监测仪器，监测调控繁殖活动，配种和繁育仔畜的人员。

1.4 职业技能等级
本职业共设5个等级，分别为五级/初级工、四级/中级工、三级/高级工、二级/技师、一级/高级技师。

1.5 职业环境条件
室内、外，常温。

1.6 职业能力特征
具有一般智力；表达能力、计算能力和空间感正常；知觉、色觉、味觉正常；手指和手臂灵活，动作协调。

1.7 普通受教育程度
初中毕业（或相当文化程度）。

1.8 职业技能鉴定要求

1.8.1 申报条件
具备以下条件之一者，可申报五级/初级工：
（1）累计从事本职业或相关职业工作1年（含）以上。
（2）本职业或相关职业学徒期满。

具备以下条件之一者，可申报四级/中级工：
（1）取得本职业或相关职业五级/初级工职业资格证书（技能等级证书）后，累计从事本职业或相关职业工作4年（含）以上。
（2）累计从事本职业或相关职业工作6年（含）以上。
（3）取得技工学校本专业或相关专业毕业证书（含尚未取得毕业证书的在校应届毕业生）；

或取得经评估论证、以中级技能为培养目标的中等及以上职业学校本专业或相关专业毕业证书（含尚未取得毕业证书的在校应届毕业生）。

具备以下条件之一者，可申报三级/高级工：

（1）取得本职业或相关职业四级/中级工职业资格证书（技能等级证书）后，累计从事本职业或相关职业工作5年（含）以上。

（2）取得本职业或相关职业四级/中级工职业资格证书（技能等级证书），并具有高级技工学校、技师学院毕业证书（含尚未取得毕业证书的在校应届毕业生）；或取得本职业或相关职业四级/中级工职业资格证书（技能等级证书），并具有经评估论证、以高级技能为培养目标的高等职业学校本专业或相关专业毕业证书（含尚未取得毕业证书的在校应届毕业生）。

（3）具有大专及以上本专业或相关专业毕业证书，并取得本职业或相关职业四级/中级工职业资格证书（技能等级证书）后，累计从事本职业或相关职业工作2年（含）以上。

具备以下条件之一者，可申报二级/技师：

（1）取得本职业或相关职业三级/高级工职业资格证书（技能等级证书）后，累计从事本职业或相关职业工作4年（含）以上。

（2）取得本职业或相关职业三级/高级工职业资格证书（技能等级证书）的高级技工学校、技师学院毕业生，累计从事本职业或相关职业工作3年（含）以上；或取得本职业或相关职业预备技师证书的技师学院毕业生，累计从事本职业或相关职业工作2年（含）以上。

具备以下条件者，可申报一级/高级技师：

取得本职业或相关职业二级/技师职业资格证书（技能等级证书）后，累计从事本职业或相关职业工作4年（含）以上。

1.8.2 鉴定方式

分为理论知识考试、技能考核以及综合评审。理论知识考试以笔试、机考等方式为主，主要考核从业人员从事本职业应掌握的基本要求和相关知识要求；技能考核主要采用现场操作、模拟操作等方式进行，主要考核从业人员从事本职业应具备的技能水平；综合评审主要针对技师和高级技师，通常采取审阅申报材料、答辩等方式进行全面评议和审查。

理论知识考试、技能考核和综合评审均实行百分制，成绩皆达60分（含）以上者为合格。职业标准中标注"★"的为涉及安全生产或操作的关键技能，如考生在技能考核中违反操作规程或未达到该技能要求的，则技能考核成绩为不合格。

1.8.3 监考人员、考评人员与考生配比

理论知识考试中的监考人员与考生配比不低于1∶15，且每个考场不少于2名监考人员；技能考核中的考评人员与考生配比不低于1∶5，且考评人员为3人（含）以上单数；综合评审委员为3人（含）以上单数。

1.8.4 鉴定时间

理论知识考试时间不少于90 min；技能考核时间：五级/初级工、四级/中级工不少于45 min，三级/高级工不少于60 min，二级/技师、一级/高级技师不少于90 min；综合评审时间不少于45min。

1.8.5 鉴定场所设备

理论知识考试在标准教室进行；技能考核应在工作现场进行，并配备符合相应等级考核的设备、工具和家畜等。

2. 基本要求

2.1 职业道德

2.1.1 职业道德基本知识

2.1.2 职业守则
（1）遵纪守法，服务生产。
（2）诚实守信，奉献社会。
（3）尊重科学，科教兴农。
（4）爱岗敬业，精益求精。

2.2 基础知识

2.2.1 专业基础知识
（1）家畜生殖器官解剖知识。
（2）家畜生殖激素知识。
（3）家畜生殖生理知识。
（4）家畜繁殖技术知识
（5）家畜繁殖力评价与繁殖管理知识。
（6）家畜遗传与育种基础知识
（7）家畜营养与饲料和饲养基本基础知识。
（8）家畜环境卫生与健康基本基础知识。

2.2.2 相关法律、法规知识
（1）《中华人民共和国劳动法》相关知识。
（2）《中华人民共和国畜牧法》相关知识。
（3）《家畜遗传材料生产许可办法》相关知识。

3. 工作要求

本标准对五级/初级工、四级/中级工、三级/高级工、二级/技师、一级/高级技师的技能要求和相关知识要求依次递进，高级别涵盖低级别的要求。

3.1 五级/初级工

职业功能	工作内容	技能要求	相关知识要求
1.种畜饲养管理	1.1 种畜饲养	1.1.1 能识别家畜品种 1.1.2 能饲喂种畜	1.1.1 家畜品种知识 1.1.2 种畜饲喂方法
	1.2 种畜管理	1.2.1 能完成畜舍的消毒 1.2.2 能实施安全防护 1.2.3 能记录繁殖情况	1.2.1 常用消毒药品的种类和使用方法 1.2.2 畜场（舍）消毒基本要求 1.2.3 家畜繁殖性能主要指标 1.2.4 常用安全保护知识
2.发情鉴定与发情控制	2.1 适配年龄确定	2.1.1 能确定家畜的适配年龄 2.1.2 能确定家畜的初配要求	2.1.1 家畜的生殖机能发育相关知识 2.1.2 家畜初配年龄、生长发育要求
	2.2 发情鉴定	2.2.1 能用外部观察法鉴定母畜是否发情 2.2.2 能用试情法鉴定母畜是否发情	2.1.1 家畜的生殖机能发育相关知识 2.1.2 家畜初配年龄、生长发育要求

续表

职业功能	工作内容	技能要求	相关知识要求
3.配种	3.1 自然交配	3.1.1 能确定自然交配的适宜时间 3.1.2 能进行人工辅助自然交配	3.1.1 人工辅助自然交配的方式 3.1.2 适配期母畜发情特征
	3.2 人工授精	3.2.1 能进行输精前准备 3.2.2 能完成配种母畜的保定	3.2.1 输精主要设备的相关知识 3.2.2 家畜的安全保定知识

3.2 四级/中级工

职业功能	工作内容	技能要求	相关知识要求
1.种畜饲养管理	1.1 种畜饲养	1.1.1 能饲喂初生仔畜 1.1.2 能护理初生仔畜	1.1.1 仔畜护理的相关知识 1.1.2 初乳的相关知识
	1.2 种畜管理	1.2.1 能护理临产前母畜 1.2.2 能护理产后母畜	1.2.1 母畜产前护理基本知识 1.2.2 母畜产后护理基本知识
2.发情鉴定与发情控制	2.1 适配年龄确定	1. 能判定母畜发情开始时间 2. 能判定母畜发情结束时间	母畜生殖生理基础知识
	2.2 发情鉴定	1. 能用阴道检查法确定母畜发情 2. 能使用阴道开张器判断母畜是否发情	1. 阴道检查方法 2. 阴道开张器的使用方法
3.配种	3.1 精液活力检查	3.1.1 能使用显微镜 3.1.2 能使用显微镜检查精液活力	3.1.1 显微镜的基本知识 3.1.2 精液活力的相关知识
	3.2 人工授精	3.2.1 能解冻冷冻精液 3.2.2 能进行输精操作	3.2.1 冷冻精液解冻方法和技术要求 3.2.2 家畜人工授精技术规程

3.3 三级/高级工

职业功能	工作内容	技能要求	相关知识要求
1.种畜饲养管理	1.1 种畜饲养	1.1.1 能制定种公畜饲养方案 1.1.2 能制定种母畜饲养方案	1.1.1 不同家畜消化器官组成与消化特点 1.1.2 种畜饲料营养与饲料配方相关知识
	1.2 种畜管理	1.2.1 能管理繁殖数据 1.2.2 能进行种畜生产性能测定	1.2.1 种畜种用性能鉴定基础知识 1.2.2 繁育繁殖数据统计的相关知识 1.2.3 生产性能测定技术方法
2.发情鉴定与发情控制	2.1 发情鉴定	2.1.1 能用直肠检查辨别家畜的子宫与卵巢 2.1.2 能用智能设备鉴定发情	2.1.1 直肠检查相关知识 2.1.2 智能设备基本原理
	2.2 发情控制	2.2.1 能处置常见的功能性繁殖障碍 2.2.2 能制定诱导发情方案	2.2.1 繁殖障碍基本知识 2.2.2 诱导发情的相关知识 2.2.3 发情周期生殖激素分泌特点

续表

职业功能	工作内容	技能要求	相关知识要求
3.配种	3.1 精液品质检查	3.1.1 能采集和稀释精液 3.1.2 能进行精液品质检查	3.1.1 采精相关知识 3.1.2 精液品质检查相关知识 3.1.3 不同家畜的精液产品标准
3.配种	3.2 人工授精	3.2.1 能确定最佳输精时间 3.2.2 能进行精液的低温保存 3.2.3 能进行深部输精操作	3.2.1 家畜冷冻精液生产技术规程 3.2.2 家畜人工授精技术规程 3.2.3 深部输精技术方法
4.妊娠鉴定与助产	4.1 妊娠鉴定	4.1.1 能用外部观察法进行母畜妊娠检查 4.1.2 能用直肠检查法诊断妊娠	4.1.1 家畜妊娠生理知识 4.1.2 妊娠鉴定知识
4.妊娠鉴定与助产	4.2 助产	4.2.1 能判断临产母畜状态 4.2.2 能进行母畜接产与助产	4.2.1 母畜分娩知识 4.2.2 接产与助产基本知识

3.4 二级/技师

职业功能	工作内容	技能要求	相关知识要求
1.种畜饲养管理	1.1 种畜选择	1.1.1 能对种畜进行体型外貌鉴定 1.1.2 能针对种畜特性选种选配	1.1.1 种畜体型外貌鉴定方法 1.1.2 选种选配知识
1.种畜饲养管理	1.2 种畜管理	1.2.1 能统计分析繁殖数据 1.2.2 能制定繁殖计划 1.2.3 能解读生产性能测定报告	1.2.1 家畜繁殖能力指标 1.2.2 家畜繁殖管理基本知识 1.2.3 生产性能测定报告主要内容
2.发情鉴定与发情控制	2.1 发情鉴定	2.1.1 能用直肠检查法鉴定卵泡发育阶段 2.1.2 能用B超仪区分正常发育和非正常大卵泡	2.1.1 卵泡不同发育阶段的特点 2.1.2 卵巢囊肿的基本知识
2.发情鉴定与发情控制	2.2 发情控制	2.2.1 能制定母畜的同期发情方案 2.2.2 能制定母畜的超数排卵方案	2.2.1 同期发情知识 2.2.2 超数排卵知识
3.配种	3.1 精液保存	3.1.1 能选择和配制精液稀释液 3.1.2 能依据规范常温保存精液	3.1.1 精液稀释液相关 3.1.2 精液常温保存的相关知识
3.配种	3.2 人工授精	3.2.1 能组织实施人工授精操作规程 3.2.2 能设计人工授精室（站）	3.2.1 制定人工授精操作规程的相关知识 3.2.2 人工授精室（站）设施设备相关知识
4.妊娠鉴定与助产	4.1 妊娠鉴定	4.1.1 能用仪器进行母畜早期妊娠鉴定 4.1.2 能判定胎龄	4.1.1 妊娠检测仪器使用方法 4.1.2 胎儿发育变化
4.妊娠鉴定与助产	4.2 助产	4.2.1 能组织实施诱导分娩 4.2.2 能判断母畜难产	4.2.1 诱导分娩原理和 4.2.2 难产的种类及判断方法

续表

职业功能	工作内容	技能要求	相关知识要求
5.胚胎移植	5.1 供体、受体的准备	5.1.1 能进行供、受体选择 5.1.2 能制定超数排卵方案和受体同期发情方案	5.1.1 供、受体选择技术方法 5.1.2 外源激素使用方法
	5.2 胚胎移植	5.2.1 能判别受体功能性黄体 5.2.2 能进行胚胎移植操作	5.2.1 功能性黄体发育 5.2.2 家畜胚胎移植技术规程
6.培训与管理	6.1 培训	6.1.1 能制定培训方案 6.1.2 能对本级以下人员进行培训	6.1.1 培训的方式和方 6.1.2 常规办公软件应用知识
	6.2 管理	6.2.1 能组织三级/高级工及以下级别人员实施技术操作 6.2.2 能对三级/高级工及以下级别人员进行技术指导	6.2.1 家畜繁殖关键点控制知识 6.2.2 繁殖生产管理知识

3.5 一级/高级技师

职业功能	工作内容	技能要求	相关知识要求
1.配种	1.1 精液保存	1.1.1 能进行精液冷冻保存 1.1.2 能依据规范制作冷冻精液	1.1.1 冷冻精液保存技术方法 1.1.2 种畜冷冻精液生产与产品相关标准和技术规范
	1.2 人工授精	1.2.1 能制定定时输精方案 1.2.2 能进行性控精液输精	1.2.1 定时输精原理和方法 1.2.2 家畜性别控制知识
2.妊娠鉴定与助产	2.1 妊娠鉴定	2.1.1 能选择妊娠鉴定方法 2.1.2 能用实验室方法进行母畜早期妊娠鉴定	2.1.1 妊娠鉴定方法的 2.1.2 免疫学鉴定方法的原理
	2.2 分娩控制	2.2.1 能制定同期分娩方案 2.2.2 能实施同期分娩	2.2.1 同期分娩原理和方 2.2.2 流产和早产的相关知识
3.胚胎移植	3.1 胚胎采集与胚胎质量评定	3.1.1 能采集胚胎 3.1.2 能用形态学方法评定胚胎质量	3.1.1 胚胎采集方法 3.1.2 形态学方法
	3.2 胚胎保存	3.2.1 能在室温和低温保存胚胎 3.2.2 能用慢速冷冻方法冷冻保存胚胎 3.2.3 能解冻冷冻胚胎	3.2.1 胚胎保存相关知识 3.2.2 胚胎冷冻保存相关知识 3.2.3 冷冻胚胎解冻方法
4.培训与管理	4.1 培训	4.1.1 能编写培训讲义 4.1.2 能收集家畜繁殖新技术	4.1.1 培训讲义编写规则 4.1.2 家畜繁殖新技术
	4.2 管理	4.2.1 能制定繁殖风险控制方案 4.2.2 能解决生产过程中的繁殖疑难问题	4.2.1 繁殖影响因素 4.2.2 繁殖疑难问题处理方法

4. 比重表

4.1 理论知识权重表

项目		技能等级				
		五级/初级工/%	四级/中级工/%	三级/高级工/%	二级/技师/%	一级/高级技师/%
基本要求	职业道德	5	5	5	5	5
	基础知识	25	20	20	15	15
相关知识要求	种畜饲养管理	23	15	20	15	—
	发情鉴定与发情控制	20	30	20	15	—
	配种	27	30	17	15	20
	妊娠鉴定与助产	—	—	18	20	15
	胚胎移植	—	—	—	10	40
	培训与培训	—	—	—	5	5
合计		100	100	100	100	100

4.2 技能要求权重表

项目		技能等级				
		五级/初级工/%	四级/中级工/%	三级/高级工/%	二级/技师/%	一级/高级技师/%
技能要求	种畜饲养管理	40	20	10	10	—
	发情鉴定与发情控制	40	40	30	20	—
	配种	20	40	30	20	25
	妊娠鉴定与助产	—	—	30	20	30
	胚胎移植	—	—	—	25	40
	培训与培训	—	—	—	5	5
合计		100	100	100	100	100

参考文献

[1] 朱兴贵，王怀禹. 畜禽繁育技术[M]. 3版. 北京：中国轻工业出版社，2023.
[2] 阎慎飞. 动物繁殖[M]. 2版. 重庆：重庆大学出版社，2023.
[3] 王锋，张艳丽. 动物繁殖学实验教程[M]. 2版. 北京：中国农业大学出版社，2017.
[4] 傅春泉，李君荣. 动物繁殖技术[M]. 北京：化学工业出版社，2022.
[5] 杨利国. 动物繁殖学[M]. 3版. 北京：中国农业出版社，2019.
[6] 张响英，孙耀辉. 动物繁殖技术[M]. 北京：中国农业出版社，2018.
[7] 张沅. 家畜育种学[M]. 2版. 北京：中国农业出版社，2022.
[8] 徐相亭. 动物遗传繁育[M]. 北京：中国农业出版社，2018.
[9] 李碧春，徐琪. 动物遗传育种学[M]. 北京：中国农业出版社，2019.
[10] 李婉涛，张京和. 动物遗传育种[M]. 3版. 北京：中国农业大学出版社，2016.
[11] 李婉涛，赵淑娟. 动物遗传育种[M]. 4版. 北京：中国农业大学出版社，2022.
[12] 桑润滋. 动物繁殖生物技术[M]. 2版. 北京：中国农业出版社，2006.
[13] 宋连喜，田长永. 畜禽繁育[M]. 2版. 北京：化学工业出版社，2021.
[14] 李生涛，李宗锋. 畜禽繁育技术[M]. 2版. 北京：高等教育出版社，2020.
[15] 符世雄，叶方. 动物繁殖技术[M]. 北京：中国轻工业出版社，2022.